高等学校应用型新工科创新人才培养计划指定教材

高等学校云计算与大数据专业“十三五”课改规划教材

云计算框架与应用

青岛英谷教育科技股份有限公司
青岛农业大学
编著

西安电子科技大学出版社

内 容 简 介

本书系统讲解了业内最常用的两种云计算框架——OpenStack 和 Kubernetes 的搭建、配置及应用方面的实用性知识，旨在使读者通过对本书的学习，能独立完成一套完整云平台的搭建与应用工作。

全书共分 11 章，简要介绍了云计算及云计算框架 OpenStack 和 Kubernetes 的基础知识、当前常用的操作系统无人值守安装方式以及 OpenStack 各基础组件及服务的安装配置方法，并扩展讲解了另一种常用的云计算框架——容器云 Kubernetes 的安装、配置及应用方法。

本书内容全面，精练易懂、实用性强，可作为云计算与大数据、计算机科学与技术等专业的教材，也可作为有一定 Linux 和虚拟化基础并打算进入云计算领域的从业者及初学者的参考用书。

图书在版编目(CIP)数据

云计算框架与应用 / 青岛英谷教育科技股份有限公司，青岛农业大学编著.
—西安：西安电子科技大学出版社，2019.2(2019.4 重印)
ISBN 978-7-5606-5240-5

Ⅰ. ① 云… Ⅱ. ① 青… ② 青… Ⅲ. ① 云计算—研究 Ⅳ. ① TP393.027

中国版本图书馆 CIP 数据核字(2019)第 019428 号

策　　划　毛红兵
责任编辑　刘炳桢　毛红兵
出版发行　西安电子科技大学出版社(西安市太白南路 2 号)
电　　话　(029)88242885　88201467　　邮　　编　710071
网　　址　www.xduph.com　　电子邮箱　xdupfxb001@163.com
经　　销　新华书店
印刷单位　陕西天意印务有限责任公司
版　　次　2019 年 2 月第 1 版　2019 年 4 月第 2 次印刷
开　　本　787 毫米×1092 毫米　1/16　印　张　24.5
字　　数　581 千字
印　　数　501～3500 册
定　　价　66.00 元
ISBN 978-7-5606-5240-5/TP
XDUP 5542001-2

高等学校云计算与大数据专业
“十三五”课改规划教材编委会

❖❖❖ 前　　言 ❖❖❖

早在2006年，云计算的概念就已被谷歌提出，而到了2014年，云计算已变得家喻户晓。在云计算平台上部署的应用正支撑着数千万级的用户量和每秒万级的交易数。如今，云计算的价值不仅体现在对海量数据的计算能力上，更体现在对传统行业乃至国民经济和社会发展的显著影响上。例如，城镇化过程中云计算、物联网与大数据技术的结合应用，有力地推动了智能交通、平安城市、智慧医疗等项目的建设。云计算给广泛的社会领域带来了焕然一新的气象。

云计算与市场需求的紧耦合现象，使得越来越多的机构开始认识到掌握云计算处理框架的重要性，相关的专业人才需求急剧升温。

虽然云计算处理框架种类众多，但当下最受企业青睐的有 OpenStack 和 Kubernetes 两种。其中，OpenStack 面向资源层，改变的是资源供给模式，即对云平台中的物理机、网络、存储进行管理，提供 IaaS 服务；而 Kubernetes 是容器云，面向应用层，即对云平台中的服务进行管理。

OpenStack 和 Kubernetes 虽然同为云计算框架，但在功能上各有所长。谷歌的 Kubernetes 项目经理 David Aronchick 认为："Kubernetes 专注于处理容器编排，它需要一整套基础设施资源，并且本身不具备处理基础资源的能力。"而 OpenStack 可以为 Kubernetes 提供完整的基础设施资源，同时还能弥补 Kubernetes 中容器之间隔离性差的短板。目前，对企业是应将这两种框架部署在同一架构中，还是应将二者分开部署在不同架构中以扮演不同的角色，业界尚未达成统一意见。

鉴于此，本书的主要特点如下：

(1) 市面上的同类教材大多只介绍某种单一的云计算框架，而本书一并介绍两大主流云计算框架——OpenStack 和 Kubernetes，使读者能够同时了解并掌握两类云计算框架的搭建与使用方法，并在此基础上探索取长补短的协同操作方法。

(2) 市面上现有的云计算教材大多是单行本，不能构成完整的知识体系，而本书作为英谷云计算系列教材之一，是英谷教育成熟完善的云计算教学体系的其中一环。

(3) 本书还搭配有配套的教学 PPT、教学大纲、实践手册、视频等二维码辅助资料，能帮助读者更好地掌握相关的知识和技能。

本书是面向高等院校云计算与大数据专业的标准化教材，兼顾了完善的理论性和较强的实用性。全书共11章，以云计算框架——OpenStack 和 Kubernetes 为核心，具体内容如下：第1章简要介绍云计算及云计算框架 OpenStack 和 Kubernetes 的基础知识；第2章介绍目前企业常用的操作系统无人值守安装方式；第3章专门介绍 OpenStack 体系架构中至关重要的部分——网络的配置方法；第4章至第9章详细讲解 OpenStack 的基础组件、网络服务 Neutron、卷服务 Cinder、对象存储组件 Swift 的安装配置方法，并在卷服务 Cinder 的基础上，扩展讲解了使用 Cinder 管理分布式文件系统、创建并迁移虚拟机等方面的知识；第 10 章与第 11 章专门讲解容器云 Kubernetes 的安装配置与使用。

本书由青岛英谷教育科技股份有限公司和青岛农业大学编写，参与编写工作的有张杰、凌月婷、马宁、张伟洋、刘峰吉、蒋似尧、孟洁、金成学、张玉星、王燕等。本书在编写期间得到了各合作院校专家及一线教师的大力支持。在此，特别感谢给予我们开发团队大力支持和帮助的领导及同事，感谢合作院校的师生给予我们的支持和鼓励，更要感谢开发团队每一位成员所付出的艰辛劳动。

教材问题反馈

由于编者水平所限，书中难免有不足之处，读者在阅读过程中如有发现，可以通过邮箱(yinggu@121ugrow.com)联系我们，或扫描右侧二维码进行反馈，以期不断完善。

本书编委会

2018 年 10 月

❖❖❖ 目　　录 ❖❖❖

第1章 云计算概论

本章目标

- 了解云计算的现状和发展趋势
- 了解云计算的优势
- 了解几种常用的云计算框架
- 了解 OpenStack 的概念和优势
- 熟悉 OpenStack 的概念架构、各服务组件及架构设计
- 了解 Kubernetes 的概念和发展史
- 了解 Kubernetes 相比其他容器管理平台的优势
- 熟悉 Kubernetes 的架构设计及各主要组件的作用

云计算是近年来发展最为迅猛的产业之一，其具备超大规模、虚拟化、通用性、高可靠性、高扩展性等特点，可以通过网络统一组织并灵活调用软件、运行平台、计算和存储等各种 ICT(即信息和通信技术)资源，实现对大规模计算的处理。同时，云计算技术将计算分布到了大量相互独立的计算机上，而不是传统的服务器中，因此可以用更低的成本和更小的风险维护政府与企业运营，提升服务效率及后台稳定性。

本书选择目前业内应用最为广泛的云计算框架 OpenStack 和容器云平台 Kubernetes，对云计算框架相关知识进行讲解。作为本书的第 1 章，本章将简要介绍云计算及 OpenStack 与 Kubernetes 的基本知识。

1.1 云计算概述

云计算融合了互联网商业模式、电信服务与革命性的 IT 技术，因此也被称为第三次 IT 革命，对国民经济、社会发展以及科技创新都产生了无可替代的影响。下面简单介绍一下云计算的概念、历史、现状、趋势、优势以及常用框架。

1.1.1 云计算的概念

到目前为止，至少可以找到 100 种对云计算的解释。其中，最为大众接受的说法是美国国家标准和技术研究院(National Institute of Standards and Technology，NIST)的定义：云计算是一种按使用量付费的模式，这种模式提供可用的、便捷的、按需的网络访问，进入可配置的计算资源共享池(包括网络、服务器、存储、应用软件和服务等资源)，这些资源能够被快速提供，用户只需要投入到管理工作或与服务供应商的交互中即可。

中文语境中，对“云计算”一词通常理解为：云，是网络、互联网的一种比喻说法，即互联网与建立互联网所需的底层基础设施的抽象体；计算，不是指一般的数值计算，而是指拥有足够强大能力的计算服务，包括各种功能、资源、存储等方面的服务，如图 1-1 所示。

图 1-1　云计算

1.1.2　云计算的历史及现状

早在 20 世纪 70 年代，美国就诞生了云计算的雏形，但直到 2007 年左右，云计算行业才开始兴盛起来。

1. 发展历史

1963 年，DARPA(美国国防高级研究计划局)要求麻省理工学院启动 MAC 项目，即“多人同时使用电脑系统”的技术，这即是云计算和虚拟化技术的雏形。

1969 年，美国国防部委托开发的两台计算机间的数据传输实验获得成功，成为今天互联网的雏形。

随后，虚拟计算机开始流行，同时推动着云计算基础设施的发展。1977 年，埃里森成立甲骨文公司，在接连受到微软的打压后，1995 年，他宣布个人电脑(PC)已死，互联网电脑(NC)将取而代之。他开发的互联网电脑没有硬盘，也无需安装操作系统，所需软件都运行在网络上，不需要下载，所有的数据和程序都存储在远端服务器的数据库中，价格也比个人电脑便宜 1/3。虽然最终以失败收场，但“互联网电脑”也成为云计算的前身之一。

直到 2006 年，Google、亚马逊和 IBM 先后提出云端应用，云计算的概念才重新回到人们的视野。2007 年，IBM 推出 Blue Cloud 服务，是 IBM 迄今为止最成熟的云计算解决方案；之后谷歌推出 Chromebook，以云端操作系统代替了本地操作系统；2008 年，微软也发布了一个全新的云计算平台——Azure Service Platform，提供了一套实时操作系统以及一系列的开发服务。

近年来，云计算正在成为 IT 行业发展的战略重点，全球 IT 公司已经意识到这一趋势，纷纷向云计算转型，各国政府对此也予以了高度关注和支持。

2. 行业现状

目前，全球共有五股势力瓜分云计算产业，分别是：

(1) 以亚马逊和阿里云为代表的先行者，它们对云计算市场的培育做出了巨大的贡献，同时也拥有雄厚的人才资源、丰富的产品和庞大的数据中心。

(2) 以微软、谷歌、腾讯与百度等为代表的跟进者。

(3) 以 Facebook 和网易为代表的黑马公司。

(4) 以 Saleforce、青云等为代表的创业公司。

(5) 以 IBM、甲骨文为代表的传统 IT 企业。

五股势力中，亚马逊、微软与谷歌是目前云计算行业中名列前茅的三家公司。

在云计算框架方面，作为开源 IaaS 解决方案的 OpenStack 和基于 Docker 的容器调度服务 Kubernetes 日益得到高度关注，成为众多机构、企业及个人应用的首选。

OpenStack 和 Kubernetes 广受欢迎的原因有三个方面：

(1) 开源化。两者都是开源云计算框架，免费且社区强大，不受任何企业的绑定和限制。

(2) 技术成熟。OpenStack 具有可控性、兼容性、可扩展性、灵活性等特性，支持多版本的 Linux 操作系统，易在云中进行迁移，且能根据需求快速扩大集群规模；

Kubernetes 具有可移动、可扩展和自修复的特性，与其他同类框架相比，能够同时对离线和在线作业进行调度。

(3) 实践检验。OpenStack 经受住了各种各样的公有云和私有云技术的考验，被国内外许多厂商所认可和采用，其灵活可定制的特点也符合现有的市场需求；Kubernetes 简化了实际工作中集成测试的环节，省略了大量运维工作，同时也降低了并行计算框架的开发难度和成本。

3．政府支持

我国政府对于云计算产业一直给予高度重视和大力支持，短短几年间，前后出台多项政策，鼓励并促进云计算产业的发展。

2015 年是云计算政策集中出台的一年。在 2015 年 1 月，国务院印发的《国务院关于促进云计算创新发展培育信息产业新业态的意见》就提出："到 2020 年，中国云计算应用要基本普及，云计算服务能力要达到国际先进水平，要掌握云计算关键技术，形成若干具有较强国际竞争力的云计算骨干企业。"同年的 5 月到 11 月之间，各部门也相继发布有关云计算的政策，如中网办印发的《关于加强党政部门云计算服务网络安全管理的意见》、国务院印发的《关于积极推进"互联网+"行动的指导意见》、工业和信息化部办公厅印发的《云计算综合标准化体系建设指南》等。

2016 年 5 月，深圳市人民政府办公厅印发《深圳市推进云计算发展行动计划(2016—2017 年)》的通知，将重点工作放在完善宽带深圳网络建设、优化布局云计算数据中心、加强云计算资源利用上。同年 8 月，北京市人民政府印发《北京市大数据和云计算发展行动计划(2016—2020 年)》的通知。同年 11 月，国务院印发《"十三五"国家战略性新兴产业发展规划》的通知，提倡将战略性新兴产业摆在经济社会发展更加突出的位置，大力构建现代产业新体系，推动经济社会持续健康发展，并将规则时间设置在 2016—2020 年。

2017 年 4 月，工信部印发了《云计算发展三年行动计划(2017－2019 年)》，提出到 2019 年，要将中国的云计算产业规模从 2015 年的 1500 亿元扩大至 4300 亿元。云计算在制造业、政务等多领域的应用水平正在显著提升，成为信息化建设的主要形态和建设网络强国、制造强国的重要支撑。

1.1.3 云计算的发展趋势

在政策力挺、市场需求不断提升的大环境下，云计算持续保持高速发展态势。2017 年底，企业和 IT 管理人员将更多的注意力转向如何使用云计算来实现他们的业务目标。

未来，云计算有以下几个方向的发展趋势。

1．云安全

近年来，数据泄露事件逐年增长。据有关媒体统计，2017 年仅上半年全球网络安全入侵事件达 918 起，泄露或被盗的数据累积达 19 亿条，相当于 2016 年被盗数据的总和。而据美国身份盗窃资源中心(ITRC)的报告显示，2018 年全球仅上半年数据泄露量已超过了 2017 年全年数据泄露量的总和。值得庆幸的是，政府泄露和全球勒索软件攻击事件相比往年有所减少。如 2017 年美国中央情报局遭遇的 Vault 7 黑客攻击事件和云通讯公司

Twilio 遭遇的通话记录和短信泄露事件，2018 年 Facebook 平台 8700 多万用户数据泄露事件，以及频繁出现的全球规模的 WannaCry 勒索软件、木马 CryptoWall 及其他恶意程序袭击事件等。这些都说明网络安全已成为一项必须认真面对和重点解决的问题。

日益严峻的网络安全问题，敦促着公共机构、私营企业以及政府部门的安全分析师加紧开发检测与预防网络攻击的更有效方法。在未来，企业需要在安全信息、事件管理(SIEM)和恶意软件检测协议方面进行更多的投入和关注，在平台的部署方面也需要进行更加复杂和全面的设计。

2. 多云部署

企业不希望因采用单一云提供商的服务而陷入困境，所以往往会采用多云部署。多云部署允许企业同时在不同的云中部署复杂的工作负载，且可以对每个云环境进行单独管理，目前主要应用在公有云中，如图 1-2 所示。

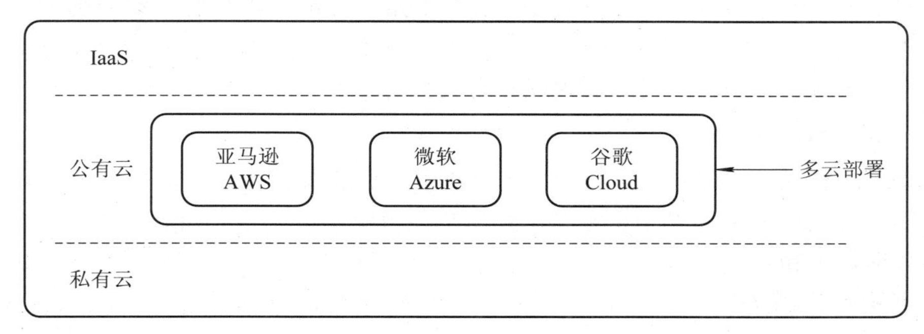

图 1-2　多云部署

多云部署充分利用多云模式，对云供应商和平台进行统一管理。该方式既能大幅度降低基础设施成本，也能充分利用各云提供商的优势。Gartner 公司的研究报告指出：“目前只有 10%的企业已经或正在进行多云部署，而到 2019 年，70%的企业已计划进行多云部署。”调研机构 IDC 公司预测：“到 2020 年，90%以上的企业将采用多云架构。”

鉴于越来越多的企业计划采用多云部署，企业势必需要大量掌握云计算专业知识及迁移流程的云计算架构师，以完成真正意义上的云平台构建(或重构)。

3. 容器技术应用更为普及

容器提供了一种轻量级方法，可将应用程序及其依赖的所有组件打包，并与同一基础设施上运行的其他应用程序相分离，以使开发人员能更加方便地进行应用程序的部署、调试、诊断和维护。容器技术具有部署快速、开发和测试敏捷、系统利用率高、资源成本低等优势。

Gartner 预测：“到 2020 年，50%以上的跨国企业会在生产环境中运行容器化应用程序，而现在这个数字还不到 20%。”

随着以 Kubernetes 为代表的容器云技术的日臻成熟，许多云提供商也开始提供容器云服务。目前，主要的容器云服务平台除了 Heptio 的 Kubernetes 以外，还有谷歌的 Container Engine、AWS 的 Elastic Container Service、微软的 Azure Container Service 等。

4. 云端监控即服务

云端监控即服务(Cloud Monitor as a Service，CMaaS)是混合云解决方案的另一发展趋势，它可以同时监控多个云提供商的服务性能，也可以通过部署网关的方式，对内部环境、托管数据中心和私有云服务进行监控。

5. 无服务器云计算

云计算的主要优势之一是采取按照使用量付费的消费模式，在无服务器云计算中该优势体现得更为明显。

无服务器云计算又称函数即服务(Functions as a Service，FaaS)，可以自动处理服务器的所有基础设施供应及配置，使开发人员只要专注于代码的编写和部署即可，而无需手动配置资源。

无服务器云计算为专注于网络安全和恶意软件防护的企业提供即时支付型的付费模式，这种付费模式推动了触发式日志、数据包捕获分析和流量信息，同时允许中小型企业获得与大型企业一样的规模效益和灵活性。

无服务器计算目前主要应用于公共云中。Sumo Logic 对公共云客户的调查发现：有23%的公共云客户在使用 AWS Lambda，这是最有名的无服务器云计算产品之一。可以预见，未来无服务器计算也将逐渐出现在私有云部署中。

6. 物联网和云计算

物联网(Internet of Things，IoT)，顾名思义，即物物相连的互联网。物联网发展到今天，其连接对象已不再局限于真实存在的商品，也包括信息交换和通信等。物联网是一套完整的数据集成和管理服务，允许企业从分散在全球的设备上大规模采集物品数据，并对这些数据进行实时处理和分析，从而根据分析结果采取必要的行动。Gartner 预计：到2020 年，全球物联网设备连接量将达 260 亿；思科(Cisco)的展望则更加乐观，它预测2020 年这个数字将达到 500 亿，如图 1-3 所示。

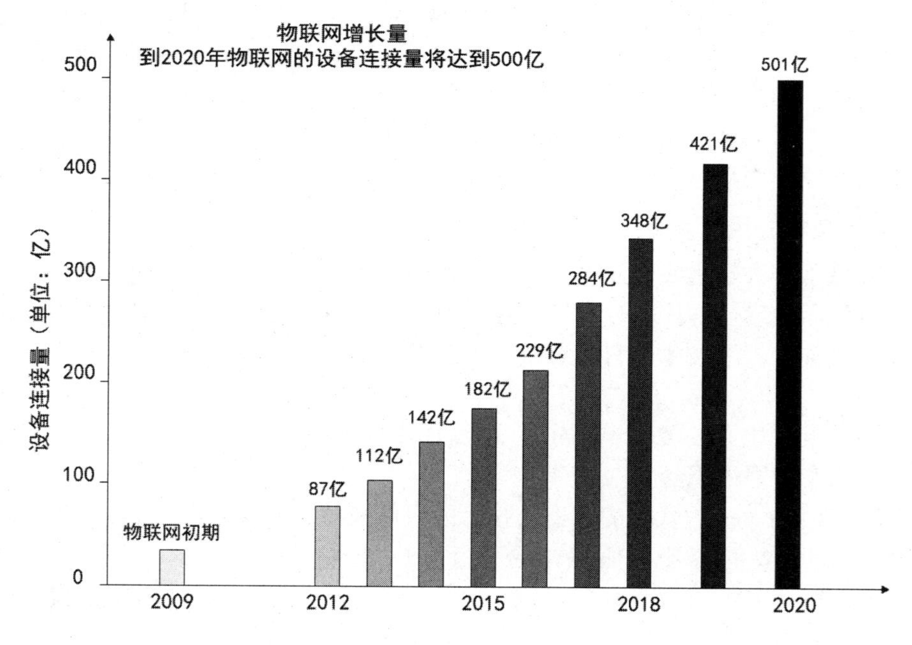

图 1-3　全球物联网设备连接量增长趋势(来源思科数据)

而随着物联网设备数量的增加，云计算显得越发重要，因为物联网需要通过云技术才能运行，二者不可分割。近年来，人们使用移动设备访问互联网、查询业务、购买商品的行为越来越频繁。未来，人们或许只需要一台个人云存储驱动器，就能保存在移动设备上创建的各种文件，如文档、图像和视频等。这将使云计算以创新方式驱动物联网进一步发展。

1.1.4　云计算的优势

云计算之所以被誉为企业的未来，是因其有不可替代的独特优势，具体如表 1-1 所示。

表 1-1　云计算的主要优势

优　势	描　述
降低企业运营成本	云计算能使资源得到充分利用，如共享价格昂贵的服务器、各种网络设备、工作人员等。使客户可以专注于其职务范围内的核心价值(如对业务和流程的洞察力)创造，而不必将大量精力耗费在基础设施的建立和维护上
提升信息处理速度	云计算的分布式特性使其可以将复杂的网络信息处理工作自动分解为若干子任务，然后交由多部服务器组成的庞大系统进行搜寻、计算和分析，最终将处理结果统一反馈给用户，整个过程仅需秒级的时间即可完成
实现资源动态扩展	云计算可以根据用户的需求，动态调配分散在不同地理位置的各类软硬件资源：当用户提出新计算需求时，云计算动态地为其分配一个可用资源；当用户需求已满足或结束时，云计算会合理、及时地回收其所占用的资源，并分配给有需求的其他用户，从而提高资源的使用效率，实现资源利用的动态扩展
简化维护	云计算使用自动化运维工具，对物理资源、虚拟资源进行统一调配，即对资源的统计、监控、调度和服务进行管理，从而实现对数据中心统一、便捷、高效、智能的一体化运维管理

1.1.5　云计算的常用框架

云计算框架按实现模式不同，可分为基于 VM(虚拟机)的云计算框架和容器云。基于 VM 的云计算框架是在 IaaS 模式基础上搭建的框架，容器云则是类似于 PaaS 模式的云计算框架，下面分别进行介绍。

1．基于 VM 的云计算框架

目前的主流云平台产品都是基于一些成熟的云计算框架搭建而成的，下面介绍其中常用的几种框架：

(1) CloudStack。CloudStack 是一个开源的、具有高可用性及扩展性的云计算平台，是使用 Java 语言开发的基于 Linux 的 IaaS 层解决方案，支持 KVM、Hyper-V、VMware 等虚拟化技术。CloudStack 可用于部署和管理若干虚拟系统组成的大型网络，经常被作为私有云、公有云和混合云的平台解决方案。

(2) OpenStack。OpenStack 使用 Python 语言编写，旨在提供一个既能建设公有云也能建设私有云的通用开源云计算平台。OpenStack 独立于任何企业，遵循开源、开放设计、开放开发流程和开放社区的理念，完全由社区主导和维护。目前，OpenStack 拥有最大的用户使用量，并得到 HP、IBM 等厂商的广泛支持。国内的云平台解决方案大多基于 OpenStack 开发定制，如华为的 FusionCloud。

(3) Orleans。Orleans 是微软自主创建和设计的云计算 Web 框架，在 2005 年开源化，之后被广泛应用于微软 Azure 云服务和官方游戏(Halo 4 等)的环境搭建。Orleans 旨在创建一种同时适用于客户端和服务器的编程模式，致力于简化代码的调试工作与提高代码的可移植性。

(4) vSphere。vSphere 是 VMWare 公司基于 VMWare 虚拟机管理平台的云操作系统，可以将数据中心转换为云计算基础架构，为内部云计算与外部云计算奠定基础，也是业内最为成熟的 IaaS 层虚拟化技术解决方案。vSphere 是封闭的，即 vSphere 的发展路线完全遵循 VMWare 自己的发展目标，用户或消费者无控制权。而且，vSphere 是收费的，其监控软件也需要单独收费。

2. 容器云

不论是云计算环境中采用的容器技术还是基于容器技术的云平台，都要以容器和容器编排工具(为容器应用的配置、约束、部署、发布、监控等工作提供调度的技术)为基础进行搭建。目前，主流的容器编排工具有 Docker Swarm、Mesos 和 Kubernetes，下面逐一进行介绍：

(1) Docker Swarm。Docker Swarm 是 Docker 官方推出的容器管理工具，它对外提供了完全标准的 Docker API。Docker Swarm 架构简单，部署运维成本低，通常与 Machine、Compose 协同使用，以搭建一个完善的容器云。

(2) Mesos。Mesos 是 2009 年由 UC Berkeley 开发的开源集群管理框架，它通过 Mesos Master 守护进程和 Framework 两级调度架构来管理多类应用程序。Mesos 本身只是一个集群管理器，不具备容器编排调度功能，需要通过容器编排系统 Marathon 来进行容器的编排调度工作。因此，通常使用 Mesos+Marathon 的组合来实现容器云的搭建。

(3) Kubernetes。Kubernetes 的出现比 Mesos 要晚，二者有许多相似之处，但不同的是：Kubernetes 提供了如容器组、跨主机网络、负载均衡等一系列关键的上层容器服务，同时还提供了容器组合、标签选择、服务发现等容器编排功能，以满足企业的开发、测试、部署、运维监控等需求。Kubernetes 调度器实现了完全插件化，可以方便地与其他调度器进行对接，因此，许多厂商都选择 Kubernetes 进行容器云的定制化开发。

1.2 OpenStack 概述

前面简要介绍了云计算的基础知识。接下来，我们将从概念、发展史、优化及架构几个方面，介绍目前应用最为广泛的一种云计算框架——OpenStack。

1.2.1 OpenStack 的概念

OpenStack 既是一个开源软件，也是一个项目或一个社区，它提供了一个进行云部署的操作平台或工具集。

OpenStack 致力于成为实施简单、可扩展性强、标准统一的云计算管理平台。官方对 OpenStack 的定义如下：OpenStack 是一个云操作系统，通过数据中心控制大型的计算、存储、网络资源池，管理员可以通过前端 Web 界面管理所有资源，各个服务之间通过 API 进行通信，各个项目之间则通过消息队列进行通信，如图 1-4 所示。

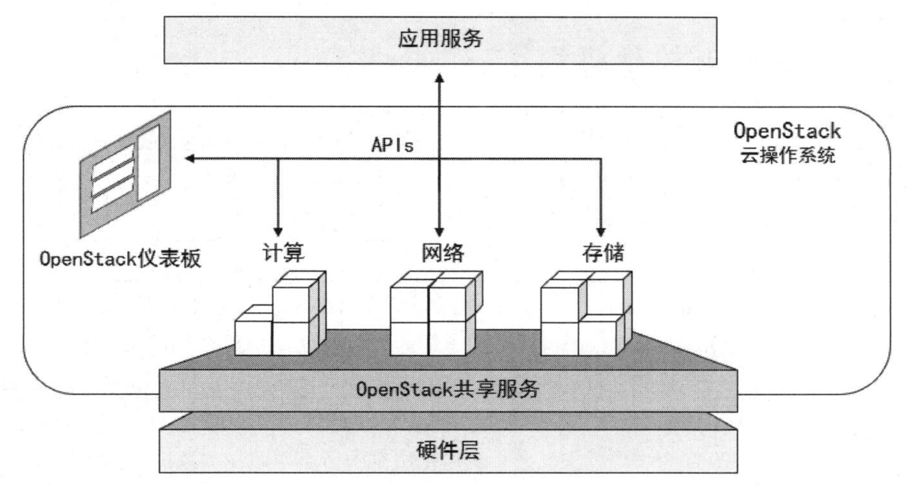

图 1-4　OpenStack 云操作系统

OpenStack 并不具备虚拟化的功能，需要依赖第三方软件(如 KVM、Xen、Hyper-V 等)提供虚拟化资源。OpenStack 自身则作为云平台的中间层，通过一些相关服务对这些虚拟化资源进行管理、调度、对接及编排，并提供一批 API 来支持应用的开发，从而提供一套基础设施即服务(IaaS)解决方案。

1.2.2　OpenStack 的历史

2010 年 7 月，RackSpace 和 NASA(美国国家航空航天局)合作，分别贡献出 RackSpace 云文件平台代码和 NASA Nebula 平台代码，并以 Apache 许可证开源发布了 OpenStack，OpenStack 由此诞生。

OpenStack 每 6 个月会更新一次，基本与 Ubuntu 同步，以 A～Z 为首字母来命名。Austin 是 OpenStack 的第一个正式版本，它只包含两个子项目——Swift 和 Nova，其中，Swift 用于对象存储，Nova 用于计算。

2011 年 2 月，OpenStack 发布了第二个版本 Bexar，它在前一个版本的基础上补充了 Glance 项目，该项目与 Nova 和 Swift 都有交集。同年 4 月和 9 月，OpenStack 发布 Cactus 和 Diablo 版本。自 2012 年起，OpenStack 规律性地每年发布两个版本。

在 2012 年 4 月和 9 月，OpenStack 分别发布了 Essex 和 Folsom 版本。Essex 版本增加了两个核心项目 Keystone 和 Horizon；Folsom 版本则增加了 Cinder 块存储和 Quantum 网络项目，其中的 Quantum 后来更名为 Neutron。

2013 年至 2017 年期间，OpenStack 先后发布了 Grizzly、Havana、IceHouse、Juno、Kilo、Liberty、Mitaka、Newton、Ocata、Pike 版本。2018 年 2 月 28 日，Openstack 发布第 17 个版本——Queens，该版本增加了多项新功能，并优化增强了多项旧功能，包括对

虚拟 GPU(vGPU)的支持和容器集成的改进。

除获得 RackSpace 和 NASA 的大力支持外，OpenStack 也获得了包括 Dell、Citrix、Cisco、Canonical 等重量级公司的贡献和支持。截至 2018 年 5 月，支持 OpenStack 的企业已达 672 家，社区成员近 9 万人。

1.2.3 OpenStack 的优势

开源 IaaS 云平台中，比较著名的有 Eucalyptus、OpenNebula、CloudStack 和 OpenStack，相比之下，OpenStack 具备显著的优势，如表 1-2 所示。

表 1-2 OpenStack 的优势

优　势	描　述
项目松耦合	OpenStack 项目分明，添加独立功能组件非常简单。有时甚至不需通读整篇 OpenStack 代码，只需要了解其接口规范及 API 使用方法，即可轻松地添加一个新的项目。而其他三种开源软件耦合性太强，导致添加功能较为困难
组件安装较为灵活	OpenStack 的组件安装异常灵活。可以全部装在一台物理机中，也可以分散至多个物理机中，甚至可以把所有的节点都装在虚拟机中
二次开发简单	OpenStack 发布的 OpenStack API 是 RESTful API，OpenStack 的其他所有组件也都采用此规范，因此基于 OpenStack 进行二次开发较为简单

1.2.4 OpenStack 的架构

OpenStack 是开源 IaaS 云平台中设计最为优秀、社区活跃度和代码贡献量也相对较高的云计算管理平台。本节简要介绍 OpenStack 的概念架构、服务组件及框架搭建等方面的知识。

1. OpenStack 概念架构

我们依次介绍 OpenStack 的概念架构图、工作流程以及各项目的功能，帮助读者对 OpenStack 的内部构成、各项目的作用以及项目之间的关系有一个整体的了解。

(1) 概念架构图。OpenStack 是由一系列具有 RESTful 接口的 Web 服务组件所实现的项目集合。OpenStack 官网上的概念架构图展示了 OpenStack 的工作流程及其各项目之间的关系，如图 1-5 所示。

(2) 工作流程。参照图 1-5，用户在获得 Keystone 项目的认证和授权后，可以通过 Horizon 项目或 RestAPI 模式创建虚拟机服务，创建过程如下：

✧ 利用 Nova 项目创建虚拟机，该虚拟机使用 Glance 项目提供的镜像服务。

✧ 通过 Neutron 项目为新建的虚拟机分配 IP 地址，将其纳入到虚拟网络中。

✧ 通过 Ironic 项目远程为物理机自动安装操作系统。

✧ 再通过 Cinder 项目创建的卷将虚拟机挂载到存储块。

整个过程都在 Cellometer 项目的资源监控下完成。Cinder 项目创建的卷和 Glance 项目提供的镜像可以通过 Swift 项目的对象存储机制进行保存。

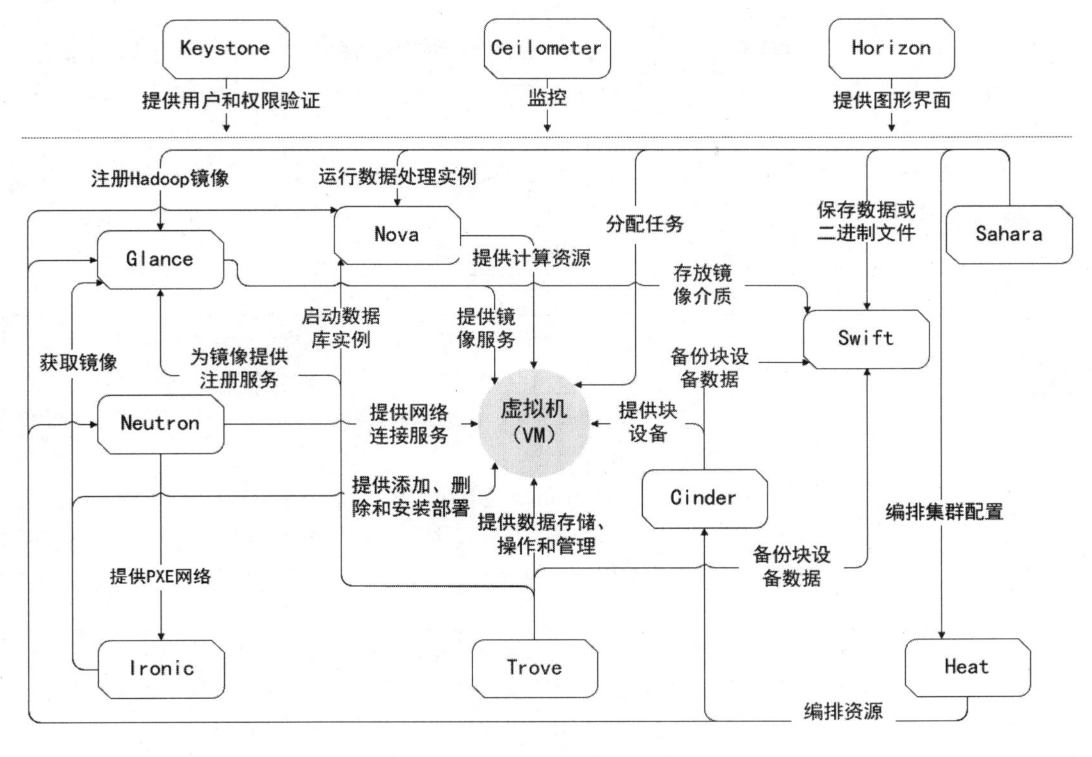

图 1-5　OpenStack 概念架构图

(3) 项目功能介绍。图 1-5 展示了 OpenStack 的各个项目之间的关系，下面简单介绍一下这些项目的功能，如表 1-3 所示。

表 1-3　OpenStack 各项目功能

项目	功能介绍
Keystone	为各服务组件提供用户认证和权限控制服务
Ceilometer	为各服务组件提供监控、检查和计量服务
Horizon	为用户操作 OpenStack 提供基于 Web 形式的图形化界面
Glance	为虚拟机提供镜像服务，同时将该服务中使用的镜像存放在 Swift 中
Neutron	为虚拟机提供网络连接，并为 Ironic 项目提供 PXE 网络
Ironic	提供物理机的添加、删除、电源管理和安装部署等功能
Nova	为虚拟机提供计算资源
Trove	为虚拟机提供镜像注册服务；使用 Nova 启动数据库实例；依附虚拟机提供数据的存储、操作和管理服务；将数据库实例备份到 Swift
Cinder	为虚拟机提供块设备，同时将块设备数据备份到 Swift
Swift	存储来自 Glance、Cinder、Sahara 及 Trove 的数据或文件
Sahara	通过 Heat 编排集群配置；在 Swift 中保存数据或二进制文件；将任务分配给虚拟机处理；使用 Nova 运行数据处理实例；在 Glance 中注册 Hadoop 镜像
Heat	编排各种 Cinder、Neutron、Glance 和 Nova 资源

2. OpenStack 服务组件

随着 OpenStack 版本的更替，OpenStack 的服务组件越来越多，每个服务组件都有各自的功能。下面将从功能、通信方式及提供的存储服务种类三个方面，对 OpenStack 服务组件进行介绍：

(1) OpenStack 服务组件的功能。OpenStack 通过一系列相互关联的内部服务组件提供基础设施即服务(IaaS)的解决方案。OpenStack 各服务组件对应的项目及功能如表 1-4 所示。

表 1-4 OpenStack 服务组件功能介绍

服务组件	对应项目	功 能 介 绍
Dashboard (控制台)	Horizon	提供一个基于 Web 的界面，与 OpenStack 底层服务交互。例如启动一个实例，为其分配 IP 地址并配置访问控制
Compute (计算)	Nova	对 OpenStack 中虚拟机的整个生命周期(包括创建、调度和结束)进行管理
Networking (网络)	Neutron	为 OpenStack 的其他项目(如 Nova 项目)提供网络连接功能，并为用户提供定义和使用网络的 API，可支持多家网络提供商的设备和技术
存 储		
Object Storage (对象存储)	Swift	一种通过 RESTful(即 REST，或表述性状态转移的 Web 服务 API)提供的 HTTP 应用程序接口对非结构化数据对象进行存储或任意检索的服务，基于数据复制和可扩展架构建立，拥有高容错机制。与传统的数据存储形式不同，Object Storage 服务会将对象和文件数据复制多个副本，分别存储在多个硬盘中，以确保数据在集群内存在多份
Block Storage (块存储)	Cinder	为运行实例而提供的持久性存储，其可插拔的驱动架构有助于创建和管理块存储设备
共 享 服 务		
Identity(认证)	Keystone	为其他 OpenStack 服务提供认证和授权服务，并为所有的 OpenStack 服务提供一个端点目录
Image(镜像)	Glance	存储和检索虚拟机镜像，OpenStack 会在部署实例时使用此服务
Telemetry (计量)	Ceilometer	为 OpenStack 的计费、基准、扩展性以及统计功能提供监测和计量
高 层 次 服 务		
Orchestration (编排)	Heat	支持多样化的综合性云应用，可以通过调用 OpenStack-native REST API 和 CloudFormation-compatible Query API，使用 HOT 或 CloudFormation 模板编排各种服务组件
Database (数据库)	Trove	提供高稳定和可扩展的关系型或非关系型数据库服务
Data Processing Service (数据分析)	Sahara	通过配置相关参数(如 Hadoop 的版本、拓扑和硬件配置)，提供和扩展 OpenStack 项目中 Hadoop 集群的功能

(2) OpenStack 服务组件通信方式。OpenStack 服务组件之间采用的通信方式有四类，分别为：基于 HTTP 协议的通信、基于 AMQP 协议的通信、基于数据库连接的通信和基于 Native API 的通信。

① 基于 HTTP 协议的通信。通过 RESTful Web API 建立的通信关系均属此类。最常见的是 Horizon 项目操作各服务组件时产生的通信，以及各服务组件通过 Keystone 项目校验用户身份时产生的通信。除此之外，还有 Swift 项目读/写数据时产生的通信；Nova 项目获取镜像时产生的通信，调用 Glance 产生的通信等。

② 基于 AMQP 协议的通信。AMQP 协议(Advanced Message Queuing Protocol，高级消息队列协议)主要用于各项目内部的通信，例如 Nova 项目的 Compute 服务和 Scheduler 服务之间的通信。通过 AMQP 协议进行的通信都属于面向服务的通信，虽然大部分通过 AMQP 协议进行通信的组件属于同一个项目，但并不需要它们安装在同一个节点上，这给系统的横向扩展带来了很大的好处。

③ 基于数据库连接的通信，即基于数据库的连接实现的通信。这类通信多发生在各项目的内部，所用数据库和项目的其他组件可以分开安装，也可以专门部署数据库服务器。OpenStack 并没有规定必须使用哪种数据库，但通常情况下会使用 MySQL 数据库。

④ 基于 Native API 的通信。该通信用于 OpenStack 各服务组件和第三方软硬件之间，如 Cinder 与存储后端之间的通信，或是 Neutron 的 Agent(或插件)和网络设备之间的通信。这些通信都需要调用第三方设备或第三方软件的 API，这些 API 被称为 Native API。

(3) OpenStack 的存储服务。OpenStack 提供了三种存储服务，即 Glance(镜像存储)、Swift(对象存储)和 Cinder(块存储)：

① Glance 为 OpenStack 提供镜像存储管理服务，其本身不具备存储的功能，但可以将镜像存储在不同的后端介质上。

② Swift 为 OpenStack 提供对象存储服务。Swift 有三层结构：Account、Container 和 Object，分别对应账户、容器和对象。其中，Account 记录了与容器的对应关系，Container 则包含了对象的信息，综合三者即可获得一个文件的完整内容。客户端或 OpenStack 其他组件可以通过 RESTful API 方式直接访问 Swift 上的数据，从而减少了服务器的负载。此外，Swift 摒弃了目录树的结构，转而采用一种扁平化的结构，解决了数据激增带来的存储性能急剧下降问题。

③ Cinder 为 OpenStack 提供块存储的接口。Cinder 本身并不提供数据的存储，而是通过插件式的驱动接入一个存储后端(如 LVM、Ceph 等)，由存储后端进行实际的存储。Cinder 有一个重要的功能，称为卷管理功能，即创建和管理卷并将其挂载到虚拟机上。这一功能意味着可以在创建虚拟机时将操作系统放入某个卷中，实现直接从卷启动虚拟机，也可以通过卷为正在运行的虚拟机扩充存储空间。

3. OpenStack 框架搭建

搭建 OpenStack 框架常用的节点有控制节点、计算节点、块存储节点、对象存储节点和网络节点：

(1) 控制节点。控制节点非常重要，许多重要的服务组件和软件需要在上面运行，例

如 Keystone 身份认证服务组件、Glance 镜像服务组件、Hoziron 仪表板服务组件以及其他一些支持 OpenStack 运行的服务组件(如数据库、消息队列、NTP(网络时间协议))等。

控制节点需要配置至少两个网络端口：一个是管理/数据网络端口，用于主机节点间的数据传输和网络连接；另一个是公共网络端口，用于虚拟机的网络连接。

(2) 计算节点。计算节点运行虚拟机，默认情况下使用 KVM 虚拟化引擎，同时计算节点也需要安装网络服务，用于将节点上的虚拟机连接到虚拟网络。

计算节点需要配置至少两个网络端口，作用与控制节点相同。

实际应用时，可以部署多个计算节点，以增加整个 OpenStack 环境的计算资源的体量。

(3) 块存储节点。块存储节点为虚拟机提供块存储服务，但不是必选的。

块存储节点需要配置至少一个网络端口，用于数据传输。

实际应用时，可以部署多个存储节点，以增加整个 OpenStack 环境的存储容量。

注意：在生产环境中，管理网络(存储节点与控制节点的通信网络)与数据传输网络(存储节点和计算节点的通信网络)必须是相互独立的，以防止虚拟机在使用或迁移时占用过多带宽而影响 OpenStack 组件间的正常交互，提高整个架构的性能和安全程度。

(4) 对象存储节点。对象存储节点为各服务组件提供存储服务，但不是必选的。该节点在生产中的作用与块存储节点一致。

对象存储节点至少需要配置两个，每个节点需要配置至少一个网络端口。

实际应用时，可以在 OpenStack 环境中部署多个对象存储节点。

(5) 网络节点。网络节点可以部署多种模式的拓扑网络，简述如下：

① Flat 模式与 FlatDHCP 模式

Flat 模式是一种扁平式的网络拓扑结构，所有的虚拟机都桥接在同一个虚拟网络中，并且需要手动设置网桥。

FlatDHCP 模式与 Flat 模式相似，也是扁平式结构，所有的虚拟机桥接在同一虚拟网络中。但不同的是，DHCP 服务将自动为虚拟机分配和回收 IP 地址。

上述两种模式不支持私有网络，也不能在 OpenStack 环境内部实现基于 OSI 七层网络协议模型第三层(网络层)的虚拟路由功能以及一些高级服务，如防火墙即服务(FWaaS)和负载均衡即服务(LBaaS)。

Flat 与 FlatDHCP 模式下的网络拓扑结构如图 1-6 所示。

② VLAN 模式与 VXLAN 模式。

VLAN 是一种虚拟局域网技术，可以将一台或多台虚拟机的网络限制在同一网段内，不同 VLAN 之间相互隔离。但一台交换机支持的 VLAN 数量是有限的，最多只支持 4096 个 VLAN。

VXLAN 是一种覆盖网络技术或隧道技术，它使用 VXLAN 网络标识符(VNI)，将相关的 VLAN 放入一个 VNI 组中，每个管理域可以定义多达 1600 万个 VNI，每个 VNI 最多包含 4096 个 VLAN。

上述两种模式使用 NAT 技术实现了数据在虚拟网络和物理网络之间的路由连接，同时还提供了一些高级服务，如防火墙即服务(FWaaS)和负载均衡即服务(LBaaS)。

VLAN 与 VXLAN 模式下的网络拓扑结构如图 1-7 所示。

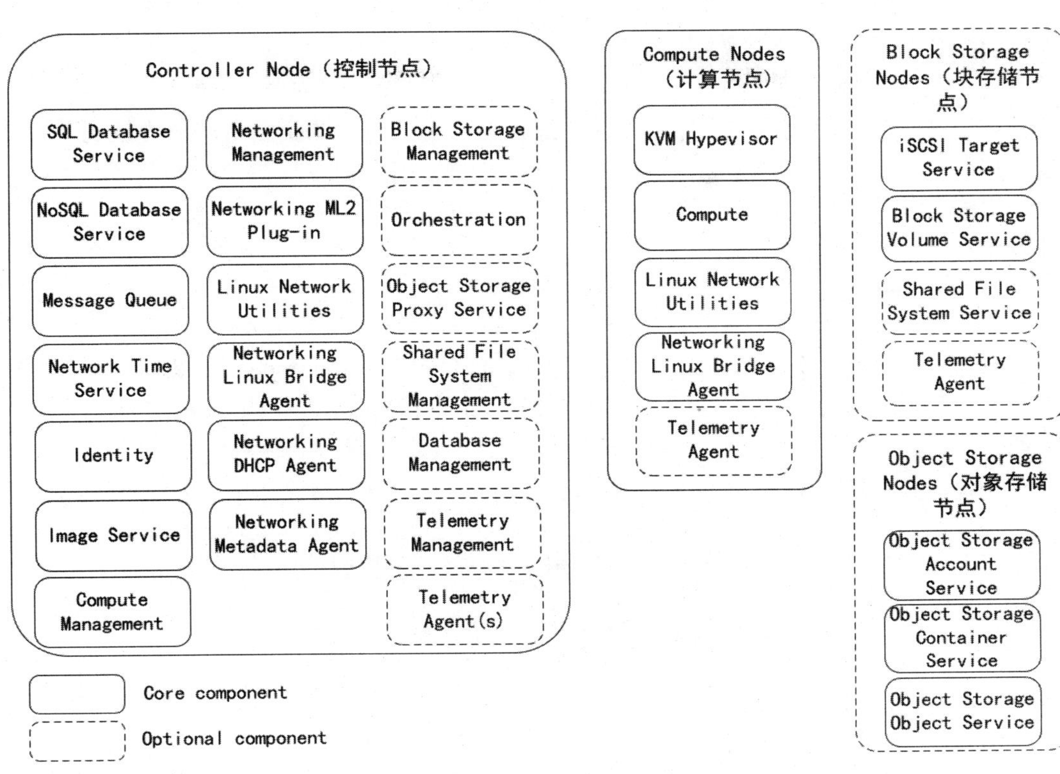

图 1-6　Flat 与 FlatDHCP 模式下的网络拓扑结构示意图

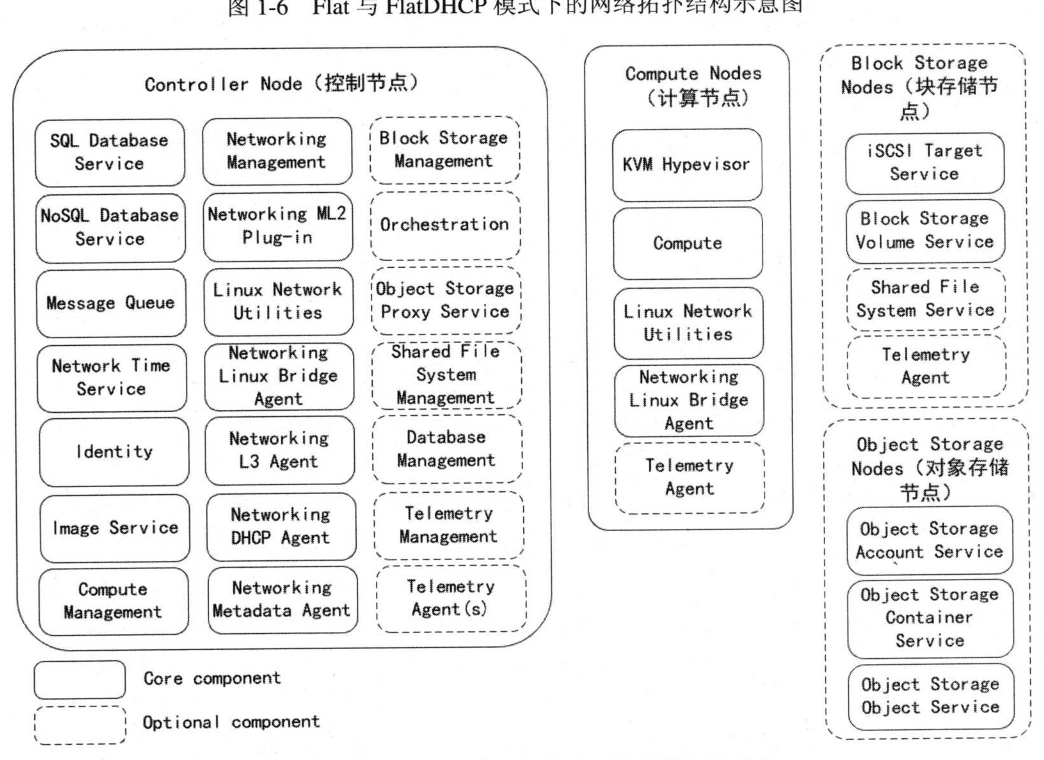

图 1-7　VLAN 与 VXLAN 模式下的网络拓扑结构

1.3 Kubernetes 概述

随着以 Docker 为代表的容器技术的快速发展，越来越多的企业将注意力放到了容器的管理和部署方面，而 Kubernetes 作为容器集群管理系统，日益受到高度的关注。下面从概念、历史、优势及架构四个方面，对 Kubernetes 进行介绍。

1.3.1 Kubernetes 的概念

Kubernetes 简称 K8s，其中的“8”表示省略的 8 个字符“ubernete”。Kubernetes 的名字源自于希腊语，译为“舵手”或者“领航员”。如图 1-8 所示，Kubernetes 的 Logo 既像一张渔网，又像一个罗盘，而 Docker 把自己定位为在大海上驮着集装箱自由遨游的鲸鱼，Kubernetes 与 Docker 的关系由此可见一斑。

图 1-8　Docker 和 Kubernetes 的 Logo

Kubernetes 是 Google 主导开发的开源容器集群管理系统，它在 Docker 的基础上提供应用部署、维护、扩展机制等功能，可以更方便地管理跨集群运行的容器化应用，同时也支持其他常用的容器技术，如 Rocket。

Kubernetes 既是一个全新的基于容器技术的分布式架构领先方案，又是一个完备的分布式系统平台，它具备完善的集群管理能力，包括多层次的安全防护和准入机制、多租户应用支撑能力、透明的服务注册和发现机制、内置的智能负载均衡机制、故障发现和自我修复能力、服务滚动升级和在线扩容能力、可扩展的资源自动调试机制以及多粒度的资源配额管理能力。

1.3.2 Kubernetes 的历史

Kubernetes 始于 Google 公司，由 Joe Beda、Brendan Burns 以及 Craig McLuckie 等人主导开发。

Kubernetes 原名为 Serven of Nine，取自电影《星际迷航》中被认为更加友好的“博格人”这个角色，但该名字遭到 Google 公司律师的反对，于是后来被重命名为 Kubernetes。

2014 年，Google 公布开源 Kubernetes 项目。2015 年 7 月 21 日正式发布 Kubernetes v1.0 版本，同年 11 月发布 v1.1 版本。2016 年，先后于 3 月、7 月、9 月、12 月发布 v1.2 版本、v1.3 版本、v1.4 版本、v1.5 版本。截至 2018 年 3 月 27 日，已发布到 v.1.10 版本。

Kubernetes 的发展和设计都受到了 Google 自主研发的大规模集群管理系统——Borg

的影响，可以说 Kubernetes 集结了 Borg 设计思想的精华，并吸收了 Borg 系统中的经验和教训。随着 Kubernetes 开源化，Google 联合 Linux 基金会及其他合作伙伴共同成立了 CNCF 基金会(Cloud Native Computing Foundation)，将 Kuberentes 作为首个列入 CNCF 管理体系的开源项目，并将其作为种子技术，旨在让容器化应用的部署更加简单高效。

早在 2014 年，微软的 Azure 就引用了 Kubernetes 以及 libswarm(不是一个编排系统，而是一个通过定义标准 API 将各种网络服务整合起来的库)，允许开发者使用 Kubernetes 管理 Docker 容器。2017 年，微软宣布收购 Kubernetes 生态圈的小型创业公司 DEIS，这次收购主要是为了获取 DEIS 的技术以及精通 Kubernetes 的新人才。收购后，DEIS 公司的团队将继续维护和开发已有的 Kubernetes 管理工具。微软的此次收购，证明了 Kubernets 在容器集群管理领域的重要地位。

当前，IBM、惠普、微软、RedHat、CoreOS、Docker 等知名公司都纷纷加入了 Kubernetes 应用的开发行列。例如，CoreOS 的 Tecton 平台以及 RedHat 的 OpenShift 都是建立在 Kubernetes 的技术之上；而部分云提供商，比如 Google、MS Azure 和 AWS，甚至直接提供了 Kubernetes 解决方案。未来，会有更多的云平台产品选择 Kubernetes 作为底层技术。

1.3.3 Kubernetes 的优势

目前常用的容器管理平台不仅有 Kubernetes，还有 Docker Swarm、Mesos 等，但 Kubernetes 仍是众多企业的首选，这是因为 Kubernetes 具有如表 1-5 所示的多项优势。

表 1-5 Kubernetes 的优势

优 势	描 述
语言感知弱	能兼容运行原生云应用和传统的容器化应用，其配置管理、服务发现、负载均衡等服务可被各种语言使用
研发和开发经验丰富	以 Google 近 15 年的研发和开发经验为基础，融合了 Borg 设计思想的精华、经验和教训
社区强大	拥有 1000 多个社区贡献者及 34000 次代码提交； 社区大小远超出所有竞争者的社区； 几乎是 GitHub 上开源社区最活跃的项目
部署快速	帮助开发人员快速部署应用程序； 无需考虑平台风险，可随时扩展应用程序和分配资源
硬件使用量低	容器技术可将企业的硬件使用量降低 40%～50%，因此，使用 Kubernetes 可达到降低硬件使用量的目的
核心功能强大	拥有资源调试、服务发现、服务编排、资源逻辑隔离、服务自愈、安全配置管理、Job 任务支持、自动回滚、内部域名服务、健康检查、有状态支持、运行监控/日志、扩容缩容、负载均衡、灰度升级、容灾恢复及应用 HA 等功能

1.3.4 Kubernetes 的架构

Kubernetes 作为一个全新的、基于容器技术的、分布式架构的支撑平台，具有完备的集群管理能力，可以满足不同的工作负载需要。下面从层次结构、概念架构、节点与组件三个方面对 Kubernetes 的架构进行一个简要介绍。

1. Kubernetes 层次结构

Kubernetes 在设计理念和功能方面采取了类似于 Linux 的层次结构，如图 1-9 所示。

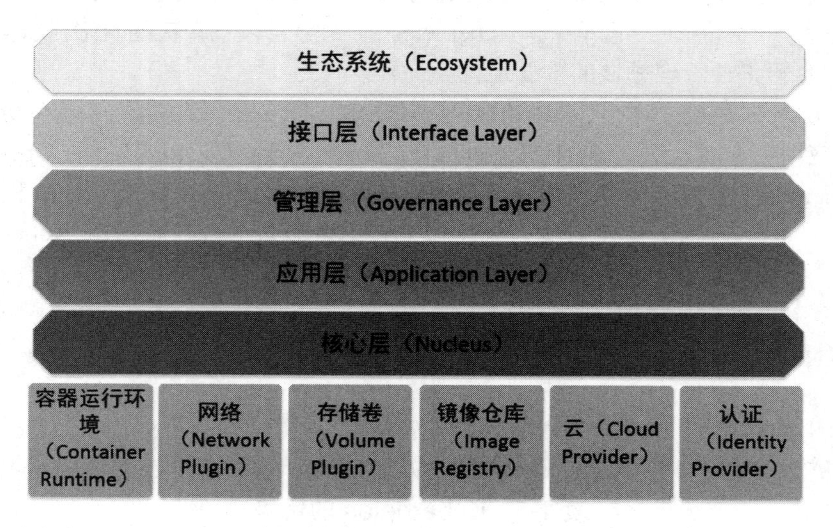

图 1-9 Kubernetes 层次结构图

Kubernetes 各分层的功能简介如下：

✧ 核心层——Kubernetes 的核心，对外提供构建高层应用的 API，对内提供插件式的应用执行环境。

✧ 应用层——部署(无状态应用、有状态应用、批处理任务、集群应用等)和路由(服务发现、DNS 解析等)功能。

✧ 管理层——具有系统度量(如基础设施、容器和网络的度量)、自动化(如自动扩展、动态 Provision 等)以及策略管理(RBAC、Quota、PSP、NetworkPolicy 等)功能。

✧ 接口层——具有 kubectl 命令行工具、客户端 SDK 以及集群联邦(Kubernetes1.3 版本后增加的功能，该功能可以跨区、跨域，甚至在不同的云平台上将多个集群整合成一个集群进行统一管理和调度，1.7 版本后开始支持本地的集群联邦管理)功能。

✧ 生态系统——在接口层之上的庞大生态系统，用于对容器集群进行管理和调度，可以划分为外部和内部两个范畴。外部包括日志、监控、配置管理、CI(持续集成)、CD(持续发布)、Workflow(工作流程)、FaaS(功能即服务)、OTS 应用、ChatOps(对话驱动的开发)等功能；内部包括 CRI(容器运行环境)、CNI(网络)、CVI(存储卷)、镜像仓库、Cloud Provider(云)、集群自身的配置和管理等功能。

2．Kubernetes 概念架构

Kubernetes 是基于分布式的架构，可以方便地管理跨机器运行的容器化应用。Kubernetes 包含有节点代理组件 kubelet 和 Master 组件(由 APIs 与 scheduler 等组成)，其概念架构如图 1-10 所示。

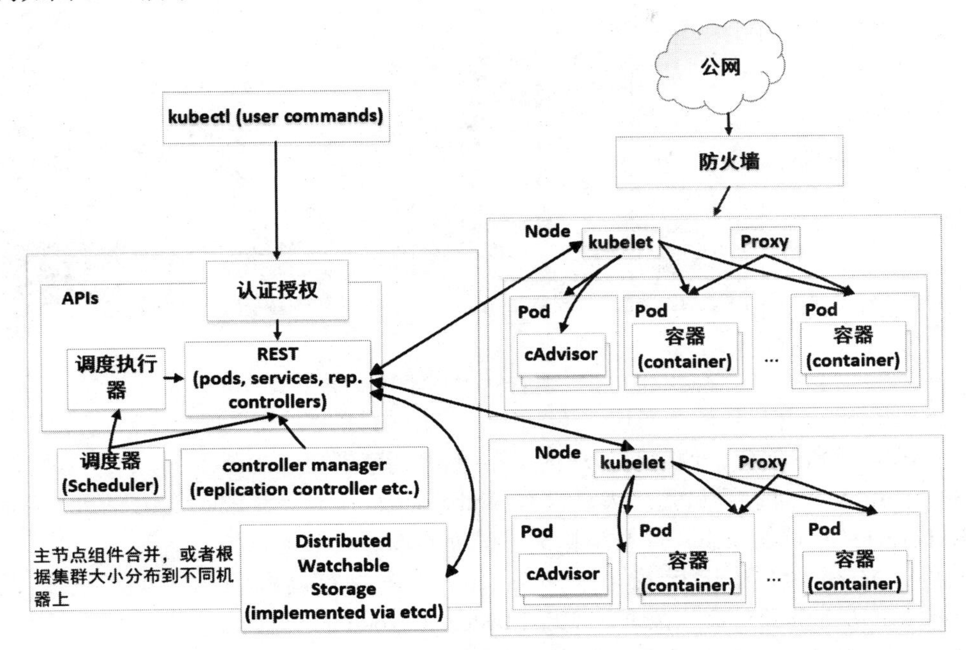

图 1-10　Kubernetes 概念架构图

3．Kubernetes 节点与组件

Kubernetes 为典型的 Master/Slave 式分布式集群架构，包含 Master 和 Node 两类节点。

Kubernetes 的集群控制服务运行在 Master 节点上，除控制服务之外的服务运行在 Node 节点上：

(1) Master 节点为控制节点，用于对整个集群进行管理和控制，如集群的调试、对外接口的提供、访问控制、对象的生命周期维护等工作。Master 是整个集群的“首脑”，通常部署在一个独立的服务器上，如果发生宕机或不可用，整个集群的管理也将失效。

(2) Node 在较早版本中也被称为 Minion，除 Master 节点以外的工作节点都称为 Node 节点。Node 节点可以是一台物理主机，也可以是一台虚拟机，负责处理集群中 Master 节点分配的工作负载，如容器的生命周期维护工作和负载均衡工作等。若 Node 节点发生宕机，Master 节点会将其上面的工作负载自动转移到其他 Node 节点上。

Kubernetes 由一些重要的组件组成，它们分布在 Master 节点和 Node 节点上，各组件之间的关系如图 1-11 所示。

Master 节点上运行着三个核心组件，分别是 API Server、Scheduler 和 Controller：

(1) API Server 是访问 Kubernetes 集群的统一接口，同时它也是 Kubernetes 所有资源操作的唯一入口，需要通过它获取 Kubernetes 集群提供的认证、授权、访问控制、API 注册和发现等服务。

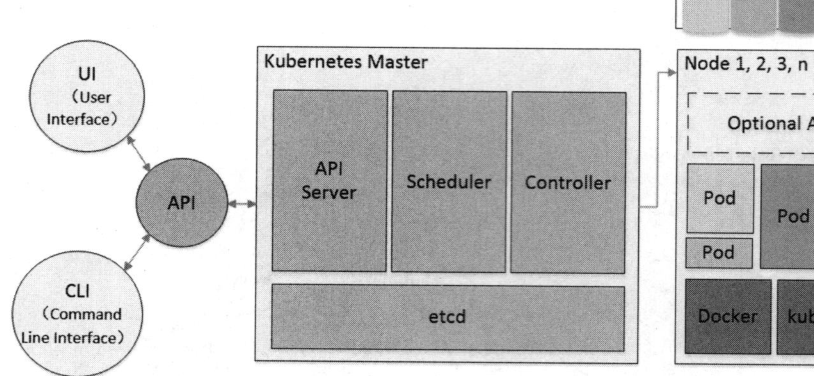
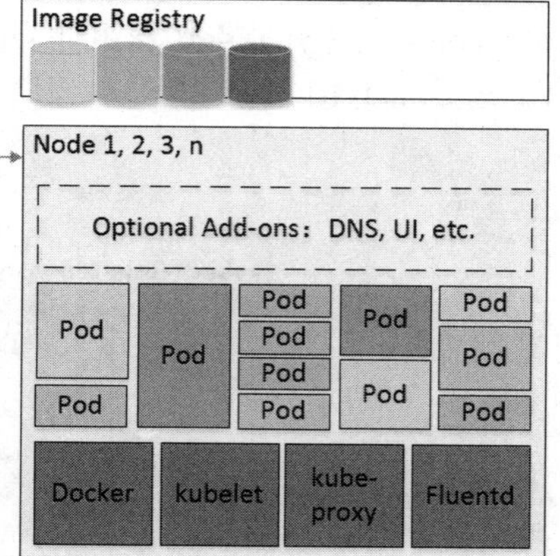

图 1-11　Kubernetes 各组件关系

(2) Scheduler 相当于“调度室”，负责资源的调度，即按照预定的调度策略将 Pod(Kubernetes 进行创建、调度和管理的最小单位)调度到相应的节点上。

(3) Controller 可以看做是“大总管”，Kubernetes 所有资源的自动化控制中心，负责维护 Kubernetes 集群的状态，如故障检测、扩展副本、滚动更新等。

此外，Master 上还运行着一个服务 etcd，作为存储和通信中间件，用于保存 Kubernetes 里所有资源对象的数据，实现 Master 和 Node 的一致性。

Node 节点上也运行着三个核心组件，分别是 kubelet、kube-proxy 和 Docker Engine：

(1) kubelet 负责维护 Pod 对应容器的生命周期，如创建、启动、运行、停止等，同时与 Master 节点密切协作，定时向 Master 节点汇报自身的资源使用情况，实现高效均衡的资源调度策略。

(2) kube-proxy 是实现 Kubernetes Service 的通信和负载均衡的重要组件。

(3) Docker Engine 即 Docker 引擎，负责本机的容器创建和管理工作。

除以上核心组件外，还有一些附加组件(Add-ons)。例如：组件 kube-dns 负责为整个集群提供 DNS 服务；组件 Ingress Controller 为服务提供外网入口；组件 Heapster 提供资源监控服务；组件 Dashboard 提供 GUI；组件 Federation 提供集群联邦服务，即为跨区域或跨服务商的 Kubernetes 集群提供统一管理和调度；组件 Fluentd 是一个面向多种数据来源和多种数据出口的日志收集器，提供集群日志采集、转发、存储与查询服务。

本章作为概述章节，从理论的角度对云计算及常用云计算框架——OpenStack 和 Kubernetes——做了一个简要的介绍。希望读者通过本章的学习，对本书所涉及的知识有一个系统全面的了解，为后续的学习打好基础。从第 2 章开始，本书将进入 OpenStack 的实践性学习环节。

本 章 小 结

通过本章的学习，读者应当了解：

✧ OpenStack 是一个进行云部署的操作平台或工具集，可以控制大量的计算、存

储、网络资源，但它本身不能进行虚拟化，需要依赖第三方软件。

✧ Eucalyptus、OpenNebula、CloudStack 和 OpenStack 都是目前主流的开源 IaaS 云平台。但 OpenStack 具备项目松耦合、组件配置较为灵活，二次开发容易等优势，因此在众多的开源 IaaS 云平台中脱颖而出。

✧ 搭建 OpenStack 环境时，一般需要搭建控制节点、计算节点、块存储节点、对象存储节点和网络节点等，其中块存储节点、对象存储节点和网络节点不是必选节点。

✧ OpenStack 环境搭建流程为：首先用户获得 Keystone 认证和授权；然后通过 Horizon 或 RestAPI 创建虚拟机服务(具体步骤为 Nova 项目创建虚拟机→使用 Glance 提供的镜像服务→通过 Neutron 为新建的虚拟机分配 IP 地址并纳入虚拟网络→Ironic 远程为虚拟机自动安装操作系统→Cinder 创建卷将虚拟机挂载到存储块)；最后通过 Swift 保存 Cinder 创建的卷、Glance 提供的镜像和 Nova 提供的虚拟机，或由 Cinder 直接保存镜像和虚拟机。Cellometer 则对整个过程进行监控。

✧ Kubernetes 是一个全新的、基于容器技术的分布式架构方案，也是一个开放的开发平台，既不限制编程语言，也不限定编程接口。

✧ Kubernetes、Docker Swarm、Mesos 都是十分成熟的容器管理平台，但 Kubernetes 因其深厚的研发经验、强大的社区支持以及不受编程语言限制等优势脱颖而出，成为众多企业的首选。

✧ Kubernets 是一个典型的 Master/Slave 式分布式集群架构，拥有 Master 和 Node 两类节点。其中，Master 节点是控制节点，负责整个集群的管理；Node 节点是工作节点，负责处理 Master 节点分配的工作负载。Master 节点若宕机或不可用，整个集群将瘫痪；而 Node 节点若宕机，Master 节点就会将其工作负载自动转移到其他正常节点上去。

本 章 练 习

1．简述 OpenStack 的概念及优势。

2．下列哪个不是开源的 IaaS 云平台_______。

A．Eucalyptus　　B．Kubernetes

C．CloudStack　　D．OpenStack

3．有关 OpenStack 的组件功能介绍，下列说法错误的是_______。

A．Keystone：为各服务组件提供用户认证和权限控制等功能

B．Horizon：为用户操作 OpenStack 中的各服务组件提供基于 Web 形式的图形界面

C．Neutron：为虚拟机提供镜像服务；使用 Nova 启动数据库实例；依附虚拟机提供数据的存储、操作和管理服务；备份数据库实例到 Swift

D．Glance：为虚拟机提供镜像服务，同时将服务中的镜像介质存放在 Swift 中

4．有关 OpenStack 框架搭建，下列说法错误的是_______。

A．OpenStack 框架搭建常用的节点为控制节点、计算节点、块存储节点、对象存储节点和网络节点

B．块存储节点和对象存储节点都用于提供存储服务，且都是必选的

C．计算节点默认使用 KVM 引擎运行虚拟机，除此之外还需要安装网络服务，以便将节点上的虚拟机连接到虚拟网络

D．可以在网络节点上部署多种模式的拓扑网络，例如 Flat、FlatDHCP 模式的网络，或是 VLAN、VXLAN 模式的网络

5．有关 Kubernetes 的说法，下列说法错误的是_______。

A．Kubernetes 采用了典型的 Master/Slave 架构，可以很方便地管理跨机器运行的容器化应用

B．Kubernetes 拥有 Master 节点和 Node 节点。Master 节点控制整个集群，Node 节点处理 Master 节点分配的工作负载

C．Master 节点上运行着 API Server、Scheduler 和 Controller 组件。Node 节点上运行着 kubelet、kube-proxy 和 Docker Engine 组件

D．Kubernetes 由四层组成，分别是核心层、应用层、管理层和接口层

6．简述 Kubernetes 的 Master 节点和 Node 节点的作用。

7．简述 Kubernetes 的 Master 节点和 Node 节点上运行的组件及各个组件的作用。

第 2 章　无人值守安装操作系统

本章目标

- 掌握 PXE 启动的原理
- 理解使用 Kickstart 和 Preseed 脚本安装系统的原理
- 掌握 Kickstart 和 Preseed 脚本的编写方法
- 掌握 DHCP Server、Apache Server、FTP Server 的配置方法
- 了解 CentOS 和 Ubuntu 系统自动安装配置方法的不同
- 能够进行 CentOS 和 Ubuntu 系统的自动安装

在安装 OpenStack 的组件之前，需要先安装宿主机操作系统，配置好网络环境，并创建相关的虚拟机。

由于 OpenStack 会使用较多的宿主机和虚拟机，给每一台宿主机和虚拟机手动安装操作系统就成了一项繁重的任务，而实现操作系统的自动化安装是一种较为可行的解决方案。另外，OpenStack 各组件及其管理的云端环境大多是借助网络进行通信的，因此对网络环境的配置就非常重要。

本章重点讲解 CentOS 与 Ubuntu 两种操作系统的自动安装方法。

2.1 PXE、Kickstart 与 Preseed

操作系统的自动安装主要涉及 PXE、Kickstart 与 Preseed 三种工具。首先使用 PXE 通过网络远程启动主机，然后使用 Kickstart 或 Preseed 脚本完成操作系统的无人值守安装。

2.1.1 PXE 简介

PXE(Pre-boot Execution Environment，预启动执行环境)是一种由 Intel 公司开发的技术，它工作在 Client/Server 的网络模式下，帮助工作站通过网络从远端服务器启动主机，然后下载操作系统的启动文件，进而完成操作系统安装。

1. PXE 工作原理

严格来说，PXE 并不是一种安装方式，而是一种引导方式。进行 PXE 安装的必要条件是待安装系统的计算机中必须包含支持 PXE 启动的网卡(NIC)。

PXE 在使用时分为 Client 端和 Server 端。其中，Server 端用于放置启动 Client 端和在 Client 端安装操作系统的文件；而 Client 端位于网卡的 ROM 中，当计算机引导时，BIOS 将 Client 端调入内存中执行，从而将上述存放在 Server 端的文件通过网络下载到本地的 Client 端。

运行 PXE 协议需要设置 DHCP Server 和 TFTP Server。其中，DHCP Server 会给 PXE 的 Client 端(要安装系统的主机)分配一个 IP 地址，Client 端可以通过这个 IP 地址与 Server 通信；而在 PXE Client 的 ROM 中存在 TFTP Client，因此 Client 端可以通过 TFTP 协议到 TFTP Server 下载启动软件到本机内存中并执行。该启动软件包会自动完成终端基本软件设置，从而引导预先安装在服务器中的终端操作系统。

2. PXE 启动过程

使用 PXE 启动的过程如下：

(1) PXE 的 Client 端从本机的 PXE 网卡启动，向本网络的 DHCP Server 索取本机 IP。

(2) DHCP Server 返回分配给 Client 端的 IP 地址，以及 PXE 文件在 Server 端上的存放位置(一般在一台 TFTP Server 上)。

(3) Client 端向本网络的 TFTP Server 索取 pxelinux.0 文件，用于引导没有安装操作系统的裸机启动。

(4) Client 端取得 pxelinux.0 文件后，执行该文件。

(5) 根据 pxelinu.0 的执行结果，通过 TFTP Server 加载 Linux 内核和文件系统。

(6) 进入安装画面，此时可选择 HTTP、FTP、NFS 方式之一进行系统安装。

PXE 启动的详细过程如图 2-1 所示。

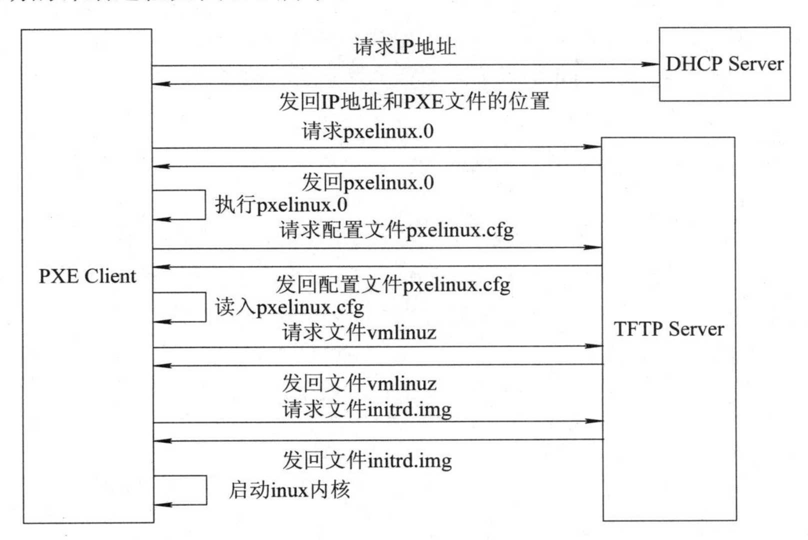

图 2-1　PXE 启动过程

2.1.2　Kickstart 与 Preseed

使用 PXE 启动之后，接下来可以使用脚本 Kickstart 与 Preseed 自动安装操作系统。通常情况下，自动安装 CentOS 系统只需使用 Kickstart 脚本，而自动安装 Ubuntu 系统则需结合使用 Kickstart 脚本与 Preseed 脚本。

1. Kickstart

Kickstart 是一种无人值守的安装方式，这种方式会将安装过程中所需的配置参数提前设置完毕，并生成一个名为“ks.cfg”的文件。如果计算机在安装过程中出现需要填写参数的情况，安装程序首先会查找文件 ks.cfg 中的参数，如果找到了合适的参数，就采用该参数；如果没找到，就需要安装者手动输入配置项，才能完成安装。

因此，如果文件 ks.cfg 中已经囊括了安装过程中所有可能需要的参数，那么安装者只需告知安装程序应从何处获取这个文件，就可以实现无人值守安装：使用 PXE 方法启动 Client 后，Client 端向 Installation Server 发送下载自动应答文件和安装文件的请求，随后 Installation Server 就会把自动应答文件和系统安装文件发送到 Client 端，进行安装。

安装完毕后，安装程序还会根据 ks.cfg 中的设置自动重启系统。

2. Preseed

Preseed 是 Debian/Ubuntu 操作系统自动安装的问答规范，用来预定义 Ubuntu 的安装配置，与服务器端交互的步骤和 Kickstart 相同。一般情况下，只需要首先配置好 Kickstart 文件，然后使用 Ubuntu 自带的 Preseed 文件即可完成安装，而不需要对其进行太多修改，具体配置方法会在后续说明。

2.2 使用 PXE+Kickstart 安装操作系统

本实验使用 CentOS 7.4 版作为宿主机和虚拟机的操作系统，该系统的手动安装方法参考《云计算与虚拟化技术》(西安电子科技大学出版社，2018)第 2 章，本章不再赘述。

2.2.1 准备 Server 端安装环境

使用 PXE 技术安装操作系统，需先配置好 Server 端的安装环境：将 DHCP Server、TFTP Server 和 HTTP Server(或者 FTP Server)等功能组件安装在同一台虚拟机上；然后在虚拟机上安装 CentOS 7.4 操作系统，并为虚拟机额外添加一块虚拟网卡。

具体实验环境如表 2-1 所示。

表 2-1 实验环境部署

项目名称	具 体 信 息	描 述
操作系统	CentOS 7.4	也可以使用 CentOS 7.3 或 7.5 操作系统
网卡 ens3	192.168.1.253/24	虚拟机工作用 IP 地址
网卡 eth0	192.168.180.1/24	用于 DHCP Server 的 IP 地址
需安装服务	Kickstart、DHCP、TFTP、FTP/HTTPD	自动安装操作系统时，可以使用 FTP 服务安装，也可以使用 HTTP 服务安装

1. 关闭防火墙

以 root 用户权限登录虚拟机操作系统，执行以下命令，关闭防火墙：

```
# systemctl stop firewalld
# systemctl disable firewalld
```

2. 关闭 SELinux

在虚拟机终端执行以下命令，关闭 SELinux：

```
# setenforce 0
```

然后使用 VI 编辑器编辑文件/etc/selinux/config，将其中的“SELINUX=enforcing”一行修改如下：

```
SELINUX=disabled
```

3. 安装配置 DHCP 服务

在终端执行以下命令，安装 DHCP 服务：

```
# yum install dhcp -y
```

使用 VI 编辑器编辑文件/etc/dhcp/dhcpd.conf，在其中追加以下内容：

```
default-lease-time 600;
max-lease-time 7200;
log-facility local7;

subnet 192.168.180.0 netmask 255.255.255.0 {
```

```
        option routers                  192.168.180.1;
        option subnet-mask              255.255.255.0;
        option domain-name-servers      192.168.180.1;
        option time-offset              -18000; # Eastern Standard Time
        range dynamic-bootp 192.168.180.10 192.168.180.200;
        default-lease-time 21600;
        max-lease-time 43200;
        next-server 192.168.180.1;
        filename "pxelinux.0";
}
```

使用 VI 编辑器编辑文件/usr/lib/systemd/system/dhcpd.service，在其中找到以下代码：

```
ExecStart=/usr/sbin/dhcpd -f -cf /etc/dhcp/dhcpd.conf -user dhcpd -group dhcpd --no-pid
```

在上述代码末尾追加写入“eth0”，将其修改如下：

```
ExecStart=/usr/sbin/dhcpd -f -cf /etc/dhcp/dhcpd.conf -user dhcpd -group dhcpd --no-pid eth0
```

通过上述操作，可以将新添加的网卡 eth0 配置为 DHCP Server 的入口。然后执行以下命令，重新启动 DHCP 服务：

```
# systemctl stop dhcpd
# systemctl daemon-reload
# systemctl start dhcpd
# systemctl enable dhcpd
```

最后执行以下命令，查看 DHCP 服务的状态：

```
# systemctl status dhcpd
```

可以看到，DHCP 服务已经正常运行，如图 2-2 所示。

```
[root@pxe-server system]# systemctl status dhcpd
● dhcpd.service - DHCPv4 Server Daemon
   Loaded: loaded (/usr/lib/systemd/system/dhcpd.service; disabled; vendor preset: disabled)
   Active: active (running) since Sat 2018-02-24 13:57:58 CST; 5s ago
     Docs: man:dhcpd(8)
           man:dhcpd.conf(5)
 Main PID: 17403 (dhcpd)
   Status: "Dispatching packets..."
   CGroup: /system.slice/dhcpd.service
           └─17403 /usr/sbin/dhcpd -f -cf /etc/dhcp/dhcpd.conf -user dhcpd -group dhcpd --no-pid eth0

Feb 24 13:57:58 pxe-server dhcpd[17403]: Not searching LDAP since ldap-server, ldap-port and ldap-bas..
Feb 24 13:57:58 pxe-server dhcpd[17403]: Internet Systems Consortium DHCP Server 4.2.5
Feb 24 13:57:58 pxe-server dhcpd[17403]: Copyright 2004-2013 Internet Systems Consortium.
Feb 24 13:57:58 pxe-server dhcpd[17403]: All rights reserved.
Feb 24 13:57:58 pxe-server dhcpd[17403]: For info, please visit https://www.isc.org/software/dhcp/
Feb 24 13:57:58 pxe-server dhcpd[17403]: Wrote 0 leases to leases file.
Feb 24 13:57:58 pxe-server dhcpd[17403]: Listening on LPF/eth0/52:54:00:5a:bb:4e/192.168.180.0/24
Feb 24 13:57:58 pxe-server dhcpd[17403]: Sending on   LPF/eth0/52:54:00:5a:bb:4e/192.168.180.0/24
Feb 24 13:57:58 pxe-server systemd[1]: Started DHCPv4 Server Daemon.
Feb 24 13:57:58 pxe-server dhcpd[17403]: Sending on   Socket/fallback/fallback-net
Hint: Some lines were ellipsized, use -l to show in full.
```

图 2-2　查看 DHCP 服务状态

4．安装配置 Apache 服务

如果希望使用 HTTP 协议安装系统，可执行以下命令，安装 Apache 服务：

```
# yum install -y httpd
```

然后执行以下命令，启动 Apache 服务，并将其配置为开机启动：

```
# systemctl start httpd
# systemctl enable httpd
```

最后执行以下命令，查看 Apache 服务状态：

```
# systemctl status httpd
```

如果输出如图 2-3 所示的信息，表明服务状态正常。

```
[root@pxe-server ~]# systemctl status httpd
● httpd.service - The Apache HTTP Server
   Loaded: loaded (/usr/lib/systemd/system/httpd.service; enabled; vendor preset: disabled)
   Active: active (running) since Sat 2018-02-24 14:47:51 CST; 1min 43s ago
     Docs: man:httpd(8)
           man:apachectl(8)
 Main PID: 18091 (httpd)
   Status: "Total requests: 0; Current requests/sec: 0; Current traffic:   0 B/sec"
   CGroup: /system.slice/httpd.service
           ├─18091 /usr/sbin/httpd -DFOREGROUND
           ├─18101 /usr/sbin/httpd -DFOREGROUND
           ├─18102 /usr/sbin/httpd -DFOREGROUND
           ├─18103 /usr/sbin/httpd -DFOREGROUND
           ├─18104 /usr/sbin/httpd -DFOREGROUND
           └─18105 /usr/sbin/httpd -DFOREGROUND

Feb 24 14:47:50 pxe-server systemd[1]: Starting The Apache HTTP Server...
```

图 2-3　查看 Apache 服务状态

注意：HTTP 协议的默认访问路径为/var/www/html，因此可将操作系统的安装文件放在这个路径下。

5．安装配置 VSFTPD 服务

如果希望通过 FTP 协议安装操作系统，可执行以下命令，安装 FTP 服务相关组件：

```
# yum install -y vsftpd
```

然后执行以下命令，启动 FTP 服务，并将其配置为开机启动：

```
# systemctl start vsftpd
# systemctl enable vsftpd
```

最后执行以下命令，查看 FTP 服务的状态：

```
# systemctl status vsftpd
```

如果输出如图 2-4 所示信息，表明 FTP 服务已正常运行。

```
[root@pxe-server ftp]# systemctl status vsftpd
● vsftpd.service - Vsftpd ftp daemon
   Loaded: loaded (/usr/lib/systemd/system/vsftpd.service; enabled; vendor preset: disabled)
   Active: active (running) since Sat 2018-02-24 14:57:49 CST; 1min 38s ago
 Main PID: 18321 (vsftpd)
   CGroup: /system.slice/vsftpd.service
           └─18321 /usr/sbin/vsftpd /etc/vsftpd/vsftpd.conf

Feb 24 14:57:49 pxe-server systemd[1]: Starting Vsftpd ftp daemon...
Feb 24 14:57:49 pxe-server systemd[1]: Started Vsftpd ftp daemon.
```

图 2-4　查看 FTP 服务状态

注意：可以选择 HTTP 和 FTP 两种协议之一完成安装。

6．准备安装文件

把操作系统的 ISO 安装文件上传到 PXE Server 上(本例上传到/home/iso 目录下)。安装时，CentOS 系统使用最大化安装包，Ubuntu 系统则一般使用 Server 版本的安装包。

以 CentOS 系统为例，首先执行以下命令，将 ISO 安装文件挂载到/mnt 目录下：

```
# mount -o loop /home/iso/centos.iso /mnt
```

如果使用 HTTP 协议安装系统，就要在/var/www/html 目录下新建一个子目录 centos，然后把/mnt 目录下的 ISO 安装文件全部复制到该目录当中，命令如下：

```
# cp -rf /mnt/* /var/www/html/centos
```

注意：Ubuntu 系统的安装文件使用相同的操作进行复制，但需要放到不同的目录下，例如/var/www/html/ubuntu。

如果使用 FTP 协议安装系统，则需把安装文件复制到/var/ftp 目录下，其他操作与使用 HTTP 协议时相同。

7. 安装配置 TFTP 服务

在终端执行以下命令，安装 TFTP 服务所需相关组件：

```
# yum install -y tftp-server tftp syslinux-tftpboot xinetd
```

使用 VI 编辑器编辑文件/etc/xinetd.d/tftp，将其内容修改如下：

```
service tftp
{
        socket_type         = dgram
        protocol            = udp
        wait                = yes
        user                = root
        server              = /usr/sbin/in.tftpd
        server_args         = -s /var/lib/tftpboot
        disable             = no   #此处的"yes"改为"no"
        per_source          = 11
        cps                 = 100 2
        flags               = IPv4
}
```

执行以下命令，建立目录/var/lib/tftpboot/centos7，用来存放自动安装 CentOS 时的启动文件：

```
# mkdir /var/lib/tftpboot/centos7
```

执行以下命令，把自动安装 CentOS 所需的启动文件复制到刚才建立的目录中：

```
# cp /var/www/html/centos/images/pxeboot/vmlinuz    /var/lib/tftpboot/centos7
# cp /var/www/html/centos/images/pxeboot/initrd.img /var/lib/tftpboot/centos7
# cp /var/www/html/centos/ioslinux/*     /var/lib/tftpboot/centos7
```

执行以下命令，把自动安装 Ubuntu 所需的启动文件复制到/var/lib/tftpboot 目录下：

```
# cd /var/www/html/server/install/netboot/
# cp -rf ./ubuntu-installer /var/lib/tftpboot
```

执行以下命令，创建自动启动系统所需使用的配置文件目录：

```
# mkdir /var/lib/tftpboot/pxelinux.cfg
```

执行以下命令，进入新建的配置文件目录，在其中创建一个名为“default”的文件，然后修改此文件的权限：

```
# cd /var/lib/tftpboot/pxelinux.cfg
# touch default
# chmod 755 default
```

执行以下命令，启动 Xinted 服务，TFTP 服务的正常运行依赖于这个服务：

```
# systemctl start xinetd
# systemctl enable xinetd
```

执行以下命令，查看 Xinted 服务的状态：

```
# systemctl status xinetd
```

如果输出如图 2-5 所示的信息，表明 Xinted 服务运行正常。

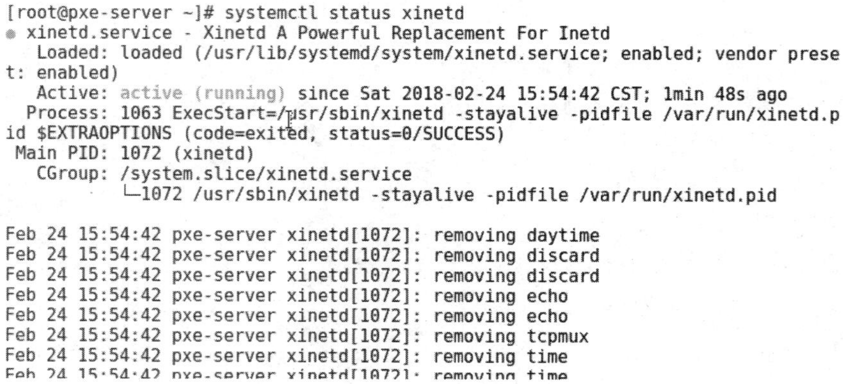

```
[root@pxe-server ~]# systemctl status xinetd
● xinetd.service - Xinetd A Powerful Replacement For Inetd
   Loaded: loaded (/usr/lib/systemd/system/xinetd.service; enabled; vendor prese
t: enabled)
   Active: active (running) since Sat 2018-02-24 15:54:42 CST; 1min 48s ago
  Process: 1063 ExecStart=/usr/sbin/xinetd -stayalive -pidfile /var/run/xinetd.p
id $EXTRAOPTIONS (code=exited, status=0/SUCCESS)
 Main PID: 1072 (xinetd)
   CGroup: /system.slice/xinetd.service
           └─1072 /usr/sbin/xinetd -stayalive -pidfile /var/run/xinetd.pid

Feb 24 15:54:42 pxe-server xinetd[1072]: removing daytime
Feb 24 15:54:42 pxe-server xinetd[1072]: removing discard
Feb 24 15:54:42 pxe-server xinetd[1072]: removing discard
Feb 24 15:54:42 pxe-server xinetd[1072]: removing echo
Feb 24 15:54:42 pxe-server xinetd[1072]: removing echo
Feb 24 15:54:42 pxe-server xinetd[1072]: removing tcpmux
Feb 24 15:54:42 pxe-server xinetd[1072]: removing time
Feb 24 15:54:42 pxe-server xinetd[1072]: removing time
```

图 2-5　查看 Xinted 服务的状态

8. 安装配置 Kickstart

(1) 安装 Kickstart 配置工具。

在 CentOS 环境下执行以下命令，安装用于配置 Kickstart 的工具：

```
# yum install -y system-config-kickstart
```

在 Ubuntu 环境下则执行以下命令，安装用于配置 Kickstart 的工具：

```
# apt-get -y update
# apt-get install -y system-config-kickstart
```

(2) 在 CentOS 环境下生成 Kickstart 配置文件。

在 CentOS 终端输入以下命令，启动 Kickstart 配置工具：

```
# system-config-kickstart
```

在弹出的 Kickstart 配置窗口【Kickstart Configurator】中，选择左边栏中的【Basic Configuration】项目，设置系统安装的基本信息，如图 2-6 所示。其中，【Default Language】和【Keyboard】保持默认设置；【Time Zone】可根据需要设置，例如设为“Aisa/Shanghai”；如果没选择【Encrypt root password】，则在生成的配置文件里密码将会以明码显示；如果选择最下面的【Reboot system after installation】和【Perform installation in text mode(graphical is default)】，将会通过字符界面安装系统，并在安装后自动重启，如果希望在图形界面中安装系统，则不要选择后一项。

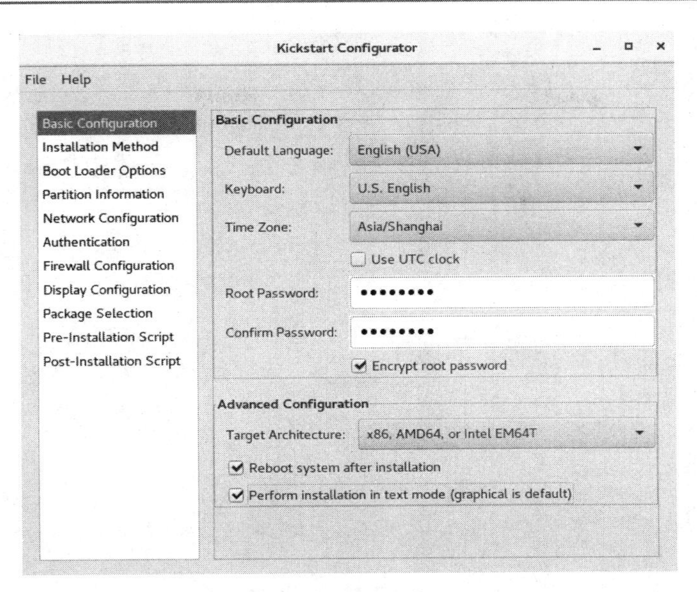

图 2-6　配置系统安装基本信息

选择窗口左边栏中的【Installation Method】项目配置系统安装方法和安装源，如图 2-7 所示。首先，在【Installation Method】栏目中选择【Perform new installation】，即进行一次全新安装；然后在【Installation source】栏目中选择【HTTP】，即通过 HTTP 协议获取安装源文件；接着，在【HTTP Server】后面的输入框中设置安装源服务器的 IP 地址(本实验使用的 IP 地址为“192.168.180.1”)，即配置 DHPC Server 时使用的网卡 eth0 的地址；在【HTTP Directory】后面的输入框中设置安装源文件的路径(本实验为“/centos”，即在安装源服务器的路径/var/www/html 下创建的 centos 目录)，如果不写入路径，则默认地址为/var/www/html。

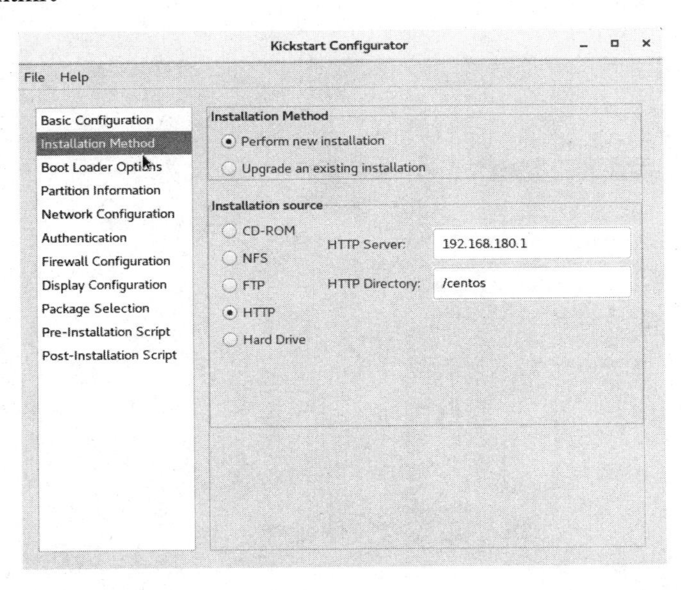

图 2-7　配置系统安装方法和安装源

如果使用 FTP 协议安装系统，则要先在【Installation source】栏目中选择【FTP】，然后分别在【FTP Server】与【FTP Directory】后输入安装源服务器的 IP 地址和源文件的存放路径。如果登录安装源服务器需要用户名和密码，要先选择【Specify an FTP username and password】，然后在【FTP Username】后输入用户名，在【FTP Password】后输入密码，如图 2-8 所示。

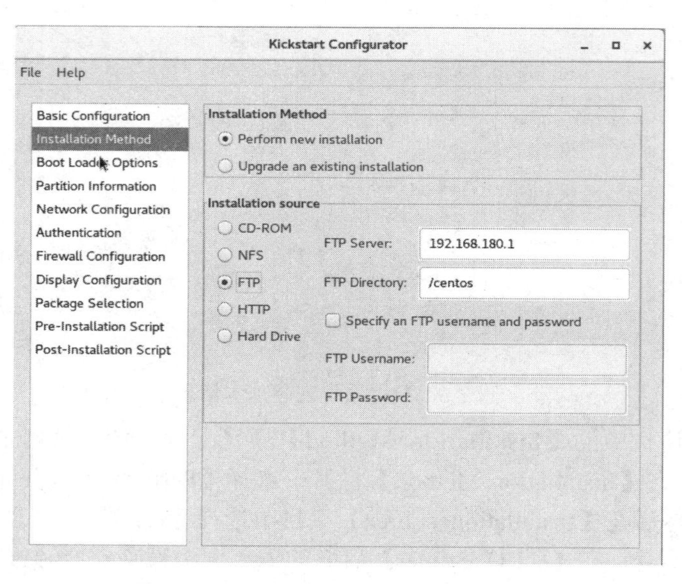

图 2-8　配置使用 FTP 协议时的安装源

选择窗口左边栏中的【Boot Loader Options】项目进入启动引导信息配置界面，由于是全新安装，应选择【Install Type】栏目下的【Install new boot loader】与【Install Options】栏目下的【Install boot loader on Master Boot Recorder(MBR)】，如图 2-9 所示。

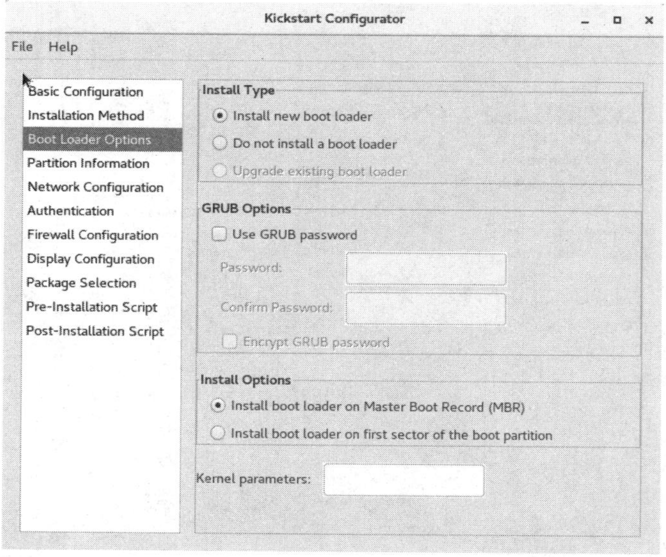

图 2-9　配置启动引导信息

选择窗口左边栏中的【Partition Information】项目配置硬盘分区，分别选择【Master Boot Record】栏目下的【Clear Master Boot Record】、【Partitions】栏目下的【Remove all existing partitions】和【Disk label】栏目下的【Initialize the disk label】，然后单击【Add】按钮，如图 2-10 所示。

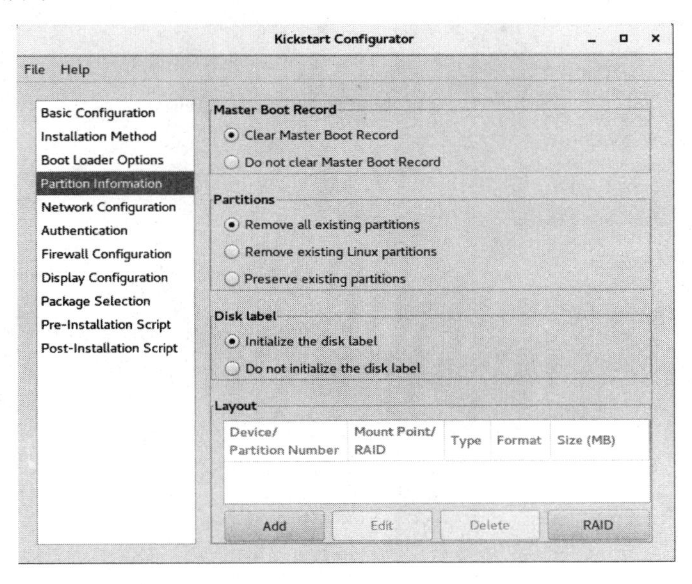

图 2-10　配置硬盘分区

在弹出的【Partition Options】界面中创建硬盘分区，注意分区前先计算好硬盘空间，如图 2-11 所示。

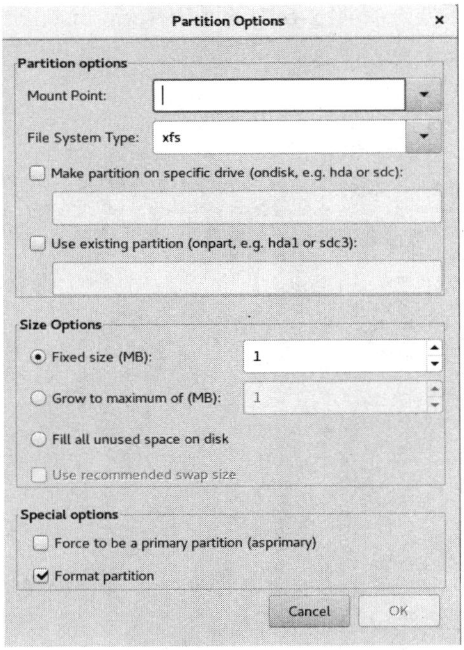

图 2-11　创建硬盘分区

选择左边栏中的【Firewall Configuration】项目，将【Firewall Configuration】栏目下的【SELinux】和【Security level】均设置为带【Disable】的项，即停止使用防火墙，如图 2-12 所示。

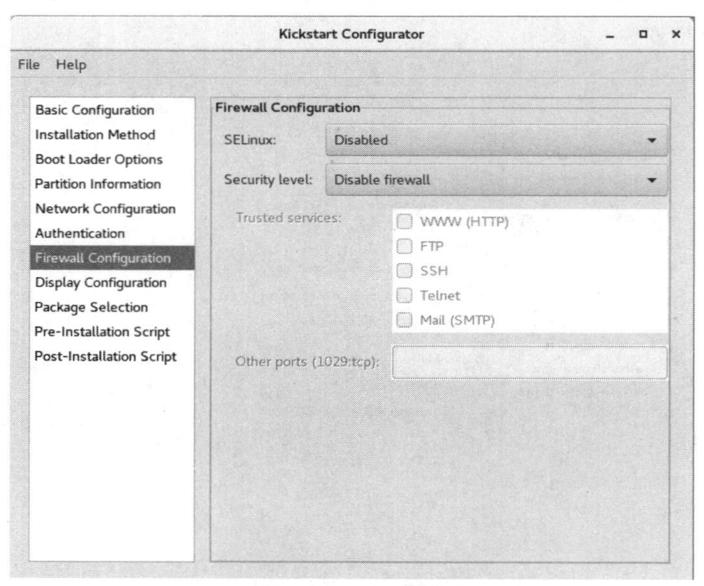

图 2-12　停用防火墙

选择左边栏中的【Display Configuration】项目，如果需要安装图形化界面，则选择【Install a graphical environment】项，并将【On first boot,Setup Agent is】设置为【Enabled】，即在启动时使用图形界面，否则就不要选择该项，如图 2-13 所示。注意：若要使此处的配置生效，则不要选择图 2-6 中的【Perform installation in text mode(graphical is default)】项。

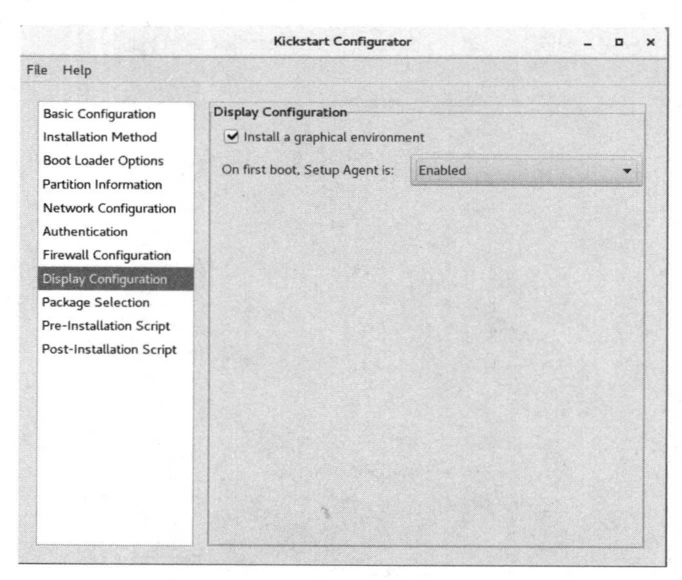

图 2-13　设置是否使用图形界面

由于本实验使用的是系统默认的软件源，因此不需配置【Package Selection】(安装包选择)相关项目，只需在生成的配置文件 ks.cfg 中写入相关的软件包名称即可。剩余的两个项目【Pre-Installation Script】(安装前脚本)和【Post-Installation Script】(安装后脚本)，由于本实验不需要使用，也不进行配置。

配置完成后，选择窗口菜单栏中的【File】/【Save】命令，保存配置文件，如图 2-14 所示。

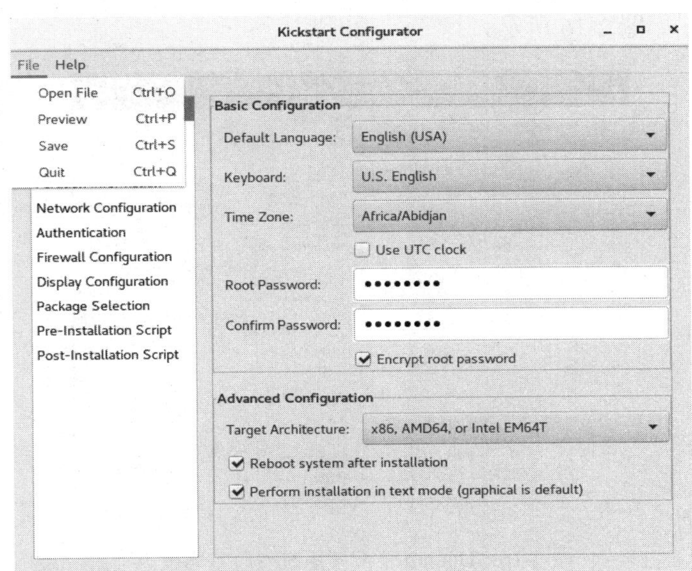

图 2-14　保存配置文件

在弹出的【system-config-kickstart】窗口中设置需保存配置文件的名称(默认为“ks.cfg”)和保存路径，然后单击右下角的【Save】按钮，如图 2-15 所示。

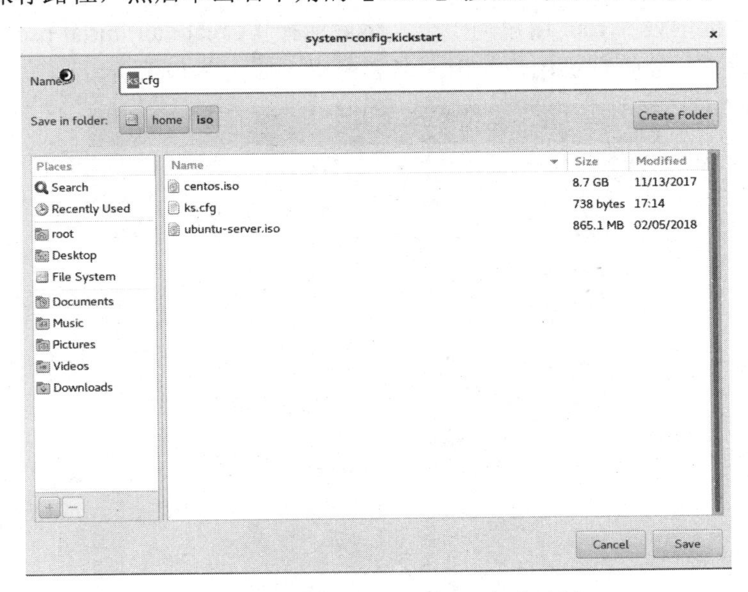

图 2-15　设置配置文件名称和保存路径

(3) 在 Ubuntu 环境下生成 Kickstart 配置文件。

Ubuntu 环境下的 Kickstarts 配置方法与 CentOS 环境下的方法基本相同，但要使用有图形界面的 Desktop 版本的 Ubuntu 系统。可以使用安装 Ubuntu Desktop 16.04 版本操作系统的虚拟机创建配置文件 ks.cfg，同时在配置过程中需要注意以下问题：

执行 system-config-kickstart 命令后，在 Kickstart 配置窗口中配置【Basic Configuration】项目时不要选择【Perform installation in interactive mode】项，否则需要手动输入配置信息，如图 2-16 所示。

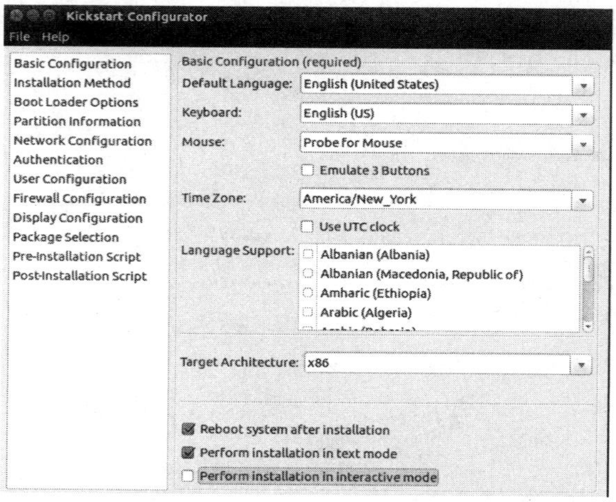

图 2-16　Ubuntu 下配置系统安装基本信息

Ubuntu 默认不允许直接使用 root 用户登录，所以必须先创建一个具有普通管理员权限的用户：Ubuntu 下的 Kickstart 配置窗口左边栏中会多出一个项目【User Configuration】，单击选择该项目，在右侧配置界面中选择【Enable the root account】，并在下方对应的输入框中设置 root 用户的密码，然后选择【Create an initial user】，并在下方对应的输入框中设置新建管理员用户的用户名和密码，如图 2-17 所示。

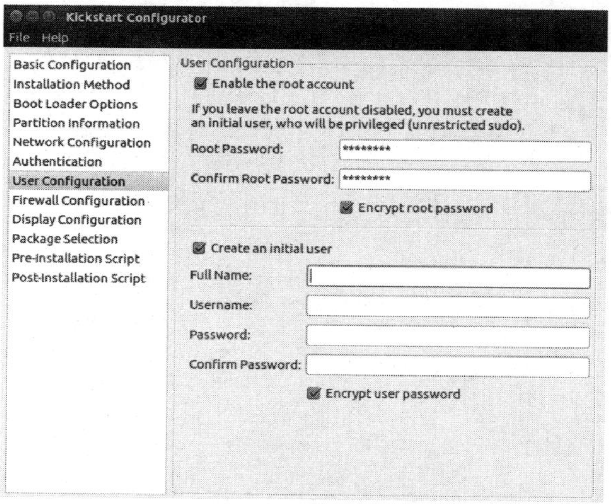

图 2-17　Ubuntu 下创建管理员用户

在对【Package Selection】项目进行配置时，右侧配置界面中会出现一个选项【Kubuntu Desktop】，如果要安装 Server 版本的 Ubuntu，则不要选择该选项，如图 2-18 所示。

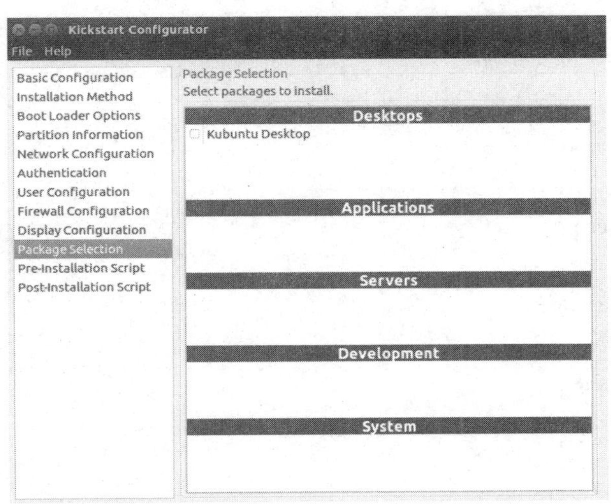

图 2-18　Ubuntu 下选择系统安装包

9．编辑 Kickstart 和 Preseed 文件

(1) CentOS 下编辑 Kickstart 配置文件。

在 CentOS 环境下生成的配置文件 ks.cfg 内容如下：

```
#platform=x86, AMD64, or Intel EM64T
#version=DEVEL
# Install OS instead of upgrade
install
# Keyboard layouts
keyboard 'us'
# Root password
rootpw --iscrypted $1$Tt0hnzn5$2..5Im0Dg8Ho9I9V8zgLN.
# Use network installation
url --url="http://192.168.180.1/centos"
# System language
lang en_US
# Firewall configuration
firewall --disabled
# System authorization information
auth  --useshadow  --passalgo=sha512
# Use text mode install
text
firstboot --disable
# SELinux configuration
```

```
selinux --disabled

# Reboot after installation
reboot
# System timezone
timezone Africa/Abidjan
# System bootloader configuration
bootloader --location=mbr
# Clear the Master Boot Record
zerombr
# # Partition clearing information
clearpart --all --initlabel
# Disk partitioning information
part / --fstype="xfs" --size=10000
part /boot --fstype="xfs" --size=2000
part /tmp --fstype="xfs" --size=10000
part /var --fstype="xfs" --size=10000
part /home --fstype="xfs" --size=48000
```

由于未指定安装包，需要在文件末尾追加以下内容：

```
%packages
@base
@core
@desktop-debugging
@dial-up
@directory-client
@fonts
@gnome-apps
@gnome-desktop
@graphical-admin-tools
@guest-agents
@guest-desktop-agents
@input-methods
@internet-browser
@java-platform
@multimedia
@network-file-system-client
@print-client
@remote-desktop-clients
@virtualization-client
@virtualization-platform
```

```
@virtualization-tools
@x11
fence-virtd-libvirt
fence-virtd-multicast
fence-virtd-serial
libguestfs-java
libguestfs-tools
libvirt-cim
libvirt-java
libvirt-snmp
perl-Sys-Virt
policycoreutils-gui
qemu-kvm-tools
screen
setroubleshoot
system-config-kickstart
wireshark-gnome
%end
```

(2) Ubuntu 下编辑 Kickstart 配置文件。

在 Ubuntu 环境下生成的配置文件 ks.cfg 内容如下：

```
#Generated by Kickstart Configurator
#platform=x86

#System language
lang en_US
#Language modules to install
langsupport en_US
#System keyboard
keyboard us
#System mouse
mouse
#System timezone
timezone America/New_York
#Root password
rootpw --iscrypted $1$GMw/A3YR$L4q2OTZJt3cBo2Ec4OI/N/
#Initial user
user admin123 --fullname "admin123" --iscrypted --password $1$Lf6P5bd2$eWeUFTzhNhvm55zBKktQf0
#Reboot after installation
reboot
#Use text mode install
```

```
text
#Install OS instead of upgrade
install
#Use Web installation
url --url http://192.168.180.1/server
#System bootloader configuration
bootloader --location=mbr
#Clear the Master Boot Record
zerombr yes
# Partition clearing information
clearpart --all --initlabel
#Disk partitioning information
part /10000 --fstype ext4 --size 1
part /boot --fstype ext4 --size 2000
part /tmp --fstype ext4 --size 10000
part /var --fstype ext4 --size 10000
part /home --fstype ext4 --size 48000
#System authorization infomation
auth   --useshadow   --enablemd5
#Firewall configuration
firewall --disabled
#Do not configure the X Window System
skipx
```

编辑 Ubuntu 安装文件存放路径下的目录 preseed 中的文件 ubuntu-server.seed，在其中添加操作系统的安装路径，本实验添加的内容如下：

```
d-i live-installer/net-image string http://192.168.180.1/install/filesystem.squashfs
```

修改后的文件 ubuntu-server.seed 内容如下：

```
d-i live-installer/net-image string http://192.168.180.1/server/install/filesystem.squashfs
# Suggest LVM by default.
d-i     partman-auto/init_automatically_partition     string some_device_lvm
d-i     partman-auto/init_automatically_partition     seen false
# Install the Ubuntu Server seed.
tasksel  tasksel/force-tasks       string server
# Only install basic language packs. Let tasksel ask about tasks.
d-i     pkgsel/language-pack-patterns  string
# No language support packages.
d-i     pkgsel/install-language-support        boolean false
# Only ask the UTC question if there are other operating systems installed.
d-i     clock-setup/utc-auto    boolean true
# Verbose output and no boot splash screen.
```

```
d-i      debian-installer/quiet   boolean false
d-i      debian-installer/splash  boolean false
# Install the debconf oem-config frontend (if in OEM mode).
d-i      oem-config-udeb/frontend      string debconf
# Wait for two seconds in grub
d-i      grub-installer/timeout   string 2
# Add the network and tasks oem-config steps by default.
oem-config      oem-config/steps          multiselect language, timezone, keyboard, user, network, tasks
```

注意：自动安装 Ubuntu 时，需要把 ks.cfg 和 ubuntu-server.seed 两个文件同时配置好。

10．配置 default 文件

最后配置文件/var/lib/tftpboot/pxelinux.cfg/default，用来指定启动菜单，使用 VI 编辑器编辑这个文件，在其中添加以下内容：

```
default menu.c32
prompt 1
timeout 100
menu title ########## PXE Boot Menu ##########
label 1
menu label ^1) Install CentOS 7 x64 with Local Repo
menudefault
kernel centos7/vmlinuz
append initrd=centos7/initrd.img text ks=http://192.168.180.1/centos/ks.cfg
label 2
menu label ^2) Install Ubuntu16.04 server x64
menudefault
kernel ubuntu-installer/amd64/linux
append ks=http://192.168.180.1/server/ks.cfg preseed/url=http://192.168.180.1/server/preseed/ubuntu-server.seed
vga=788 initrd=ubuntu-installer/amd64/initrd.gz -quiet
```

上述代码配置了自动安装两种操作系统："label ^1)" 对应的是 CentOS 操作系统，"label ^2)" 对应的是 Ubuntu Server 版操作系统。使用 PXE 自动启动虚拟机时，会出现系统选择界面，默认情况下，等待超时后自动选择"label ^1)"，如果需要安装 Ubuntu 系统，则需要手动选择"label ^2)"。

2.2.2　安装操作系统

使用 PXE+Kickstart 既可以自动给虚拟机安装操作系统，也可以给宿主机安装操作系统。给宿主机安装系统前，需要进入宿主机的 BIOS，将启动方式设置为 PXE；若给虚拟机安装系统，则需在创建虚拟机时选择相应的启动方式，并对内存进行分配。下面以给虚拟机安装操作系统为例，讲解具体的安装操作方法。

1. 创建虚拟机

在宿主机终端启动 virt-manager，进入【New VM】界面，创建虚拟机，创建过程中需注意以下几点：

(1) 在虚拟机系统启动方式设置界面中选择从【Network Boot(PXE)】启动系统，如图 2-19 所示。

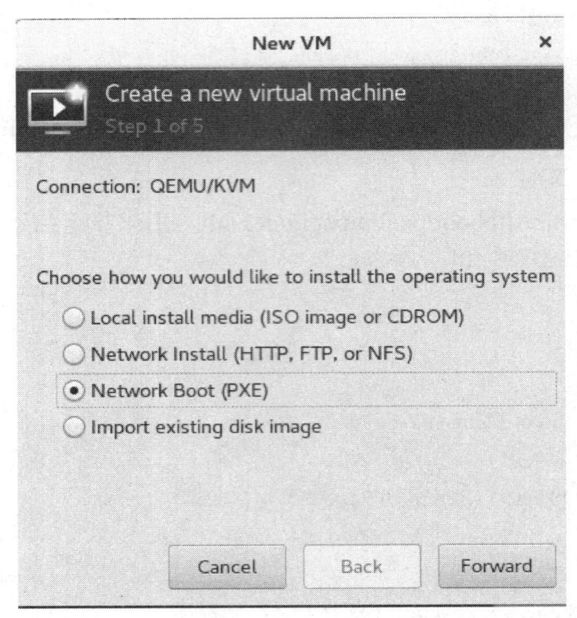

图 2-19　设置启动方式为 Network Boot(PXE)

(2) 在虚拟机内存分配界面中给虚拟机分配 2G 以上的内存。如果内存不够，有可能导致启动不成功，从而无法进行后续安装，如图 2-20 所示。

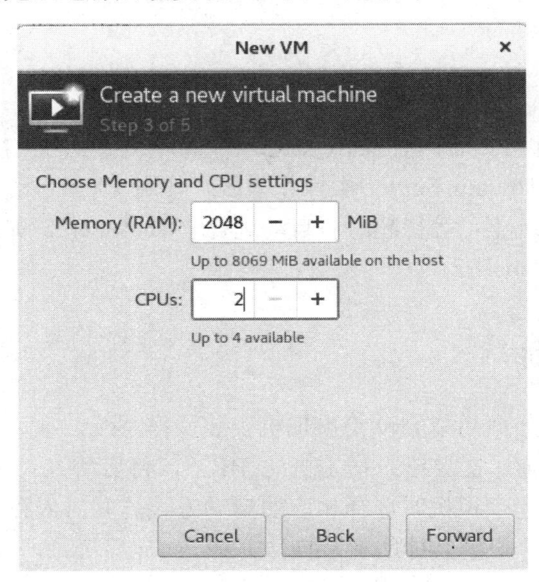

图 2-20　给虚拟机分配足够内存

2．自动安装操作系统

使用 PXE 自动启动虚拟机，如图 2-21 所示。

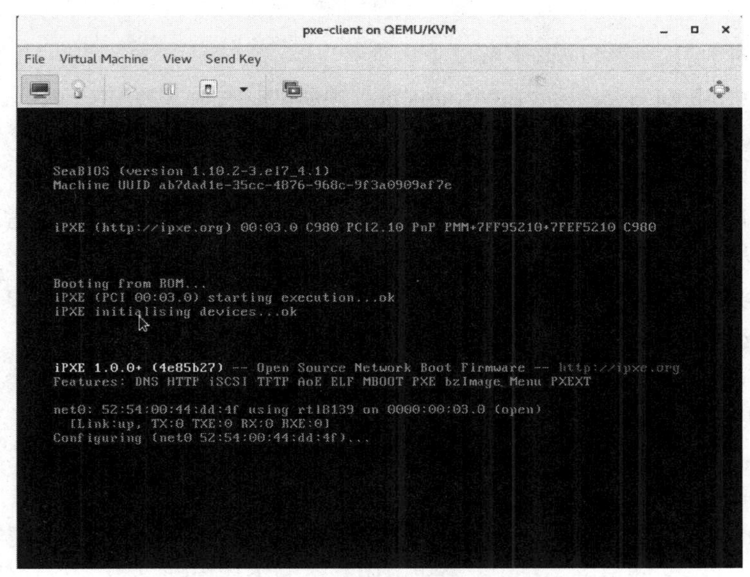

图 2-21　使用 PXE 启动虚拟机

如果编辑 default 文件时设置的自动安装的操作系统超过一种，则需手动选择要安装哪一种系统，这是自动安装时唯一一次需要人机交互的地方。如果不进行选择，则需要安装操作系统的主机会在默认的超时时间过后，自动安装第一行所对应的系统，如图 2-22 所示。

图 2-22　选择需要安装的操作系统

如果配置了自动重启，系统安装完成后，主机会自动重启进入系统，然后用户就可以根据需求进行相应的配置和操作。

本 章 小 结

通过本章的学习，读者应该了解以下内容：

✧ PXE(Pre-boot Execution Environment，预启动执行环境)是由 Intel 公司开发的最新技术，可运行在 Client/Server 的网络模式下。

✧ 使用 PXE 可以通过网络启动没有安装操作系统的物理机或者虚拟机。

✧ 使用 Kickstrat+Preseed 的方法可以实现 CentOS 或者 Ubuntu 操作系统的无人值守安装，适用于物理机和虚拟机的大规模自动部署。

✧ 要实现操作系统的自动化安装，需要在 PXE Server 上启动 DHCP 服务，然后给需要安装操作系统的 PXE Client 分配 IP 地址。

✧ PXE Server 上需要配置 Apache 或 FTP 服务，PXE Client 可通过其中任何一种服务实现操作系统自动安装。

本 章 练 习

1．简述 PXE 的工作原理。

2．简述 Kickstart 和 Preseed 自动安装操作系统的工作原理。

3．下列关于 PXE 的说明正确的是________。

A．PXE 并不是一种安装方式，而是一种引导方式

B．PXE Server 不需要给客户端分配 IP 地址

C．PXE 可以不通过网络启动

D．PXE 服务器需要多块网卡

4．下列说法错误的是________。

A．自动化安装操作系统时，不需使用 TFTP 服务

B．自动化安装操作系统时，不需使用 DHCP 服务

C．自动化安装操作系统时，需要使用 HTTP 服务和 FTP 服务

D．自动化安装操作系统时，需要使用 HTTP 服务或 FTP 服务

5．用于配置启动菜单的 default 文件位于目录________中。

A．/var/lib/tftpboot/pxelinux.cfg/

B．/etc/lib/tftpboot/pxelinux.cfg/

C．/var/www/tftpboot/pxelinux.cfg/

D．/var/home/tftpboot/pxelinux.cfg/

6．配置一台 PXE 服务器，实现 CentOS 系统和 Ubuntu Server 版系统的无人值守安装。

第 3 章　OpenStack 网络基础

本章目标

- 了解 OpenStack 涉及的基础概念
- 掌握三层交换机的基本配置方法
- 能够使用网桥方式配置简单的 VLAN 网络
- 能够使用 Open vSwitch 方式配置简单的 VXLAN 网络

在 OpenStack 体系架构中，网络起着至关重要的作用，如果网络设计不合理，或者流量分配不均匀，就会在 OpenStack 平台形成瓶颈，使 OpenStack 的整体性能受到严重影响。因此，合理规划网络是 OpenStack 平台搭建的一个重要环节。但是，对于初学者而言，经常被 OpenStack 的网络问题弄得一头雾水，即使网络调试好了，也是知其然而不知其所以然。

鉴于此，本章首先会对 OpenStack 的网络基础知识进行一个简要介绍，然后使用模拟器进行三个实验，帮助读者初步理解 OpenStack 网络知识，并掌握 OpenStack 基础网络的配置方法。

3.1 OpenStack 网络基础

OpenStack 网络的拓扑结构如图 3-1 所示。

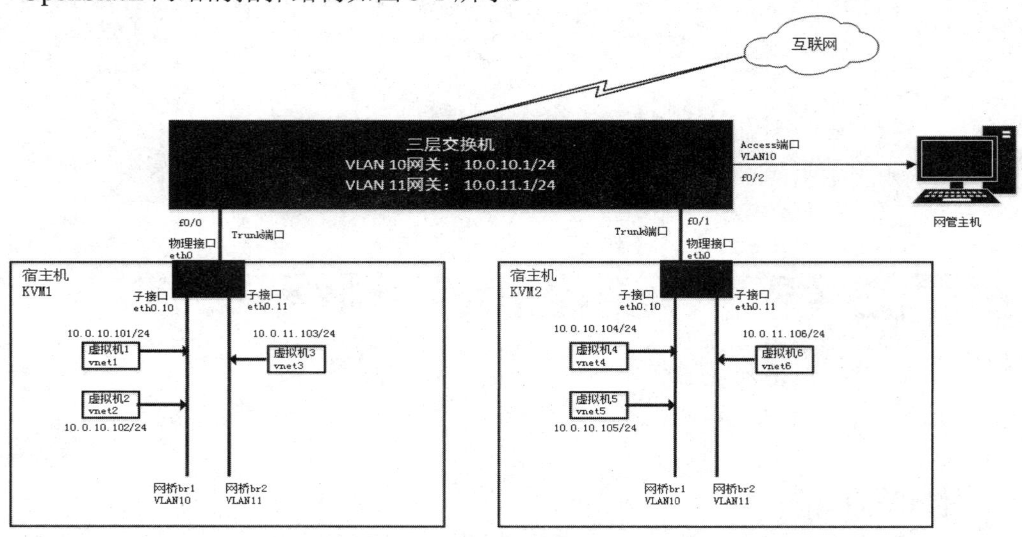

图 3-1　OpenStack 网络拓扑图

下面重点介绍 OpenStack 网络的基本构成组件，包括网桥(Bridge)、网关(gateway)、VLAN、子接口、Access 端口、Trunk 端口、二层交换机、三层交换机、VXLAN、GRE 和 Open vSwitch(OVS)。

3.1.1 网桥

网桥是工作在数据链路层的一个物理或者虚拟设备。在 OpenStack 网络中，网桥是连接虚拟机虚拟网络接口卡(下面简称“虚拟机网卡”)和宿主机物理网络接口卡(下面简称“物理网卡”)或者物理网卡子接口的一个虚拟设备。有了网桥，同一个网桥上的任何两个虚拟机之间就可以相互通信。

OpenStack 的网桥是在宿主机上创建的，用于给虚拟机网卡提供网络连接。例如，图 3-1 中，在宿主机 KVM1 上创建了名为“br1”的网桥，将虚拟机 1 的网卡 vnet1 和虚拟机

2 的网卡 vnet2 相连接，从而使虚拟机 1 和虚拟机 2 的网络连通，可以相互通信。

3.1.2　网关

在 OpenStack 中，不仅同一宿主机上的虚拟机之间要能进行通信，不同宿主机上的虚拟机之间也要能进行通信，虚拟机还要能访问 Internet。而要实现这些功能，仅有网桥是不够的，我们还需要网关。

顾名思义，网关(gateway)就是一个网络连接到另一个网络的“关口”，是工作在网络层的一个物理或者虚拟设备，能根据 IP 地址将数据包转发到另外一个网络中。我们已经知道，同一个网桥上面，虚拟机之间的相互通信是不需要经过网关的(如虚拟机 1 和虚拟机 2 之间的通信)，但虚拟机与宿主机以外的网络(下面简称“外部网络”)通信，不仅需要网桥，还需要一个设备来将信息转发到外部网络，这个设备就是网关。

网关必须设置在具有路由功能的设备上，如三层交换机或者路由器。当一个数据包需要被转发到其他网络时，数据包经过网关设备，网关设备会查询自己的路由表，根据路由表将其转发给相应的网络，使虚拟机可以访问 Internet，或者与不同宿主机上的虚拟机进行通信。

例如，图 3-1 中，将虚拟机 1 连接在网桥 br1 上，并在虚拟机 1 上配置网关 10.0.10.1(本例中的网关位于三层交换机上)。这样，虚拟机 1 发送给其他网络的数据包就会通过网桥 br1 转发给网关 10.0.10.1，网关检查数据包的目的 IP 地址，然后查询自己的路由表，判断该数据包是要发送给 Internet，还是要发送给虚拟机 6，最后根据查询结果，将数据包转发到外部网络，实现网络之间的通信。

3.1.3　VLAN

介绍 VLAN 技术之前，我们先来了解一下局域网中的数据包是如何转发的，进而引出 VLAN 的概念。

局域网内主机发送数据包之前，会先比较要发送的目的 IP 地址是否和自己网卡的 IP 地址在同一个网络中。如果不在同一个网络中，就会将数据包转发给网关，由网关继续进行转发；如果数据包的目的 IP 地址和自己网卡的 IP 地址在同一个网络中，就会对同一网络中的所有主机发送 ARP 广播，目的 IP 地址收到广播后，会将自己对应的 MAC 地址发回发送数据包的主机，主机根据收到的回复，完成数据包的转发。

例如，图 3-1 中，虚拟机 1 发送数据包给虚拟机 2 时，虚拟机 1 会先比较虚拟机 2 的 IP 地址和自己的 IP 地址。由于二者的 IP 地址都在 10.0.10.0/24 网络中，虚拟机 1 会在网桥上发一个 ARP 查询广播，虚拟机 2 收到广播后，将自己的 MAC 地址回复给虚拟机 1，虚拟机 1 就可以完成数据包的转发。显然，在实际生产环境中，如果将大量主机放到同一个局域网内，发生 ARP 广播的概率会大大提高，网络中的广播包会占用大量的带宽，影响网络的传输效率。为了解决这个问题，我们引入了 VLAN 技术。

VLAN 是虚拟局域网的简称，它将一个局域网中的主机划分到多个虚拟局域网中。一个主机发送 ARP 广播，只有在同一个虚拟局域网中的主机才会收到。通过这种方式，可将局域网划分为若干个 ARP 广播域，降低了局域网广播流量，提高了网络传输效率。

在规划 OpenStack 网络时，如果要使用 VLAN 网络类型(OpenStack 的网络类型会在第 5 章介绍)，通常会进行如下设计以简化 OpenStack 网络的复杂度：

(1) 将网桥和 VLAN 绑定，也就是说将某个网桥上连接的所有端口都划分到同一个 VLAN 中。使一个 VLAN 中的虚拟机都连接在同一个网桥上，不同 VLAN 中的虚拟机则连接在不同的网桥上。如图 3-1 所示，宿主机 KVM1 的网桥 br1 和 VLAN10 绑定，网桥 br2 和 VLAN11 绑定，这样，虚拟机 1 和虚拟机 2 就被划分到了 VLAN10 中，虚拟机 3 则被划分到了 VLAN11 中。

(2) 将网络与 VLAN 绑定。如图 3-1 所示，虚拟机 1、虚拟机 2、虚拟机 4、虚拟机 5 以及 VLAN10 的网关都在 VLAN10 中，IP 地址分别为 10.0.10.101/24、10.0.10.102/24、10.0.10.104/24、10.0.10.105/24 和 10.0.10.1/24，这五个 IP 地址都在 10.0.10.0/24 网络中；虚拟机 3，虚拟机 6 以及 VLAN11 的网关都在 VLAN11 中，IP 地址分别为 10.0.11.103/24、10.0.11.106/24 以及 10.0.11.1/24，这三个 IP 地址在 10.0.11.0/24 网络中。通过这种方式，将 VLAN10 和网络 10.0.10.0/24 绑定，VLAN11 和网络 10.0.11.0/24 绑定。

(3) 不同 VLAN 的主机之间是无法通信的，除非通过有路由功能的网关。如图 3-1 所示，虚拟机 1 位于 VLAN10 中，IP 地址为 10.0.10.101/24，网关为 10.0.10.1/24；虚拟机 6 位于 VLAN11 中，IP 地址为 10.0.11.106/24，网关配置为 10.0.11.0/24。因为有交换机提供路由功能，将来自 VLAN10 的数据包转发到 VLAN11 中，虚拟机 1 和虚拟机 6 才可以相互通信。

3.1.4 子接口

子接口(subinterface)是使用协议和技术由一个物理接口(interface)虚拟出来的多个逻辑接口，解决了设备物理接口数量有限的问题。

普通服务器通常只有四块网卡，因此，VLAN 数量少于 4 个时，可以将一个物理接口分配给一个 VLAN，作为 VLAN 与交换机通信的出口。但是，企业中 VLAN 的数量一般远大于 4 个，而当 VLAN 数量大于 4 时，就不能给每个 VLAN 都分配一个物理接口了。解决方法是将一个物理接口从逻辑上划分成若干子接口，每个子接口分配给一个 VLAN，作为 VLAN 与交换机通信的出口，这样就解决了物理接口不够用的问题。

例如，图 3-1 中，宿主机 KVM1 的 eth0.10 和 eth0.11 就是物理接口 eth0 的两个子接口，分别分配给 VLAN10 和 VLAN11，作为 VLAN10、VLAN11 与交换机通信的出口。

3.1.5 Access 端口和 Trunk 端口

Access 端口是接入特定 VLAN 的接口。每个 Access 端口只能属于一个特定的 VLAN，不能同时属于多个 VLAN；每个虚拟机也只能接收与自己 VLAN 号码相同的数据包。

例如，图 3-1 中，所有虚拟机的端口都是 Access 端口。虚拟机 1 属于 VLAN10，虚拟机 1 的端口是 VLAN10 的 Access 端口，由虚拟机 1 发送的数据包，会遵循 802.1Q 协议打上一个 VLAN10 的标签(标签号和 VLAN 号相同，例如，VLAN10 的标签即为标签 10)；虚拟机 3 属于 VLAN11，虚拟机 3 的端口是 VLAN11 的 Access 端口，由虚拟机 3 发

送的数据包也会遵循 802.1Q 协议打上一个 VLAN11 的标签。

Trunk 端口是一个特殊的端口，是宿主机与三层交换机相连的端口，需要在宿主机与三层交换机上各配置一个 Trunk 端口。宿主机的物理接口都会配置为 Trunk 端口，以收发所有 VLAN 的数据包；而物理接口的子接口会配置为 Access 端口，只收发某个特定 VLAN 的数据包。

如图 3-1 所示，宿主机 KVM1 和宿主机 KVM2 的 eth0 接口都是 Trunk 接口，用来在宿主机和三层交换机之间传输属于 VLAN10 和 VLAN11 的数据包。

图 3-1 中，虚拟机 1 和虚拟机 6 通信的具体过程如下：

(1) 虚拟机 1 属于 VLAN10，数据包从虚拟机 1 发出时，被打上标签 10。

(2) 数据包通过网桥 br1 发送给子接口 eth0.10，再通过子接口 eth0.10 发送到物理接口 eth0。

(3) eth0 端口是 Trunk 端口，可以传输来自任何 VLAN 的数据包，因此 VLAN10 数据包会通过 eth0 端口发送给交换机。

(4) 交换机看到数据包的源 IP 地址是虚拟机 1 的 IP 地址，属于 VLAN10，而目的地址是虚拟机 6，属于 VLAN11，查询路由表后，交换机将该数据包从 VLAN10 转发到 VLAN11，然后将数据包中的标签 10 换成标签 11，将数据包发送给宿主机 KVM2 的物理接口 eth0。

(5) Trunk 端口 eth0 收到数据包时发现标签为 11，于是将数据包转发给属于 VLAN11 的子接口 eth0.11，eth0.11 通过网桥 br2，将数据包最终转发到虚拟机 6。

(6) 虚拟机 6 收到后，发现数据包的标签为 11，与自己的 VLAN 号相同，就接收了数据包，完成通信过程。

3.1.6　二层交换机和三层交换机

无论二层交换机还是三层交换机，都可以将很多服务器或者网络设备连接起来。二层交换机和三层交换机的区别在于：三层交换机有路由功能，可以配置为网关，既能根据路由表转发跨 VLAN 的数据包，也可以转发访问 Internet 的数据包；而二层交换机只能转发同 VLAN 的数据包。

例如，图 3-1 中，虚拟机 1 和虚拟机 6 属于不同的 VLAN，通过三层交换机可以进行通信。但如果将三层交换机换成二层交换机，或者将三层交换机的路由功能关闭，虚拟机 1 就只能与同 VLAN 的虚拟机 2、虚拟机 4 和虚拟机 5 进行通信，因为二层交换机只能转发同 VLAN 的数据包。

3.1.7　VXLAN

在传统的 VLAN 网络中，交换机保存着每个虚拟机的 MAC 地址，用来提供同 VLAN 的虚拟机之间的通信，同时三层交换机也提供 VLAN 之间通信的网关。但随着网络规模的增大，这种方式也产生了一些问题：

(1) 在这种传统网络中，所有 VLAN 中的虚拟机数量不能超过交换机 MAC 表的大小，一旦超过了交换机 MAC 表的大小，就会造成交换机 MAC 地址表不稳定，网络传输质量大幅下降。

(2) 虚拟机之间的通信需要依靠交换机，而单个 VLAN 中虚拟机数量太多，会造成该 VLAN 中 ARP 广播频繁出现，造成网络传输质量急速下降。

(3) 虚拟机迁移前后，要求 IP 地址和 MAC 地址不改变，也就是要求迁移前后所属的 VLAN 不改变，这就导致管理员无法将一个虚拟机迁移出一个 VLAN。而每个 VLAN 中虚拟机的数量又不能太多，这就急需一个能够容纳更多虚拟机的二层网络。

(4) 交换机只支持 4096 个 VLAN，而在一些大中型的公有云环境中，所需要的 VLAN 数量要求远远大于 4096。

为了解决这些问题，许多公司共同提出了 VXLAN 的概念。VXLAN(Virtual eXtensible Local Area Network，虚拟可扩展的局域网)是一种在传统网络的基础上对报文进行重新封装的重叠(overlay)技术。VXLAN 通过三层网络来搭建虚拟的二层网络，原有的网络不需进行任何改动，只需在原来网络基础上架设一层新的网络，就可以将二层网络中的虚拟机数量扩大若干倍，解决交换机 MAC 地址表的瓶颈和频繁的 ARP 广播导致的网络质量下降等问题，并克服传统 VLAN 技术只能支持 4096 个网络的局限，解决公有云的多个租户需要分配各自独立的 IP 和 MAC 地址的问题，还能够实现跨宿主机的虚拟机之间的通信。

3.1.8 GRE

GRE(Generic Routing Encapsulation，通用路由封装)和 VXLAN 一样，也是一种在传统网络的基础上对报文进行重新封装的技术，主要作用有两个：

(1) 不同宿主机上的虚拟机进行通信时，虚拟机发出的 ARP 广播包会经 GRE 封装，并通过 GRE 隧道直接发送给目标虚拟机的宿主机，交换机看不到该广播信息，也就不会在 VLAN 网络中占用广播流量，从而解决广播域太大导致的网络传输质量下降问题。

(2) 虚拟机发出的数据包被 GRE 封装，交换机就看不到虚拟机的 MAC 地址，不会把虚拟机的 MAC 地址存入自己的 MAC 表中，从而减少交换机 MAC 表保存的地址条目，防止其数量超过 MAC 表容量而导致网络不稳定。

3.1.9 Open vSwitch

随着虚拟化技术的发展，使用软件在宿主机内构建一台与硬件交换机相同的软件交换机的需求越来越迫切。为满足这一需求，Open vSwitch 应运而生。

Open vSwitch 简称 OVS，是安装在宿主机上的软件虚拟交换机。当要在虚拟化环境下连接多台宿主机时，除使用网桥和 VLAN 技术以外，也可以借助 Open vSwitch。Open vSwitch 虽然不支持三层交换机的路由功能，但支持二层交换机的同 VLAN 转发功能，且支持如 802.1ag、LACP、NetFlow 和 OpenFlow 等协议。

3.2 VLAN 实验

本实验所用主机使用 Intel i5-4440 处理器，内存为 8G，使用普通机械硬盘，安装

Windows 7 操作系统，并确保有 80G 的剩余空间。

在 Windows 7 操作系统上使用网络模拟器 GNS3 0.8.6 版本来模拟三层交换机。使用 VMware WorkStation-12.5.7 模拟两台宿主机 KVM-1 和 KVM-2，然后在宿主机 KVM-1 上创建虚拟机 C7-1、C7-2，在宿主机 KVM-2 上创建虚拟机 C7-3、C7-4。

为了叙述清晰，本节将使用 VMware Workstation 模拟出来的宿主机(即第一层虚拟机)称为 VMware 虚拟机，KVM-1、KVM-2 都是 VMware 虚拟机；而将在 VMware 虚拟机 KVM-1 和 KVM-2 上创建的虚拟机(即第二层虚拟机)称为 KVM 虚拟机，C7-1、C7-2、C7-3 和 C7-4 都是 KVM 虚拟机。

3.2.1 安装配置 GNS3

GNS3 是目前最常用的网络设备模拟器，可以模拟多个厂商的网络设备。下面介绍 GNS3 软件的安装及配置方法。

1. 创建虚拟网卡

GNS3 是通过两块虚拟网卡连接到 VMware 虚拟机的，因此在安装 GNS3 之前，需要先安装 VMware Workstation 并创建虚拟网卡，安装方法如下：

(1) 启动 VMware Workstation 软件，选择菜单栏中的【编辑】/【虚拟网络编辑器】命令，如图 3-2 所示。

(2) 在弹出的【虚拟网络编辑器】对话框中单击【添加网络】按钮，在弹出的【添加虚拟网络】对话框中，将【选择要添加的网络】设置为【VMnet9】，然后单击【确定】按钮，关闭对话框，并单击上一级窗口中的【确定】按钮，如图 3-3 所示。至此，虚拟网卡 VMnet9 就创建完成了。

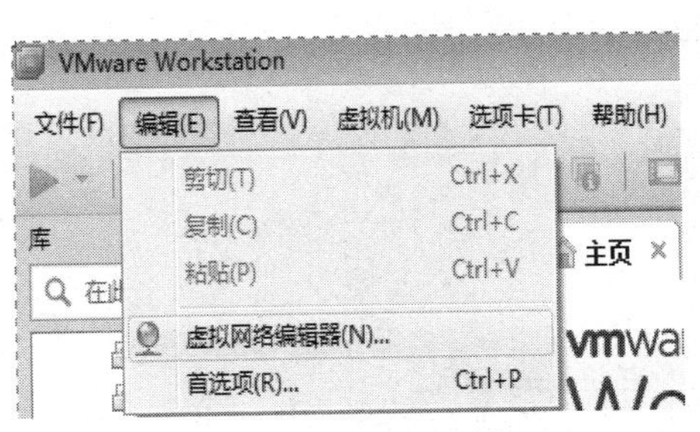

图 3-2　进入虚拟网络编辑器

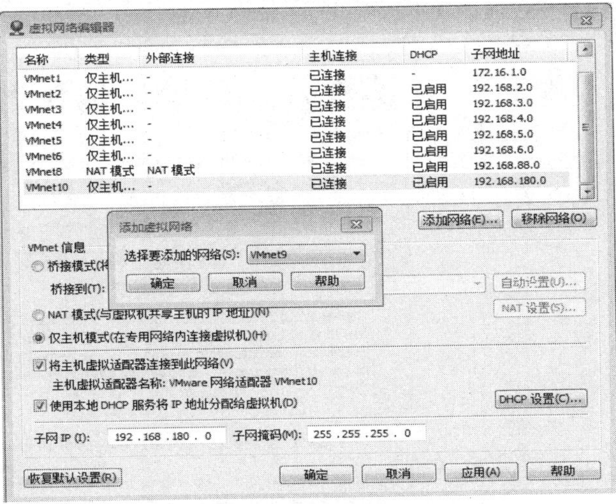

图 3-3　添加虚拟网卡 VMnet9

另外一块虚拟网卡 VMnet1 在安装 VMware Workstation 时已经自动创建好了，不需手工进行创建。

虚拟网卡创建完毕后，接下来开始安装 GNS3。

2. 安装 GNS3

安装 GNS3 软件时，需注意以下两条事项：

✧ GNS3 软件的安装路径必须是全英文的，且安装路径中间不能有空格。

✧ 安装 GNS3 时，需关闭 Windows 7 主机上安装的杀毒软件。

安装 GNS3 的具体步骤如下：

(1) 双击安装包 GNS3-0.8.6-all-in-one.exe，启动 GNS3 安装程序，在弹出的安装向导界面中单击【Next】按钮，如图 3-4 所示。

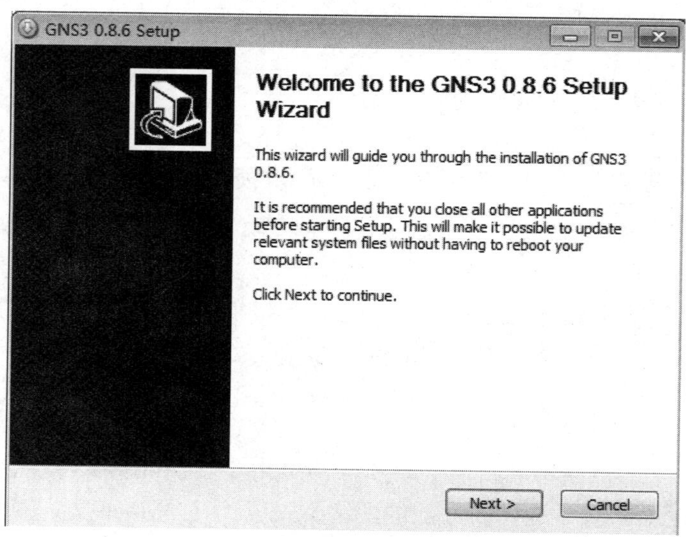

图 3-4 进入 GNS3 安装向导界面

(2) 在出现的【License Agreement】界面中单击【I Agree】按钮，同意安装许可协议，如图 3-5 所示。

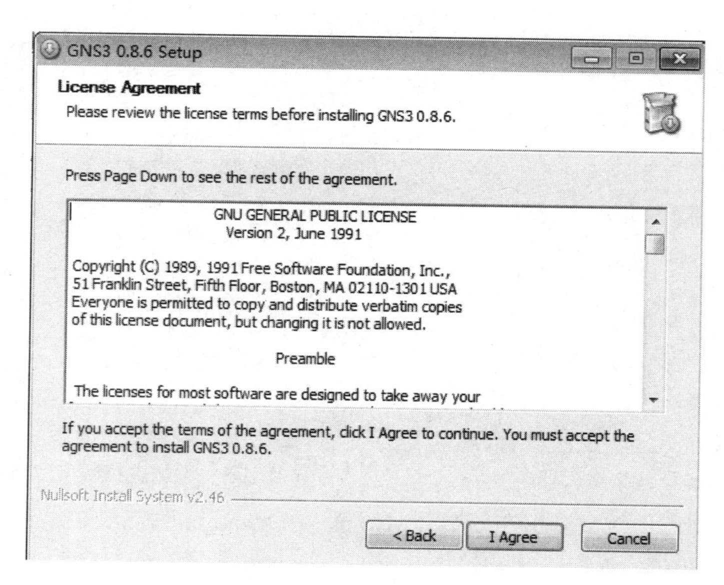

图 3-5 同意 GNS3 许可协议

(3) 在出现的【Choose Start Menu Folder】界面中单击【Next】按钮，选择所在的开始菜单文件夹，如图 3-6 所示。

(4) 在出现的【Choose Components】界面中保持默认的组件选择，然后单击【Next】按钮，如图 3-7 所示。

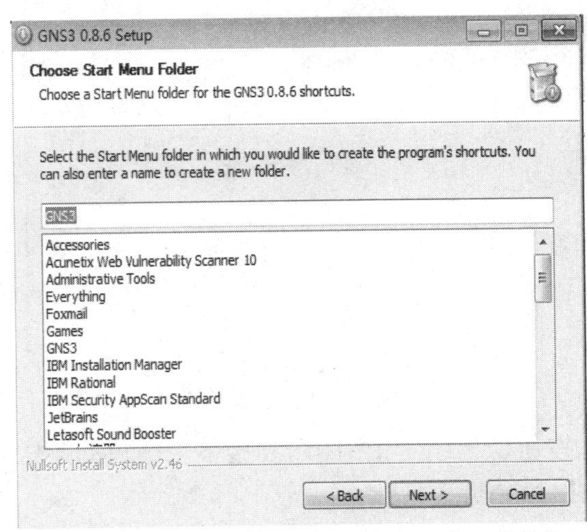

图 3-6　选择开始菜单文件夹

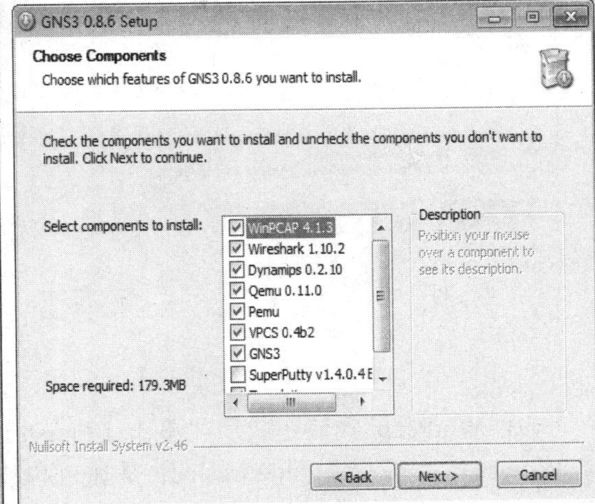

图 3-7　选择安装的 GNS3 组件

(5) 在出现的【Choose Install Location】界面中保持默认的安装路径，然后单击【Install】按钮，如图 3-8 所示。

(6) 接着会弹出 WinPcap 4.1.3 的安装向导(WinPcap 为 Windows 提供访问网络底层的能力，是 GNS3 模拟器必须安装的组件)界面，单击【Next】按钮，如图 3-9 所示。

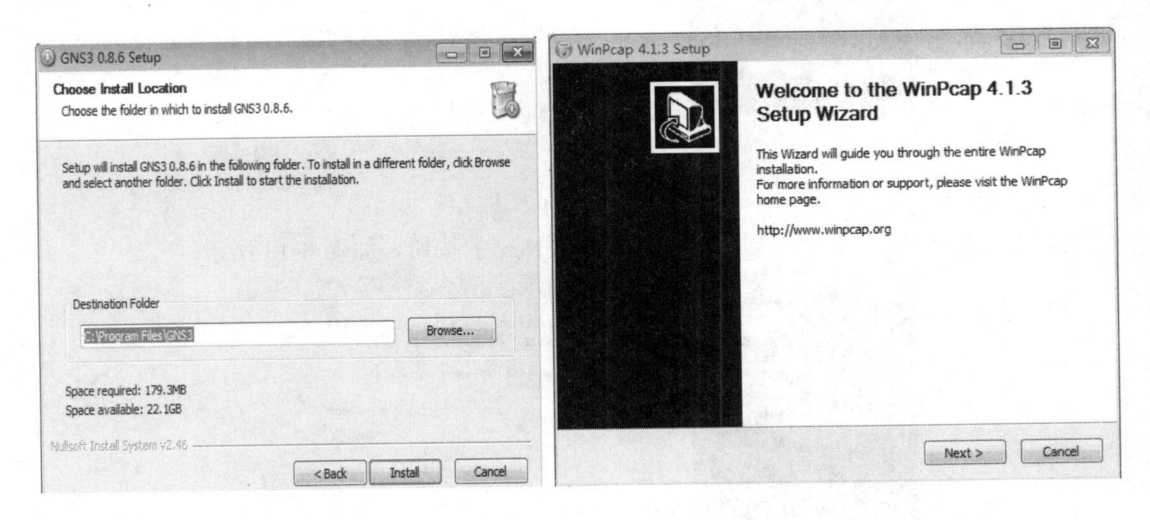

图 3-8　选择 GNS3 安装路径

图 3-9　进入 WinPcap 安装向导界面

(7) 在出现的【License Agreement】界面中单击【I Agree】按钮，如图 3-10 所示。

(8) 在出现的【Installation options】界面中保持默认选择，然后单击【Install】按钮，进行 WinPcap 的安装，如图 3-11 所示。

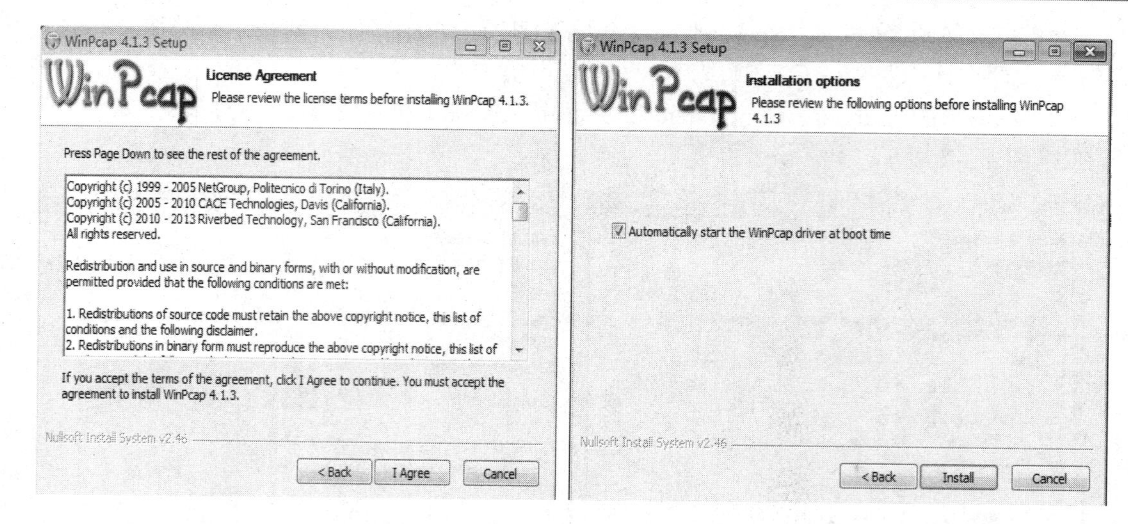

图 3-10　同意 WinPcap 许可协议　　　　图 3-11　选择 WinPcap 安装选项

(9) WinPcap 安装完成后，单击【Finish】按钮，如图 3-12 所示。接下来会自动跳转到 Wireshark 的安装界面(Wireshark 是抓包和数据包分析工具)。

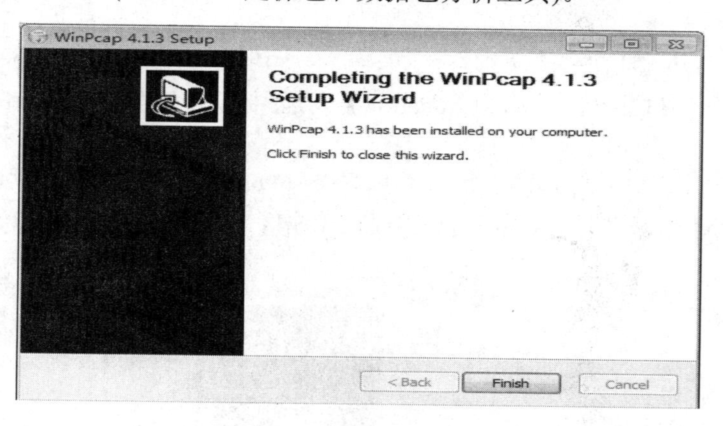

图 3-12　WinPcap 安装完成

(10) 在 Wireshark 安装向导界面中，单击【Next】按钮，如图 3-13 所示。

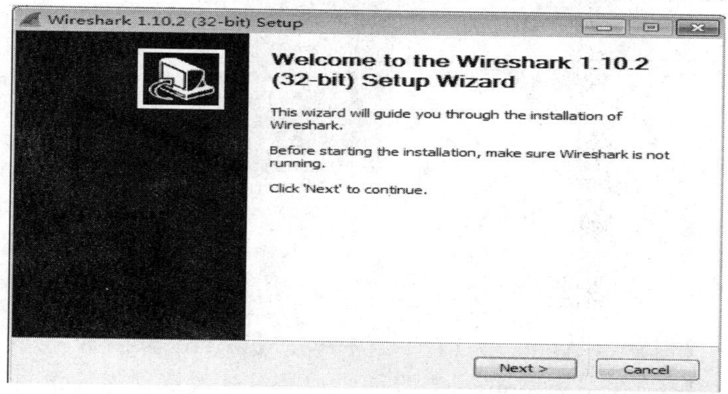

图 3-13　进入 Wireshark 安装向导界面

(11) 在出现的【License Agreement】界面中单击【I Agree】按钮，如图 3-14 所示。

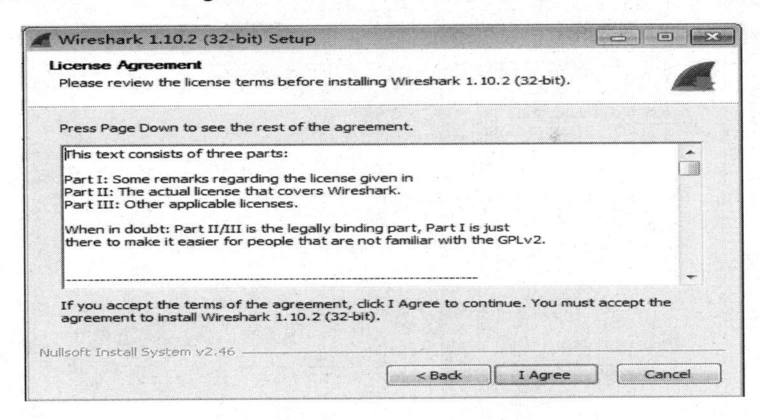

图 3-14　同意 Wireshark 许可协议

(12) 在出现的【Choose Components】界面中保持默认选项，单击【Next】按钮，如图 3-15 所示。

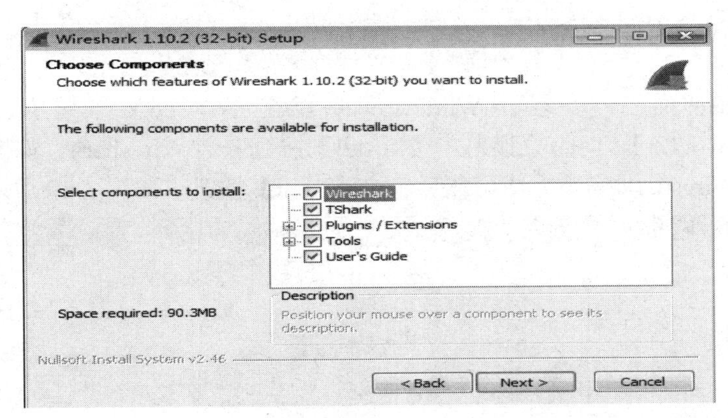

图 3-15　选择要安装的 Wireshark 组件

(13) 在出现的【Select Additional Tasks】界面中保持默认选择，然后单击【Next】按钮，如图 3-16 所示。

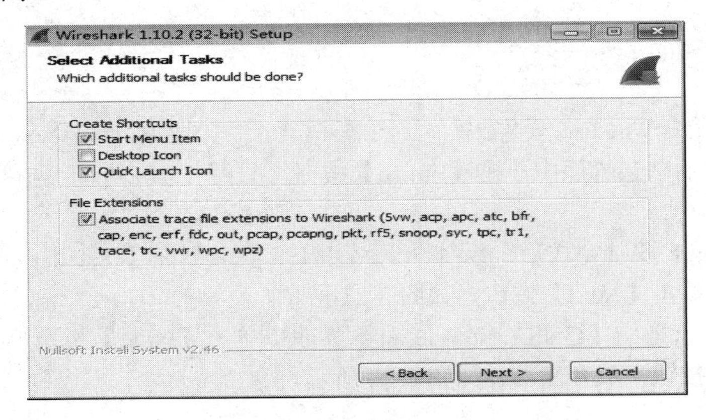

图 3-16　配置 Wireshark 额外选项

(14) 在出现的【Choose Install Location】界面中保持默认安装路径，单击【Next】按钮，如图 3-17 所示。

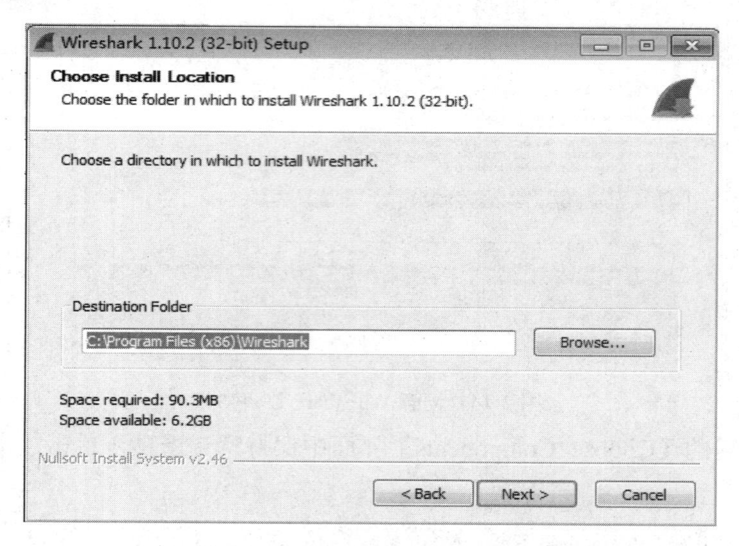

图 3-17　设置 Wireshark 安装路径

(15) 因为在前面已经安装了 WinPcap，所以在 Wireshark 安装确认界面中不勾选【Install WinPcap 4.1.3】，而是直接单击【Install】按钮安装 Wireshark，如图 3-18 所示。

(16) 等待 Wireshark 安装完毕，然后单击【Next】按钮，如图 3-19 所示。

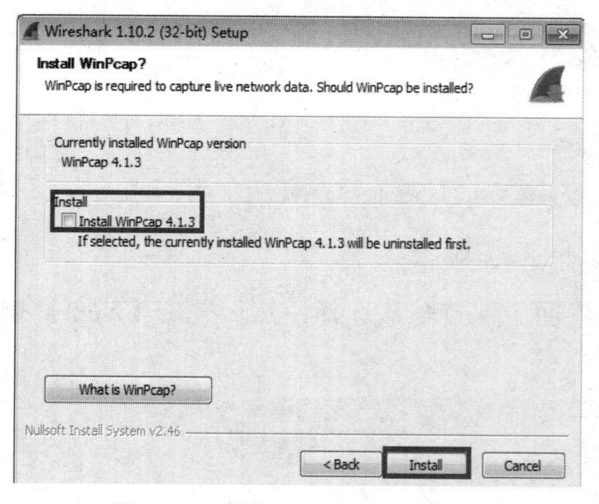

图 3-18　确认 Wireshark 安装配置

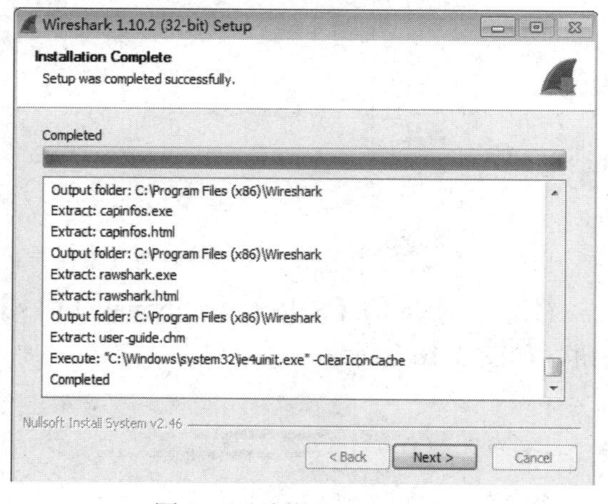

图 3-19　安装 Wireshark

(17) 在出现的确认界面中单击【Finish】按钮，如图 3-20 所示。至此，Wireshark 安装完成。

(18) Wireshark 安装完成后，系统会返回 GNS3 安装界面【Installation Complete】，等待安装完成后，单击【Next】按钮，如图 3-21 所示。

(19) 在随后出现的【GNS3 Newsletter】界面中单击【Next】按钮，在弹出的对话框中，单击【是】按钮，放弃注册，如图 3-22 所示。

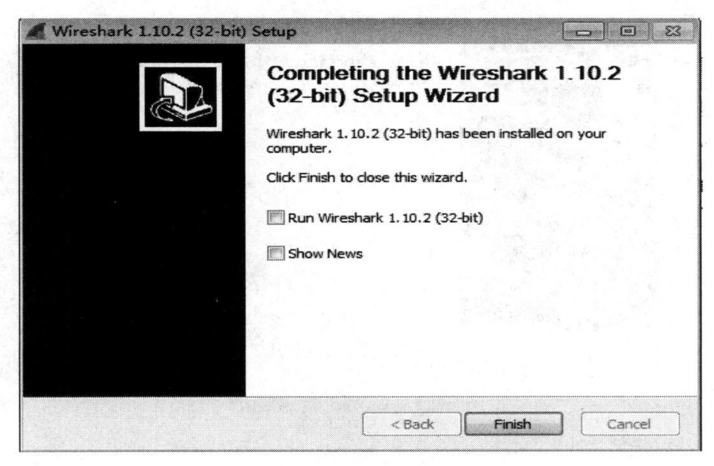

图 3-20　Wireshark 安装完成

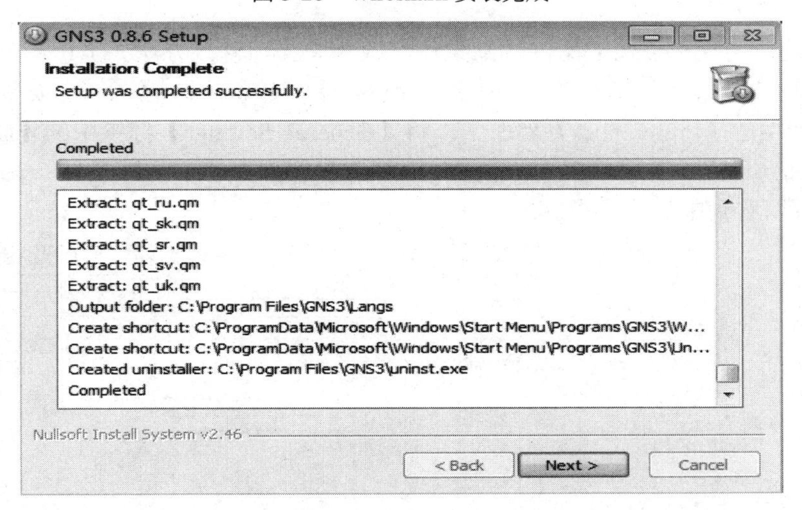

图 3-21　安装 GNS3

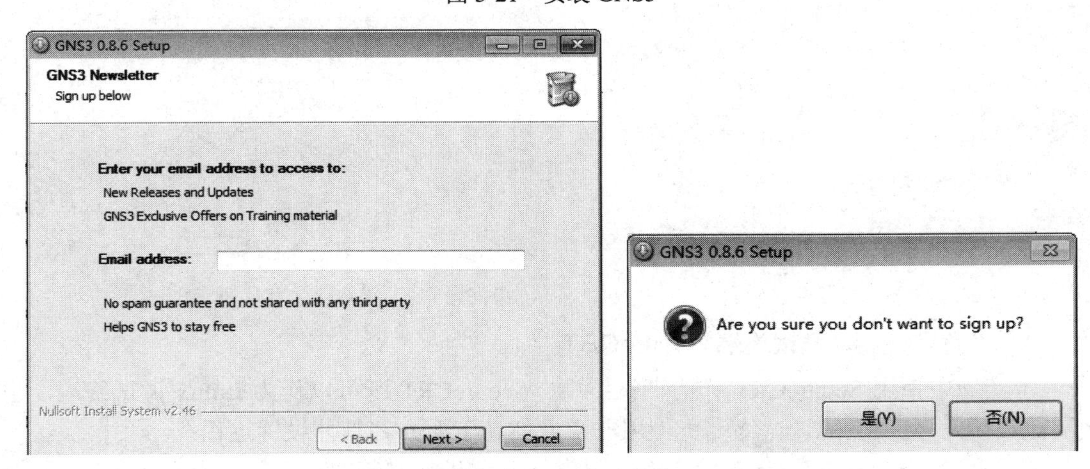

图 3-22　暂不注册 GNS3

(20) 在出现的 GNS3 安装完成界面中，单击【Finish】按钮，如图 3-23 所示。

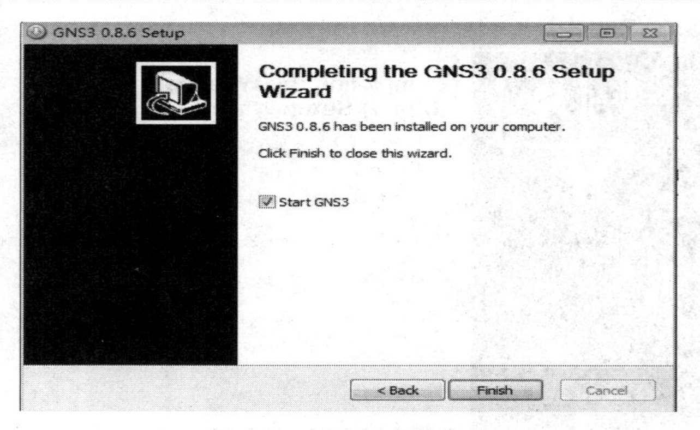

图 3-23　GNS3 安装完成

至此，GNS3 就安装完成了。

3．设置语言

为了方便学习，可以将 GNS3 的默认语言改为中文，修改方法如下：

(1) 启动 GNS3 软件，在窗口菜单栏中选择【Edit】/【Preferences】命令，如图 3-24 所示。

(2) 在弹出的【Preferences】界面中，将【General Settings】标签中的【Language】设置为【中国的(cn)】，然后单击右下角的【OK】按钮，如图 3-25 所示。随后手动重启 GNS3，就可以看到中文界面了。

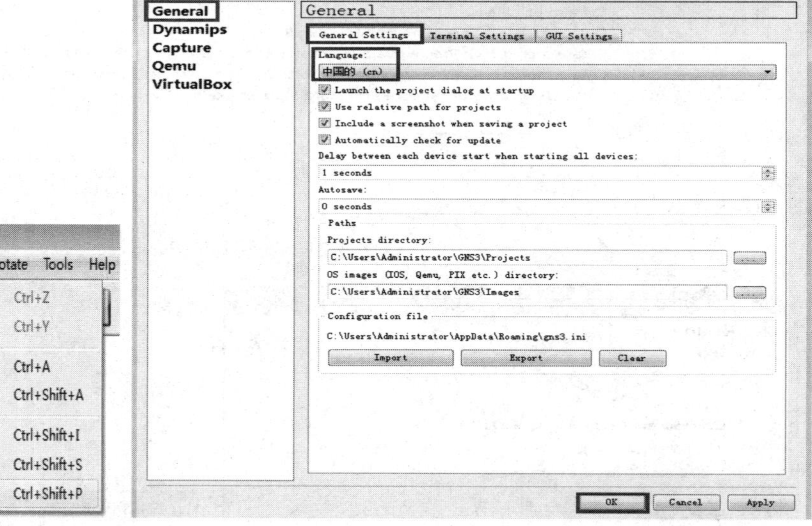

图 3-24　进入 GNS3 语言设置界面　　　　图 3-25　设置 GNS3 默认语言

4．设置默认启动调试终端 SecureCRT

本实验中使用 SecureCRT 作为调试终端。SecureCRT 既可以作为 Linux 调试终端，也可以作为思科交换机的调试终端，使用非常方便。下面介绍具体设置过程：

(1) 启动 SecureCRT_6.5.3.490.exe，以默认配置进行安装即可。

(2) 在 GNS3 的菜单栏中，单击【编辑】/【首选项】命令，如图 3-26 所示。

(3) 在弹出的【首选项】界面中选择右侧导航栏中的【一般】项目，在界面左侧的【终端设置】标签下将【预配置终端命令】设置为【SecureCRT(Windows)】，然后单击【使用】按钮，【终端命令行】下方文本框中的内容就会变成 SecureCRT 的安装路径，设置完毕，单击【OK】按钮，如图 3-27 所示。

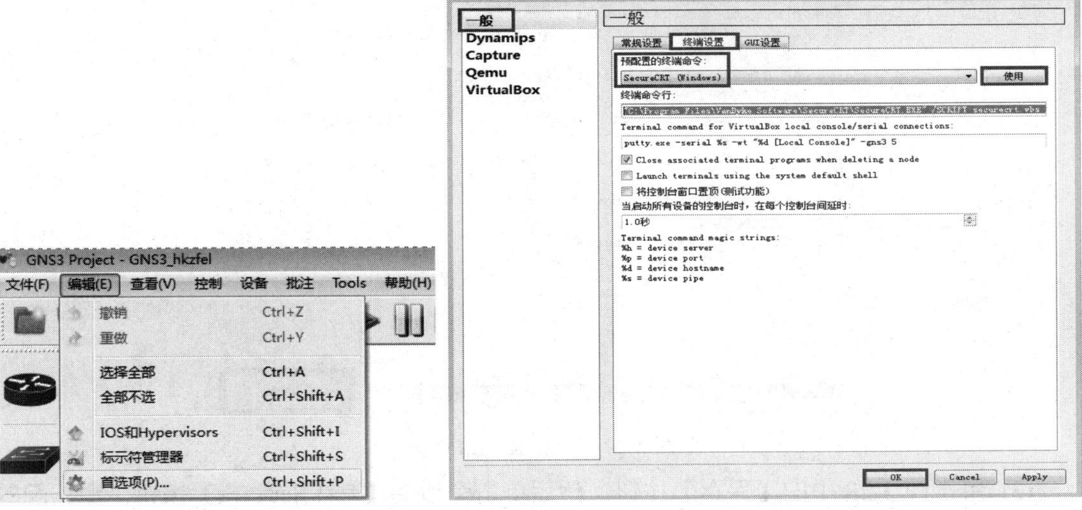

图 3-26　进入 GNS3 终端设置界面　　　　图 3-27　配置 GNS3 终端

5. 导入思科 3640 系统

GNS3 是基于网络设备操作系统的模拟器，因此在使用前必须导入网络设备的操作系统。本实验使用思科 3640 操作系统，导入步骤如下：

(1) 启动 GNS3 软件，在窗口菜单栏中选择【编辑】/【IOS 和 Hypervisors】命令。在弹出的【IOS 和 Hypervisors】窗口中单击进入【IOS】标签，在【设置】栏目中配置路由器镜像文件：将【镜像文件】设置为 F:\C3640-JK.BIN，将【平台】设置为【c3600】，将【型号】设置为【3640】，并勾选【设置为该平台默认 IOS】项，如图 3-28 所示。

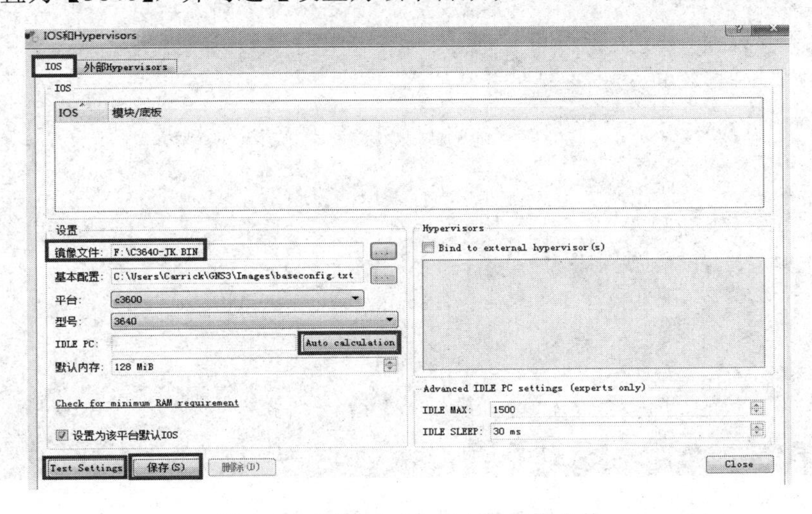

图 3-28　配置 GNS3 路由器镜像文件

(2) 单击图 3-28 中的【Auto calculation】按钮，会弹出【Idle Pc Calculation】窗口，在其中计算 IDLE PC 值(IDLE PC 值是对 GNS3 性能的调优，如果不设置 IDLE PC 值，GNS3 可能会卡死)，待计算完成后，单击【Close】按钮，关闭窗口，如图 3-29 所示。

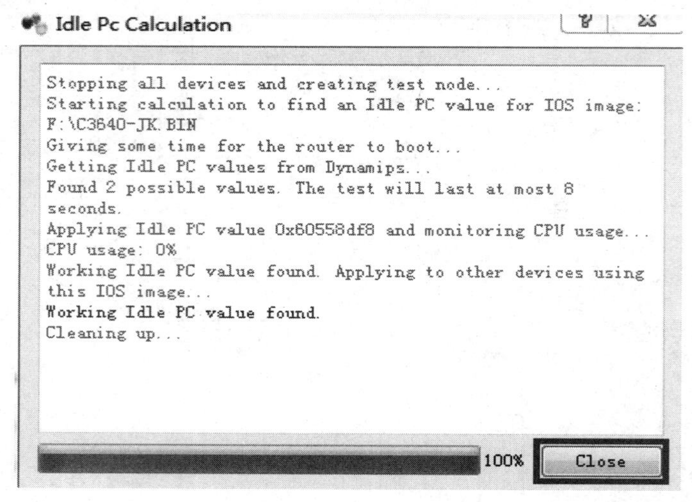

图 3-29　计算 IDLE PC 值

(3) 单击图 3-28 中的【保存】按钮，然后单击旁边的【Test Settings】按钮，测试配置是否成功，如果弹出窗口中显示“Press RETURN to get started!”，则表示导入成功，如图 3-30 所示。

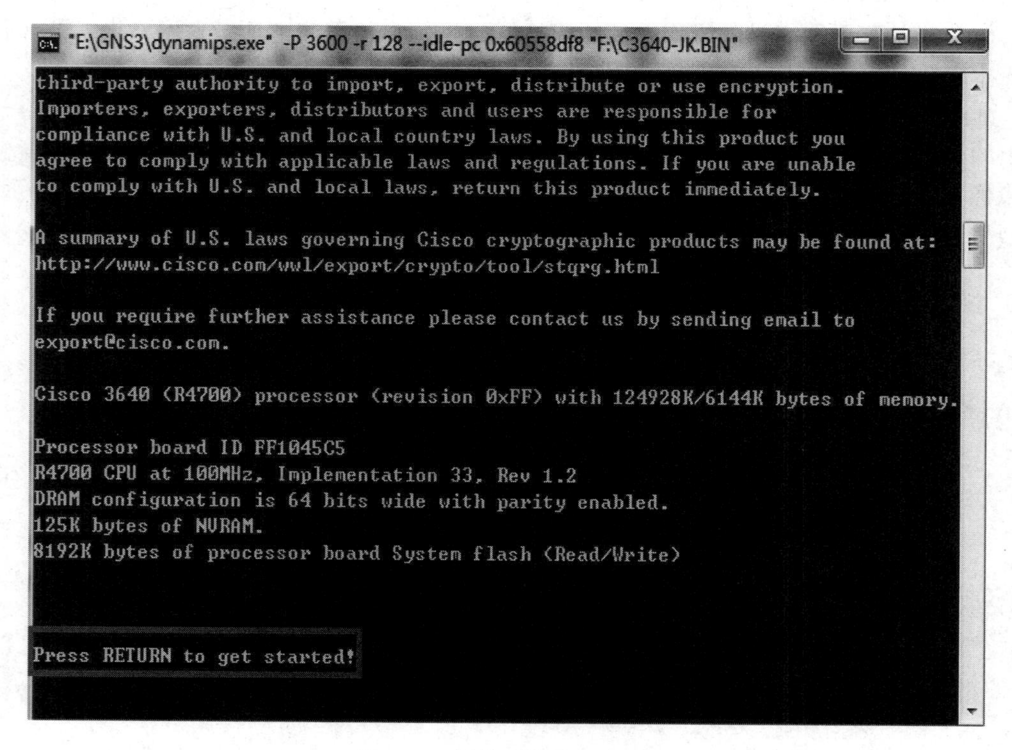

图 3-30　操作系统导入成功

6. 搭建网络

在 GNS3 模拟器中，交换机是使用 C3640 多功能路由器来模拟的。C3640 路由器可以配置为三层交换机，方法如下：

(1) 创建交换机。单击 GNS3 程序窗口左侧的路由器图标，在弹出的列表中，将【Router c3600】图标拖曳到窗口右侧，如图 3-31 所示。

(2) 加载交换模块。鼠标右键单击路由器图标【R1】，在弹出的菜单中选择【配置】命令，如图 3-32 所示。

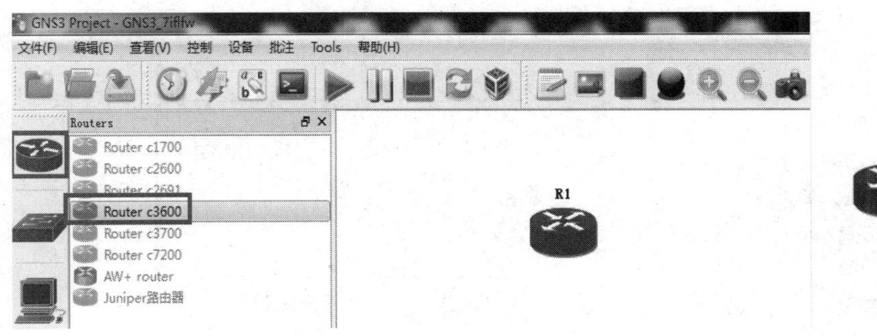

图 3-31　选择路由器

图 3-32　进入路由器配置界面

在弹出的【节点配置】界面中单击左侧列表中的【R1】项目，然后进入右侧的【插槽】标签，将【适配卡】栏目下的【slot 0】设置为【NM-16ESW】，然后单击【OK】按钮，如图 3-33 所示。

(3) 将路由器图标改为交换机图标。在程序主窗口右侧的【R1】图标上单击鼠标右键，在弹出的菜单中选择【更改标示符】命令，在弹出的【更改标示符】窗口中，选择三层交换机图标【route_switch_processor】，然后单击【OK】按钮，如图 3-34 所示。

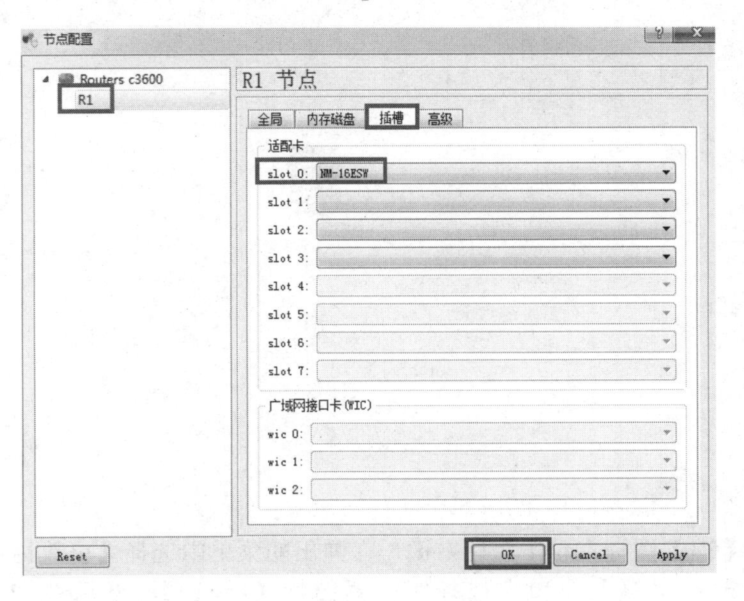

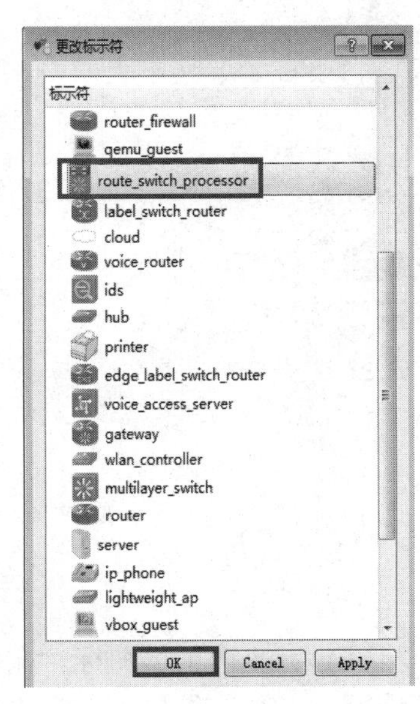

图 3-33　选择路由器模块

图 3-34　更改交换机图标

(4) 修改交换机设备名称。在程序主窗口右侧的【R1】图标上单击鼠标右键，在弹出的菜单中选择【修改设备名】命令，在弹出的【改变主机名】对话框中将设备名称修改为“Switch”，然后单击【OK】按钮，如图3-35所示。

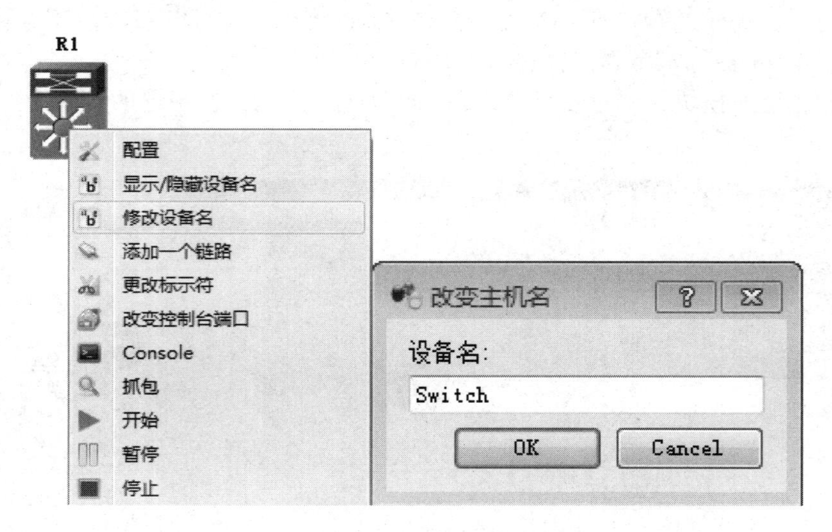

图3-35　修改交换机名称

(5) 创建宿主机。单击程序主窗口左侧的图标，在弹出的列表中将【Cloud】图标拖曳到屏幕右侧，如图3-36所示。

图3-36　添加宿主机

(6) 更改宿主机图标。在【C1】图标上单击鼠标右键，在弹出的菜单中选择【更改标示符】命令，在弹出的【更改标示符】窗口中选择服务器图标【server】，然后单击【OK】按钮，如图3-37所示。

(7) 修改宿主机的主机名。在图 3-35 所示的交换机右键弹出菜单中选择【修改设备名】命令，在弹出的【改变主机名】对话框中将设备名称修改为"宿主机 KVM-1"，然后单击【OK】按钮，如图 3-38 所示。

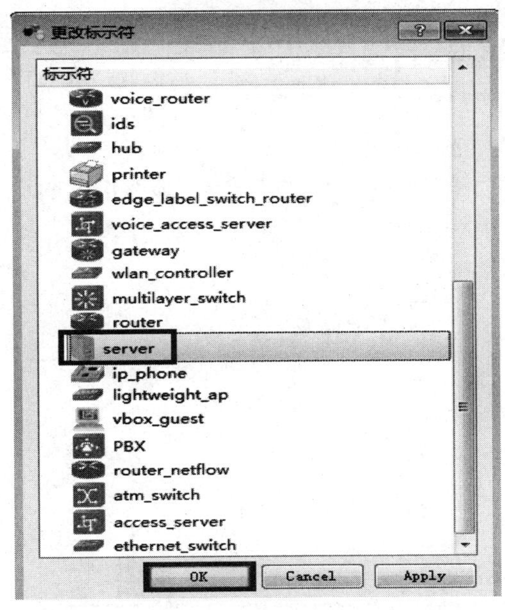

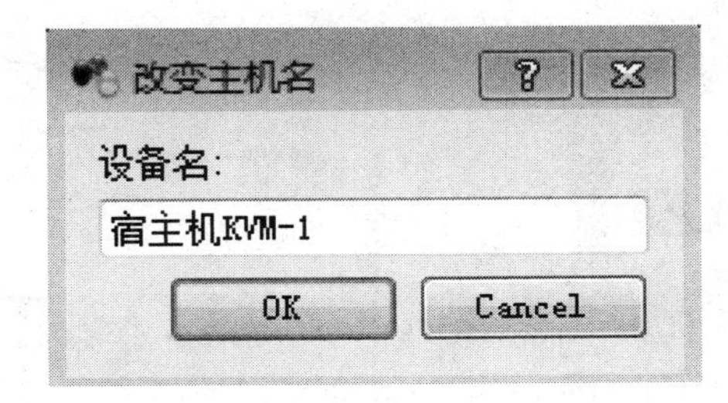

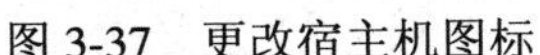

图 3-37　更改宿主机图标　　　　图 3-38　修改宿主机名称

(8) 配置宿主机网卡。右击服务器图标，选择【配置】命令，在弹出的【节点配置】界面中选择左侧导航栏中的【宿主机 KVM-1】项目，然后进入右侧的【以太网 NIO】标签，将【普通以太网 NIO(需要 Administrator 或 root 访问权限)】设置成末尾为"VMnet1"的网卡，之后单击【添加】按钮，下方列表框中就会显示已添加网卡的名称。设置完毕后单击【OK】按钮，如图 3-39 所示。

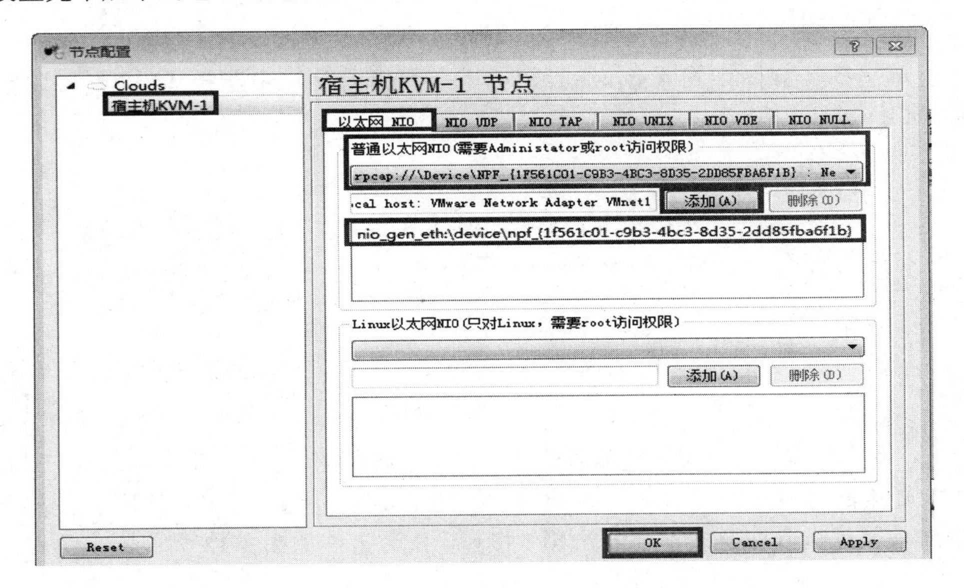

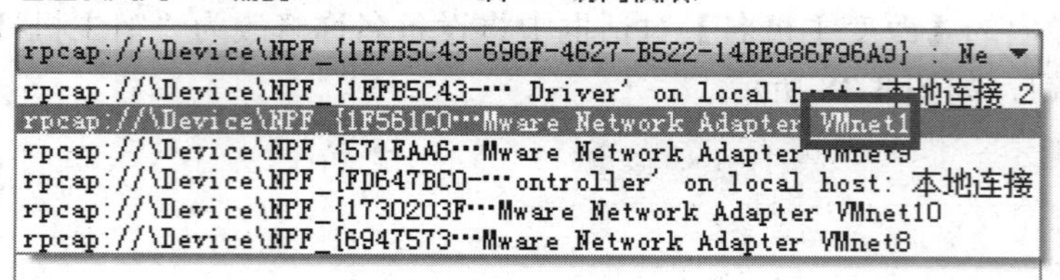

图 3-39　设置 KVM-1 桥接网卡

(9) 将交换机和宿主机连接。单击程序主窗口左侧的水晶头图标，使图标上增加一个“×”号，然后单击窗口右侧的【宿主机 KVM-1】图标，在弹出的菜单中选择以“nio_gen_eth”开头的网卡设备，如图 3-40 所示。

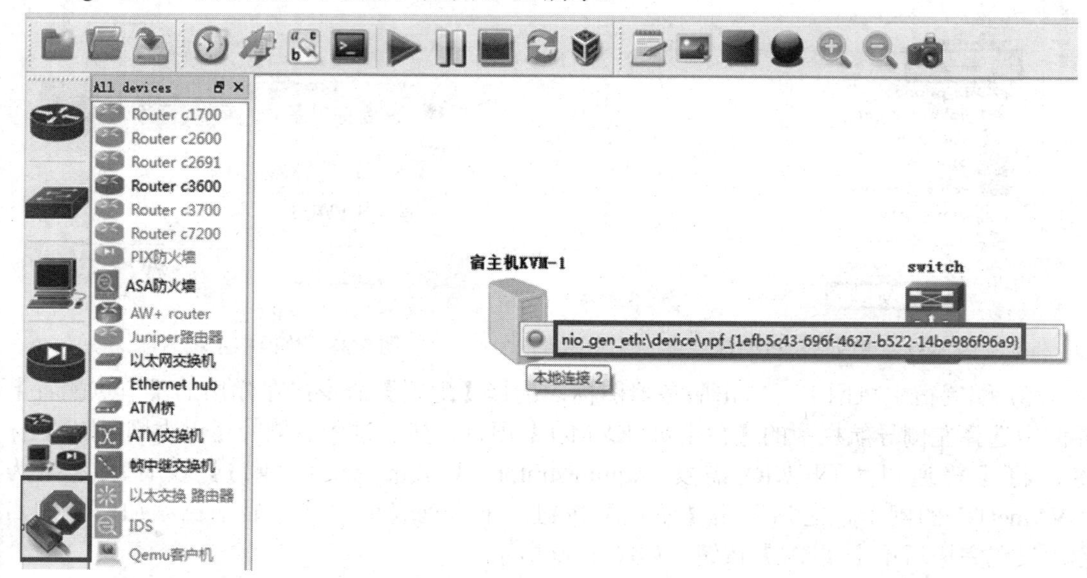

图 3-40　选择宿主机网卡

之后单击同一视图中的【switch】图标，在弹出的菜单中选择【f0/0】接口，如图 3-41 所示。

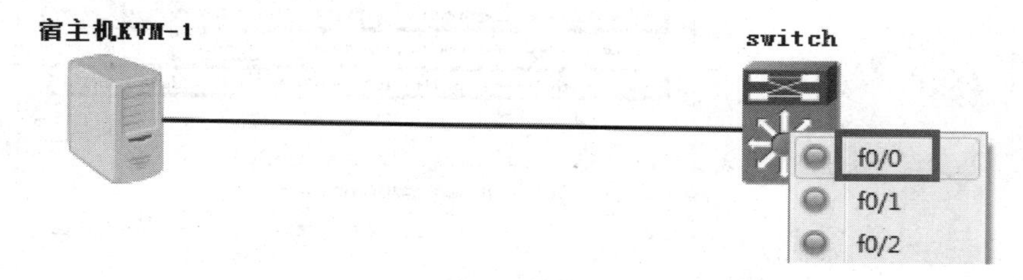

图 3-41　选择交换机接口

至此，宿主机 KVM-1 和交换机 switch 就成功连接起来了。

(10) 使用同样方法在 GNS3 中创建宿主机 KVM-2，并在宿主机 KVM-2 上配置网卡 VMnet9，将其连接到交换机 switch 的 f0/1 接口，配置方法如图 3-42 所示。

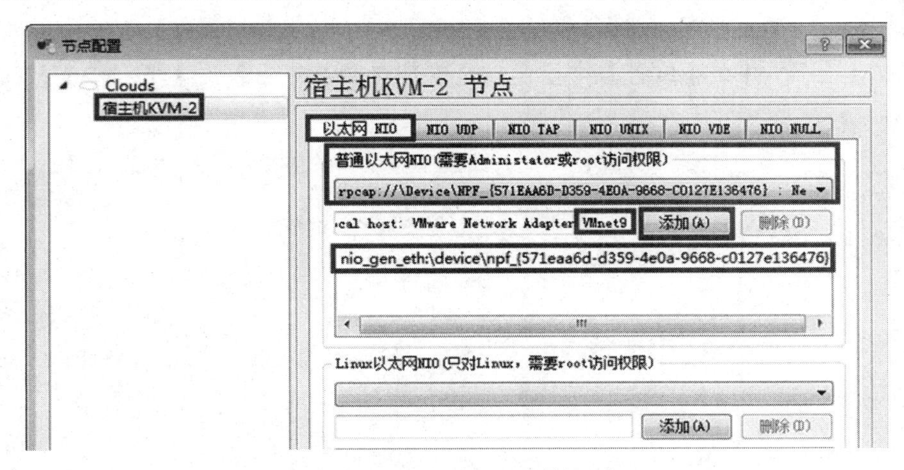

图 3-42　配置 KVM-2 桥接网卡

(11) 最后单击程序主窗口上方工具栏中的图标，给拓扑图增加一些信息和注释，最终结果如图 3-43 所示。

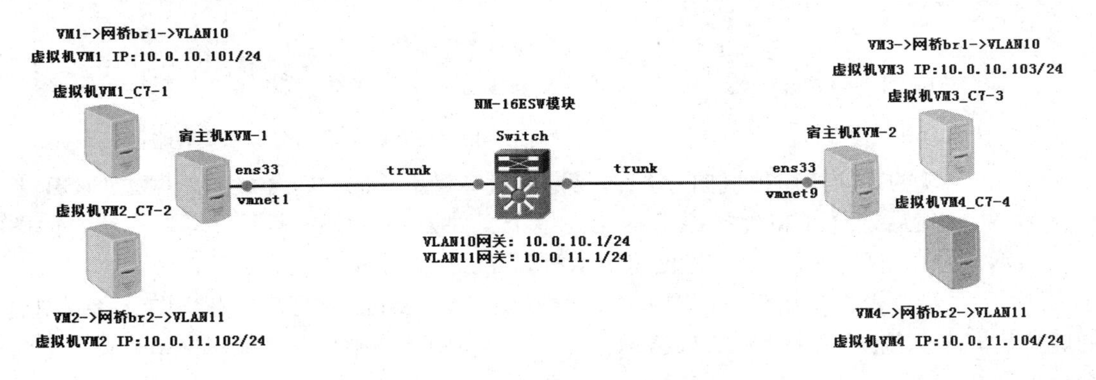

图 3-43　最终完成的拓扑网络

3.2.2　配置 WMware Workstation

接下来，我们要在 VMware Workstation 中创建并配置一台使用 CentOS 7 系统的 Linux 虚拟机，以它作为模板机克隆两台 Linux 虚拟机，来模拟拓扑网络中的宿主机 KVM-1 和 KVM-2。该模板机会一直保留，下次需要全新的宿主机时，仍可使用这个模板机进行克隆，避免重新安装操作系统和进行基础配置而浪费时间。

1．创建模板机

首先创建模板机，在 VMware Workstation 程序主窗口中，单击菜单栏中的【文件】/【新建虚拟机】命令，如图 3-44 所示。

(2) 在弹出的【欢迎使用新建虚拟机向导】界面中选择【典型】项，然后单击【下一步】按钮，在出现的【安装客户机操作系统】界面中选择【稍后安装操作系统】项，单击【下一步】按钮，接着在【选择客户机操作系统】界面中选择【Linux】项，并将【版本(V)】设置为【CentOS 64 位】，然后单击【下一步】按钮。

(3) 在出现的【新建虚拟机向导】/【命名虚拟机】界面中，将【虚拟机名称】设置为“C7.3-KVM-ori”，并在【位置】中指定一个安装路径，然后单击【下一步】按钮，如图3-45所示。

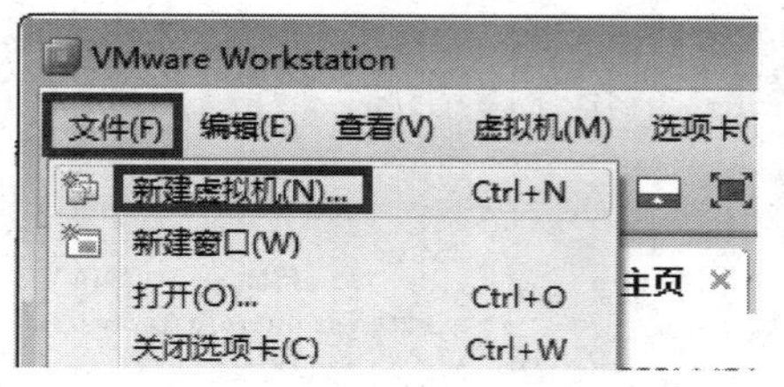

图3-44 创建虚拟机

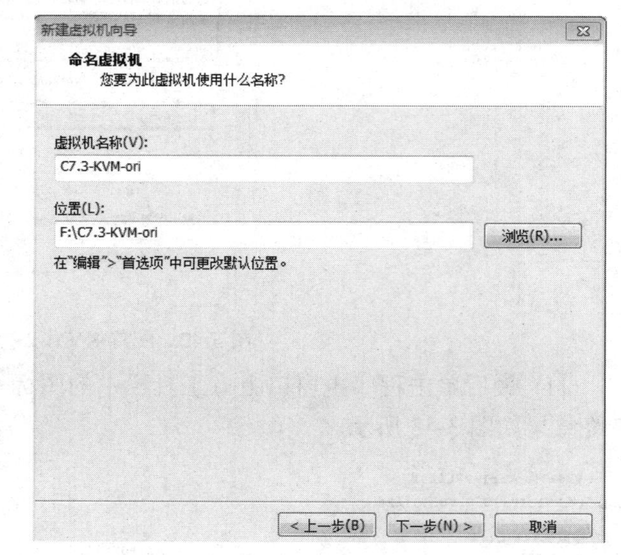

图3-45 设置虚拟机的名称和安装路径

(4) 在出现的【新建虚拟机向导】/【指定磁盘容量】界面中将【最大磁盘大小(GB)】设置为 80，然后选择【将虚拟磁盘存储为单个文件】项，单击【下一步】按钮，如图3-46所示。并在出现的【已准备好创建虚拟机】界面中，单击【完成】按钮。

(5) 下面给模板机添加第二块网卡。在 VMware Workstation 程序主窗口中选择刚创建的虚拟机同名标签(本例中为 C7.3-KVM-ori)，在出现的界面中单击【编辑虚拟机设置】命令，如图3-47所示。

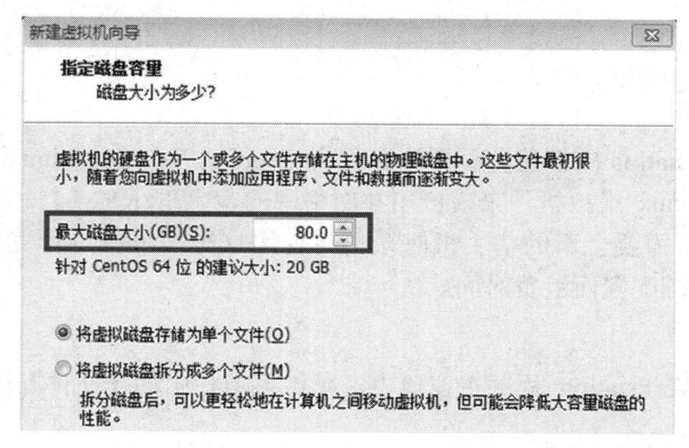

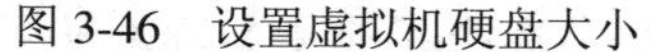
图3-46 设置虚拟机硬盘大小

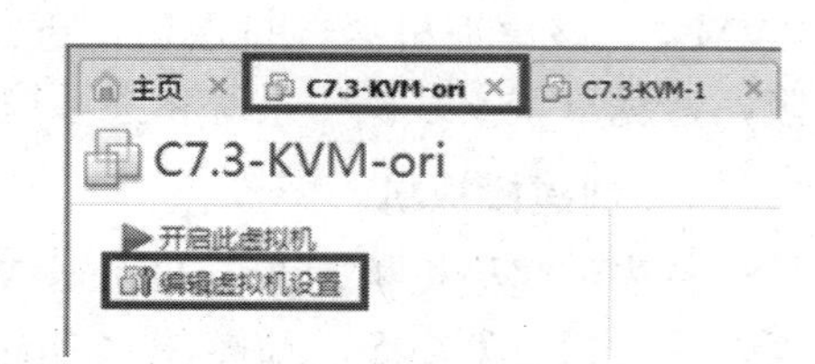

图3-47 编辑虚拟机

(6) 在弹出的【虚拟机设置】界面中单击【添加(A)】按钮，在弹出的【添加硬件向导】/【硬件类型】界面中选择【网络适配器】，然后单击【下一步】按钮，如图3-48所示。

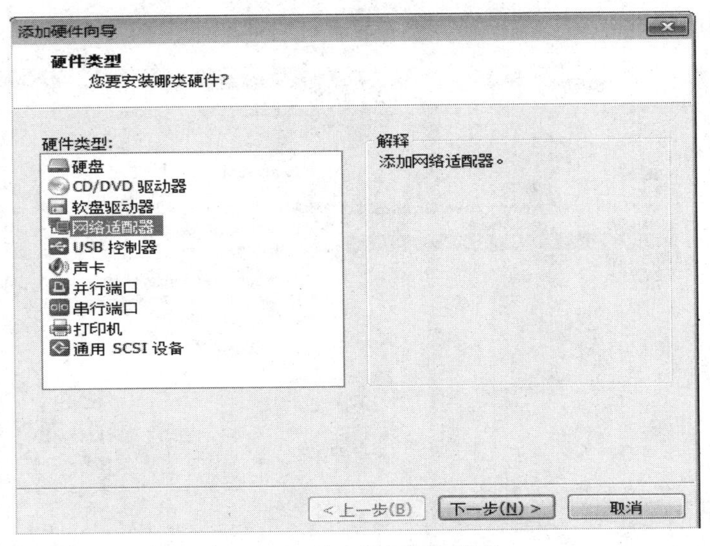

图 3-48　给虚拟机添加硬件

(7) 在出现的【添加硬件向导】/【网络适配器类型】界面中选择【桥接模式(R)：直接连接到物理网络】项，并勾选【复制物理网络连接状态】项，然后单击【完成】按钮，如图 3-49 所示。

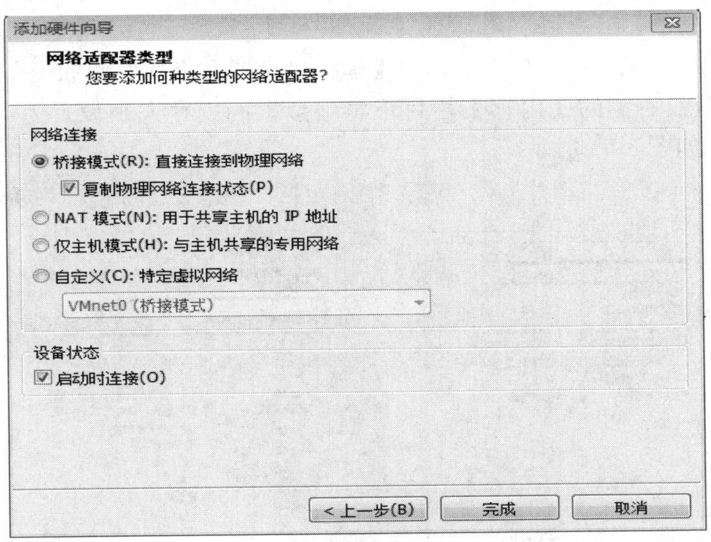

图 3-49　选择虚拟机网卡模式

这样，新网卡就添加完成了。使用这块网卡，不仅可以远程连接到 VMware 虚拟机进行操作，还可以连接到互联网，下载实验所需要的软件包。

(8) 接着修改模板机第一块网卡的配置，用这块网卡连接到 GNS3 交换机，提供 VLAN10 和 VLAN11 的接口：在 VMware Workstation 程序主窗口的【C7.3-KVM-ori】标签中选择【编辑虚拟机设置】命令，在弹出的【虚拟机设置】界面中选择【硬件】标签，然后在界面左侧的设备列表中选择【网络适配器】项目，在界面右侧选择【自定义：特定虚拟网络】项，并在下方的下拉菜单中选择【VMnet1(仅主机模式)】，然后单击【确定】

按钮，如图 3-50 所示。

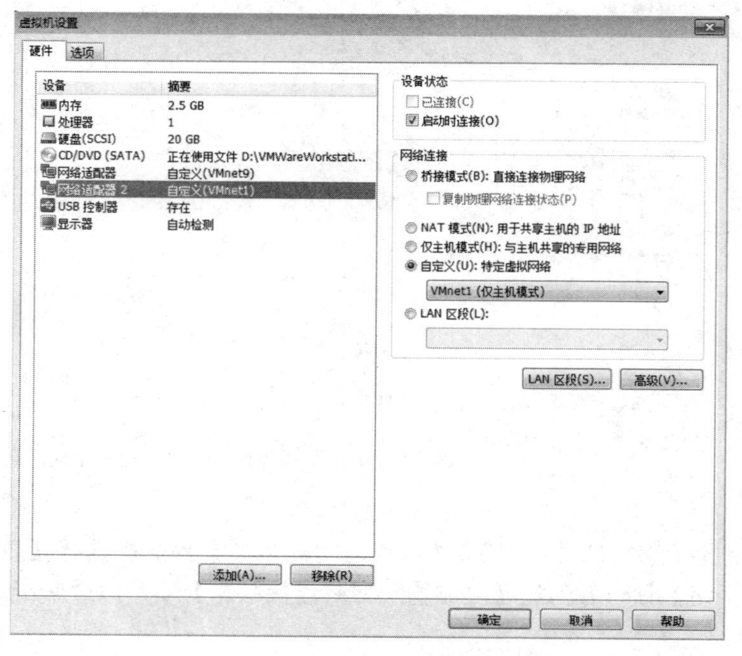

图 3-50　选择虚拟机网卡模式

(9) 下面设置模板机的内存容量。在【虚拟机设置】界面左侧的设备列表中选择【内存】项目，然后在右侧的【内存】栏目下将虚拟机的内存大小设置为 2560，最后单击【确定】按钮，如图 3-51 所示。

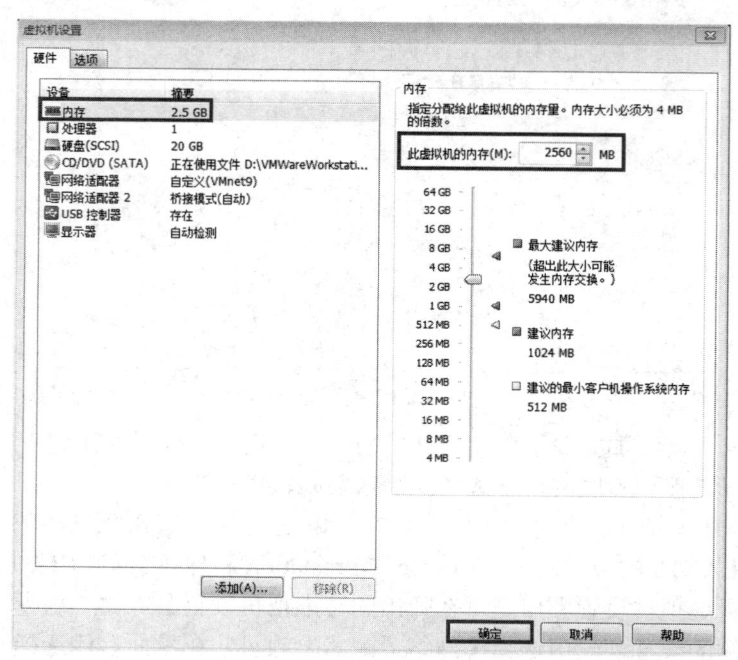

图 3-51　设置虚拟机内存大小

(10) 最后给模板机添加 CentOS7 镜像。在界面左侧的设备列表中选择【CD/DVD(SATA)】项目，然后在右侧的【连接】栏目中选择【使用 ISO 映像文件】项，单击【浏览】按钮，选择 CentOS7 镜像 CentOS-7-x86_64-Everything-1611.iso 的存放路径，配置完成后，单击【确定】按钮，如图 3-52 所示。

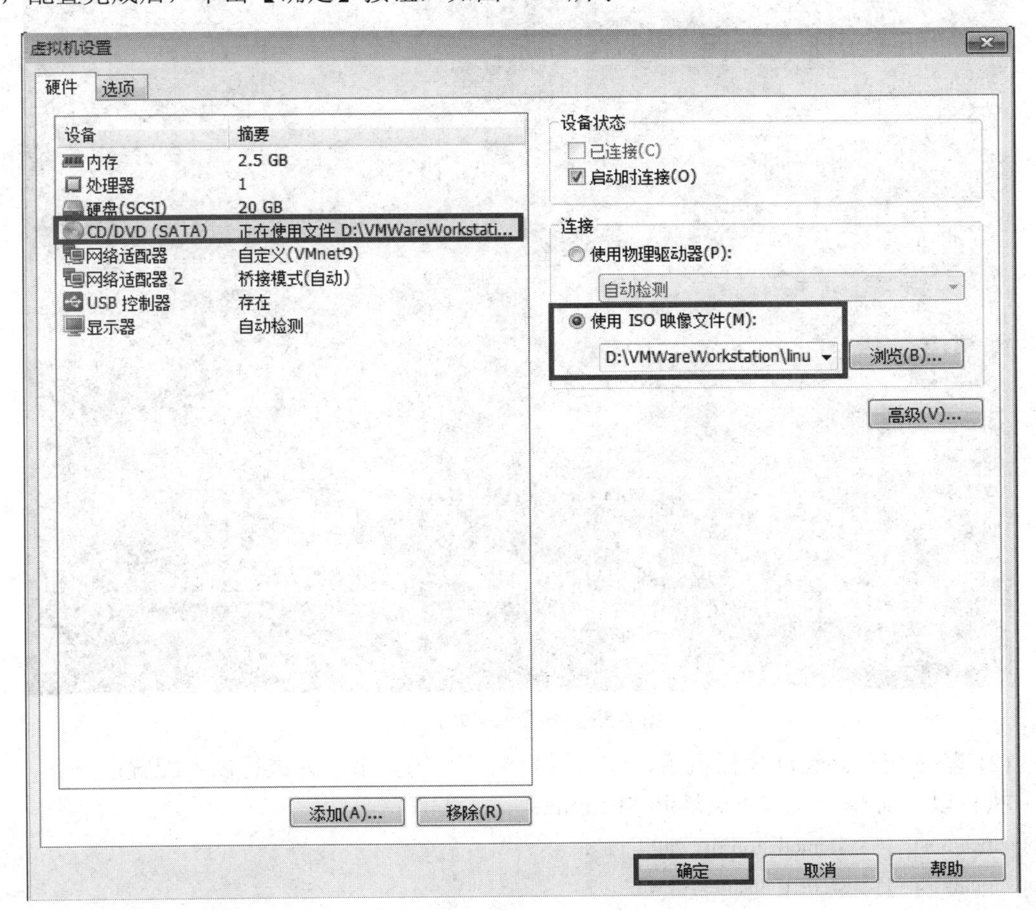

图 3-52　选择模板机使用的虚拟机镜像

2．安装模板机操作系统及 VNC 服务器端

本实验使用 CentOS7 镜像 CentOS-7-x86_64-Everything-1611.iso 安装作为模板机的宿主机操作系统，并在该宿主机上安装 VNC 服务器端，最后在 Windows 7 物理主机上安装 VNC viewer，具体安装方法请参考本书同系列教材《云计算与虚拟化技术》相关章节，此处不再赘述。

3．配置模板机

(1) 启动设置。模板机安装完成后，如果在启动过程中遇到需进行初始化设置的情况，可依次按【1】键，回车；按【2】键，回车；按【q】键，回车；输入【yes】，回车。即可进入正常登录界面，如图 3-53 所示。

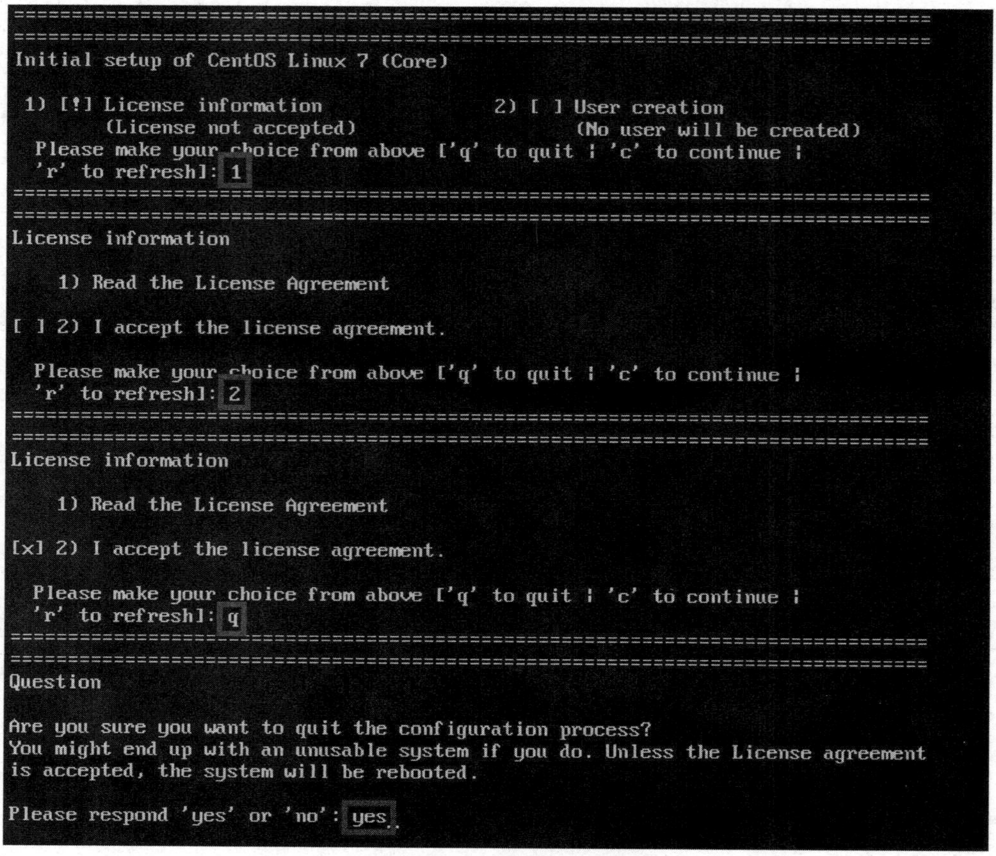

```
================================================================================
================================================================================
Initial setup of CentOS Linux 7 (Core)

 1) [!] License information                 2) [ ] User creation
       (License not accepted)                      (No user will be created)
  Please make your choice from above ['q' to quit | 'c' to continue |
  'r' to refresh]: 1
================================================================================
================================================================================
License information

    1) Read the License Agreement

[ ] 2) I accept the license agreement.

  Please make your choice from above ['q' to quit | 'c' to continue |
  'r' to refresh]: 2
================================================================================
================================================================================
License information

    1) Read the License Agreement

[x] 2) I accept the license agreement.

  Please make your choice from above ['q' to quit | 'c' to continue |
  'r' to refresh]: q
================================================================================
================================================================================
Question

Are you sure you want to quit the configuration process?
You might end up with an unusable system if you do. Unless the License agreement
is accepted, the system will be rebooted.

Please respond 'yes' or 'no': yes
```

图 3-53　虚拟机初始化设置

(2) 基本配置。启动模板机后，使用用户名及密码登录，并进行以下配置：

执行以下命令，关闭防火墙和 SELinux：

```
[root@localhost ~]# systemctl stop firewalld
[root@localhost ~]# systemctl disable firewalld
[root@localhost ~]# setenforce 0
[root@localhost ~]# sed -i 's#SELINUX=enforcing#SELINUX=disabled#g' /etc/selinux/config
```

执行以下命令，配置 IP 地址：

```
[root@localhost ~]# vi /etc/sysconfig/network-scripts/ifcfg-ens34
TYPE=Ethernet
BOOTPROTO=static
NAME=ens34
DEVICE=ens34
ONBOOT=yes
IPADDR=192.168.1.211
NETMASK=255.255.255.0
GATEWAY=192.168.1.1
```

```
DNS1=223.5.5.5
```

执行以下命令，重启网卡使配置生效：

```
[root@localhost ~]# service network restart
```

执行以下命令，测试网络连通性：

```
[root@localhost ~]# ping www.baidu.com
PING www.a.shifen.com (180.97.33.108) 56(84) bytes of data.
64 bytes from 180.97.33.108 (180.97.33.108): icmp_seq=1 ttl=51 time=27.2 ms
确保模板机能够ping通外网
```

执行以下命令，配置阿里云 yum 源：

```
[root@localhost ~]# mkdir /etc/yum.repos.d/yum_bak
[root@localhost ~]# mv /etc/yum.repos.d/*.repo /etc/yum.repos.d/yum_bak/
[root@localhost ~]# curl -o /etc/yum.repos.d/CentOS-Base.repo http://mirrors.aliyun.com/repo/Centos-7.repo
```

4．远程连接 SecureCRT 并上传镜像

启动 SecureCRT，单击菜单栏中的【文件】/【快速连接】命令，如图 3-54 所示。在弹出的【快速连接】界面中输入刚才配置的模板机 IP 地址和用户名“root”，然后单击【连接】按钮，如图 3-55 所示。

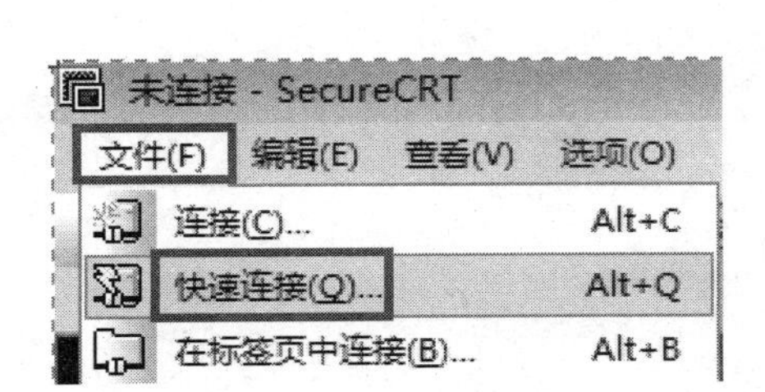

图 3-54　打开 SecureCRT 远程连接

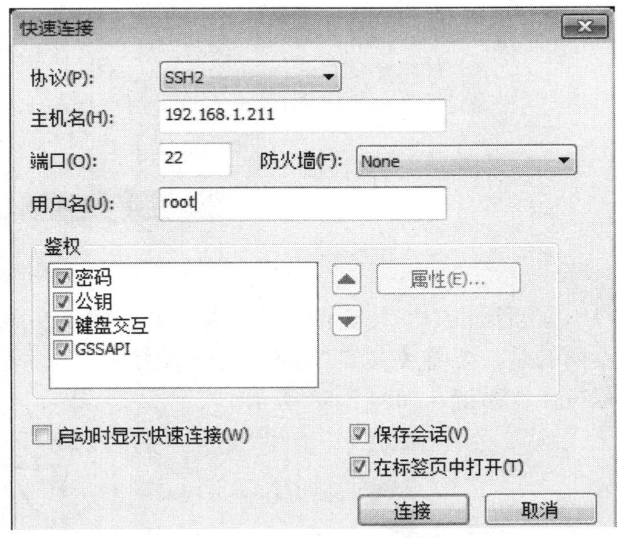

图 3-55　设置 SecureCRT 远程连接信息

在随后弹出的界面中输入用户名和密码，SecureCRT 远程连接就设置成功了。

进入模板机目录/var/lib/libvirt/images/，并使用 rz -y 命令上传 KVM 虚拟机镜像：

```
[root@localhost ~]# cd /var/lib/libvirt/images/
[root@localhost ~]# yum install -y lrzsz
[root@localhost images]# rz -y
```

在出现的如图 3-56 所示的界面中选择需要上传的 CentOS7 镜像，单击【添加】按钮，在【发送的文件】下方列表框中就会显示所选 CentOS7 镜像的路径，然后单击【确定】按钮，稍后镜像就上传完成了。

图 3-56　选择待上传的虚拟机镜像

5．安装 KVM 虚拟机

参考《云计算与虚拟化技术》，使用 VNC viewer 连接模板机，并使用 Virtual Machine Manager 创建 KVM 虚拟机。为节省实验资源，本例将新建 KVM 虚拟机内存配置为 800 M，并使用最小化镜像 CentOS-7-x86_64-Minimal-1708.iso 安装，如图 3-57 所示。

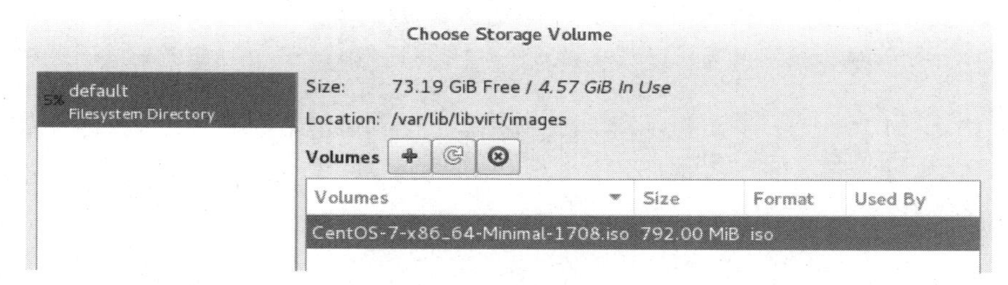

图 3-57　选择安装 KVM 虚拟机所用的镜像

在模板机中安装虚拟机的具体安装步骤请参照《云计算与虚拟化技术》第二章，唯一不同的是，要将【SOFTWARE SELECTION】设置为【Minimal Install】，即最小化安装虚拟机操作系统，如图 3-58 所示。

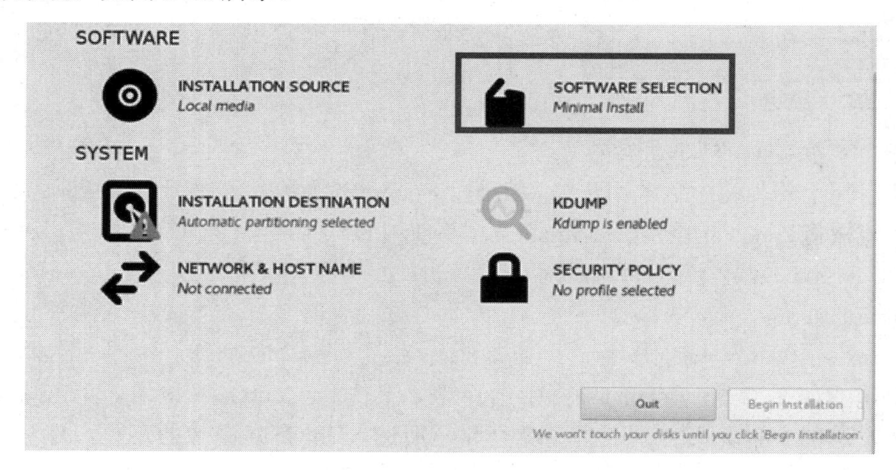

图 3-58　选择最小化安装操作系统

安装完毕，重启 KVM 虚拟机。

6．克隆 KVM 虚拟机

关闭模板机上的 KVM 虚拟机 C7-1，然后进入模板机的【Virtual Machine Manager】程序主窗口，在虚拟机列表中的图标【C7-1】上单击鼠标右键，在弹出菜单中选择【Clone】命令，克隆一台 KVM 虚拟机，如图 3-59 所示。

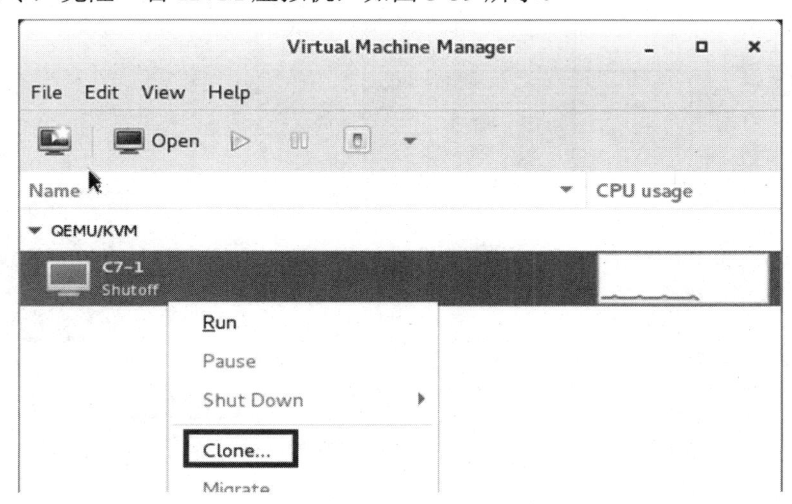

图 3-59　克隆 KVM 虚拟机

在弹出的【Clone Virtual Machine】界面中将克隆出的虚拟机的名称设置为“C7-2”，然后单击【Clone】按钮，如图 3-60 所示。

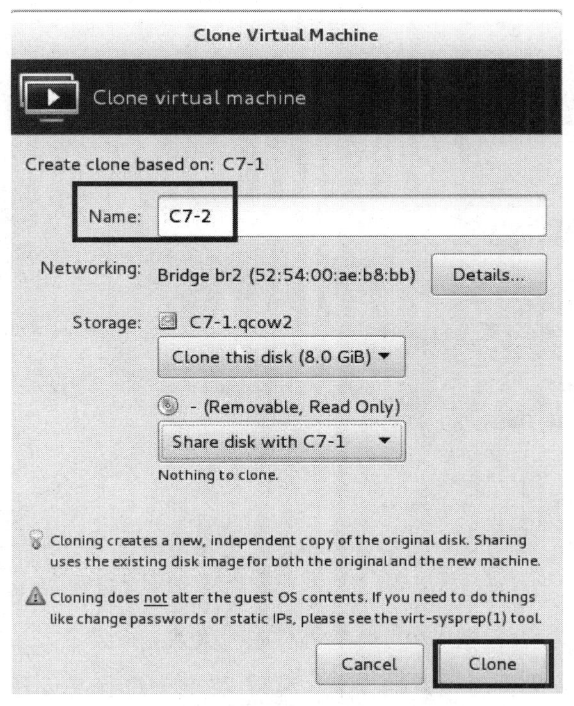

图 3-60　设置克隆 KVM 虚拟机的名称

克隆完成后，模板机上会出现两台 KVM 虚拟机。

7. 克隆 VMware 虚拟机

关闭模板机，在 Windows 7 物理主机上的 VMware Workstation 程序主窗口中右键单击模板机标签【C7.3-KVM-ori】，在弹出的菜单中选择【管理】/【克隆】命令，克隆一台 VMware 虚拟机，如图 3-61 所示。

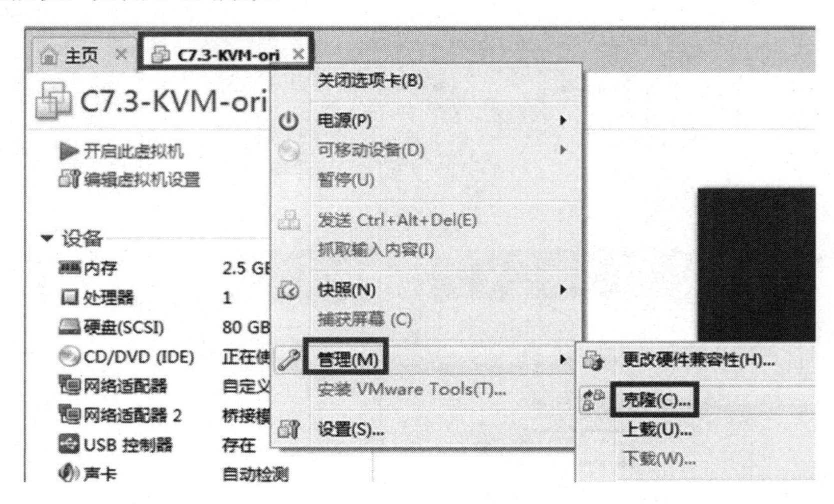

图 3-61 选择克隆 VMware 虚拟机

在弹出的【克隆虚拟机向导】/【克隆源】界面中选择【虚拟机中的当前状态】，单击【下一步】按钮，如图 3-62 所示。

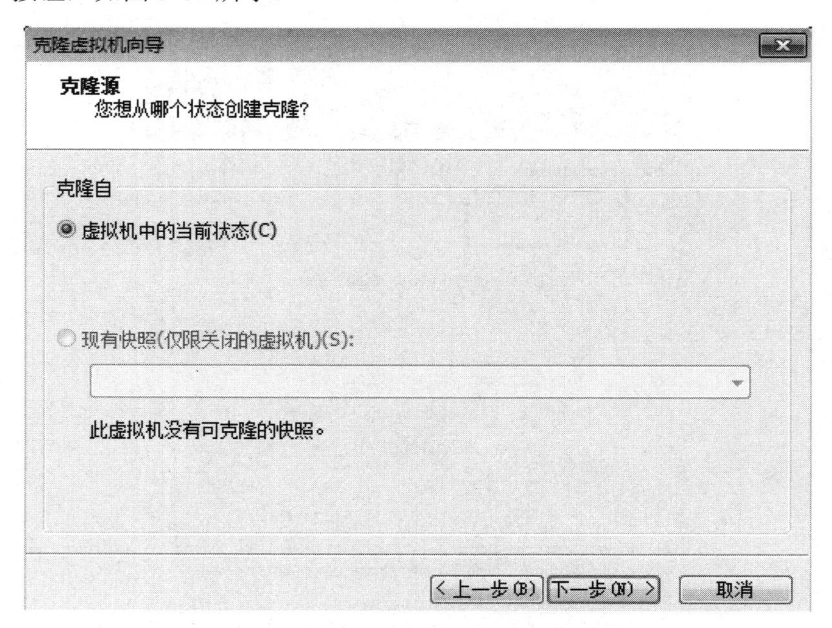

图 3-62 选择 VMware 虚拟机克隆源

在出现的【克隆虚拟机向导】/【克隆类型】界面中选择【创建完整克隆】，单击【下一步】按钮，如图 3-63 所示。

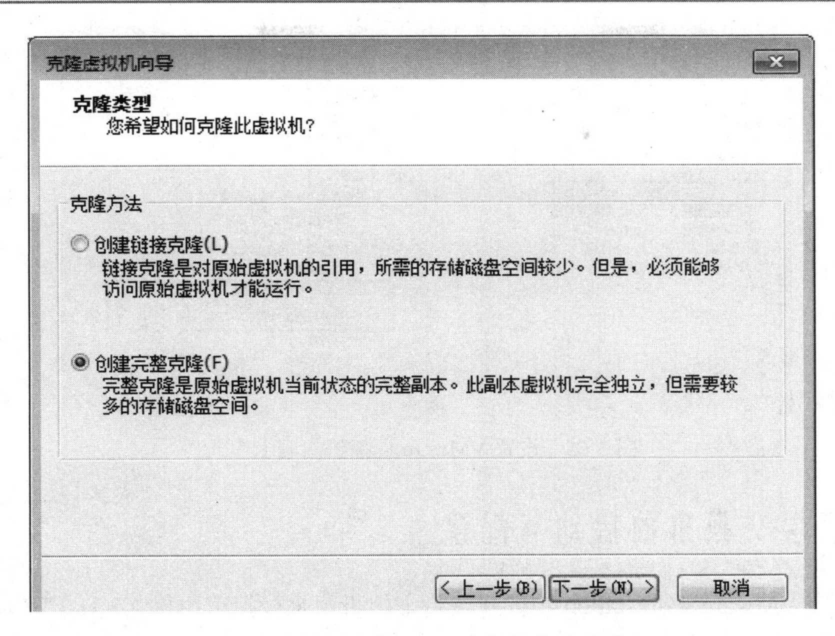

图 3-63　选择 VMware 虚拟机克隆方式

在出现的【克隆虚拟机向导】/【新虚拟机名称】界面中设置克隆后的虚拟机的名称和安装路径，然后单击【完成】按钮，如图 3-64 所示。

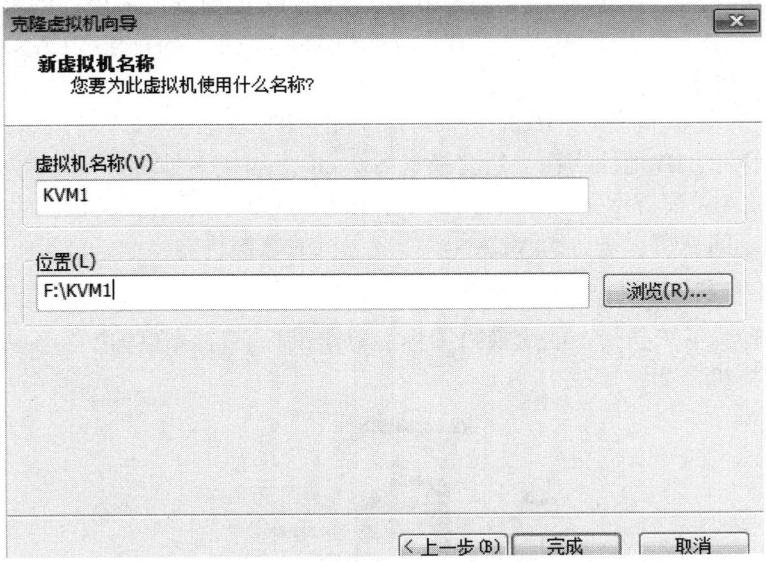

图 3-64　设置克隆 VMware 虚拟机的名称和安装路径

待克隆完成，就得到了 VMware 虚拟机 KVM-1，然后使用相同方法，克隆另一台 VMware 虚拟机 KVM-2。此时，两台 VMware 虚拟机上的 KVM 虚拟机都为 C7-1 和 C7-2。

注意：若两台 VMware 虚拟机都使用 VMnet1 网卡，则两台 VMware 虚拟机网络默认就是连通的，不需要再使用交换机进行连接，实验就失去了意义。因此，需要将 KVM-2 的第一块网卡改为网卡 VMnet9，设置方式如图 3-65 所示。

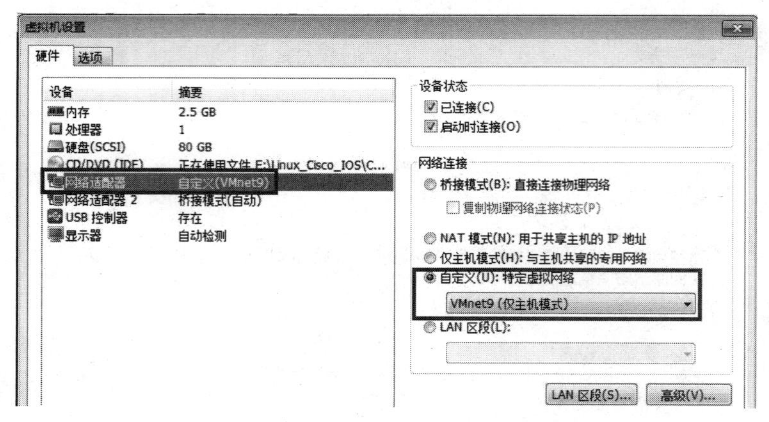

图 3-65 设置 VMware 虚拟机的网卡模式

3.2.3 三层交换机的启动与配置

本实验在 VMware Workstation 中创建两台虚拟机，来模拟宿主机 KVM-1 和 KVM-2。

其中，将宿主机 KVM-1 的网卡 ens33 桥接到 VMnet1，VMnet1 桥接到三层交换机 switch 的 f0/0 接口，以模拟宿主机 KVM-1 和交换机的连接；将宿主机 KVM-2 的网卡 ens33 桥接到 VMnet9，将 VMnet9 桥接到三层交换机 switch 的 f0/1 接口，f0/0 和 f0/1 接口都配置成 Trunk 模式，以传输 VLAN10 和 VLAN11 的数据；最后，将两台宿主机上的网卡 ens33 划分出两个子接口 ens33.10 和 ens33.11，将网桥 br1 与 VLAN10 绑定，网桥 br2 与 VLAN11 绑定。

VLAN10 的虚拟机使用 10.0.10.0/24 网段的 IP 地址，VLAN11 中的虚拟机使用 10.0.11.0/24 网段的 IP 地址。在三层交换机 Switch 上创建 VLAN10 和 VLAN11，并且分别为这两个 VLAN 配置网关 10.0.10.1/24 和 10.0.11.0/24。通过交换机上的这两个 VLAN 网关，虚拟机之间就可以进行跨 VLAN、跨宿主机的数据传输。

1. 启动交换机

在图 3-43 所示拓扑图中的交换机图标上单击鼠标右键，在弹出菜单中选择【开始】命令，启动交换机，如图 3-66 所示。

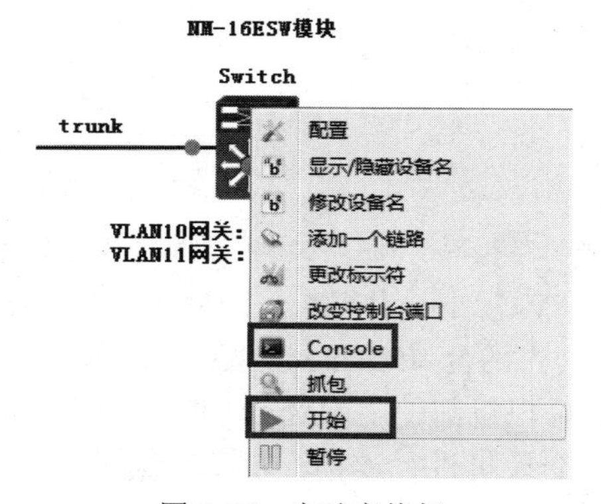

图 3-66 启动交换机

再次右键单击交换机图标，在弹出的菜单中选择【Console】命令，会出现图 3-67 所示的 SecureCRT 程序窗口，待窗口中出现交换机名称(本例中为 Switch#)的字样，就表示交换机启动成功了。

```
Switch
文件(F) 编辑(E) 查看(V) 选项(O) 传输(T) 脚本(S) 工具(L) 帮助(H)
Switch
*Mar  1 00:00:04.595: %LINK-3-UPDOWN: Interface FastEthernet0/11, changed state to up
*Mar  1 00:00:04.595: %LINK-3-UPDOWN: Interface FastEthernet0/10, changed state to up
*Mar  1 00:00:04.595: %LINK-3-UPDOWN: Interface FastEthernet0/9, changed state to up
*Mar  1 00:00:04.595: %LINK-3-UPDOWN: Interface FastEthernet0/8, changed state to up
*Mar  1 00:00:04.595: %LINK-3-UPDOWN: Interface FastEthernet0/7, changed state to up
*Mar  1 00:00:04.595: %LINK-3-UPDOWN: Interface FastEthernet0/6, changed state to up
*Mar  1 00:00:04.599: %LINK-3-UPDOWN: Interface FastEthernet0/5, changed state to up
*Mar  1 00:00:04.599: %LINK-3-UPDOWN: Interface FastEthernet0/4, changed state to up
*Mar  1 00:00:04.599: %LINK-3-UPDOWN: Interface FastEthernet0/3, changed state to up
*Mar  1 00:00:04.599: %LINK-3-UPDOWN: Interface FastEthernet0/2, changed state to up
*Mar  1 00:00:04.599: %LINK-3-UPDOWN: Interface FastEthernet0/1, changed state to up
*Mar  1 00:00:04.607: %LINK-3-UPDOWN: Interface FastEthernet0/0, changed state to up
*Mar  1 00:00:05.563: %LINEPROTO-5-UPDOWN: Line protocol on Interface FastEthernet0/15, changed state to down
*Mar  1 00:00:05.571: %LINEPROTO-5-UPDOWN: Line protocol on Interface FastEthernet0/14, changed state to down
*Mar  1 00:00:05.579: %LINEPROTO-5-UPDOWN: Line protocol on Interface FastEthernet0/13, changed state to down
*Mar  1 00:00:05.591: %LINEPROTO-5-UPDOWN: Line protocol on Interface FastEthernet0/12, changed state to down
*Mar  1 00:00:05.595: %LINEPROTO-5-UPDOWN: Line protocol on Interface FastEthernet0/11, changed state to down
*Mar  1 00:00:05.599: %LINEPROTO-5-UPDOWN: Line protocol on Interface FastEthernet0/10, changed state to down
*Mar  1 00:00:05.603: %LINEPROTO-5-UPDOWN: Line protocol on Interface FastEthernet0/9, changed state to down
*Mar  1 00:00:05.607: %LINEPROTO-5-UPDOWN: Line protocol on Interface FastEthernet0/8, changed state to down
*Mar  1 00:00:05.611: %LINEPROTO-5-UPDOWN: Line protocol on Interface FastEthernet0/7, changed state to down
*Mar  1 00:00:05.615: %LINEPROTO-5-UPDOWN: Line protocol on Interface FastEthernet0/6, changed state to down
Switch#
Switch#
```

图 3-67　交换机启动成功

2．配置交换机

在 SecureCRT 窗口中进行以下配置(“#”后的文字为注释，加粗部分为输入的命令，下同)：

Switch#**vlan database**　　# 进入VLAN配置模式

Switch(vlan)#**vlan 10**　　# 创建VLAN10

VLAN 10 added:

　Name: VLAN0010

Switch(vlan)#**vlan 11**　　# 创建VLAN11

VLAN 11 added:

　Name: VLAN0011

Switch(vlan)#**exit**　　# 退出VLAN数据库配置模式，VLAN10和VLAN11就会被创建

APPLY completed.

Exiting....

查看VLAN配置，使用show vlan-switch brief命令：

Switch#**show vlan-switch brief**

```
VLAN Name                             Status    Ports
---- -------------------------------- --------- -------------------------------
1    default                          active
10   VLAN0010                         active        # VLAN10创建完成
11   VLAN0011                         active        # VLAN11创建完成
1002 fddi-default                     active
1003 token-ring-default               active
1004 fddinet-default                  active
```

```
1005   trnet-default                    active

将交换机的f0/0和f0/1接口配置成Trunk模式
Switch#conf t                  # 进入全局配置模式
Switch(config)#int f0/0         # 进入端口f0/0配置模式
Switch(config-if)#switchport mode trunk   # 将交换机端口f0/0配置成trunk模式
Switch(config-if)#no shut       # 启用端口f0/0
Switch(config-if)#exit          # 退出端口f0/0配置模式
Switch(config)#int f0/1         # 进入端口f0/1配置模式
Switch(config-if)#switchport mode trunk  # 将交换机端口f0/1配置成trunk模式
Switch(config-if)#no shut       # 启用端口f0/1
Switch(config-if)#exit

配置VLAN 10和VLAN 11的网关IP地址，为VLAN间的数据转发提供路由：
Switch(config)#int vlan 10       # 进入VLAN10端口配置模式
Switch(config-if)#ip address 10.0.10.1 255.255.255.0    # 配置VLAN10网关地址
Switch(config-if)#no shut       # 启用VLAN10端口
Switch(config-if)#exit          # 退出VLAN10端口配置模式
Switch(config)#int vlan 11      # 进入VLAN11端口配置模式
Switch(config-if)#ip address 10.0.11.1 255.255.255.0    # 配置VLAN11网关地址
Switch(config-if)#no shut      # 启用VLAN11端口
Switch(config-if)#exit         # 退出VLAN11端口配置模式
```

至此，三层交换机配置完毕。

3.2.4 配置 VMware 虚拟机

下面对克隆出的两台 VMware 虚拟机进行配置，模拟宿主机。

1. 修改主机名

启动一台克隆的 VMware 虚拟机，执行以下命令，将主机名修改为“KVM-1”：

```
[root@localhost ~]# hostnamectl set-hostname KVM-1
[root@localhost ~]# hostname KVM-1
```

修改完成后，按【Ctrl】+【D】键退出当前窗口，然后按回车键，即可重新登录，新主机名就生效了。

在另一台 VMware 虚拟机上进行完全相同的配置，将其主机名修改为“KVM-2”。

2. 配置网卡

在宿主机 KVM-1 上进行以下配置：

```
[root@KVM-1 ~]# vi /etc/sysconfig/network-scripts/ifcfg-ens33
只保留如下配置，多余的行删掉
TYPE=Ethernet
```

```
BOOTPROTO=static
NAME=ens33
DEVICE=ens33
ONBOOT=yes

[root@KVM-1 ~]# vi /etc/sysconfig/network-scripts/ifcfg-ens34
只保留如下配置，多余的行删掉
TYPE=Ethernet
BOOTPROTO=static
NAME=ens34
DEVICE=ens34
ONBOOT=yes
IPADDR=192.168.1.211       # 配置IP地址
NETMASK=255.255.255.0      # 配置掩码
GATEWAY=192.168.1.1        # 配置网关指向局域网的路由器接口，才能访问外网
DNS1=223.5.5.5             # 配置DNS，后面才能从网络下载软件包
```

配置完毕，执行以下命令，重启网卡，使配置生效：

```
[root@KVM-1 network-scripts]# service network restart
Restarting network (via systemctl):  [  OK  ]
```

在宿主机 KVM-2 上进行以下配置：

```
[root@KVM-2 ~]# vi /etc/sysconfig/network-scripts/ifcfg-ens33
只保留如下配置，多余的行删掉
TYPE=Ethernet
BOOTPROTO=static
NAME=ens33
DEVICE=ens33
ONBOOT=yes

[root@KVM-2 ~]# vi /etc/sysconfig/network-scripts/ifcfg-ens34
只保留如下配置，多余的行删掉
TYPE=Ethernet
BOOTPROTO=static
NAME=ens34
DEVICE=ens34
ONBOOT=yes
IPADDR=192.168.1.212       # 配置IP地址
NETMASK=255.255.255.0      # 配置掩码
GATEWAY=192.168.1.1        # 配置网关指向局域网的路由器接口，才能访问外网
DNS1=223.5.5.5             # 配置DNS，后面才能从网络下载软件包
```

配置完毕，执行以下命令，重启网卡，使配置生效：

```
[root@KVM-2 network-scripts]# service network restart
Restarting network (via systemctl):  [  OK  ]
```

3. 配置网桥

在宿主机 KVM-1 上进行以下配置：

安装网桥工具 bridge-util，代码如下：

```
[root@KVM-1 ~]# yum install -y bridge-utils
Loaded plugins: fastestmirror, langpacks
Local_Yum                                          | 3.6 kB     00:00
Loading mirror speeds from cached hostfile
Package bridge-utils-1.5-9.el7.x86_64 already installed and latest version
Nothing to do
```

创建网桥，代码如下：

```
[root@KVM-1 ~]# brctl addbr br1    # 创建网桥br1
[root@KVM-1 ~]# brctl addbr br2    # 创建网桥br2
查看网桥配置：
[root@KVM-1 ~]# brctl show
bridge name     bridge id               STP enabled     interfaces
br1             8000.000000000000       no
br2             8000.000000000000       no
virbr0          8000.5254005c0790       yes             virbr0-nic
```

配置网桥开机自启动，代码如下：

```
注：如果不进行这一步配置，重启机器后网桥br1和br2会消失
[root@KVM-1 ~]# cd /etc/sysconfig/network-scripts/
[root@KVM-1 network-scripts]# cp ifcfg-ens34 ifcfg-br1
[root@KVM-1 network-scripts]# cp ifcfg-ens34 ifcfg-br2

[root@KVM-1 network-scripts]# vi ifcfg-br1
只保留如下配置，多余的行删掉
TYPE=Bridge
BOOTPROTO=static
DEVICE=br1
ONBOOT=yes

[root@KVM-1 network-scripts]# vi ifcfg-br2
只保留如下配置，多余的行删掉
TYPE=Bridge
BOOTPROTO=static
DEVICE=br2
ONBOOT=yes
```

在宿主机 KVM-2 上进行完全相同的配置。

4. 配置 VLAN

在宿主机 KVM-1 上进行以下配置：

下载 epel 源，代码如下：

```
[root@KVM-1 ~]# wget -O /etc/yum.repos.d/epel-7.repo http://mirrors.aliyun.com/repo/epel-7.repo
```

安装 VLAN 配置工具 vconfig，代码如下：

```
[root@KVM-1 ~]# yum install vconfig -y
```

加载 802.1Q 模块(即将宿主机端口配置为 Trunk 模式)，代码如下：

```
[root@KVM-1 ~]# modprobe 8021q
```

开机自动加载 802.1Q 模块，代码如下：

```
[root@KVM-1 ~]# vi /etc/sysconfig/modules/8021q.modules
#!/bin/bash
/sbin/modinfo -F filename 8021q > /dev/null 2>&1
if [ $? -eq 0 ]
then
        /sbin/modprobe 8021q
fi
```

给开机加载脚本赋予可执行权限，代码如下：

```
[root@KVM-1 ~]# chmod +x /etc/sysconfig/modules/8021q.modules
```

创建 VLAN10 并绑定到子接口 ens33.10，代码如下：

```
[root@KVM-1 ~]# vconfig add ens33 10
Added VLAN with VID == 10 to IF -:ens33:-
```

创建 VLAN11 并绑定到子接口 ens33.11，代码如下：

```
[root@KVM-1 ~]# vconfig add ens33 11
Added VLAN with VID == 11 to IF -:ens33:-
```

查看配置是否生效，代码如下：

```
[root@KVM-1 ~]# ls /proc/net/vlan/
config   ens33.10   ens33.11
```

查看 VLAN 和子接口信息，代码如下：

```
[root@KVM-1 ~]# cat /proc/net/vlan/config
VLAN Dev name      | VLAN ID
Name-Type: VLAN_NAME_TYPE_RAW_PLUS_VID_NO_PAD
ens33.10          | 10  | ens33
ens33.11          | 11  | ens33
```

建立子接口和 VLAN 的对应关系后，在/proc/net/vlan/目录下会生成两个子接口文件 ens33.10 和 ens33.11。同时，在/proc/net/vlan/config 文件中会写入子接口与 VLAN 的对应关系。

在宿主机 KVM-2 上进行完全相同的配置。

5. 配置子接口

在宿主机 KVM-1 上进行如下配置：

启动子接口，代码如下：

```
[root@KVM-1 ~]# ifconfig ens33.10 up
[root@KVM-1 ~]# ifconfig ens33.11 up
```

创建子接口配置文件，代码如下：

```
[root@KVM-1 ~]# cd /etc/sysconfig/network-scripts/
[root@KVM-1 network-scripts]# cp ifcfg-ens33 ifcfg-ens33.10
[root@KVM-1 network-scripts]# cp ifcfg-ens33 ifcfg-ens33.11
[root@KVM-1 network-scripts]# vi ifcfg-ens33.10
只保留如下配置，多余的行删掉
NAME=ens33.10
DEVICE=ens33.10
BRIDGE=br1
[root@KVM-1 network-scripts]# vi ifcfg-ens33.11
只保留如下配置，多余的行删掉
NAME=ens33.11
DEVICE=ens33.11
BRIDGE=br2
```

在宿主机 KVM-2 上进行完全相同的配置。

6. 将子接口加入网桥

在宿主机 KVM-1 上进行如下配置：

```
[root@KVM-1 ~]# brctl addif br1 ens33.10
[root@KVM-1 ~]# brctl addif br2 ens33.11
```

配置完毕，查看网桥状态，代码如下：

```
[root@KVM-1 ~]# brctl show
bridge name     bridge id             STP enabled     interfaces
br1             8000.000c297b7c66     no              ens33.10
br2             8000.000c297b7c66     no              ens33.11
virbr0          8000.5254005c0790     yes             virbr0-nic
```

在宿主机 KVM-2 上进行完全相同的配置。

7. 设置开机启动脚本

上述配置在重启后就会丢失，将以下命令写入到/etc/rc.d/rc.local，创建开机启动脚本，开机时就会自动执行该脚本，对宿主机进行配置：

```
[root@KVM-1 ~]# vi /etc/rc.d/rc.local
vconfig add ens33 10
vconfig add ens33 11
ifconfig ens33.10 up
ifconfig ens33.11 up
brctl addif br1 ens33.10
brctl addif br2 ens33.11
```

CentOS7 中，文件/etc/rc.d/rc.local 默认没有可执行权限，需要为其添加可执行权限，代码如下：

```
[root@KVM-1 ~]# chmod +x /etc/rc.d/rc.local
```

在宿主机 KVM-2 上进行完全相同的配置。

至此，宿主机的网桥、VLAN、子接口和 Trunk 已经配置完成，下面我们再次使用 VNC 连接到两台宿主机，进行第二层 KVM 虚拟机的配置。

3.2.5 配置 KVM 虚拟机

在配置好第一层的 VMware 虚拟机(宿主机)之后，接下来配置第二层的 KVM 虚拟机。

1. 重建 KVM 虚拟机网卡

前面使用克隆方式获得的 KVM 虚拟机，其网卡的 MAC 地址是相同的，这会对后续的实验造成影响。因此，我们需要将这些 KVM 虚拟机的网卡删除，并重新创建一块新的网卡，来避免网卡 MAC 地址的冲突。步骤如下：

在宿主机 KVM-1 上执行以下命令，启动 VNC 服务端：

```
[root@KVM-1 ~]# vncserver
```

使用 Virtual Machine Manager 打开虚拟机 C7-1 的图形化管理窗口。使用 VNC viewer 连接到宿主机 KVM-1，打开虚拟机管理窗口。单击上方工具栏中的图标，选择窗口左侧列表中的【NIC】项目，然后单击下方的【Remove】按钮，在弹出的对话框中单击【Yes】按钮，删除当前网卡，如图 3-68 所示。

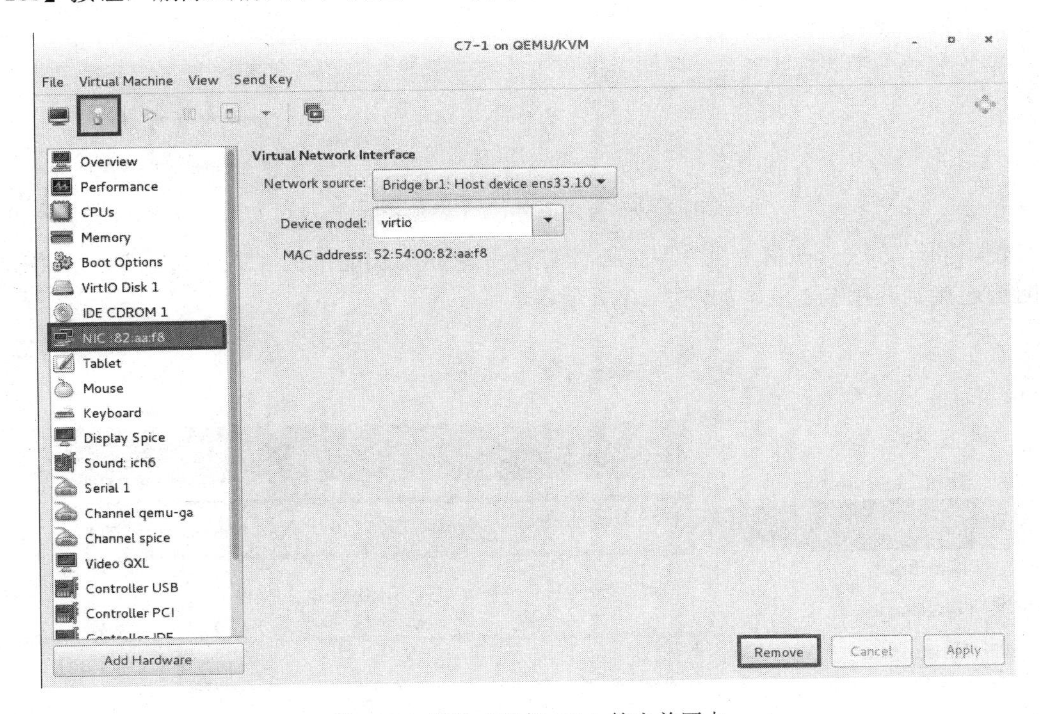

图 3-68　删除虚拟机 C7-1 的当前网卡

接下来需要为虚拟机 C7-1 添加并配置一块新网卡：单击图 3-68 窗口中的【Add Hardware】按钮，在弹出的窗口左侧列表中单击【Network】项目，然后在右侧的【Network】栏目中将【Network source】设置为网桥 br1，将【Device model】设置为【virtio】，最后单击【Finish】按钮，如图 3-69 所示。

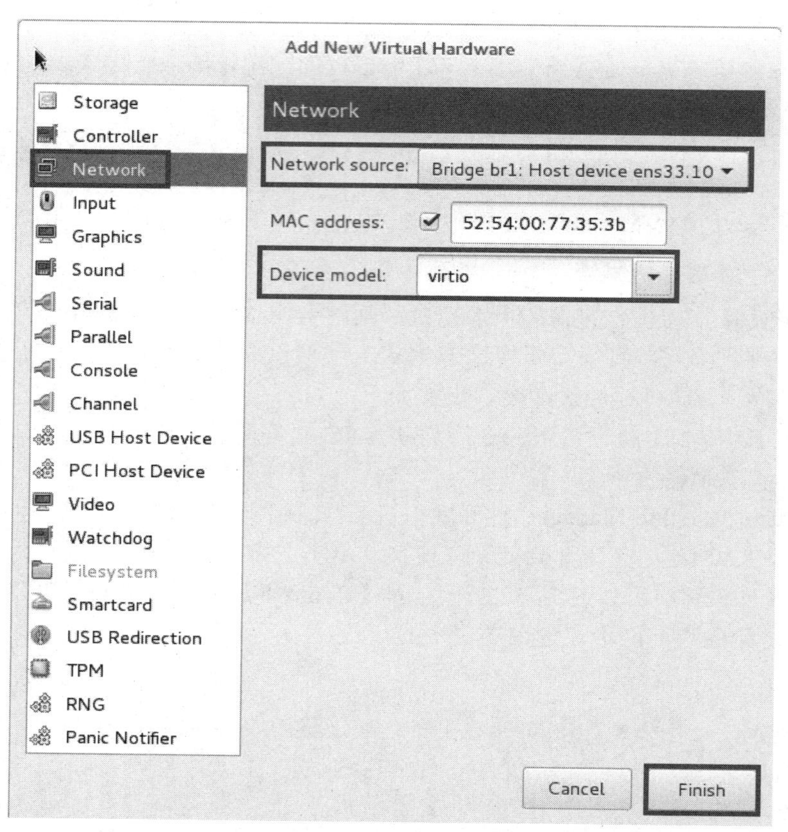

图 3-69　为虚拟机 C7-1 添加新网卡

使用同样方法，在宿主机 KVM-1 上删除并重新添加虚拟机 C7-2 的网卡，并将新建的网卡连接到网桥 br2 上，如图 3-70 所示。

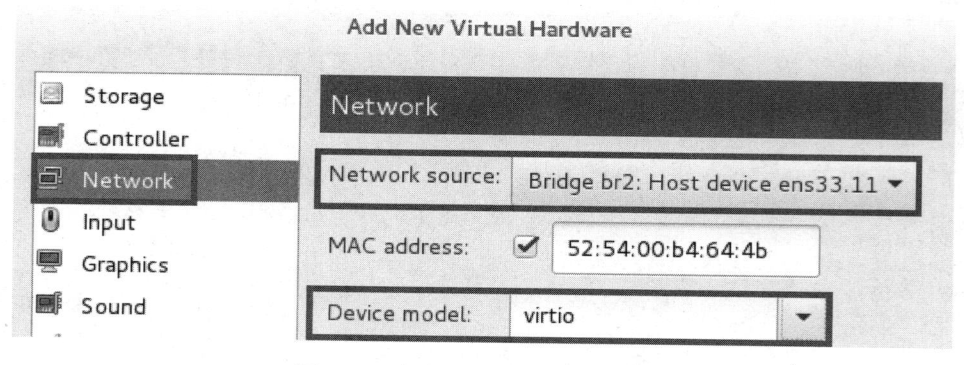

图 3-70　为虚拟机 C7-2 添加新网卡

2. 修改 KVM-2 上的虚拟机名称

KVM-2 是由模板机克隆而来的，因此其上的两台 KVM 虚拟机的名称——“C7-1”和“C7-2”与 KVM-1 上的两台虚拟机相同。为便于区分，下面将 KVM-2 上的虚拟机名称分别改为“C7-3”和“C7-4”，修改步骤如下：

(1) 使用 VNC 连接到 KVM-2，右键单击 KVM-2 桌面空白处，在弹出菜单中选择【Open Terminal】命令，如图 3-71 所示。

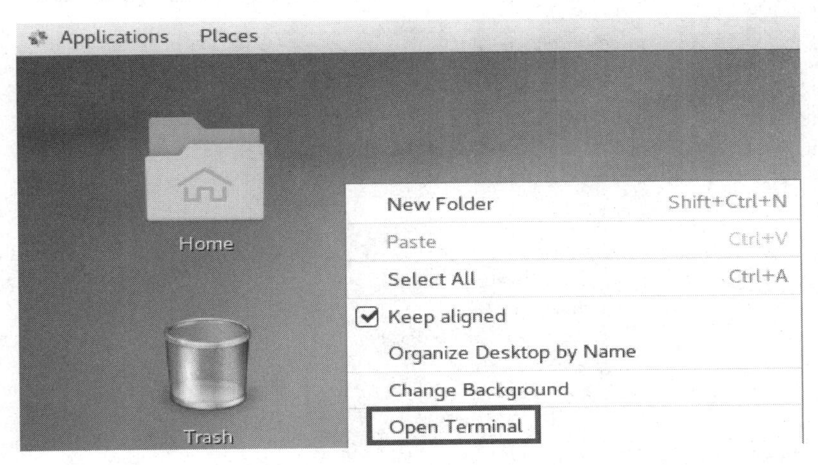

图 3-71　打开虚拟机命令行界面

(2) 在弹出的命令行窗口中输入命令“virt-manager”，启动 Virtual Machine Manager，如图 3-72 所示。

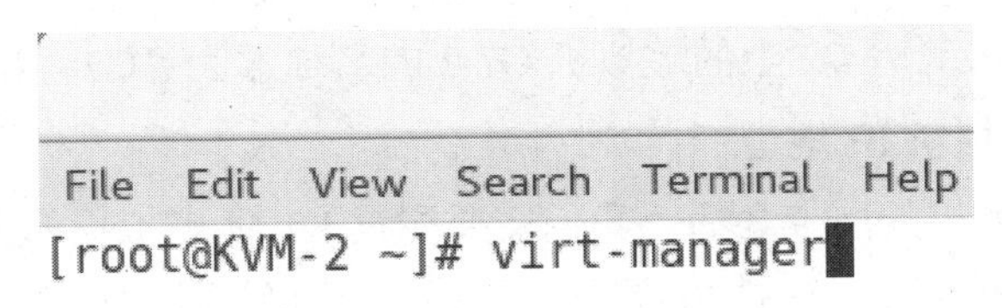

图 3-72　启动 Virtual Machine Manager

(3) 在出现的配置窗口中选择虚拟机 C7-1，然后单击上方工具栏中的【Open】按钮，如图 3-73 所示。

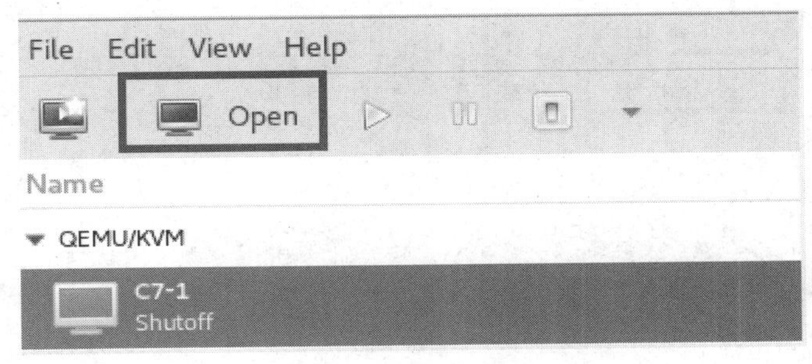

图 3-73　选择虚拟机 C7-1

(4) 单击上方工具栏中的图标，选择窗口左边栏中的【Overview】项目，在右侧配置界面中将【Name】设置为“C7-3”，最后单击右下角的【Apply】按钮，如图 3-74 所示。

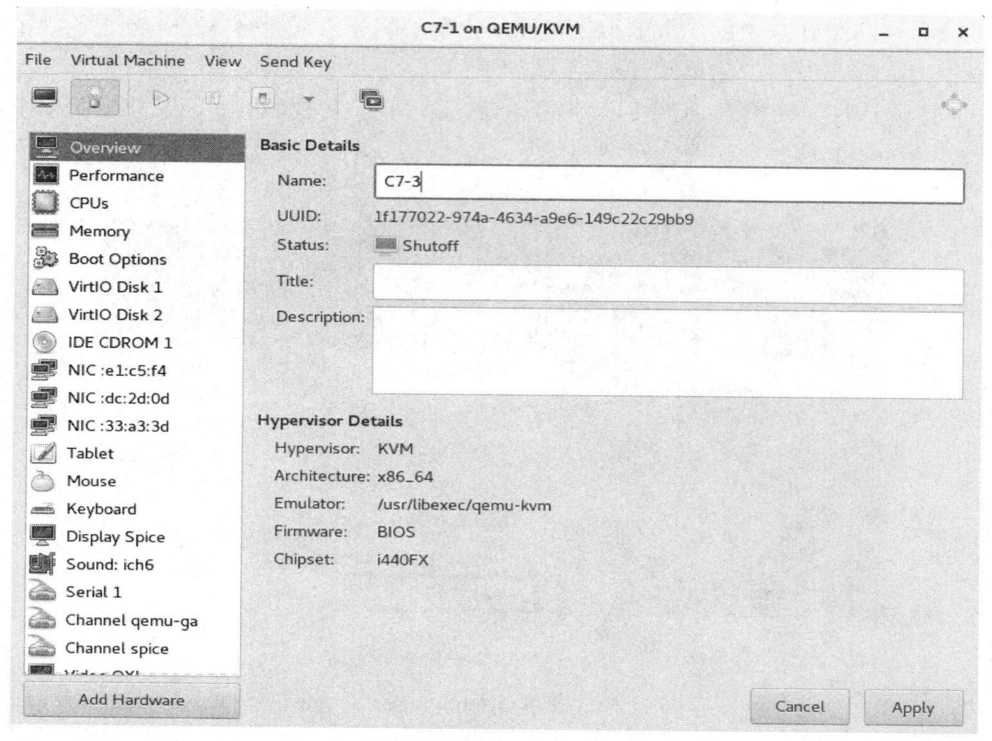

图 3-74　修改 KVM 虚拟机名称

使用同样方法，将 KVM-2 上的虚拟机 C7-2 的名称改为“C7-4”。

3．配置 KVM 虚拟机 IP 地址

配置好 KVM 虚拟机的网卡之后，我们需要配置 KVM 虚拟机的 IP 地址，步骤如下：

(1) 在宿主机 KVM-1 上启动虚拟机 C7-1 和 C7-2，在窗口【Virtual Machine Manager】中选择虚拟机 C7-1，然后单击工具栏中的【Open】按钮，打开虚拟机 C7-1 的配置界面，如图 3-75 所示。

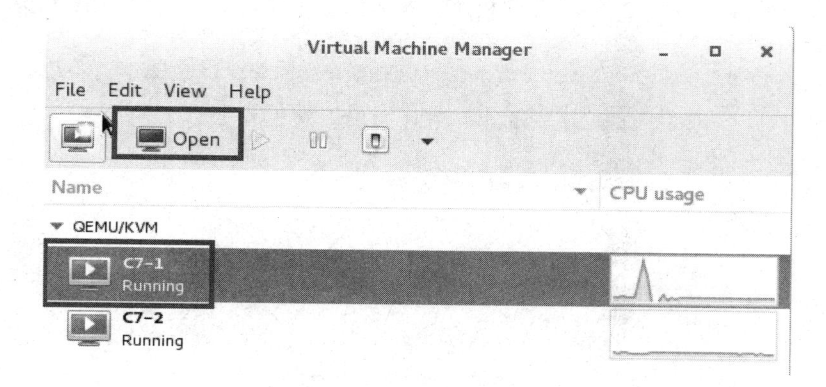

图 3-75　启动 KVM 虚拟机 C7-1

在虚拟机 C7-1 的配置界面中执行以下命令，编辑网卡 eth0 的配置文件：

```
# vi /etc/sysconfig/network-scripts/ifcfg-eth0
```

(2) 参考图 3-76 所示，对虚拟机 C7-1 的网卡进行配置。

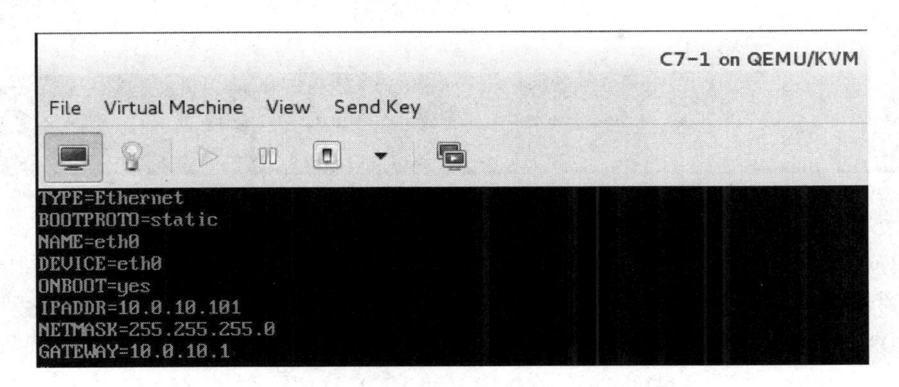

图 3-76 配置虚拟机 C7-1 的网卡

(3) 配置完成后，重启网络服务，使网卡配置生效，如图 3-77 所示。

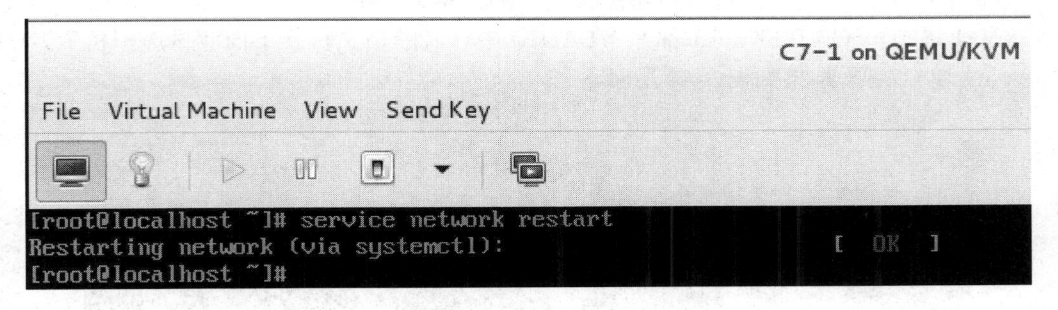

图 3-77 重启网络服务

(4) 网卡配置生效后，虚拟机 C7-1 应能够 ping 通三层交换机上的 VLAN10 网关 10.0.10.1，测试结果如图 3-78 所示。

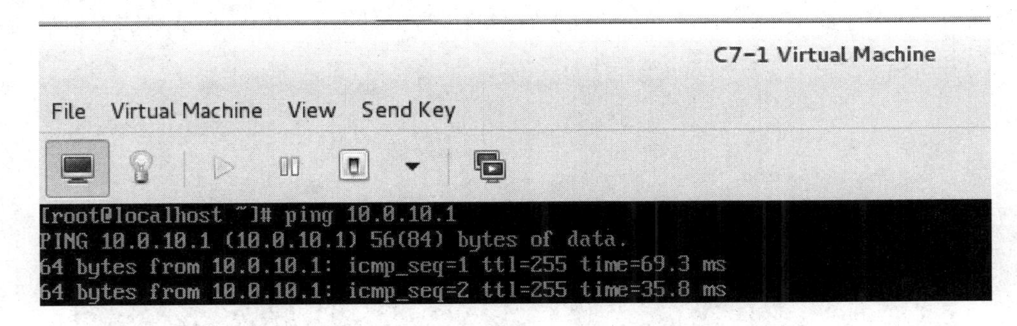

图 3-78 测试虚拟机 C7-1 网络连通性

使用同样方法，配置虚拟机 C7-2 的 IP 地址 10.0.11.102/24 和网关 10.0.11.1/24，使虚拟机 C7-2 能够 ping 通三层交换机上的 VLAN11 网关 10.0.11.1，测试结果如图 3-79 所示。

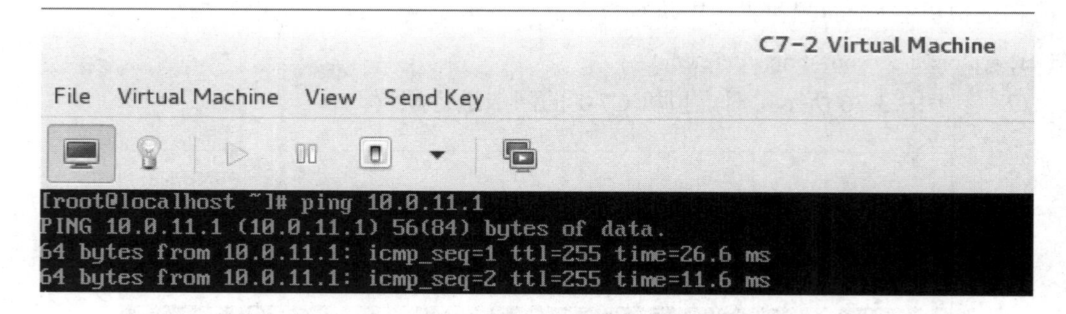

图 3-79　测试虚拟机 C7-2 网络连通性

使用同样方法，在宿主机 KVM-2 上创建虚拟机 C7-3 和 C7-4 的网卡，将新的网卡分别绑定到网桥 br1 和 br2 上，并将虚拟机 C7-3 和 C7-4 的 IP 地址分别配置为 10.0.10.103/24 和 10.0.11.104/24，网关分别配置为 10.0.10.1 和 10.0.11.1。确保两台 KVM 虚拟机分别能 ping 通 VLAN10 网关 10.0.10.1 和 VLAN11 网关 10.0.11.1。

4．测试 KVM 虚拟机的网络连通性

默认情况下，三层交换机开启路由功能，测试结果如下：

KVM 虚拟机 C7-1 和 C7-3 都在 VLAN10 中，且跨宿主机。下面测试虚拟机 C7-1 是否能 ping 通 C7-3，结果如图 3-80 所示。

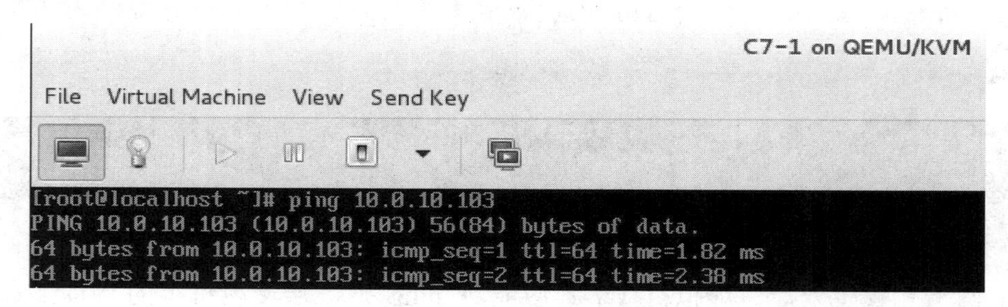

图 3-80　测试虚拟机 C7-1 与 C7-3 的网络连通性

KVM 虚拟机 C7-1 和 C7-4 在不同的 VLAN 中，且跨宿主机。下面测试虚拟机 C7-1 是否能 ping 通 C7-4，结果如图 3-81 所示。

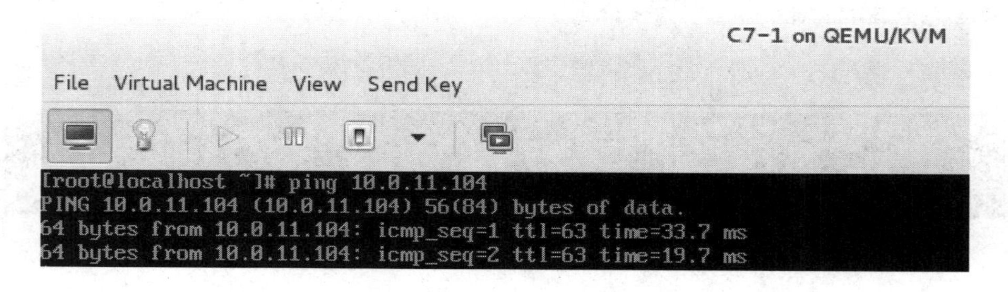

图 3-81　测试虚拟机 C7-1 与 C7-4 的网络连通性

在三层交换机上关闭路由功能，代码如下：

```
Switch#conf t
```

```
Switch(config)#no ip routing
```

三层交换机如果关闭了路由功能，只相当于一个二层交换机，但根据测试结果，虚拟机 C7-1 仍然能 ping 通 C7-3，如图 3-82 所示。

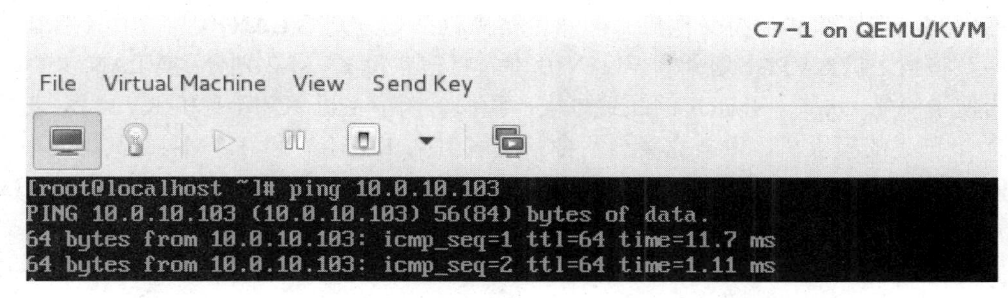

图 3-82　关闭路由后测试虚拟机 C7-1 与 C7-3 的网络连通性

但此时，虚拟机 C7-1 无法 ping 通 C7-4，测试结果如图 3-83 所示。

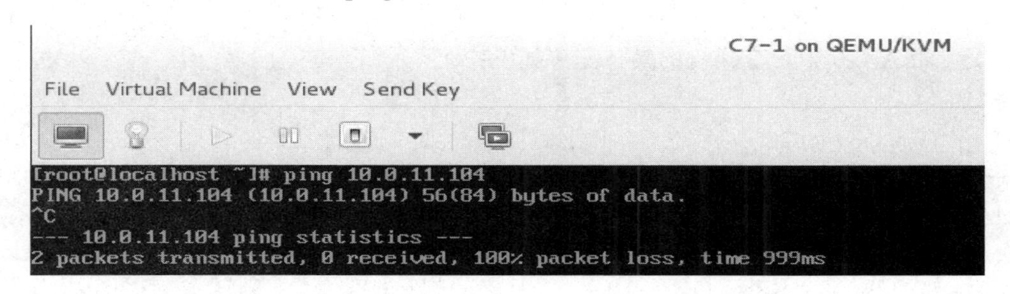

图 3-83　关闭路由后测试虚拟机 C7-1 与 C7-4 的网络连通性

3.2.6　实验结论

本实验中，我们给一个特定 VLAN 的虚拟机分配一个特定网段的 IP 地址，同时使用网桥技术，将 VLAN 和子接口绑定起来，然后将物理接口配置成 Trunk 模式，连接到交换机的 Trunk 端口，为多个 VLAN 提供网络连接。

划分到同一个 VLAN 的跨宿主机的两台虚拟机，只需要二层交换机提供连接就可以相互通信；而划分到不同 VLAN 的跨宿主机的两台虚拟机则需要三层交换机提供路由功能，才可以相互通信。

在 VLAN 数量小于 4096 个的小型私有云中，可使用本实验组建的 VLAN 网络模型来为小型私有云提供网络连接服务；但在中大型的私有云和公有云中，由于 VLAN 数量的限制，无法使用这种组网方式，而是需要使用下节中介绍的 VXLAN 或者 GRE 方式，为云平台提供网络服务。

3.3　VXLAN 实验

在上一节的实验中，我们使用了网桥和 VLAN 的方式来配置网络，除此之外，还可以使用 Open vSwitch 来配置网络。在本节的实验里，我们将用 Open vSwitch 结合 VXLAN，在没有三层交换机的情况下实现跨宿主机的虚拟机之间的通信。

在 VXLAN 网络中，我们可以将虚拟机分配到不同的 VXLAN 中，从而实现虚拟机的隔离。因此，本实验我们将交换机上的两台宿主机都划分到 VLAN10 中，而不像上个实验那样，将宿主机 KVM-1 划分到 VLAN10 中，将宿主机 KVM-2 划分到 VLAN11 中。

为便于简化 Open vSwitch 的配置过程，我们关闭宿主机 KVM-1 和 KVM-2，然后使用 3.2 节创建的模板机，重新克隆出两台新的宿主机 KVM-3 和 KVM-4。其中，宿主机 KVM-3 桥接到 VMnet1 网卡，宿主机 KVM-4 桥接到 VMnet9 网卡，然后启动 GNS3 软件，开启交换机，进行相关配置。

3.3.1 配置交换机

本实验中，需将交换机的路由功能关闭，只保留二层交换功能，两个宿主机的接口都要接入到 VLAN10 中。交换机的具体配置如下：

```
Switch#conf t
Switch(config)#no ip routing    # 关闭路由功能，将三层交换机变成二层交换机
Switch(config)#int f0/0
Switch(config-if)#switchport mode access
Switch(config-if)#switchport access vlan 10    # 将接口f0/0划分到VLAN 10
Switch(config-if)#no shut
Switch(config-if)#exit
Switch(config)#int f0/1
Switch(config-if)#switchport mode access
Switch(config-if)#switchport access vlan 10    # 将接口f0/1划分到VLAN 11
Switch(config-if)#no shut
Switch(config)#exit
```

3.3.2 配置宿主机

在创建虚拟机之前，必须先保证宿主机的配置正常。宿主机的配置步骤如下：

1. 设置主机名

在宿主机 KVM-3 上设置主机名，代码如下：

```
[root@localhost ~]# hostnamectl set-hostname KVM-3
[root@localhost ~]# hostname KVM-3
```

设置完毕，按【Ctrl】+【D】键退出，重新登录，使主机名设置生效。

在宿主机 KVM-4 上设置主机名，代码如下：

```
[root@localhost ~]# hostnamectl set-hostname KVM-4
[root@localhost ~]# hostname KVM-4
```

设置完毕，按【Ctrl】+【D】键退出，重新登录，使主机名设置生效。

2．配置网卡

配置宿主机 KVM-3 的网卡，代码如下：

```
[root@KVM-3 ~]# cat /etc/sysconfig/network-scripts/ifcfg-ens33
TYPE=Ethernet
BOOTPROTO=static
NAME=ens33
DEVICE=ens33
ONBOOT=yes
IPADDR=10.0.10.101
NETMASK=255.255.255.0
[root@KVM-3 ~]# cat /etc/sysconfig/network-scripts/ifcfg-ens34
TYPE=Ethernet
BOOTPROTO=static
NAME=ens34
DEVICE=ens34
ONBOOT=yes
IPADDR=192.168.1.211
NETMASK=255.255.255.0
GATEWAY=192.168.1.1
DNS1=223.5.5.5
```

配置宿主机 KVM-4 的网卡，代码如下：

```
[root@KVM-4 ~]# cat /etc/sysconfig/network-scripts/ifcfg-ens33
TYPE=Ethernet
BOOTPROTO=static
NAME=ens33
DEVICE=ens33
ONBOOT=yes
IPADDR=10.0.10.102
NETMASK=255.255.255.0
[root@KVM-4 ~]# cat /etc/sysconfig/network-scripts/ifcfg-ens34
TYPE=Ethernet
BOOTPROTO=static
NAME=ens34
DEVICE=ens34
ONBOOT=yes
IPADDR=192.168.1.212
NETMASK=255.255.255.0
GATEWAY=192.168.1.1
```

```
DNS1=223.5.5.5
```

3. 下载安装 Open vSwitch

在宿主机 KVM-3 上下载安装 Open vSwitch，代码如下：

```
[root@KVM-3 ~]# yum -y install openssl-devel kernel-devel selinux-policy-devel    # 安装Open
vSwitch依赖的软件包
[root@KVM-3 ~]# wget http://openvswitch.org/releases/openvswitch-2.7.0.tar.gz
[root@KVM-3 ~]# mkdir -p ~/rpmbuild/SOURCES
[root@KVM-3 ~]# cp openvswitch-2.7.0.tar.gz ~/rpmbuild/SOURCES/
[root@KVM-3 ~]# cd ~/rpmbuild/SOURCES
[root@KVM-3 SOURCES]# tar xf openvswitch-2.7.0.tar.gz
[root@KVM-3 SOURCES]# ls /lib/modules/$(uname -r) -ln
[root@KVM-3 SOURCES]# rpmbuild -bb --without check openvswitch-2.7.0/rhel/openvswitch.spec   #
生成rpm包
[root@KVM-3 SOURCES]# cd /root/rpmbuild/RPMS/x86_64/
[root@KVM-3 x86_64]# yum localinstall -y openvswitch-2.7.0-1.x86_64.rpm
# 安装Open vSwitch
[root@KVM-3 x86_64]# systemctl start openvswitch   # 启动Open vSwitch
[root@KVM-3 x86_64]# systemctl enable openvswitch   # 开机启动Open vSwitch
[root@KVM-3 ~]# systemctl -l status openvswitch.service   # 查看Open vSwitch状态
● openvswitch.service - LSB: Open vSwitch switch
   Loaded: loaded (/etc/rc.d/init.d/openvswitch; bad; vendor preset: disabled)
   Active: active (running) since Tue 2018-05-15 04:26:48 EDT; 1min 29s ago
# 出现active(running)表示Open vSwitch启动成功
--------------------------------中间省略---------------------------------
May 15 04:26:48 KVM-1 openvswitch[18804]: /etc/openvswitch/conf.db does not exist ... (warning).
May 15 04:26:48 KVM-1 openvswitch[18804]: Creating empty database /etc/openvswitch/conf.db [  OK  ]
May 15 04:26:48 KVM-1 openvswitch[18804]: Starting ovsdb-server [  OK  ]
May 15 04:26:48 KVM-1 openvswitch[18804]: Configuring Open vSwitch system IDs [  OK  ]
May 15 04:26:48 KVM-1 openvswitch[18804]: Inserting openvswitch module [  OK  ]
May 15 04:26:48 KVM-1 openvswitch[18804]: Starting ovs-vswitchd [  OK  ]
May 15 04:26:48 KVM-1 openvswitch[18804]: Enabling remote OVSDB managers [  OK  ]
May 15 04:26:48 KVM-1 systemd[1]: Started LSB: Open vSwitch switch.
```

在第二台宿主机 KVM-4 上执行完全相同的操作。

4. 停用 NetworkManager 服务

在宿主机 KVM-3 上停用 NetworkManager 服务，代码如下：

```
[root@KVM-3 ~]# systemctl stop NetworkManager.service
[root@KVM-3 ~]# systemctl disable NetworkManager.service
```

在第二台宿主机 KVM-4 上执行完全相同的操作.

5．删除网桥 virbr0

在宿主机 KVM-3 上删除网桥 virbr0，代码如下：

```
[root@KVM-3 ~]# virsh net-list
 Name                 State      Autostart     Persistent
----------------------------------------------------------
 default              active     yes           yes      # 网桥virbr0

[root@KVM-3 ~]# virsh net-destroy default
Network default destroyed

[root@KVM-3 ~]# virsh net-undefine default
Network default has been undefined

[root@KVM-3 ~]# virsh net-list
 Name                 State      Autostart     Persistent
----------------------------------------------------------
```

在第二台宿主机 KVM-4 上执行完全相同的操作。

6．创建网桥 ovsbr0

在宿主机 KVM-3 上创建网桥 ovsbr0，代码如下：

```
[root@KVM-3 ~]# ovs-vsctl add-br ovsbr0
```

查看网桥 ovsbr0 的配置，代码如下：

```
[root@KVM-3 ~]# ovs-vsctl show
2bfb4a1b-6c0e-40f8-bc25-4e48451066cb
    Bridge "ovsbr0"
        Port "ovsbr0"
            Interface "ovsbr0"
                type: internal
    ovs_version: "2.7.0"
```

在第二台宿主机 KVM-4 上执行完全相同的操作。

7．创建端口 mgmt0 并绑定到网桥 ovsbr0

在宿主机 KVM-3 上创建端口 mgmt0，代码如下：

```
[root@KVM-3 ~]# vi /etc/sysconfig/network-scripts/ifcfg-mgmt0
DEVICE=mgmt0
ONBOOT=yes
DEVICETYPE=ovs
TYPE=OVSIntPort
OVS_BRIDGE=ovsbr0    # 将端口mgmt0绑定到网桥
USERCTL=no
```

```
BOOTPROTO=none
HOTPLUG=no
IPADDR=192.168.57.2
NETMASK=255.255.255.0
```

配置完毕，执行以下命令，重启网络服务，使配置生效：

```
[root@KVM-3 ~]# systemctl restart network.service
```

此时查看网桥 ovsbr0 的配置，代码如下：

```
[root@KVM-3 ~]# ovs-vsctl show
2bfb4a1b-6c0e-40f8-bc25-4e48451066cb
    Bridge "ovsbr0"
        Port "mgmt0"
            Interface "mgmt0"
                type: internal
        Port "ovsbr0"
            Interface "ovsbr0"
                type: internal
    ovs_version: "2.7.0"

[root@KVM-4 ~]# vi /etc/sysconfig/network-scripts/ifcfg-mgmt0
DEVICE=mgmt0
ONBOOT=yes
DEVICETYPE=ovs
TYPE=OVSIntPort
OVS_BRIDGE=ovsbr0        # 将端口mgmt0绑定到网桥
USERCTL=no
BOOTPROTO=none
HOTPLUG=no
IPADDR=192.168.57.3    # KVM-1和KVM-2的mgmt0接口，必须在同一网段
NETMASK=255.255.255.0
[root@KVM-4 ~]# systemctl restart network.service
[root@KVM-4 ~]# ovs-vsctl show
2bfb4a1b-6c0e-40f8-12bd-8f48124322fd
    Bridge "ovsbr0"
        Port "mgmt0"
            Interface "mgmt0"
                type: internal
        Port "ovsbr0"
            Interface "ovsbr0"
```

```
        type: internal
    ovs_version: "2.7.0"
```

3.3.3　配置 KVM 虚拟机

在宿主机 KVM-3 和 KVM-4 上启动 VNC 服务，使用 VNC viewer 连接两台宿主机，然后使用 virt-manager 命令启动 KVM 虚拟机图形化界面，对 KVM 虚拟机进行以下配置。

1．修改 KVM-4 上的虚拟机名称

宿主机 KVM-4 由模板机克隆所得，因此上面的两台虚拟机名称仍然为“C7-1”和“C7-2”。参考 3.3.4 节，将虚拟机 C7-1 和 C7-2 分别改名为“C7-3”和“C7-4”。

2．重建 KVM 虚拟机网卡

将四台虚拟机 C7-1、C7-2、C7-3 和 C7-4 的网卡删除，各自重新创建一个网卡，并桥接到网桥 ovsbr0：在【Add New Virtual Hardware】界面中将【Source mode】设置为【Bridge】，【Device model】设置为【virtio】，最后单击【Apply】按钮，如图 3-84 所示。

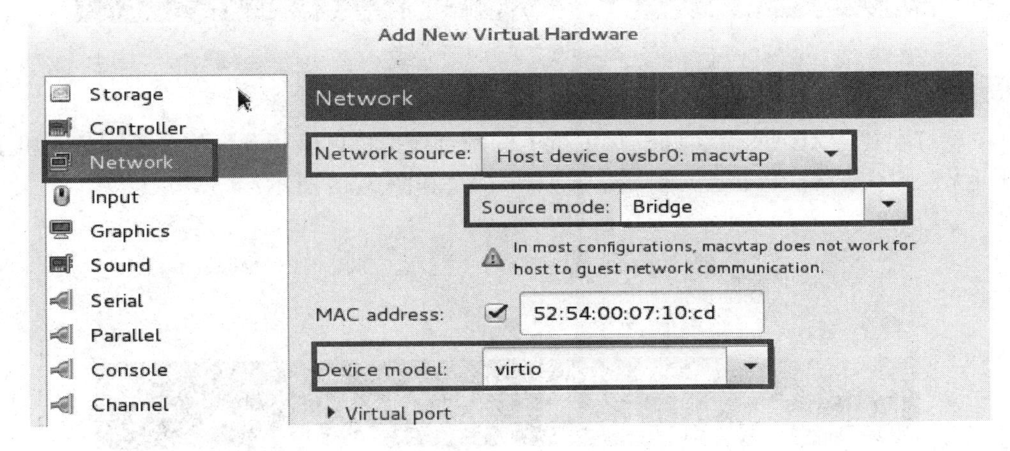

图 3-84　重新创建 KVM 虚拟机的网卡

3．配置 KVM 虚拟机 IP 地址

启动虚拟机 C7-1、C7-2、C7-3 和 C7-4，参考表 3-1 配置 IP 地址和网关。

表 3-1　KVM 虚拟机 IP 地址规划

	IP 地址	网关
C7-1	192.168.57.101	192.168.57.2
C7-2	192.168.57.102	192.168.57.2
C7-3	192.168.57.103	192.168.57.3
C7-4	192.168.57.104	192.168.57.3

以虚拟机 C7-1 为例，在其配置界面中执行以下命令，编辑网卡 eth0 的配置文件：

```
[root@localhost ~]# vi /etc/sysconfig/network-scripts/ifcfg-eth0
```

然后按照图 3-85 所示信息，对虚拟机 C7-1 的 IP 地址和网关进行配置。

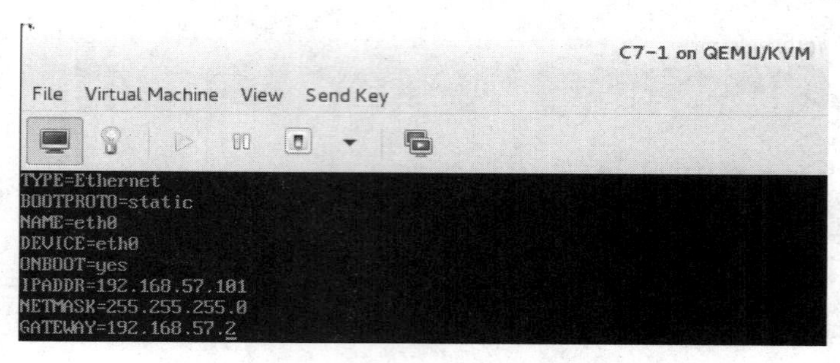

图 3-85　配置虚拟机 C7-1 的 IP 地址和网关

配置完成后，重启网络，使配置生效，如图 3-86 所示。

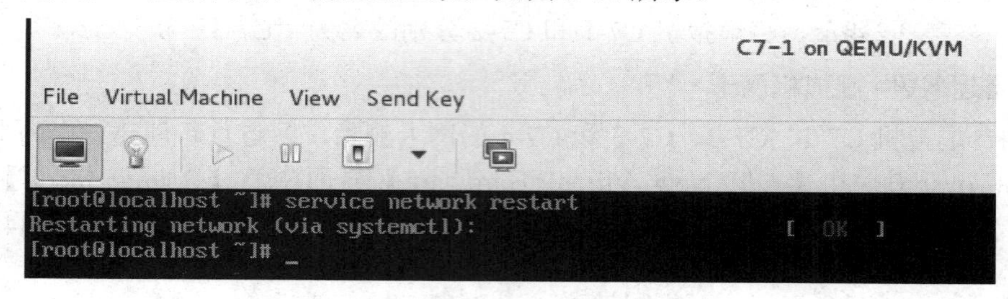

图 3-86　重启网络服务

4．测试网络连通性

在没有配置 VXLAN 时，同一宿主机上的两台虚拟机可以相互通信，不同宿主机上的虚拟机无法通信。在 C7-1 上的测试结果如图 3-87 和图 3-88 所示。

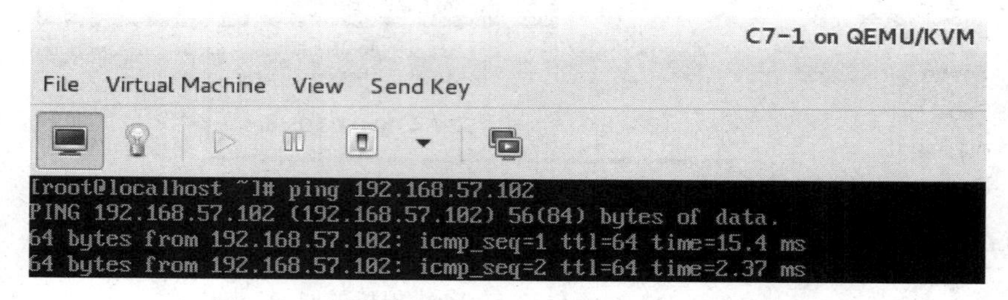

图 3-87　测试虚拟机 C7-1 到 C7-2 的网络连通性

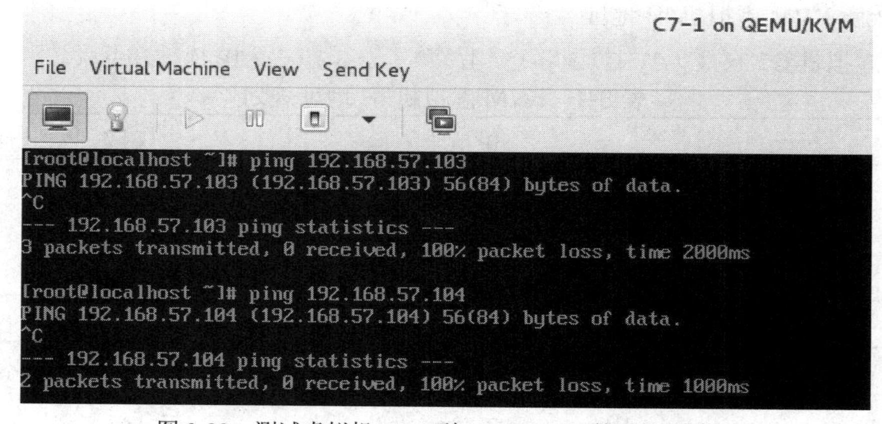

图 3-88　测试虚拟机 C7-1 到 C7-3、C7-4 的网络连通性

3.3.4　配置 VXLAN

在宿主机 KVM-3 和 KVM-4 上配置 VXLAN，操作如下：

```
[root@KVM-3 ~]# ovs-vsctl add-port ovsbr0 vxlan0 -- set interface vxlan0 type=vxlan
options:remote_ip=10.0.10.102
[root@KVM-3 ~]# ovs-vsctl show
2bfb4a1b-6c0e-40f8-bc25-4e48451066cb
    Bridge "ovsbr0"
        Port "vxlan0"
            Interface "vxlan0"
                type: vxlan
                options: {remote_ip="10.0.10.102"}
        Port "mgmt0"
            Interface "mgmt0"
                type: internal
        Port "ovsbr0"
            Interface "ovsbr0"
                type: internal
    ovs_version: "2.7.0"

[root@KVM-4 ~]# ovs-vsctl add-port ovsbr0 vxlan0 -- set interface vxlan0 type=vxlan
options:remote_ip=10.0.10.101
[root@KVM-4 ~]# ovs-vsctl show
918a10f0-a3e5-4f02-bdf1-6772a1234fb3
    Bridge "ovsbr0"
        Port "mgmt0"
            Interface "mgmt0"
                type: internal
        Port "vxlan0"
            Interface "vxlan0"
                type: vxlan
                options: {remote_ip="10.0.10.101"}
        Port "ovsbr0"
            Interface "ovsbr0"
                type: internal
    ovs_version: "2.7.0"
```

3.3.5　连通性测试

VXLAN 配置完毕后，同一宿主机上的虚拟机仍然可以通信，而不同宿主机上的虚拟机也可以通信。

可以执行 ping 命令，进行连通性测试。以虚拟机 C7-1 为例，测试结果如图 3-89 所示，说明 VXLAN 配置成功。

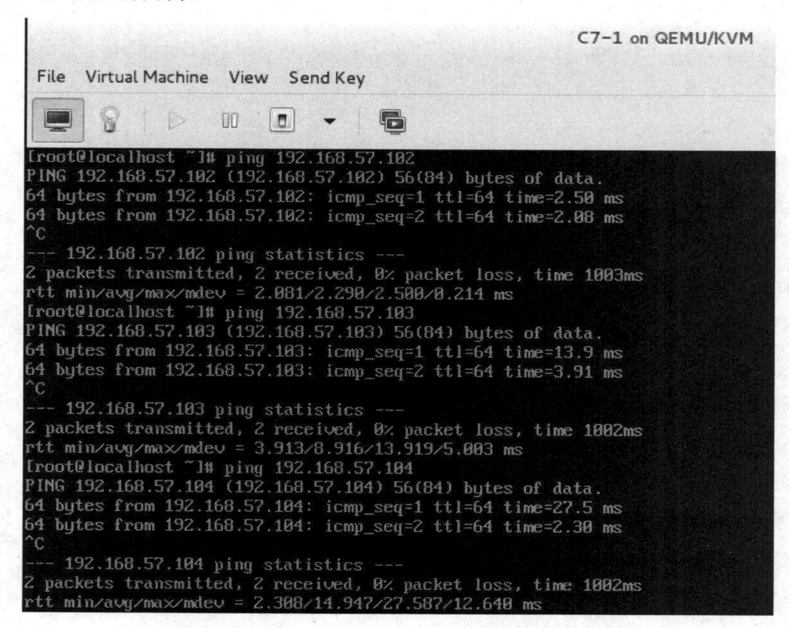

图 3-89　测试四台虚拟机之间的网络连通性

3.3.6　实验结论

在只有二层交换机的情况下，两台宿主机都连接到交换机的 VLAN10，虚拟机的 IP 地址都在同一个网段 192.168.57.0/24 中。尽管如此，不同宿主机上的虚拟机之间仍然无法进行通信，只有在配置了 VXLAN 之后，不同宿主机上的虚拟机才可以相互通信。

3.4　GRE 实验

GRE 与 VXLAN 的配置几乎相同，作用也相同，都是在只有二层交换机的情况下实现跨宿主机的虚拟机之间的通信，前提是虚拟机的 IP 地址必须在同一个网段中。

在公有云和私有云中，最常使用的网络是 VLAN 和 VXLAN，GRE 几乎不用，因此，GRE 不作为本章和后续章节的重点。

本 GRE 配置实验的环境与前面 VXLAN 配置实验的环境完全相同，在保持交换机配置和宿主机配置的情况下，只需删除 VXLAN 的配置，重新添加 GRE 的配置即可。

3.4.1　删除 VXLAN 的配置

在宿主机 KVM-3 上删除 VXLAN 的配置，操作如下：

```
[root@kvm-3 ~]# ovs-vsctl show
```

```
56bd3632-913c-4865-ace0-9f5dea02163b
    Bridge "ovsbr0"
        Port "ovsbr0"
            Interface "ovsbr0"
                type: internal
        Port "mgmt0"
            Interface "mgmt0"
                type: internal
        Port "vxlan0"
            Interface "vxlan0"
                type: vxlan
                options: {remote_ip="10.0.10.102"}
[root@kvm-3 ~]# ovs-vsctl del-port ovsbr0 vxlan0
[root@kvm-3 ~]# ovs-vsctl show
56bd3632-913c-4865-ace0-9f5dea02163b
    Bridge "ovsbr0"
        Port "ovsbr0"
            Interface "ovsbr0"
                type: internal
        Port "mgmt0"
            Interface "mgmt0"
                type: internal
```

配置完毕后，在宿主机 KVM-4 上进行相同的操作。

3.4.2　配置 GRE

在宿主机 KVM-3 上进行 GRE 的配置，操作如下：

```
[root@kvm-3 ~]# ovs-vsctl add-port ovsbr0 gre0 -- set interface gre0 type=gre options:remote_ip=10.0.10.102
[root@kvm-3 ~]# ovs-vsctl show
56bd3632-913c-4865-ace0-9f5dea02163b
    Bridge "ovsbr0"
        Port "gre0"
            Interface "gre0"
                type: gre
                options: {remote_ip="10.0.10.102"}
        Port "ovsbr0"
            Interface "ovsbr0"
                type: internal
        Port "mgmt0"
            Interface "mgmt0"
```

```
        type: internal
```

配置完毕后，在宿主机 KVM-4 上进行相同的操作。

3.4.3 测试 GRE

GRE 配置完毕之后，同一宿主机上的虚拟机之间可以通信，不同宿主机上的虚拟机之间也可以通信。

执行 ping 命令，可以测试 GRE 的配置情况。以虚拟机 C7-1 为例，测试结果如图 3-90、图 3-91 和图 3-92 所示。

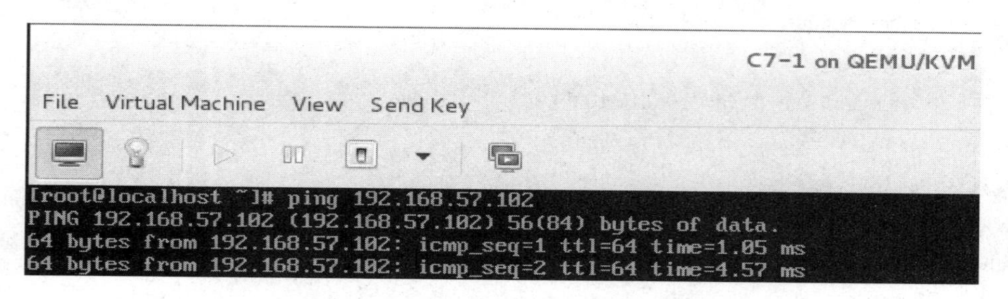

图 3-90　测试虚拟机 C7-1 到 C7-2 的网络连通性

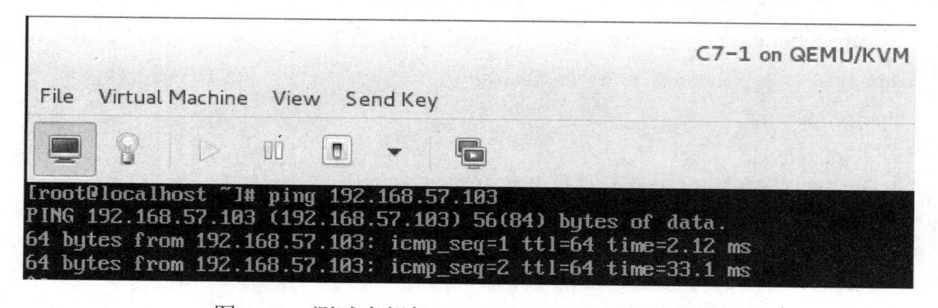

图 3-91　测试虚拟机 C7-1 到 C7-3 的网络连通性

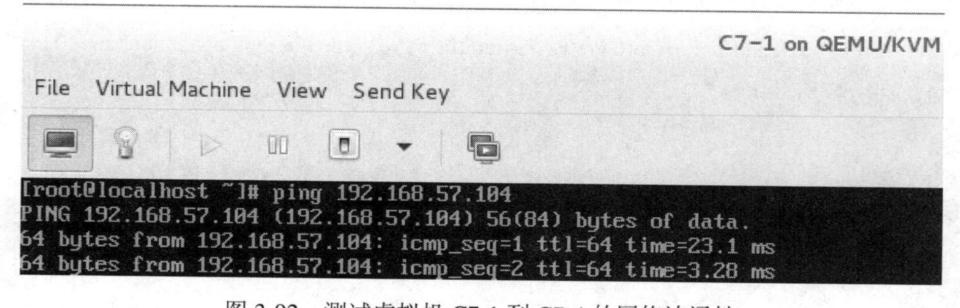

图 3-92　测试虚拟机 C7-1 到 C7-4 的网络连通性

本 章 小 结

通过本章的学习，读者应当了解：

✧ 网桥是工作在数据链路层的一个物理或者虚拟设备，为虚拟机提供二层网络的连

通性，但无法提供三层网络的连通性。

- ✧ 网关是在具有路由功能的设备上的一个端口。虚拟机不知道如何转发的数据包都会交给网关进行转发。网关为虚拟机提供三层网络的连通性。
- ✧ VLAN 将局域网划分为若干个 ARP 广播域，降低了局域网广播流量，提高了网络传输效率。VLAN 与网桥和网络进行绑定，降低了配置和排错的难度。不同 VLAN 的物理机及虚拟机之间是无法通信的，除非通过有路由功能的网关才可以通信。
- ✧ 子接口是由将一个子接口与一个 VLAN 绑定，为该 VLAN 提供一个传输通道。
- ✧ Access 端口属于特定的 VLAN，但不能同时属于多个 VLAN，它只能传输一个 VLAN 的数据；Trunk 端口不属于特定的 VLAN，它可以传输所有 VLAN 的数据。
- ✧ VXLAN 技术的出现，解决了 VLAN 技术中主机数量太少和转发性能不足的问题。它通过三层网络来搭建虚拟的二层网络，原有的网络不需进行任何改动，就可以解决 VLAN 主机数量和转发性能的问题。
- ✧ Open vSwitch 简称 OVS，是安装在宿主机上的软件虚拟交换机。它将网桥集成进来，能够为虚拟机提供二层网络的连通性，但无法提供三层网络的连通性。

本 章 练 习

1．虚拟机连接网桥的接口属于______。

A．Access 接口　　B．Trunk 接口　　C．物理接口　　D．子接口

2．一个交换机最多支持______个 VLAN。

A．256　　B．512　　C．1024　　D．4096

3．下面说法正确的是______。

A．在同一个宿主机上的两个虚拟机，不需要配置网关也能够通信

B．在同一个宿主机上的两个虚拟机，需要配置网关才能够通信

C．GNS3 可以模拟虚拟机

D．VMware Workstation 可以模拟网络设备

4．下面说法正确的是______。

A．Open vSwitch 本身支持路由功能

B．网桥本身支持路由功能

C．二层交换机支持路由功能

D．三层交换机支持路由功能

5．下面说法正确的是______。

A．网关可以设置在二层交换机上

B．网关可以设置在三层交换机上

C．网关可以设置在路由器上

D．网关可以设置在 Open vSwitch 上

6．下面说法正确的是______。

A．VXLAN 网络比 VLAN 网络可以容纳更多的虚拟机

B．VLAN 网络比 VXLAN 网络可以容纳更多的虚拟机

C．在传统网络中，当 VLAN 中的所有虚拟机的数量超过交换机 MAC 表的大小时，网络仍然能够稳定运行

D．网桥是工作在网络层的设备

7．下面说法正确的是______。

A．VLAN10 中的虚拟机发送的报文，会被打上 VLAN10 的标签

B．Trunk 端口不属于某个特定的 VLAN

C．Access 端口属于某个特定的 VLAN

D．一个 VLAN 中虚拟机的数量太多，不会造成 ARP 广播频繁出现和网络传输质量急速下降

8．下面说法错误的是______。

A．GRE 是一种网络重叠技术

B．VXLAN 是一种网络重叠技术

C．VLAN 是一种网络重叠技术

D．三层交换机可以关闭路由功能，当做二层交换机使用

9．简述 VLAN 网络中的局域网内主机发送数据包的过程。

10．某大型企业计划部署基于 KVM 虚拟机的计算中心。考虑到未来虚拟机的数量会超过 8000 个，而硬件交换机的 MAC 表大小仅为 8K，如果部署传统的 VLAN 网络，会造成计算中心网络传输性能下降，所以企业决定部署 VXLAN 网络。请结合本章所学内容，为该企业搭建一个 VXLAN 网络，并让不同宿主机之间的虚拟机可以通过 VXLAN 网络进行通信。

第4章　安装 OpenStack 基础组件

本章目标

- 掌握 OpenStack 的相关概念
- 了解 OpenStack 的基础架构
- 掌握 OpenStack 时间服务器的配置方法
- 掌握 OpenStack 软件源的配置方法
- 了解 OpenStack 各基础组件的作用
- 掌握 OpenStack 各基础组件的安装方法

OpenStack 基础组件包括 MySQL(集群的数据库)、RabbitMQ(处理集群的消息队列)、Keystone(认证服务)、Glance(镜像管理)、Nova(集群计算)、Horizon(管理集群的 Web 界面，即 OpenStack 的 Dashboard)等必须安装的组件。

本章介绍 OpenStack 基础组件的安装方法，并搭建一个基本的 OpenStack 的框架，以便在这个框架基础上为用户添加需要的功能。

4.1 OpenStack 基础组件简介

要搭建一个 OpenStack 平台，需要先完成基础组件的安装，然后在搭建完成的平台上安装各功能组件，扩展平台的应用。

4.1.1 OpenStack 基本架构

要实现 OpenStack 的基本架构，至少需要一个控制节点(Controller Node)和一个计算节点(Compute Node)，用于安装基础组件。另外，还需要一个块存储节点(Block Storage Node)或者两个对象存储节点(Object Storage Node)，作为可选的节点，在添加功能时使用，如图 4-1 所示。

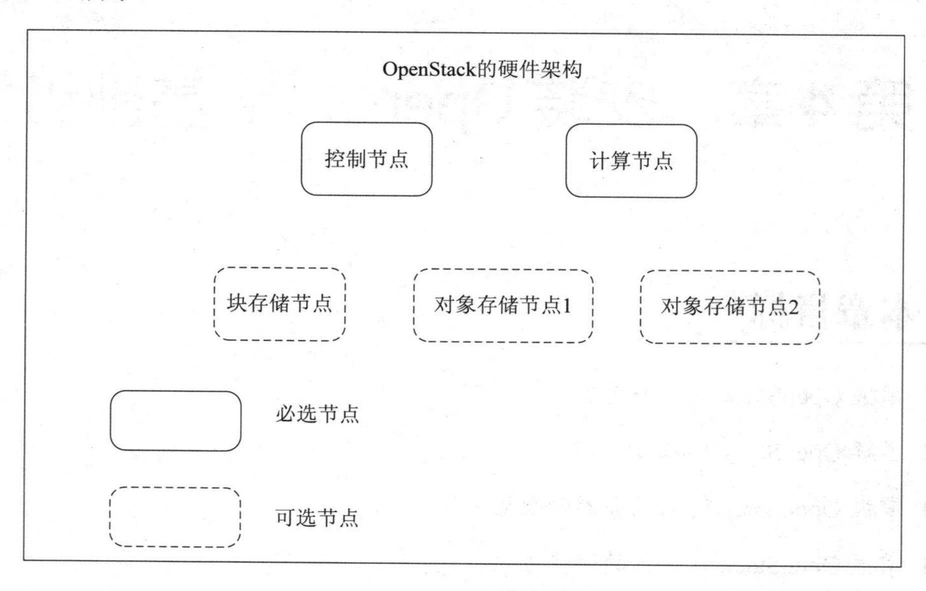

图 4-1 OpenStack 基本架构

4.1.2 OpenStack 基础组件

搭建 OpenStack 框架，需要在节点上安装以下基础组件：

✧ MySQL：OpenStack 的数据库。

✧ RabbitMQ：OpenStack 的消息队列处理服务。

- ✧ Memcached：OpenStack 的服务缓存。
- ✧ Etcd：保证服务在分布式系统中的正常运行。
- ✧ Keystone：管理身份验证、服务规则和服务令牌功能。
- ✧ Glance：镜像服务。
- ✧ Nova：OpenStack 的计算服务。
- ✧ Horizon：OpenStack 的仪表盘，即基于 Web 的管理界面。

4.2　准备安装环境

本实验在一台宿主机上创建两台虚拟机，其中一台虚拟机用于安装 OpenStack 的控制节点组件，另一台用于安装 OpenStack 的计算节点组件。

4.2.1　配置宿主机环境

给宿主机安装 CentOS 7.4 操作系统，在安装界面【INSTALLATION SUMMARY】中单击【SOFTWARE SELECTION】项目，如图 4-2 所示。

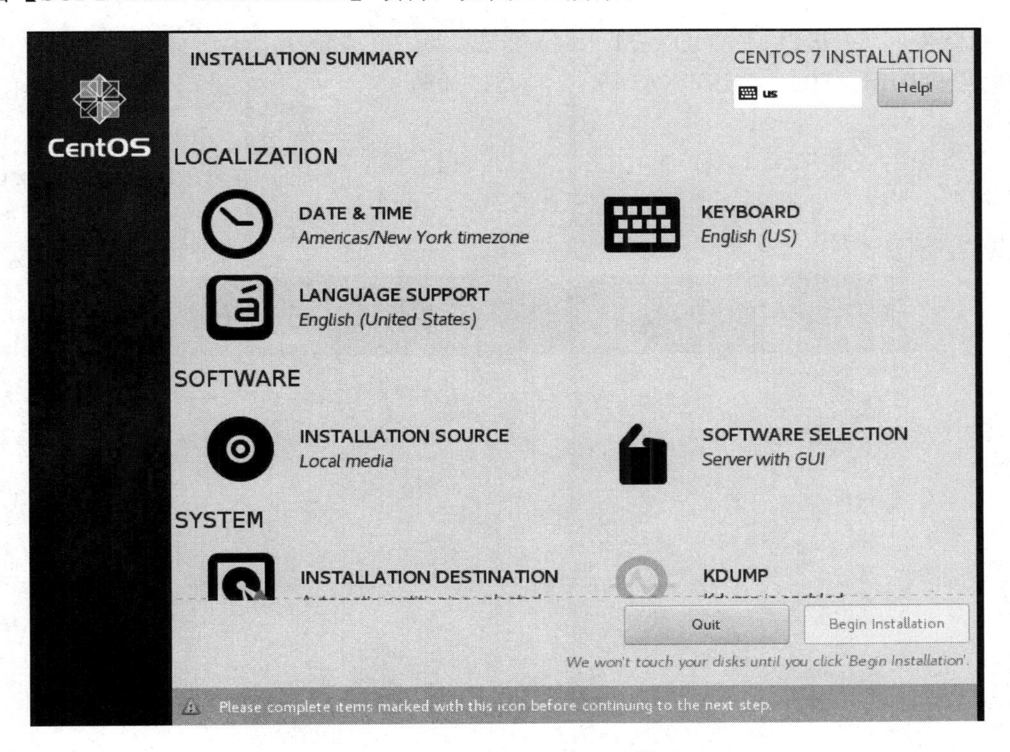

图 4-2　选择宿主机系统安装模式

在出现的【SOFTWARE SELECTION】界面中选择【Base Environment】浏览栏中的模式【Server with GUI】，并选中【Add-Ons for Selected Environment】浏览栏中的所有安装包，然后单击左上角的【Done】按钮，如图 4-3 所示。

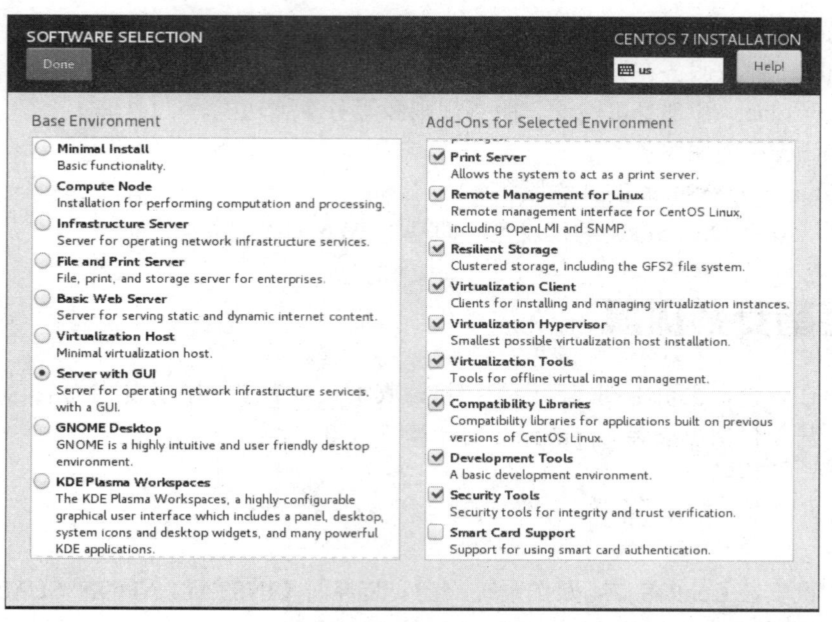

图 4-3　选择系统安装包

回到界面【INSTALLATION SUMMARY】，单击其中的【INSTALLATION DESTINATION】项目，如图 4-4 所示。

图 4-4　进入安装目标硬盘设置界面

在出现的【INSTALLATION DESTINATION】界面中选择要安装系统的硬盘，然后单击左上角的【Done】按钮进行安装，如图 4-5 所示。

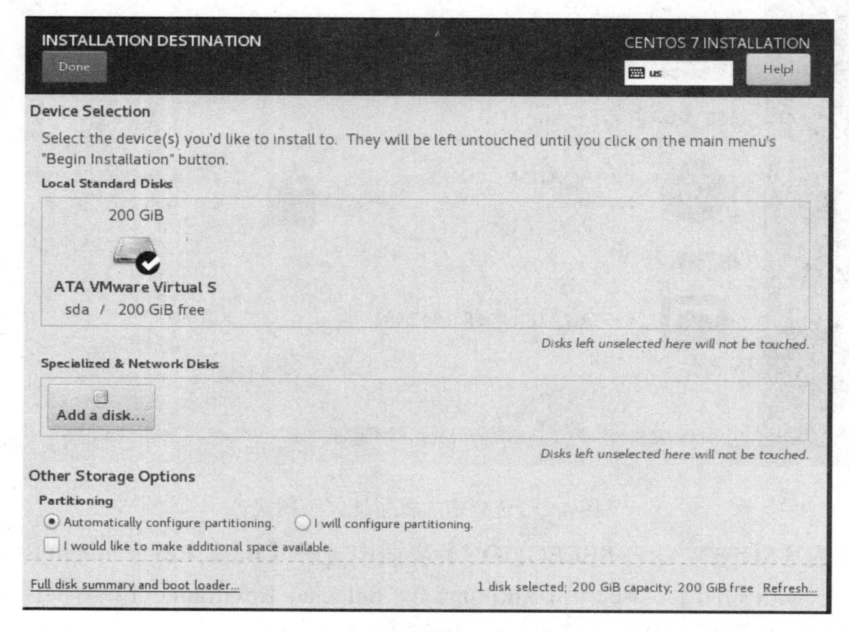

图 4-5　选择要安装系统的硬盘

安装完成后，以 root 用户登录宿主机，执行以下命令，升级系统：

```
# yum update -y
```

宿主机系统升级完成后，即可在上面创建虚拟机。

4.2.2　配置虚拟机环境

创建两台虚拟机，具体资源分配如表 4-1 所示。

表 4-1　虚拟机资源分配表

主机名称	VCPU	内存	操作系统	IP 地址	用途
controller	2	4G	CentOS 7.4 最小化安装	192.168.1.223	控制功能
compute1	2	4G	CentOS 7.4 最小化安装	192.168.1.225	计算功能

虚拟机在安装操作系统，选择安装模式的时候，使用预设的 Minimal Install 模式，即最小化安装模式，如图 4-6 所示。

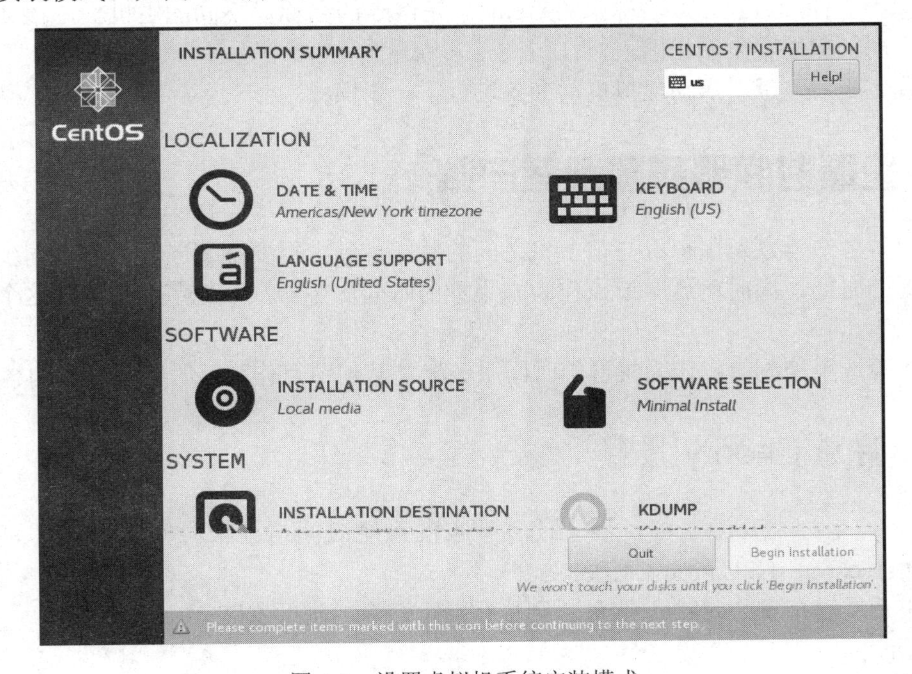

图 4-6　设置虚拟机系统安装模式

安装完成后，以 root 用户登录虚拟机，使用 VI 编辑器修改/etc/hostname 文件，将主机名分别改为“controller”和“compute1”。

然后分别修改两台虚拟机的/etc/hosts 文件，在其中添加以下内容：

```
192.168.1.223 controller
192.168.1.225 compute1
```

最后，修改/etc/sysconfig/network-scripts/ifcfg-eth0 文件，在其中配置 IP 地址等信息，示例如下：

```
TYPE=Ethernet
```

```
PROXY_METHOD=none
BROWSER_ONLY=no
BOOTPROTO=static
DEFROUTE=yes
IPV4_FAILURE_FATAL=no
NAME=eth0
UUID=0bebcc50-dee1-4dad-95a0-532985776db9
DEVICE=eth0
ONBOOT=yes
IPADDR=192.168.1.223
PREFIX=24
GATEWAY=192.168.1.1
DNS1=202.102.134.68
```

注意：文件 ifcfg-eth0 名称中的“eth0”是网卡的名称，不同的主机上，该文件的名称可能不同，但配置方法相同。

配置完成后，重新启动虚拟机，准备进行下一步操作。

4.3 配置时间服务器和客户端

为保持各节点以及虚拟机与宿主机之间的时间一致，需要配置一个节点去同步上级时间服务器的时间，同时将这个节点作为本集群的时间服务器，其他节点都要与这个节点进行时间同步。

本实验选用控制节点作为集群的时间服务器，其他节点作为该时间服务器的客户端。

4.3.1 启动 Chonry 服务

Chonry 是一个开源服务，用于使各节点的系统时间与上级时间服务器之间保持同步，由程序 chronyd 和 chronyc 组成。

如果系统没有安装 chrony 服务，则执行以下命令，进行安装：

```
# yum install chrony
```

安装完毕，执行以下命令，启动 chrony 服务：

```
# systemctl start chronyd
```

最后执行以下命令，确保 chrony 服务在每次操作系统重启后可以自动启动：

```
# systemctl enable chronyd
```

4.3.2 修改系统时区

在所有节点上执行以下命令，将系统所在的时区设置为我国的东八区：

```
# ln -sf /usr/share/zoneinfo/Asia/Shanghai /etc/localtime
```

时区修改前后的系统时间对比如图 4-7 所示，可以看到，命令 date 输出的时区由系统默认的 EDT 变为了 CST，即东八区。

```
[root@controller ~]# date
Mon May 21 02:50:55 EDT 2018
[root@controller ~]# ln -sf /usr/share/zoneinfo/Asia/Shanghai /etc/localtime
[root@controller ~]# date
Mon May 21 14:51:11 CST 2018
```

图 4-7　系统时区修改前后对比

4.3.3　配置时间服务器

使用 VI 编辑器修改控制节点的/etc/chrony.conf 文件，将其中带有“server”的行注释掉，然后在其中添加以下内容，指明上级时间服务器：

```
server 0.cn.pooe.ntp.org iburst
server ntp1.aliyum.com iburst
```

接着在文件中添加以下一行内容，允许该行指定的网段内的 IP 地址到上级节点同步时间：

```
allow 192.168.1.0/24
```

修改完毕，执行以下命令，重启 chronyd 服务：

```
# systemctl restart chronyd
```

然后执行以下命令，查看 chronyd 服务状态：

```
# systemctl status chronyd
```

若输出结果如图 4-8 所示，表明 chronyd 服务运行正常。

```
● chronyd.service - NTP client/server
   Loaded: loaded (/usr/lib/systemd/system/chronyd.service; enabled; vendor pres
et: enabled)
   Active: active (running) since Mon 2018-05-21 14:01:38 CST; 13min ago
     Docs: man:chronyd(8)
           man:chrony.conf(5)
  Process: 21350 ExecStartPost=/usr/libexec/chrony-helper update-daemon (code=ex
ited, status=0/SUCCESS)
  Process: 21346 ExecStart=/usr/sbin/chronyd $OPTIONS (code=exited, status=0/SUC
CESS)
 Main PID: 21348 (chronyd)
    Tasks: 1
   Memory: 492.0K
   CGroup: /system.slice/chronyd.service
           └─21348 /usr/sbin/chronyd
```

图 4-8　查看控制节点的 chronyd 服务状态

接着执行以下命令，主动同步上级时间服务器：

```
# chronyc -a makestep
```

最后执行以下命令，查看时间同步状态：

```
# chronyc sources
```

输出结果如图 4-9 所示。如果某行前为【？】，表明这个上级服务器不可用；如果是【+】，表明这个上级服务器可用，但并未与该服务器同步时间；如果是【*】，表明正在与这个上级服务器同步时间。

```
MS Name/IP address         Stratum Poll Reach LastRx Last sample
===============================================================================
^? ns.pku.edu.cn                 0   8     0     -      +0ns[    +0ns] +/-    0ns
^+ time5.aliyun.com              2   6   275    52  -5940us[-5940us] +/-   12ms
^* 120.25.115.20                 2   6   377    57  -5460us[-6156us] +/-   25ms
```

图 4-9　查看控制节点与上级时间服务器的同步状态

4.3.4　配置时间服务客户端

其他节点作为客户端，为和作为集群时间服务器的控制节点同步时间，也需要配置/etc/chrony.conf 文件，具体操作如下：

使用 VI 编辑器修改各节点的/etc/chrony.conf 文件，注释或者删除其中含有“server”的行，然后在其中添加以下内容：

```
server 192.168.1.223 iburst
```

修改文件中带有“allow”的一行，具体如下：

```
allow 192.168.1.0/24
```

然后执行以下命令，重启 chronyd 服务：

```
# systemctl restart chronyd
```

执行以下命令，查看 chronyd 服务状态：

```
# systemctl status chronyd
```

若输出结果如图 4-10 所示，表明 chronyd 服务运行正常。

```
● chronyd.service - NTP client/server
   Loaded: loaded (/usr/lib/systemd/system/chronyd.service; enabled; vendor pres
et: enabled)
   Active: active (running) since Mon 2018-05-21 02:47:16 EDT; 5s ago
     Docs: man:chronyd(8)
           man:chrony.conf(5)
  Process: 9413 ExecStartPost=/usr/libexec/chrony-helper update-daemon (code=exi
ted, status=0/SUCCESS)
  Process: 9410 ExecStart=/usr/sbin/chronyd $OPTIONS (code=exited, status=0/SUCC
ESS)
 Main PID: 9412 (chronyd)
   CGroup: /system.slice/chronyd.service
           └─9412 /usr/sbin/chronyd
```

图 4-10　查看其他节点的 chronyd 服务状态

接着执行以下命令，主动同步集群时间服务器：

```
# chronyc -a makestep
```

最后执行以下命令，查看时间同步结果：

```
# chronyc sources
```

输出结果如图 4-11 所示。

```
MS Name/IP address         Stratum Poll Reach LastRx Last sample
===============================================================================
^* controller                    3   6   377    41   -374us[ -593us] +/-   12ms
```

图 4-11　查看其他节点与集群时间服务器的同步结果

按照上述步骤，在所有节点上同步时间服务器的时间，从而保证各节点时间一致。

4.4　安装基础组件

OpenStack 系统由具有不同功能的多个组件构成，这些组件可以安装在不同的节点上，也可以集中安装在一台服务器上。本实验将 OpenStack 的基础功能组件集中安装在控制节点上，以实现 OpenStack 的基础功能，下面讲解这些基础组件的安装和配置方法。

4.4.1　配置 OpenStack 软件源

安装 OpenStack 组件之前，需要先安装 OpenStack 专用的软件源，这样就可以使用 yum 命令自动完成各组件的安装。

以 root 用户登录控制节点，执行以下命令，安装软件源：

```
# yum install -y centos-release-openstack-queens
```

注意：该软件源需要在控制节点、计算节点以及后续增加的节点上安装。

安装完毕后，在每个节点的/etc/yum.repos.d/目录下都会生成一个名为 CentOS-QEMU-EV.repo 的文件，其中记录了 OpenStack 及相关组件安装包在网上的位置。

CentOS 系统会出现 OpenStack 软件源无法使用的情形，导致后续安装不能顺利执行，因此安装完成后，需要在各节点上执行以下命令，将系统升级到最新版本：

```
# yum update -y
```

注意：此时如果直接执行系统升级命令，会发生报错，报错信息如图 4-12 所示。

```
[root@lzeroController ~]# yum -y update
Loaded plugins: fastestmirror
base                                                    | 3.6 kB     00:00
centos-ceph-luminous                                    | 2.9 kB     00:00
centos-openstack-queens                                 | 2.9 kB     00:00
http://mirror.centos.org/%24contentdir/7/virt/x86_64/kvm-common/repodata/repomd.xml: [Errno 14] HTTP Error 404 - Not Found
Trying other mirror.
To address this issue please refer to the below knowledge base article

https://access.redhat.com/articles/1320623

If above article doesn't help to resolve this issue please create a bug on https://bugs.centos.org/



 One of the configured repositories failed (CentOS-7 - QEMU EV),
 and yum doesn't have enough cached data to continue. At this point the only
 safe thing yum can do is fail. There are a few ways to work "fix" this:
 ......
failure: repodata/repomd.xml from centos-qemu-ev: [Errno 256] No more mirrors to try.
http://mirror.centos.org/$contentdir/7/virt/x86_64/kvm-common/repodata/repomd.xml: [Errno 14] HTTP Error 404 - Not Found
```

图 4-12　执行系统更新命令后出现的报错信息

为此，需要修改生成的/etc/yum.repos.d/CentOS-QEMU-EV.repo 文件，在其中找到以下代码：

```
baseurl=http://mirror.centos.org/$contentdir/$releasever/virt/$basearch/kvm-common/
```

将上述代码中的变量名“$contentdir”修改为“centos”，修改结果如下：

```
baseurl=http://mirror.centos.org/centos/$releasever/virt/$basearch/kvm-common/
```

注意：系统升级时可能会安装新版本的内核，所以升级后需要重新启动系统。

重新启动后，在控制节点上执行以下命令，安装 OpenStack 的客户端：

```
# yum install -y python-openstackclient
```

然后执行以下命令，安装 OpenStack SELinux：

```
# yum install -y openstack-selinux
```

安装成功后，就可以继续进行后续组件的安装。

4.4.2 安装并配置 MySQL 组件

OpenStack 使用 MySQL 数据库保存安装、配置、用户等信息，因此，MySQL 是首先需要安装和配置的组件。

1．安装 MySQL

以 root 用户登录 controller 节点，在终端窗口输入以下命令，安装 MySQL：

```
# yum install -y mariadb mariadb-server python2-PyMySQL
```

安装完成后，使用 VI 编辑器修改文件/etc/my.cnf.d/openstack.cnf，在其中添加以下内容：

```
[mysqld]
bind-address = 192.168.1.223
default-storage-engine = innodb
innodb_file_per_table = on
max_connections = 4096
collation-server = utf8_general_ci
character-set-server = utf8
```

其中，bind-address 用于指定绑定的 IP 地址，即 controller 节点的 IP 地址；default-storage-engine 用于指定 MySQL 的存储引擎，默认引擎为 innodb；innodb_file_per_table 值为 on，即开启独立表空间；max_connections 用于设置最大连接(用户)数；collation-server 用于指定 MySQL 默认的校对规则；character-set-server 用于指定 MySQL 的字符集。

安装完成后，执行以下两条命令，启动 MySQL 数据库，并使 MySQL 在系统重新启动后自动运行：

```
# systemctl enable mariadb.service
# systemctl start mariadb.service
```

2．设置登录密码

MySQL 启动之后，执行以下命令，配置 MySQL：

```
# mysql_secure_installation
```

执行结果如图 4-13 所示，出现登录密码输入提示(因为本数据库是第一次配置，所以没有登录密码，直接按回车键即可)。

```
[root@controller ~]# mysql_secure_installation

NOTE: RUNNING ALL PARTS OF THIS SCRIPT IS RECOMMENDED FOR ALL MariaDB
      SERVERS IN PRODUCTION USE!  PLEASE READ EACH STEP CAREFULLY!

In order to log into MariaDB to secure it, we'll need the current
password for the root user.  If you've just installed MariaDB, and
you haven't set the root password yet, the password will be blank,
so you should just press enter here.

Enter current password for root (enter for none):
OK, successfully used password, moving on...
```

图 4-13　MySQL 登录密码输入提示

在出现的提示【Set root password? [Y/n]】后面输入“y”，然后回车，根据出现的提示，输入两次自己设置的新密码，两次输入一致的话，新密码即设置成功，如图 4-14 所示。注意：为方便记忆，本实验将所有的密码都设置为“admin123”。

```
Setting the root password ensures that nobody can log into the MariaDB
root user without the proper authorisation.

Set root password? [Y/n] y
New password:
Re-enter new password:
Password updated successfully!
Reloading privilege tables..
 ... Success!
```

图 4-14　设置 MySQL 登录密码

3．删除匿名用户

匿名用户 anonymous 可以不使用密码登录 MySQL，所以接下来要删除这个用户，具体操作如图 4-15 所示，当出现【Remove anonymous users? [Y/n]】提示时，输入“y”，即同意删除。

```
By default, a MariaDB installation has an anonymous user, allowing anyone
to log into MariaDB without having to have a user account created for
them.  This is intended only for testing, and to make the installation
go a bit smoother.  You should remove them before moving into a
production environment.

Remove anonymous users? [Y/n] y
 ... Success!
```

图 4-15　删除 MySQL 匿名用户

4．允许 root 用户远程登录

在接下来出现的提示【Disallow root login remotely? [Y/n]】后面输入“n”，表示允许 root 用户在其他服务器远程登录，如图 4-16 所示。

```
Normally, root should only be allowed to connect from 'localhost'.  This
ensures that someone cannot guess at the root password from the network.

Disallow root login remotely? [Y/n] n
 ... skipping.
```

图 4-16　允许 root 用户远程登录 MySQL

5．删除测试数据库

MySQL 在初始安装时会默认创建一个名为“test”的数据库用于测试，用户可以在创建自己的数据库之前删除这个数据库，具体操作如图 4-17 所示。

```
By default, MariaDB comes with a database named 'test' that anyone can
access.  This is also intended only for testing, and should be removed
before moving into a production environment.

Remove test database and access to it? [Y/n] y
 - Dropping test database...
 ... Success!
 - Removing privileges on test database...
 ... Success!
```

图 4-17　删除测试数据库

6．重新载入权限授信

最后会出现提示【Reload privilege tables now? [Y/n]】，在后面输入“y”，重载权限授信，如图 4-18 所示。

```
Reloading the privilege tables will ensure that all changes made so far
will take effect immediately.

Reload privilege tables now? [Y/n] y
 ... Success!

Cleaning up...

All done!  If you've completed all of the above steps, your MariaDB
installation should now be secure.

Thanks for using MariaDB!
```

图 4-18　重新载入权限授信

至此，MySQL 组件配置完毕。

4.4.3　安装并配置 RabbitMQ 组件

RabbitMQ 是 OpenStack 的消息队列服务组件，用于协调各服务组件之间的信息交换。下面介绍 RabbitMQ 的安装和配置方法。

1．安装 RabbitMQ

以 root 用户登录 controller 节点，在终端窗口输入以下命令，安装 RabbitMQ 组件：

```
# yum install -y rabbitmq-server
```

2．启动服务

执行以下两条命令，启动服务，并确保服务可在系统重启后自动运行：

```
# systemctl start rabbitmq-server
# systemctl enable rabbitmq-server
```

然后执行以下命令，查看服务运行状态：

```
# systemctl status rabbitmq-server
```

若输出结果如图 4-19 所示，表明服务状态正常。

```
● rabbitmq-server.service - RabbitMQ broker
   Loaded: loaded (/usr/lib/systemd/system/rabbitmq-server.service; enabled; ven
dor preset: disabled)
   Active: active (running) since Tue 2018-05-22 23:37:44 EDT; 5s ago
 Main PID: 1615 (beam.smp)
   Status: "Initialized"
   CGroup: /system.slice/rabbitmq-server.service
           ├─1615 /usr/lib64/erlang/erts-8.3.5.3/bin/beam.smp -W w -A 64 -P 1...
           ├─1805 erl_child_setup 1024
           ├─1816 inet_gethost 4
           └─1817 inet_gethost 4
```

图 4-19　查看 RabbitMQ 服务运行状态

3．创建用户

执行以下命令，创建一个名为“openstack”，密码为“admin123”的 RabbitMQ 用户：

```
# rabbitmqctl add_user openstack admin123
```

注意：在后续的实验过程中，此处创建的用户名和密码会在多个配置文件中使用，因此，若用户设置了其他的用户名和密码，后面的各个配置文件一定要同步修改。

4．为用户授权

执行以下命令，为用户 openstack 进行授权：

```
# rabbitmqctl set_permissions openstack ".*" ".*" ".*"
```

上述命令把读、写、访问权限都授予了用户 openstack。

4.4.4　安装并配置 Memcached 组件

OpenStack 的认证服务需要产生大量临时的 token 用于认证，超过设定期限(比如 1 小时)，这些 token 将作废，再重新产生新的 token。这些临时的 token 会被写入数据库，但过期后并不会被自动删除，从而导致大量的存储空间被占用。

安装 Memcached 服务后，这些 token 将被缓存到内存，过期后即丢弃，不再写入数据库的存储空间，既提高了访问的效率，又减少了对存储空间的占用。同时，一些存储在数据库中但被频繁查询的数据，也会被 Memcached 服务缓存到内存，从而提高查询效率。

Memcached 服务是一个可选组件，用户可以自行决定是否安装。

1．安装 Memcached

以 root 用户登录控制节点，执行以下命令，安装 Memcached：

```
# yum install -y memcached python-memcached
```

2．修改配置文件

安装完成后，使用 VI 编辑器修改 Memcached 的配置文件/etc/sysconfig/memcached，在其中找到以下代码：

```
OPTIONS="-l 127.0.0.1,::1"
```

将上述代码修改如下，其中的“controller”是控制节点的主机名：

```
OPTIONS="-l 127.0.0.1,::1,controller"
```

修改完毕，保存配置文件并退出。

3．启动服务

执行以下命令，启动 Memcached 服务，并使服务在系统重启后可以自动运行：

```
# systemctl start memcached
# systemctl enable memcached
```

然后执行以下命令，查看 Memcached 服务的运行状态：

```
# systemctl status memcached
```

若输出结果如图 4-20 所示，表明服务运行正常。

```
● memcached.service - memcached daemon
   Loaded: loaded (/usr/lib/systemd/system/memcached.service; enabled; vendor pr
eset: disabled)
   Active: active (running) since Wed 2018-05-23 02:54:28 EDT; 9s ago
 Main PID: 4297 (memcached)
   CGroup: /system.slice/memcached.service
           └─4297 /usr/bin/memcached -p 11211 -u memcached -m 64 -c 1024 -l 1...
```

图 4-20　查看 Memcached 服务运行状态

4.4.5 安装并配置 Etcd 组件

OpenStack 使用 Etcd 组件来保证服务在分布式环境中能正常运行，下面讲解 Etcd 的安装和配置方法。

1. 安装 Etcd

以 root 用户登录控制节点，执行以下命令，安装 Etcd 服务：

```
# yum -y install etcd
```

2. 修改配置文件

使用 VI 编辑器修改文件/etc/etcd/etcd.conf，将其中的几个配置项修改如下：

```
#[Member]
ETCD_DATA_DIR="/var/lib/etcd/default.etcd"
ETCD_LISTEN_PEER_URLS="http://192.168.1.223:2380"
ETCD_LISTEN_CLIENT_URLS="http://192.168.1.223:2379"
ETCD_NAME="controller"
#[Clustering]
ETCD_INITIAL_ADVERTISE_PEER_URLS="http://192.168.1.223:2380"
ETCD_ADVERTISE_CLIENT_URLS="http://192.168.1.223:2379"
ETCD_INITIAL_CLUSTER="controller=http://192.168.1.223:2380"
ETCD_INITIAL_CLUSTER_TOKEN="etcd-cluster-01"
ETCD_INITIAL_CLUSTER_STATE="new"
```

3. 启动服务

执行以下命令，启动 Etcd 服务，并使服务在系统重启后可以自动运行：

```
# systemctl start etcd
# systemctl enable etcd
```

然后执行以下命令，查看 Etcd 服务的运行状态：

```
# systemctl status etcd
```

若输出结果如图 4-21 所示，表明服务运行正常。

```
● etcd.service - Etcd Server
   Loaded: loaded (/usr/lib/systemd/system/etcd.service; enabled; vendor preset: disabled)
   Active: active (running) since Wed 2018-05-23 04:03:27 EDT; 2min 38s ago
 Main PID: 7932 (etcd)
   CGroup: /system.slice/etcd.service
           └─7932 /usr/bin/etcd --name=controller --data-dir=/var/lib/etcd/de...
```

图 4-21 查看 Etcd 服务运行状态

4.4.6 安装并配置 Keystone 组件

Keystone(OpenStack Identity Service)是 OpenStack 框架中负责管理身份验证、服务规则和服务令牌功能的组件模块。用户对资源进行访问时，OpenStack 需要对用户的身份与

权限进行验证。执行服务时，OpenStack 也需要进行权限检测，而这些工作都需要通过 Keystone 组件提供的服务进行处理。

Keystone 类似一个服务总线，或者说是整个 OpenStack 框架的注册表，其他服务都要通过 Keystone 来注册其服务的 Endpoint(服务访问的 URL)，任何服务之间的相互调用也都需要经过 Keystone 的身份验证，并根据目标服务的 Endpoint 来调用目标服务。

Keystone 组件需要在控制节点上安装和配置，下面讲解具体的操作方法。

1．相关概念

安装并配置 Keystone 组件之前，需要先了解以下概念：

(1) User。

OpenStack 最基本的用户，人或程序可以通过 User 的 ID 访问 OpenStack 系统。User 可以通过 Keystone 提供的认证方式(credentials，如密码、API Keys 等)进行验证。

(2) Project(Tenant)。

Project 即租户，是各个服务中可以访问的资源的集合。例如，在 Nova 中，一个 Project 可以是一些机器；在 Swift 和 Glance 中，一个 Project 可以是一些镜像存储；而在 Neutron 中，一个 Project 可以是一些网络资源。User 默认会绑定到某些 Project 上。

(3) Role。

Role 即角色，代表一组 User 可以访问的资源权限，例如 Nova 中的虚拟机、Glance 中的镜像等。Users 可以被添加到任意一个全局的或租户的 Role 中，在全局的 Role 中，用户的 Role 权限作用于所有的 Tenant，即可以对所有的 Tenant 执行 Role 规定的权限；在 Tenant 内的 Role 中，用户仅能在当前 Tenant 内执行 Role 规定的权限。

(4) Service。

Service 即服务，如 Nova、Glance、Swift。根据前三个概念(User、Tenant 和 Role)，一个服务可以确认当前使用者是否具有访问其资源的权限。但当一个 User 尝试访问其租户内的 Service 时，他必须知道这个 Service 是否存在以及如何访问这个 Service。

(5) Endpoint。

Endpoint 译为“端点”，即访问 OpenStack 服务的 URL 路径，如需访问一个 OpenStack 服务，必须知道其 Endpoint。

Keystone 中含有一个 Endpoint 模版，提供了所有现存服务的 Endpoint 信息。该模版中包含了一份 URL 清单，其中的每个 URL 都对应一个服务实例的 Endpoint，并分为 Public、Private 和 Admin 三种权限。其中，权限为 Public 的 Endpoint 可以被全局访问，权限为 Private 的 Endpoint 只能被局域网访问，权限为 Admin 的 Endpoint 则被从常规的访问中隔离。

(6) Domain。

用于定义管理边界，可以包含多个 Project、User 与 Role。

(7) Region。

OpenStack 管理的设备到达一定数量以后，管理效率会非常低，为解决此问题，OpenStack 引入了 Region 的概念。Region 之间是完全隔离的，每个 Region 只管理一定数量的设备，有一个完整的 OpenStack 部署环境，以及一套单独的 Endpoint。但不同的

Region 共享一套 Keystone 和 Horizon 组件，以实现访问控制与 Web 操作，且多个 Region 共享同一个 Keystone 和 Dashboard(控制台)。

(8) Token。

Token 是 Keystone 验证通过后的返回值，可看做访问资源的“钥匙”，与其他服务交互时只需携带 Token 值即可。每个 Token 都有一个有效期，Token 只在有效期内有效。

(9) Fernet。

Fernet 是一种安全的消息传递格式，具有非持久、轻量级的特性，可以降低云平台运作所需的开销。

(10) Policy。

OpenStack 对 User 的验证除了 OpenStack 身份验证以外，还需要鉴别该 User 对某个 Service 是否有访问权限。Policy 机制则可用来控制 User 对 Tenant 中资源(包括 Services)的操作权限。对于 Keystone 服务而言，Policy 就是一个 JSON 文件，默认为 /etc/keystone/policy.json，通过配置这个文件，Keystone Service 可以实现对 User 基于 Role 的权限管理。

(11) Credentials。

用于确认用户身份的凭证。

(12) Authentication。

确定用户身份的过程。

2．创建数据库并授权

以 root 用户登录控制节点，在终端窗口中输入以下命令，以 root 用户身份连接 MySQL：

```
# mysql -u root -padmin123
```

成功登录 MySQL 的显示信息如图 4-22 所示。

```
Welcome to the MariaDB monitor.  Commands end with ; or \g.
Your MariaDB connection id is 2
Server version: 10.1.20-MariaDB MariaDB Server

Copyright (c) 2000, 2016, Oracle, MariaDB Corporation Ab and others.

Type 'help;' or '\h' for help. Type '\c' to clear the current input statement.

MariaDB [(none)]> 
```

图 4-22　成功登录 MySQL

在其中执行以下命令，创建一个名为“keystone”的 MySQL 数据库，用于存放用户的认证信息：

```
MariaDB [(none)]> CREATE DATABASE keystone;
```

数据库创建成功后的输出信息如图 4-23 所示。

```
MariaDB [(none)]> CREATE DATABASE keystone;
Query OK, 1 row affected (0.00 sec)
```

图 4-23　创建 MySQL 数据库 keystone

然后执行以下命令，授予 OpenStack 用户 keystone 访问数据库 keystone 的权限：

```
MariaDB [(none)]> GRANT ALL PRIVILEGES ON keystone.* TO 'keystone'@'localhost' IDENTIFIED BY 'admin123';
```

```
MariaDB [(none)]> GRANT ALL PRIVILEGES ON keystone.* TO 'keystone'@'%'IDENTIFIED BY 'admin123';
```

其中，符号“@”后面的符号“%”表示允许用户 keystone 通过任何主机远程访问该 MySQL 中的数据库 keystone。但 MySQL 官方文件中规定符号“%”并不能对 localhost(本地主机)进行授权，因此本实验首先对 localhost 进行了授权。授权操作的执行结果如图 4-24 所示。

```
MariaDB [(none)]> GRANT ALL PRIVILEGES ON keystone.* TO 'keystone'@'localhost' I
DENTIFIED BY 'admin123';
Query OK, 0 rows affected (0.03 sec)

MariaDB [(none)]> GRANT ALL PRIVILEGES ON keystone.* TO 'keystone'@'%'IDENTIFIED
 BY 'admin123';
Query OK, 0 rows affected (0.00 sec)
```

图 4-24　为用户 keystone 授予数据库 keystone 的访问权限

执行以下命令，查看 MySQL 已经授权的用户：

```
# select host, user from mysql.user;
```

如图 4-25 所示，可以看到 MySQL 已对用户 keystone 进行了授权。

最后执行 quit 或 exit 命令，退出 MySQL。

```
MariaDB [(none)]> select host,user from mysql.user;
+-----------------+----------+
| host            | user     |
+-----------------+----------+
| %               | keystone |
| 127.0.0.1       | root     |
| ::1             | root     |
| localhost       | keystone |
| localhost       | root     |
| lzerocontroller | root     |
+-----------------+----------+
6 rows in set (0.00 sec)
```

图 4-25　成功为用户 keystone 授权

3．安装 Keystone 相关组件

在终端窗口执行以下命令，安装 openstack-keystone、httpd、mod_wsgi 三个 Keystone 相关组件：

```
# yum install -y openstack-keystone httpd mod_wsgi
```

注意： openstack-keystone 是一款基于 WSGI 协议的 Web 应用，需要同时使用 HTTP 协议和 WSGI 协议，因此要先安装 httpd 模块，并为 httpd 模块安装 mod_wsgi 模块。

4．修改 Keystone 配置文件

使用 VI 编辑器修改文件/etc/keystone/keystone.conf，在其中的配置项[database]中添加以下内容，配置数据库访问地址：

```
connection = mysql+pymysql://keystone:admin123@controller/keystone
```

注意： 这里的密码“admin123”即对用户 keystone 进行 MySQL 访问授权时设置的密码。

然后在其中的[token]配置项中添加以下内容，配置 Fernet 的 UUID 令牌的提供者：

```
provider = fernet
```

5．初始化 Keystone 数据库

初始化 Keystone 数据库，即初始化 Keystone 数据库的数据表，方法如下：

(1) 以 root 用户登录，在终端窗口输入以下命令，初始化 MySQL 数据库 keystone，正常情况下，该命令不会输出任何信息：

```
# su -s /bin/sh -c "keystone-manage db_sync" keystone
```

注意： 一定要完整地输入这条命令，不能因为是以 root 用户登录，就省略前面的代码“su -s /bin/sh -c”。

(2) 然后对数据库 keystone 的初始化情况进行验证。首先在终端窗口输入以下命令，进入 MySQL：

```
# mysql -u root -padmin123
```

使用 root 用户或授权时创建的用户 keystone 登录 MySQL(本实验使用 root 用户登录)，然后在 MySQL 中执行以下命令，切换到数据库 keystone，并查看其中的表：

```
MariaDB [(none)]> use keystone;
MariaDB [keystone]> show tables;
```

输出结果如图 4-26 所示，可以看到数据库 keystone 中与 Keystone 组件相关的数据表已经初始化。

```
[root@lzeroController my.cnf.d]# mysql -u root  -p
Enter password:
Welcome to the MariaDB monitor.  Commands end with ; or \g.
Your MariaDB connection id is 19
Server version: 10.1.20-MariaDB MariaDB Server

Copyright (c) 2000, 2016, Oracle, MariaDB Corporation Ab and others.

Type 'help;' or '\h' for help. Type '\c' to clear the current input statement.

MariaDB [(none)]> use keystone;
Reading table information for completion of table and column names
You can turn off this feature to get a quicker startup with -A

Database changed
MariaDB [keystone]> show tables;
+------------------------------+
| access_token                 |
| application_credential       |
| application_credential_role  |
| assignment                   |
| config_register              |
| consumer                     |
| credential                   |
| endpoint                     |
| endpoint_group               |
| federated_user               |
| federation_protocol          |
| group                        |
| id_mapping                   |
| identity_provider            |
| idp_remote_ids               |
| implied_role                 |
| limit                        |
| local_user                   |
| mapping                      |
| migrate_version              |
| nonlocal_user                |
| password                     |
| policy                       |
| policy_association           |
| project                      |
| project_endpoint             |
| project_endpoint_group       |
| project_tag                  |
| region                       |
| registered_limit             |
| request_token                |
| revocation_event             |
| role                         |
| sensitive_config             |
| service                      |
| service_provider             |
| system_assignment            |
| token                        |
| trust                        |
| trust_role                   |
| user                         |
| user_group_membership        |
| user_option                  |
| whitelisted_config           |
+------------------------------+
44 rows in set (0.00 sec)

MariaDB [keystone]>
```

图 4-26　验证 Keystone 数据库初始化情况

(3) 最后执行 quit 或 exit 命令，退出 MySQL。

6．初始化 Fernet key 库(生成 Token)

以 root 用户登录，在终端窗口中输入以下命令，初始化 Fernet key 库：

```
# keystone-manage fernet_setup --keystone-user keystone --keystone-group keystone
# keystone-manage credential_setup --keystone-user keystone --keystone-group keystone
```

正常情况下，上述两条命令没有输出信息。

7．引导认证服务

以 root 用户登录，在终端窗口中输入以下命令，引导认证服务：

```
# keystone-manage bootstrap --bootstrap-password admin123 \
  --bootstrap-admin-url http://controller:5000/v3/ \
  --bootstrap-internal-url http://controller:5000/v3/ \
  --bootstrap-public-url http://controller:5000/v3/ \
  --bootstrap-region-id RegionOne
```

上述命令用于创建一个名为“RegionOne”的 Region，并为其指定认证路径。首行命令中设置的密码“admin123”也可以替换为用户设置的其他密码。

上述步骤完成后，OpenStack 已创建的资源如表 4-2 所示。

表 4-2　OpenStack 已创建的资源

资　源　项	名　　称
user	admin
role	admin
service	keystone
domain	default
project	admin
region	RegionOne
endpoint	admin、internal、public

8．配置 Apache HTTP 服务

以 root 用户登录，在终端窗口中使用 VI 编辑器修改文件/etc/httpd/conf/httpd.conf，在其中找到以下代码：

```
# ServerName www.example.com:80
```

将上述代码修改如下

```
ServerName controller
```

修改完毕，保存文件并退出。

在终端窗口中执行以下命令，创建一个连结文件：

```
# ln -s /usr/share/keystone/wsgi-keystone.conf /etc/httpd/conf.d/
```

该连结文件创建后，HTTP 服务就可以读取文件 wsgi-keystone.conf 的配置资讯。

9．启动 HTTP 服务

以 root 用户登录，在终端窗口中输入以下命令，启动 HTTP 服务：

```
# systemctl start httpd
```

```
# systemctl enable httpd
```

然后执行以下命令，查看 HTTP 服务的运行状态：

```
# systemctl status httpd
```

若输出结果如图 4-27 所示，表明服务运行正常。

```
● httpd.service - The Apache HTTP Server
   Loaded: loaded (/usr/lib/systemd/system/httpd.service; enabled; vendor preset
: disabled)
   Active: active (running) since Thu 2018-05-24 04:20:52 EDT; 11s ago
     Docs: man:httpd(8)
           man:apachectl(8)
 Main PID: 7354 (httpd)
   Status: "Total requests: 0; Current requests/sec: 0; Current traffic:   0 B/s
ec"
   CGroup: /system.slice/httpd.service
           ├─7354 /usr/sbin/httpd -DFOREGROUND
           ├─7355 (wsgi:keystone- -DFOREGROUND
           ├─7356 (wsgi:keystone- -DFOREGROUND
           ├─7357 (wsgi:keystone- -DFOREGROUND
           ├─7358 (wsgi:keystone- -DFOREGROUND
           ├─7359 (wsgi:keystone- -DFOREGROUND
           ├─7360 (wsgi:keystone- -DFOREGROUND
           ├─7361 (wsgi:keystone- -DFOREGROUND
           ├─7362 (wsgi:keystone- -DFOREGROUND
           ├─7363 (wsgi:keystone- -DFOREGROUND
           ├─7364 (wsgi:keystone- -DFOREGROUND
           ├─7365 /usr/sbin/httpd -DFOREGROUND
           ├─7366 /usr/sbin/httpd -DFOREGROUND
           ├─7367 /usr/sbin/httpd -DFOREGROUND
           ├─7368 /usr/sbin/httpd -DFOREGROUND
           └─7369 /usr/sbin/httpd -DFOREGROUND

May 24 04:20:52 controller systemd[1]: Starting The Apache HTTP Server...
May 24 04:20:52 controller systemd[1]: Started The Apache HTTP Server.
```

图 4-27　查看 HTTP 服务运行状态

10．创建 Domain、Projects、Users、Role 所需环境变量

在终端窗口执行以下命令，配置 Domain、Projects、Users、Role 所需的环境变量：

```
# export OS_USERNAME=admin
# export OS_PASSWORD=admin123
# export OS_PROJECT_NAME=admin
# export OS_USER_DOMAIN_NAME=Default
# export OS_PROJECT_DOMAIN_NAME=Default
# export OS_AUTH_URL=http://controller:35357/v3
# export OS_IDENTITY_API_VERSION=3
```

其中，环境变量 OS_PASSWORD 的值“admin123”可替换为用户自己设置的密码。

11．创建 Domain

在终端窗口执行以下命令，测试是否可以创建 Domain，如果测试通过，则自动创建一个 Domain：

```
# openstack domain create --description "An Example Domain" example
```

Domain 创建成功后的输出信息如图 4-28 所示。

Field	Value
description	An Example Domain
enabled	True
id	90b80b20ecc7464abb22182d78975696
name	example
tags	[]

图 4-28　创建 Domain

注意：以上只是简单介绍一下创建 Domain 的方法。OpenStack 在安装时会默认创建一个名为“default”的 Domain，后续的操作都只需使用这个默认的 Domain 即可。

12．创建 Service Project

Service Project 包含了 OpenStack 系统中已经添加的服务组件，后续添加的组件也需要在 Service Project 中注册。

在终端执行以下命令，可以创建一个名为“service”的 Service Project：

```
# openstack project create --domain default --description "Service Project" service
```

创建成功后的输出信息如图 4-29 所示。

```
+-------------+----------------------------------+
| Field       | Value                            |
+-------------+----------------------------------+
| description | Service Project                  |
| domain_id   | default                          |
| enabled     | True                             |
| id          | 2104e50c3f0545a0861c113b60f162f1 |
| is_domain   | False                            |
| name        | service                          |
| parent_id   | default                          |
| tags        | []                               |
+-------------+----------------------------------+
```

图 4-29　创建名为“service”的 Service Project

13．创建无管理员权限的 Project、User 和 Role

一些日常的查看、维护操作不需使用管理员权限，因此需要创建无管理员权限的 Project、User 和 Role，方法如下：

(1) 在终端执行以下命令，创建一个名为“demo”的 Project：

```
# openstack project create --domain default --description "Demo Project" demo
```

创建成功后的输出信息如图 4-30 所示。

```
+-------------+----------------------------------+
| Field       | Value                            |
+-------------+----------------------------------+
| description | Demo Project                     |
| domain_id   | default                          |
| enabled     | True                             |
| id          | 7b594d9f2f1542db85299d66b216989a |
| is_domain   | False                            |
| name        | demo                             |
| parent_id   | default                          |
| tags        | []                               |
+-------------+----------------------------------+
```

图 4-30　创建名为“demo”的 Project

(2) 在终端执行以下命令，创建一个名为“demo”的 User：

```
# openstack user create --domain default --password-prompt demo
```

执行时会提示输入密码，创建成功后的输出结果如图 4-31 所示。

```
User Password:
Repeat User Password:
+---------------------+----------------------------------+
| Field               | Value                            |
+---------------------+----------------------------------+
| domain_id           | default                          |
| enabled             | True                             |
| id                  | 9685f12adf254867bcd812dc1c9ee0d9 |
| name                | demo                             |
| options             | {}                               |
| password_expires_at | None                             |
+---------------------+----------------------------------+
```

图 4-31　创建名为“demo”的 User

(3) 在终端使用如下命令，创建一个名为“user”的 Role：

```
# openstack role create user
```

注意：上述命令创建的是一个 Role，名为“user”，而不是创建了一个用户。

创建成功后的输出结果如图 4-32 所示。

```
+-----------+----------------------------------+
| Field     | Value                            |
+-----------+----------------------------------+
| domain_id | None                             |
| id        | 7aadbac46c5d4835aa16092102170fc9 |
| name      | user                             |
+-----------+----------------------------------+
```

图 4-32　创建名为“user”的 Role

(4) 在终端执行以下命令，将新建的 Role“user”赋予新建的 Project“demo”和 User“demo”：

```
# openstack role add --project demo --user demo user
```

这条命令在执行成功后没有任何输出。

14．验证安装

(1) 停用环境变量设置。

在验证安装前首先执行以下命令，停止使用前面设置的两个环境变量 OS_AUTH_URL 和 OS_PASSWORD：

```
# unset OS_AUTH_URL OS_PASSWORD
```

(2) 验证 admin 用户的 Token。

在终端执行以下命令，验证 admin 用户登录 OpenStack 时所用的 Token 是否可用：

```
# openstack --os-auth-url http://controller:35357/v3 --os-project-domain-name Default --os-user-domain-name Default --os-project-name admin --os-username admin token issue
```

按提示输入 admin 用户的密码，验证结果如图 4-33 所示。

```
Password:
+------------+-----------------------------------------------------------------
---------------------------------------------------------------------------------+
| Field      | Value
                                                                                 |
+------------+-----------------------------------------------------------------
---------------------------------------------------------------------------------+
| expires    | 2018-05-25T09:51:18+0000
                                                                                 |
| id         | gAAAAABbB86GaYdNWEfKwI0H8iyhqvsCI7cd4H7w7Bure_bUowgH-V5IgC7UsDt_LeluGXm8ZEK1SxLgcaHYz
DbsBXNT8GUnmFomMmyWJBTEUBU5UdOfnG8fYB9q688FZkTHi5fB_ZxC8xGCtZVXeMz33CBJ5EYF-jffet1Ob0KSc6lDynKxfgo |
| project_id | c2ddd46af5bf4a7499eb3d0ef75fa778
                                                                                 |
| user_id    | 9810e4d174204ce78596c13d8422dc44
                                                                                 |
+------------+-----------------------------------------------------------------
---------------------------------------------------------------------------------+
```

图 4-33　验证 admin 用户所用的 Token

(3) 验证 demo 用户的 Token。

在终端执行以下命令，验证 demo 用户登录 OpenStack 时所用的 Token 是否可用：

```
# openstack --os-auth-url http://controller:5000/v3 --os-project-domain-name Default --os-user-domain-name Default --os-project-name demo --os-username demo token issue
```

按提示输入 demo 用户的密码，验证结果如图 4-34 所示。

```
Password:
+------------+-----------------------------------------------------------------------------------------------
-----------------------------------------------------------------------------------------------------------+
| Field      | Value
                                                                                                            |
+------------+-----------------------------------------------------------------------------------------------
-----------------------------------------------------------------------------------------------------------+
| expires    | 2018-05-28T02:28:11+0000
                                                                                                            |
| id         | gAAAAABbC1ssaOc0xqhVxpWIl_O8NPDIvWUuvHHv4I6nIZ471WXCobqyfS_F0r7JVT1qEjsiSDN07kML3MdzL
2J9BjBV1eBaMcX1OwHl_oJpCpFrvzrT_Y6FCRC6pXdHVYmSId1QejRoNl7GOM94f6REb1Udjjmd_Y4GYbcWMOzXMip3c60C58M |
| project_id | 30d8a8a6f0834695b263cc8a01c72fb0
                                                                                                            |
| user_id    | c48f61287db144fba5f4041cc1eae83a
                                                                                                            |
+------------+-----------------------------------------------------------------------------------------------
-----------------------------------------------------------------------------------------------------------+
```

图 4-34　验证 Demo 用户所用的 Token

如果能看到输出结果，则说明前面的操作正确，可以进行下一步。

15. 编写环境变量脚本

(1) 编写 admin 用户的环境变量脚本。

以 root 用户登录，在终端窗口中输入以下命令，返回 root 用户的根目录：

```
# cd
```

在根目录下，使用 VI 编辑器修改脚本文件 admin-openrc，内容如下：

```
export OS_PROJECT_DOMAIN_NAME=Default
export OS_USER_DOMAIN_NAME=Default
export OS_PROJECT_NAME=admin
export OS_USERNAME=admin
export OS_PASSWORD=admin123
export OS_AUTH_URL=http://controller:5000/v3
export OS_IDENTITY_API_VERSION=3
export OS_IMAGE_API_VERSION=2
```

其中，变量 OS_PASSWORD 的值“admin123”可替换为用户自己设置的密码。

(2) 编写 demo 用户的脚本。

使用 VI 编辑器修改脚本文件 demo-openrc，内容如下：

```
export OS_PROJECT_DOMAIN_NAME=Default
export OS_USER_DOMAIN_NAME=Default
export OS_PROJECT_NAME=demo
export OS_USERNAME=demo
export OS_PASSWORD=admin123
export OS_AUTH_URL=http://controller:5000/v3
export OS_IDENTITY_API_VERSION=3
export OS_IMAGE_API_VERSION=2
```

其中，变量 OS_PASSWORD 的值“admin123”可替换为用户自己设置的密码。

(3) 验证脚本。

首先，在终端窗口中执行以下命令，验证 admin 用户的脚本文件 admin-openrc：

```
# . admin-openrc
# openstack token issue
```

如果能看到如图 4-35 所示的输出信息，表明该脚本功能正常。

```
+------------+----------------------------------------------------------------------------------
-----------------------------------------------------------------------------------------------+
| Field      | Value
                                                                                               |
+------------+----------------------------------------------------------------------------------
-----------------------------------------------------------------------------------------------+
| expires    | 2018-05-28T02:41:44+0000
                                                                                               |
| id         | gAAAAABbC15YisCP4VLuqhb8k2p5sf7takV6LR6XYVYKypp2NRMkWQEID4LTVDgwA_iXcFEkq186s2LAGdKG7
wudx0-vQjjF19e3OquK4mwxk1qglsrZ9gj1AyS9C9cETYZyLREf1AoFI-WFDk7jcFhVXqsWVfpJTtUj9olSxPHlbinnFTJgPuQ |
| project_id | c2ddd46af5bf4a7499eb3d0ef75fa778
                                                                                               |
| user_id    | 9810e4d174204ce78596c13d8422dc44
                                                                                               |
+------------+----------------------------------------------------------------------------------
-----------------------------------------------------------------------------------------------+
```

图 4-35　验证 admin 用户的脚本文件 admin-openrc

然后，在终端窗口中执行以下命令，验证 demo 用户的脚本文件 demo-openrc：

```
# . demo-openrc
# openstack --os-auth-url http://controller:5000/v3 --os-project-domain-name Default --os-user-domain-name
Default --os-project-name demo --os-username demo token issue
```

若输出结果如图 4-36 所示，表明该脚本功能正常。

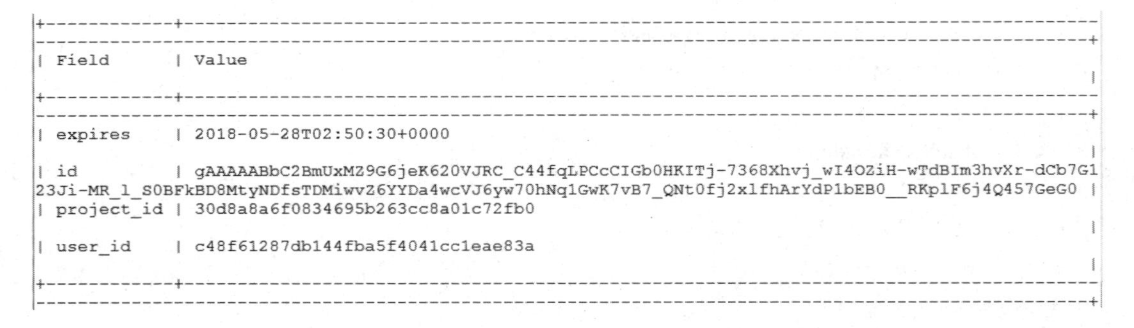

```
+------------+----------------------------------------------------------------------------------
-----------------------------------------------------------------------------------------------+
| Field      | Value
                                                                                               |
+------------+----------------------------------------------------------------------------------
-----------------------------------------------------------------------------------------------+
| expires    | 2018-05-28T02:50:30+0000
                                                                                               |
| id         | gAAAAABbC2BmUxMZ9G6jeK620VJRC_C44fqLPCcCIGb0HKITj-7368Xhvj_wI4OZiH-wTdBIm3hvXr-dCb7G1
23Ji-MR_1_S0BFkBD8MtyNDfsTDMiwvZ6YYDa4wcVJ6yw70hNq1GwK7vB7_QNt0fj2xlfhArYdP1bEB0__RKplF6j4Q457GeG0 |
| project_id | 30d8a8a6f0834695b263cc8a01c72fb0
                                                                                               |
| user_id    | c48f61287db144fba5f4041cc1eae83a
                                                                                               |
+------------+----------------------------------------------------------------------------------
-----------------------------------------------------------------------------------------------+
```

图 4-36　验证 demo 用户的脚本文件 demo-openrc

4.4.7　安装并配置 Glance 组件

下面讲解镜像服务组件 Glance 的安装和配置方法，所有操作均在控制节点上进行。

1. 创建数据库并授权

以 root 用户登录控制节点，执行以下命令，进入 MySQL：

```
# mysql -u root -p
```

在 MySQL 数据库操作终端执行以下命令，创建 Glance 的数据库 glance：

```
MariaDB [(none)]> CREATE DATABASE glance;
```

然后执行以下命令，授予 Glance 用户访问数据库 glance 的权限：

```
MariaDB [(none)]> GRANT ALL PRIVILEGES ON glance.* TO 'glance'@'localhost' IDENTIFIED BY
'admin123';
MariaDB [(none)]> GRANT ALL PRIVILEGES ON glance.* TO 'glance'@'%' IDENTIFIED BY 'admin123';
```

上述命令中的密码“admin123”可替换为用户自己创建的密码。

2. 创建 Glance 用户

以 root 用户登录，在终端窗口输入以下命令，使之前配置的环境变数生效：

```
# . admin-openrc
```

然后执行以下命令，创建 Glance 用户 glance，创建时会提示输入用户 glance 的密码：

```
# openstack user create --domain default --password-prompt glance
```

创建成功后的输出结果如图 4-37 所示。

```
User Password:
Repeat User Password:
+---------------------+----------------------------------+
| Field               | Value                            |
+---------------------+----------------------------------+
| domain_id           | default                          |
| enabled             | True                             |
| id                  | 7416b467eaa04e5395ce6b1ae554c958 |
| name                | glance                           |
| options             | {}                               |
| password_expires_at | None                             |
+---------------------+----------------------------------+
```

图 4-37　创建 Glance 用户 glance

3. 为 Glance 用户添加 Role

执行以下命令，给项目(Project)service 和用户(User)glance 添加 admin 角色(Role)：

```
# openstack role add --project service --user glance admin
```

这条命令没有任何输出。

4. 创建 Glance 服务

执行以下命令，创建 Glance 服务 glance：

```
# openstack service create --name glance    --description "OpenStack Image" image
```

创建成功后的输出结果如图 4-38 所示。

```
+-------------+----------------------------------+
| Field       | Value                            |
+-------------+----------------------------------+
| description | OpenStack Image                  |
| enabled     | True                             |
| id          | 1b093856966442b09118ba55e58fef9e |
| name        | glance                           |
| type        | image                            |
+-------------+----------------------------------+
```

图 4-38　创建 Glance 服务 glance

5．创建 Glance 服务的端点

执行以下命令，创建 Glance 服务的 Public 服务端点：

```
# openstack endpoint create --region RegionOne    image public http://controller:9292
```

创建成功后的输出结果如图 4-39 所示。

```
+--------------+----------------------------------+
| Field        | Value                            |
+--------------+----------------------------------+
| enabled      | True                             |
| id           | 292b4d32607e4ecc83100b7f00e2e8d7 |
| interface    | public                           |
| region       | RegionOne                        |
| region_id    | RegionOne                        |
| service_id   | 1b093856966442b09118ba55e58fef9e |
| service_name | glance                           |
| service_type | image                            |
| url          | http://controller:9292           |
+--------------+----------------------------------+
```

图 4-39　创建 Glance 服务的 Public 服务端点

执行以下命令，创建 Glance 服务的 Internal 服务端点：

```
#   openstack endpoint create --region RegionOne    image internal http://controller:9292
```

创建成功后的输出结果如图 4-40 所示。

```
+--------------+----------------------------------+
| Field        | Value                            |
+--------------+----------------------------------+
| enabled      | True                             |
| id           | 642209776963 4948b38d1d9f42f2c6d3 |
| interface    | internal                         |
| region       | RegionOne                        |
| region_id    | RegionOne                        |
| service_id   | 1b093856966442b09118ba55e58fef9e |
| service_name | glance                           |
| service_type | image                            |
| url          | http://controller:9292           |
+--------------+----------------------------------+
```

图 4-40　创建 Glance 服务的 Internal 服务端点

执行以下命令，创建 Glance 服务的 Admin 服务端点：

```
# openstack endpoint create --region RegionOne    image admin http://controller:9292
```

创建成功后的输出结果如图 4-41 所示。

```
+---------------+-------------------------------------+
| Field         | Value                               |
+---------------+-------------------------------------+
| enabled       | True                                |
| id            | 24814d4321d640f2acde733d29be4f06    |
| interface     | admin                               |
| region        | RegionOne                           |
| region_id     | RegionOne                           |
| service_id    | 1b093856966442b09118ba55e58fef9e    |
| service_name  | glance                              |
| service_type  | image                               |
| url           | http://controller:9292              |
+---------------+-------------------------------------+
```

图 4-41　创建 Glance 服务的 Admin 服务端点

6．安装并配置 Glance 组件

(1) 安装组件。

以 root 用户登录，在终端执行以下命令，安装 Glance 所需组件：

```
# yum install -y openstack-glance
```

(2) 修改配置文件/etc/glance/glance-api.conf。

安装完成后，使用 VI 编辑器修改文件/etc/glance/glance-api.conf，具体如下：

✧　在配置项[database]中添加以下内容：

```
connection = mysql+pymysql://glance:admin123@controller/glance
```

✧　在配置项[keystone_authtoken]中添加以下内容：

```
auth_uri = http://controller:5000
auth_url = http://controller:5000
memcached_servers = controller:11211
auth_type = password
project_domain_name = Default
user_domain_name = Default
project_name = service
username = glance
password = admin123
```

✧　在配置项[paste_deploy]中添加以下内容：

```
flavor = keystone
```

✧　在配置项[glance_store]中添加以下内容：

```
stores = file,http
default_store = file
filesystem_store_datadir = /var/lib/glance/images/
```

编辑完毕，保存文件并退出。

7．编辑配置文件/etc/glance/glance-registry.conf

使用 VI 编辑器修改文件/etc/glance/glance-registry.conf，具体如下：

✧ 在配置项[database]下面添加以下内容：

```
connection = mysql+pymysql://glance:admin123@controller/glance
```

✧ 在配置项[keystone_authtoken]下面添加以下内容：

```
auth_uri = http://controller:5000
auth_url = http://controller:5000
memcached_servers = controller:11211
auth_type = password
project_domain_name = Default
user_domain_name = Default
project_name = service
username = glance
password = admin123
```

✧ 在配置项[paste_deploy]下面添加以下内容：

```
flavor = keystone
```

编辑完毕，保存文件并退出。

8．同步 Glance 数据库

执行以下命令，同步 Glance 数据库：

```
# su -s /bin/sh -c "glance-manage db_sync" glance
```

注意：上述命令必须完整输入。

命令执行过程中，可能会出现如图 4-42 所示的报错，忽略报错，直到配置完成。

```
/usr/lib/python2.7/site-packages/oslo_db/sqlalchemy/enginefacade.py:1334: OsloDBDeprecationWarning:
EngineFacade is deprecated; please use oslo_db.sqlalchemy.enginefacade
  expire_on_commit=expire_on_commit, _conf=conf)
```

图 4-42　同步 Glance 数据库时的报错

Glance 数据库同步成功后的输出信息如图 4-43 所示。

```
Upgraded database to: queens_expand01, current revision(s): queens_expand01
INFO  [alembic.runtime.migration] Context impl MySQLImpl.
INFO  [alembic.runtime.migration] Will assume non-transactional DDL.
INFO  [alembic.runtime.migration] Context impl MySQLImpl.
INFO  [alembic.runtime.migration] Will assume non-transactional DDL.
Database migration is up to date. No migration needed.
INFO  [alembic.runtime.migration] Context impl MySQLImpl.
INFO  [alembic.runtime.migration] Will assume non-transactional DDL.
INFO  [alembic.runtime.migration] Context impl MySQLImpl.
INFO  [alembic.runtime.migration] Will assume non-transactional DDL.
INFO  [alembic.runtime.migration] Running upgrade mitaka02 -> ocata_contract01, remove
INFO  [alembic.runtime.migration] Running upgrade ocata_contract01 -> pike_contract01,
INFO  [alembic.runtime.migration] Running upgrade pike_contract01 -> queens_contract01
INFO  [alembic.runtime.migration] Context impl MySQLImpl.
INFO  [alembic.runtime.migration] Will assume non-transactional DDL.
Upgraded database to: queens_contract01, current revision(s): queens_contract01
INFO  [alembic.runtime.migration] Context impl MySQLImpl.
INFO  [alembic.runtime.migration] Will assume non-transactional DDL.
Database is synced successfully.
```

图 4-43　Glance 数据库同步成功

9．启动服务

执行以下命令，启动 Glance 的 openstack-glance-api 和 openstack-glance-registry 服务，并使服务可以在系统重启后自动运行：

```
# systemctl start openstack-glance-api openstack-glance-registry
# systemctl enable openstack-glance-api openstack-glance-registry
```

然后执行以下命令，查看 openstack-glance-api 服务的运行状态：

```
# systemctl status openstack-glance-api
```

若输出信息如图 4-44 所示，表明服务状态正常。

```
● openstack-glance-api.service - OpenStack Image Service (code-named Glance)
API server
   Loaded: loaded (/usr/lib/systemd/system/openstack-glance-api.service; enab
led; vendor preset: disabled)
   Active: active (running) since Mon 2018-05-28 02:04:30 EDT; 1min 32s ago
 Main PID: 5124 (glance-api)
   CGroup: /system.slice/openstack-glance-api.service
           ├─5124 /usr/bin/python2 /usr/bin/glance-api
           ├─5148 /usr/bin/python2 /usr/bin/glance-api
           └─5149 /usr/bin/python2 /usr/bin/glance-api
```

图 4-44　查看 openstack-glance-api 服务运行状态

接着执行以下命令，查看 openstack-glance-registry 服务的运行状态：

```
# systemctl status openstack-glance-registry
```

若输出信息如图 4-45 所示，表明服务状态正常，

```
● openstack-glance-registry.service - OpenStack Image Service (code-named Gla
nce) Registry server
   Loaded: loaded (/usr/lib/systemd/system/openstack-glance-registry.service;
 enabled; vendor preset: disabled)
   Active: active (running) since Mon 2018-05-28 02:04:30 EDT; 2min 14s ago
 Main PID: 5125 (glance-registry)
   CGroup: /system.slice/openstack-glance-registry.service
           ├─5125 /usr/bin/python2 /usr/bin/glance-registry
           ├─5146 /usr/bin/python2 /usr/bin/glance-registry
           └─5147 /usr/bin/python2 /usr/bin/glance-registry
```

图 4-45　查看 openstack-glance-registry 服务运行状态

10．验证安装

执行以下命令，使之前设置的环境变量生效：

```
# . admin-openrc
```

如果系统没有安装 wget 工具，则执行以下命令，进行安装：

```
# yum install -y wget
```

安装完成后，执行以下命令，下载一个测试用镜像：

```
# wget http://download.cirros-cloud.net/0.3.5/cirros-0.3.5-x86_64-disk.img
```

下载完成后，当前目录中会出现一个名为 cirros-0.3.5-x86_64-disk.img 的文件。

执行以下命令，将下载的测试镜像上传到 OpenStack：

```
# openstack image create "cirros"    --file cirros-0.3.5-x86_64-disk.img    --disk-format qcow2 --container-
format bare    --public
```

若输出如图 4-46 所示的信息，表明镜像上传成功。

```
+-------------------+-----------------------------------------------------+
| Field             | Value                                               |
+-------------------+-----------------------------------------------------+
| checksum          | f8ab98ff5e73ebab884d80c9dc9c7290                    |
| container_format  | bare                                                |
| created_at        | 2018-05-28T07:05:44Z                                |
| disk_format       | qcow2                                               |
| file              | /v2/images/69167848-7a8e-4742-b309-d0f270119e47/file |
| id                | 69167848-7a8e-4742-b309-d0f270119e47                |
| min_disk          | 0                                                   |
| min_ram           | 0                                                   |
| name              | cirros                                              |
| owner             | c2ddd46af5bf4a7499eb3d0ef75fa778                    |
| protected         | False                                               |
| schema            | /v2/schemas/image                                   |
| size              | 13267968                                            |
| status            | active                                              |
| tags              |                                                     |
| updated_at        | 2018-05-28T07:05:44Z                                |
| virtual_size      | None                                                |
| visibility        | public                                              |
+-------------------+-----------------------------------------------------+
```

图 4-46　将测试镜像上传到 OpenStack

执行以下命令，查看已上传的镜像信息：

```
# openstack image list
```

若输出信息中的【Status】列为【active】，表明上传成功，如图 4-47 所示。

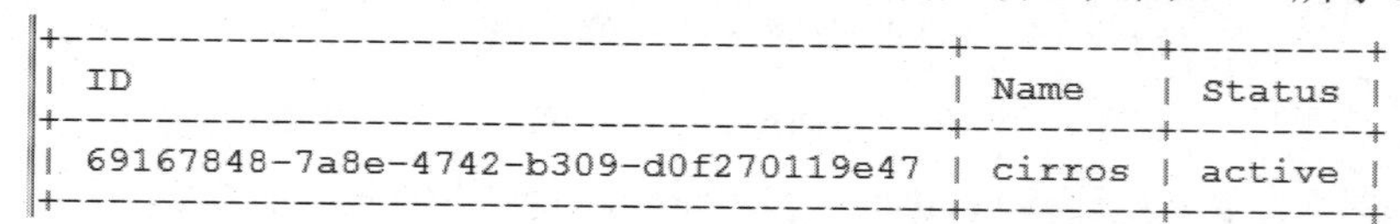

ID	Name	Status
69167848-7a8e-4742-b309-d0f270119e47	cirros	active

图 4-47　查看已上传的测试镜像信息

Glance 功能验证成功，即可进入下一组件的安装。

4.4.8　安装并配置 Nova 组件

Nova 是一个非常重要的核心组件，用于管理用户的虚拟机实例，可以根据使用者需求实现虚拟机的开关机、CPU 调配、RAM 管理等操作。

1. 相关概念

在安装 Nova 组件之前，需要简单介绍一下 Cell 和 Placement。

(1) Cell。

Nova Cell 模块是 OpenStack 在 Grizzly 及其之后的版本中发布的一个新模块，该模块使用户可在不影响现有 OpenStack 云环境的前提下，增强 OpenStack 的横向扩展与大规模部署能力。

Nova Cell 模块把 OpenStack 云环境分成了多个子 Cell，且可以在原 OpenStack 云环境中添加子 Cell 的方式对云环境进行拓展，以减少对原云环境的影响。每个 Cell 上都运行有 nova-cells 服务，用于与其他 Cell 进行通信。

Nova Cell 模块中对 Cell 的调度与对计算节点的调度是相互分离的：首先由 Nova 服务选取合适的 Cell，并将请求发送至该 Cell 进行处理，再由被选中的 Cell 将请求发送至计算节点进行处理。

(2) Placement。

Nova 在 Newton 版本中引入了 Placement 模块，用于追踪记录资源(例如内存、CPU

等资源)的使用情况。

在此之前，Nova 对资源的管理全由计算节点来完成，即计算节点提供资源，并统计这些资源的使用情况，然后将所有统计结果交给 OpenStack 管理员分析。但由于系统中存在许多由外部系统提供的资源，如 Ceph、NFS 提供的存储服务，当可用资源变得多种多样时，就需要一个统一的、简单的管理接口，让管理员能够全面了解系统中的资源使用情况，这个接口就是 Placement API。

Nova 服务需要在控制节点和计算节点两类节点上安装和配置。

2. 创建数据库并授权

以 root 用户登录控制节点，执行以下命令，进入 MySQL：

```
# mysql -uroot -padmin123
```

在 MySQL 数据库操作终端执行以下命令，创建 nova_api、nova 和 nova_cell0 等三个数据库：

```
MariaDB [(none)]> CREATE DATABASE nova_api;
MariaDB [(none)]> CREATE DATABASE nova;
MariaDB [(none)]> CREATE DATABASE nova_cell0;
```

执行以下命令，授予用户 Nova 访问上述三个数据库的权限：

```
MariaDB [(none)]> GRANT ALL PRIVILEGES ON nova_api.* TO 'nova'@'localhost' IDENTIFIED BY
'admin123';
MariaDB [(none)]> GRANT ALL PRIVILEGES ON nova_api.* TO 'nova'@'%' IDENTIFIED BY 'admin123';
MariaDB [(none)]> GRANT ALL PRIVILEGES ON nova.* TO 'nova'@'localhost' IDENTIFIED BY 'admin123';
MariaDB [(none)]> GRANT ALL PRIVILEGES ON nova.* TO 'nova'@'%' IDENTIFIED BY 'admin123';
MariaDB [(none)]> GRANT ALL PRIVILEGES ON nova_cell0.* TO 'nova'@'localhost' IDENTIFIED BY
'admin123';
MariaDB [(none)]> GRANT ALL PRIVILEGES ON nova_cell0.* TO 'nova'@'%' IDENTIFIED BY 'admin123';
```

3. 创建计算服务

(1) 以 root 用户登录控制节点，执行以下命令，使之前在脚本中配置的环境变量生效：

```
# . admin-openrc
```

(2) 执行以下命令，创建 Nova 用户 nova：

```
# openstack user create --domain default --password-prompt nova
```

根据提示输入密码后，输出结果如图 4-48 所示。

```
User Password:
Repeat User Password:
+---------------------+----------------------------------+
| Field               | Value                            |
+---------------------+----------------------------------+
| domain_id           | default                          |
| enabled             | True                             |
| id                  | cde7b0cce3d74ebb937452346ad2ee2d |
| name                | nova                             |
| options             | {}                               |
| password_expires_at | None                             |
+---------------------+----------------------------------+
```

图 4-48　创建 Nova 用户 nova

(3) 执行以下命令，给项目(Project)service 和用户(Use)nova 添加 Admin 角色(role)：

```
# openstack role add --project service --user nova admin
```

上述命令在执行完毕后没有任何输出。

(4) 执行以下命令，创建 Nova 服务 nova：

```
# openstack service create --name nova --description "OpenStack Compute" compute
```

创建完成后的输出结果如图 4-49 所示。

```
+-------------+----------------------------------+
| Field       | Value                            |
+-------------+----------------------------------+
| description | OpenStack Compute                |
| enabled     | True                             |
| id          | df29635472444912bc49816b5cc9b83c |
| name        | nova                             |
| type        | compute                          |
+-------------+----------------------------------+
```

图 4-49　创建 Nova 服务 nova

4．创建计算服务的服务端点(Compute API Service Endpoints)

(1) 在控制节点上执行以下命令，创建服务 nova 的 Public 服务端点：

```
# openstack endpoint create --region RegionOne    compute public http://controller:8774/v2.1
```

创建完成后的输出结果如图 4-50 所示。

```
+--------------+----------------------------------+
| Field        | Value                            |
+--------------+----------------------------------+
| enabled      | True                             |
| id           | af0abf4c8c3f41e691d9bb511336babd |
| interface    | public                           |
| region       | RegionOne                        |
| region_id    | RegionOne                        |
| service_id   | df29635472444912bc49816b5cc9b83c |
| service_name | nova                             |
| service_type | compute                          |
| url          | http://controller:8774/v2.1      |
+--------------+----------------------------------+
```

图 4-50　创建服务 nova 的 Public 服务端点

(2) 执行以下命令，创建服务 nova 的 Internal 服务端点：

```
# openstack endpoint create --region RegionOne    compute internal http://controller:8774/v2.1
```

创建完成后的输出结果如图 4-51 所示。

```
+--------------+----------------------------------+
| Field        | Value                            |
+--------------+----------------------------------+
| enabled      | True                             |
| id           | 86e586c358dc432984a50862920d6b76 |
| interface    | internal                         |
| region       | RegionOne                        |
| region_id    | RegionOne                        |
| service_id   | df29635472444912bc49816b5cc9b83c |
| service_name | nova                             |
| service_type | compute                          |
| url          | http://controller:8774/v2.1      |
+--------------+----------------------------------+
```

图 4-51　创建服务 nova 的 Internal 服务端点

(3) 执行以下命令，创建服务 nova 的 Admin 服务端点：

```
# openstack endpoint create --region RegionOne      compute admin http://controller:8774/v2.1
```

创建完成后的输出结果如图 4-52 所示。

```
+--------------+----------------------------------+
| Field        | Value                            |
+--------------+----------------------------------+
| enabled      | True                             |
| id           | 509e5d74cacf45a9af9a89c24045cc32 |
| interface    | admin                            |
| region       | RegionOne                        |
| region_id    | RegionOne                        |
| service_id   | df29635472444912bc49816b5cc9b83c |
| service_name | nova                             |
| service_type | compute                          |
| url          | http://controller:8774/v2.1      |
+--------------+----------------------------------+
```

图 4-52　创建服务 nova 的 Admin 服务端点

5. 创建 Placement 服务

(1) 在控制节点上执行以下命令，创建 Placement 用户 placement：

```
# openstack user create --domain default --password-prompt placement
```

按要求输入两次 Placement 用户的密码后，输出结果如图 4-53 所示。

```
User Password:
Repeat User Password:
+---------------------+----------------------------------+
| Field               | Value                            |
+---------------------+----------------------------------+
| domain_id           | default                          |
| enabled             | True                             |
| id                  | e4368b2bdeeb4940bee3acd044cb3f37 |
| name                | placement                        |
| options             | {}                               |
| password_expires_at | None                             |
+---------------------+----------------------------------+
```

图 4-53　创建 Placement 用户 placement

(2) 执行以下命令，给项目(project)service 和用户(user)placement 添加 admin 角色(role)：

```
# openstack role add --project service --user placement admin
```

注意：这条命令执行完毕后没有任何输出。

(3) 创建 Placement 服务。

执行以下命令，创建 Placement 服务 placement：

```
# openstack service create --name placement --description "Placement API" placement
```

创建成功后的输出结果如图 4-54 所示。

```
+-------------+----------------------------------+
| Field       | Value                            |
+-------------+----------------------------------+
| description | Placement API                    |
| enabled     | True                             |
| id          | 44afd983610241e6bc696d2367e8cbc2 |
| name        | placement                        |
| type        | placement                        |
+-------------+----------------------------------+
```

图 4-54　创建 Placement 服务 placement

6．创建 Placement 服务的服务端点

(1) 在控制节点上执行以下命令，创建服务 placement 的 Public 服务端点：

```
# openstack endpoint create --region RegionOne placement public http://controller:8778
```

创建成功后的输出结果如图 4-55 所示。

```
+--------------+----------------------------------+
| Field        | Value                            |
+--------------+----------------------------------+
| enabled      | True                             |
| id           | 2b33f8bc82ec46db8be97f48a9e40926 |
| interface    | public                           |
| region       | RegionOne                        |
| region_id    | RegionOne                        |
| service_id   | 44afd983610241e6bc696d2367e8cbc2 |
| service_name | placement                        |
| service_type | placement                        |
| url          | http://controller:8778           |
+--------------+----------------------------------+
```

图 4-55　创建服务 placement 的 Public 服务端点

(2) 执行以下命令，创建服务 placement 的 Internal 服务端点：

```
# openstack endpoint create --region RegionOne placement internal http://controller:8778
```

创建成功后的输出结果如图 4-56 所示。

```
+--------------+----------------------------------+
| Field        | Value                            |
+--------------+----------------------------------+
| enabled      | True                             |
| id           | 2979de9bcac449c69368e82222d21bad |
| interface    | internal                         |
| region       | RegionOne                        |
| region_id    | RegionOne                        |
| service_id   | 44afd983610241e6bc696d2367e8cbc2 |
| service_name | placement                        |
| service_type | placement                        |
| url          | http://controller:8778           |
+--------------+----------------------------------+
```

图 4-56　创建服务 placement 的 Internal 服务端点

(3) 执行以下命令，创建服务 placement 的 Admin 服务端点：

```
# openstack endpoint create --region RegionOne placement admin http://controller:8778
```

创建成功后的输出结果如图 4-57 所示。

```
+--------------+----------------------------------+
| Field        | Value                            |
+--------------+----------------------------------+
| enabled      | True                             |
| id           | 2a756a124d6345a593bdcbd6bc77c6c8 |
| interface    | admin                            |
| region       | RegionOne                        |
| region_id    | RegionOne                        |
| service_id   | 44afd983610241e6bc696d2367e8cbc2 |
| service_name | placement                        |
| service_type | placement                        |
| url          | http://controller:8778           |
+--------------+----------------------------------+
```

图 4-57　创建服务 placement 的 Admin 服务端点

7. 安装配置控制节点组件

(1) 安装组件。

以 root 用户登录控制节点，在终端执行以下命令，安装控制节点相关组件：

```
# yum install -y openstack-nova-api openstack-nova-conductor    openstack-nova-console openstack-nova-novncproxy    openstack-nova-scheduler openstack-nova-placement-api
```

(2) 编辑/etc/nova/nova.conf 文件。

组件安装完成后，使用 VI 编辑器修改文件/etc/nova/nova.conf，具体如下：

✧　在配置项[DEFAULT]中添加以下内容：

```
enabled_apis = osapi_compute,metadata
transport_url = rabbit://openstack:admin123@controller
my_ip = 192.168.1.223
use_neutron = True
firewall_driver = nova.virt.firewall.NoopFirewallDriver
```

✧　在配置项[api_database]中添加以下内容：

```
connection = mysql+pymysql://nova:admin123@controller/nova_api
```

✧　在配置项[database]中添加以下内容：

```
connection = mysql+pymysql://nova:admin123@controller/nova
```

✧　在配置项[api]中添加以下内容：

```
auth_strategy = keystone
```

✧　在配置项[keystone_authtoken]中添加以下内容：

```
auth_url = http://controller:5000/v3
memcached_servers = controller:11211
auth_type = password
project_domain_name = default
user_domain_name = default
```

```
project_name = service
username = nova
password = admin123
```

✧ 在配置项[vnc]中添加以下内容：

```
enabled = true
server_listen = $my_ip
server_proxyclient_address = $my_ip
```

✧ 在配置项[glance]中添加以下内容：

```
api_servers = http://controller:9292
```

✧ 在配置项[oslo_concurrency]中添加以下内容：

```
lock_path = /var/lib/nova/tmp
```

✧ 在配置项[placement]中添加以下内容：

```
os_region_name = RegionOne
project_domain_name = Default
project_name = service
auth_type = password
user_domain_name = Default
auth_url = http://controller:5000/v3
username = placement
password = admin123
```

✧ 在配置项[scheduler]中添加以下内容：

```
discover_hosts_in_cells_interval = 300
```

(3) 编辑文件/etc/httpd/conf.d/00-nova-placement-api.conf。

使用 VI 编辑器修改文件/etc/httpd/conf.d/00-nova-placement-api.conf，在文件末尾添加以下内容：

```
<Directory /usr/bin>
   <IfVersion >= 2.4>
      Require all granted
   </IfVersion>
   <IfVersion < 2.4>
      Order allow,deny
      Allow from all
   </IfVersion>
</Directory>
```

编辑完成后，保存文件并退出。

然后执行以下命令，重启 HTTP 服务：

```
# systemctl restart httpd
```

(4) 部署数据库 nova-api。

在控制节点终端执行以下命令，部署数据库 nova-api：

```
# su -s /bin/sh -c "nova-manage api_db sync" nova
```

如果出现如图 4-58 所示的报错，请忽略，继续执行命令直到操作结束。

```
[root@controller nova]# su -s /bin/sh -c "nova-manage api_db sync" nova
/usr/lib/python2.7/site-packages/oslo_db/sqlalchemy/enginefacade.py:332: NotSupportedWarning: Configuration option(s) ['u
se_tpool'] not supported
  exception.NotSupportedWarning
```

图 4-58　部署数据库 nova-api 时的报错信息

(5) 注册单元格 cell0。

在控制节点上执行以下命令，将单元格 cell0 注册到数据库 nova-api 中：

```
# su -s /bin/sh -c "nova-manage cell_v2 map_cell0" nova
```

如果出现如图 4-59 所示的报错，请忽略，继续执行命令直到操作结束。

```
/usr/lib/python2.7/site-packages/oslo_db/sqlalchemy/enginefacade.py:332: NotSupported
Warning: Configuration option(s) ['use_tpool'] not supported
  exception.NotSupportedWarning
```

图 4-59　注册单元格 cell0 时的报错信息

(6) 创建并注册单元格 cell1。

在控制节点上执行以下命令，创建单元格 cell1 并注册到数据库 nova-api 中：

```
# su -s /bin/sh -c "nova-manage cell_v2 create_cell --name=cell1 --verbose" nova
```

如果出现如图 4-60 所示的报错，并在最后一行出现 cell1 的 ID，请忽略，继续进行下一步操作。

```
/usr/lib/python2.7/site-packages/oslo_db/sqlalchemy/enginefacade.py:332: NotSupported
Warning: Configuration option(s) ['use_tpool'] not supported
  exception.NotSupportedWarning
f8b930c1-5f98-45fb-b593-04d517c2f83e
```

图 4-60　注册单元格 cell1 时的报错信息

(7) 部署数据库 nova。

在控制节点终端执行以下命令，部署数据库 nova：

```
# su -s /bin/sh -c "nova-manage db sync" nova
```

如果出现如图 4-61 所示的报错，请忽略，并进行下一步操作。

```
/usr/lib/python2.7/site-packages/oslo_db/sqlalchemy/enginefacade.py:332: NotSupported
Warning: Configuration option(s) ['use_tpool'] not supported
  exception.NotSupportedWarning
/usr/lib/python2.7/site-packages/pymysql/cursors.py:166: Warning: (1831, u'Duplicate
index `block_device_mapping_instance_uuid_virtual_name_device_name_idx`. This is depr
ecated and will be disallowed in a future release.')
  result = self._query(query)
/usr/lib/python2.7/site-packages/pymysql/cursors.py:166: Warning: (1831, u'Duplicate
index `uniq_instances0uuid`. This is deprecated and will be disallowed in a future re
lease.')
  result = self._query(query)
```

图 4-61　部署数据库 nova 时的报错信息

(8) 验证单元格 cell0 和单元格 cell1 是否正确注册。

在控制节点上执行以下命令，验证单元格 cell0 和单元格 cell1 是否已经正确注册：

```
# nova-manage cell_v2 list_cells
```

如果输出如图 4-62 所示的信息，表明注册成功。

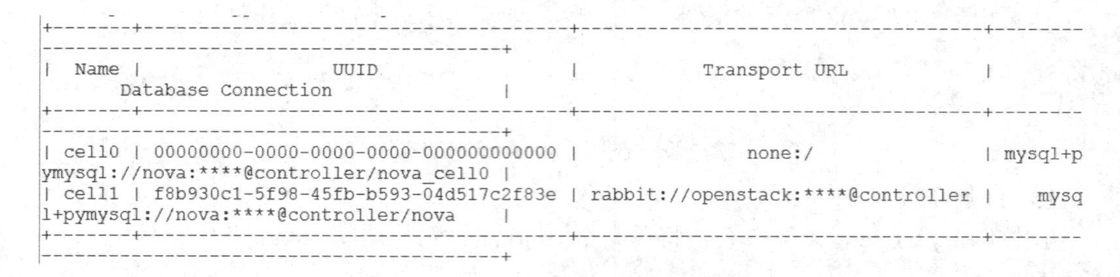

Name	UUID	Transport URL	Database Connection
cell0	00000000-0000-0000-0000-000000000000	none:/	mysql+pymysql://nova:****@controller/nova_cell0
cell1	f8b930c1-5f98-45fb-b593-04d517c2f83e	rabbit://openstack:****@controller	mysql+pymysql://nova:****@controller/nova

图 4-62　查看单元格 cell0 和单元格 cell1 的注册信息

(9) 启动服务。

在控制节点上执行以下命令，启动相关服务，并使服务可以在系统重启后自动运行：

```
# systemctl start openstack-nova-api openstack-nova-consoleauth openstack-nova-scheduler openstack-nova-conductor openstack-nova-novncproxy
# systemctl enable openstack-nova-api openstack-nova-consoleauth openstack-nova-scheduler openstack-nova-conductor openstack-nova-novncproxy
```

8. 安装配置计算节点组件

(1) 在计算节点上执行以下命令，检测计算节点是否支持虚拟化：

```
# egrep -c '(vmx|svm)' /proc/cpuinfo
```

如果输出为 0，说明该节点不支持虚拟化，或者计算节点的 BIOS 的 VT 开关没有打开；如果是大于或者等于 1 的数字，则说明此节点支持虚拟化。

(2) 在计算节点上以 root 用户执行以下命令，安装相关组件：

```
# yum install openstack-nova-compute
```

(3) 使用 VI 编辑器修改/etc/nova/nova.conf 文件，具体如下：

✧ 在配置项[DEFAULT]中添加以下内容：

```
enabled_apis = osapi_compute,metadata
transport_url = rabbit://openstack:admin123@controller
my_ip = 192.168.1.225
use_neutron = True
firewall_driver = nova.virt.firewall.NoopFirewallDriver
```

✧ 在配置项[api]中添加以下内容：

```
auth_strategy = keystone
```

✧ 在配置项[keystone_authtoken]中添加以下内容：

```
auth_url = http://controller:5000/v3
memcached_servers = controller:11211
auth_type = password
project_domain_name = default
user_domain_name = default
project_name = service
username = nova
password = admin123
```

✧　在配置项[vnc]中添加以下内容：

```
enabled = True
server_listen = 0.0.0.0
server_proxyclient_address = $my_ip
novncproxy_base_url = http://controller:6080/vnc_auto.html
```

✧　在配置项[glance]中添加以下内容：

```
api_servers = http://controller:9292
```

✧　在配置项[oslo_concurrency]中添加以下内容：

```
lock_path = /var/lib/nova/tmp
```

✧　在配置项[placement]中添加以下内容：

```
os_region_name = RegionOne
project_domain_name = Default
project_name = service
auth_type = password
user_domain_name = Default
auth_url = http://controller:5000/v3
username = placement
password = admin123
```

✧　在配置项[libvirt]中添加以下内容：

```
virt_type = qemu
```

编辑完成后，保存文件并退出。

(4) 启动计算节点的服务。

在计算节点上执行以下命令，启动 libvirtd 和 openstack-nova-compute 服务，并使服务在节点重启后可以自动运行：

```
# systemctl start libvirtd openstack-nova-compute
# systemctl enable libvirtd openstack-nova-compute
```

9. 将计算节点加入数据库 cell0

以 root 用户登录控制节点，执行以下命令，使配置的环境变量生效：

```
# . admin-openrc
```

执行以下命令，将计算节点加入数据库 cell0：

```
# su -s /bin/sh -c "nova-manage cell_v2 discover_hosts --verbose" nova
```

输出结果如图 4-63 所示。

```
Found 2 cell mappings.
Skipping cell0 since it does not contain hosts.
Getting computes from cell 'cell1': fe224ce2-a6b3-4706-ae5e-288bd3d00b44
Found 0 unmapped computes in cell: fe224ce2-a6b3-4706-ae5e-288bd3d00b44
```

图 4-63　将计算节点加入数据库 cell0

10. 验证安装

(1) 以 root 用户登录控制节点，执行以下命令，使环境变量生效：

```
# . admin-openrc
```

(2) 执行以下命令，验证创建的 Nova 服务是否存在：

```
# openstack compute service list
```

输出结果如图 4-64 所示。

```
+----+------------------+------------+----------+---------+-------+----------------------------+
| ID | Binary           | Host       | Zone     | Status  | State | Updated At                 |
+----+------------------+------------+----------+---------+-------+----------------------------+
|  1 | nova-consoleauth | controller | internal | enabled | up    | 2018-05-30T02:49:09.000000 |
|  2 | nova-scheduler   | controller | internal | enabled | up    | 2018-05-30T02:49:07.000000 |
|  3 | nova-conductor   | controller | internal | enabled | up    | 2018-05-30T02:49:06.000000 |
|  6 | nova-compute     | compute1   | nova     | enabled | up    | 2018-05-30T02:49:09.000000 |
+----+------------------+------------+----------+---------+-------+----------------------------+
```

图 4-64　查看已创建的 Nova 服务

(3) 执行以下命令，列出创建的服务端点：

```
# openstack catalog list
```

输出结果如图 4-65 所示。

```
+-----------+-----------+-------------------------------------------+
| Name      | Type      | Endpoints                                 |
+-----------+-----------+-------------------------------------------+
| placement | placement | RegionOne                                 |
|           |           |   public: http://controller:8778          |
|           |           | RegionOne                                 |
|           |           |   admin: http://controller:8778           |
|           |           | RegionOne                                 |
|           |           |   internal: http://controller:8778        |
|           |           |                                           |
| glance    | image     | RegionOne                                 |
|           |           |   internal: http://controller:9292        |
|           |           | RegionOne                                 |
|           |           |   public: http://controller:9292          |
|           |           | RegionOne                                 |
|           |           |   admin: http://controller:9292           |
|           |           |                                           |
| keystone  | identity  | RegionOne                                 |
|           |           |   admin: http://controller:5000/v3/       |
|           |           | RegionOne                                 |
|           |           |   internal: http://controller:5000/v3/    |
|           |           | RegionOne                                 |
|           |           |   public: http://controller:5000/v3/      |
|           |           |                                           |
| nova      | compute   | RegionOne                                 |
|           |           |   admin: http://controller:8774/v2.1      |
|           |           | RegionOne                                 |
|           |           |   public: http://controller:8774/v2.1     |
|           |           | RegionOne                                 |
|           |           |   internal: http://controller:8774/v2.1   |
|           |           |                                           |
+-----------+-----------+-------------------------------------------+
```

图 4-65　查看已创建的服务端点

(4) 执行以下命令，验证镜像管理功能：

```
# openstack image list
```

输出结果如图 4-66 所示。

```
+--------------------------------------+--------+--------+
| ID                                   | Name   | Status |
+--------------------------------------+--------+--------+
| 69167848-7a8e-4742-b309-d0f270119e47 | cirros | active |
+--------------------------------------+--------+--------+
```

图 4-66　查看已有的镜像信息

(5) 执行以下命令，验证 Cell 和 Placement API 是否正常运行：

```
# nova-status upgrade check
```

若输出结果如图 4-67 所示，表明运行正常。

```
+-----------------------------+
| Upgrade Check Results       |
+-----------------------------+
| Check: Cells v2             |
| Result: Success             |
| Details: None               |
+-----------------------------+
| Check: Placement API        |
| Result: Success             |
| Details: None               |
+-----------------------------+
| Check: Resource Providers   |
| Result: Success             |
| Details: None               |
+-----------------------------+
```

图 4-67　查看 Cell 和 Placement API 运行状态

所有验证完成后，如果都没有错误，即可进行下一步操作。

4.4.9　安装并配置 Horizon 组件

最后，需要安装 Horizon 组件。该组件为 OpenStack 基于 Web 的图形化控制台，用户可以使用这个控制台对 OpenStack 的网络、镜像等资源进行管理。

1．安装 Horizon 组件

以 root 用户登录，在控制节点上执行以下命令，安装 Horizon 组件：

```
# yum install -y openstack-dashboard
```

2．编辑文件/etc/openstack-dashboard/local_settings

(1) 修改配置项 OPENSTACK_HOST，修改后的结果如下：

```
OPENSTACK_HOST = "controller"
```

(2) 修改配置项 ALLOWED_HOSTS，修改后的结果如下：

```
ALLOWED_HOSTS = ['*']
```

其中，符号“*”表示任意终端都可以登录 OpenStack 的控制台，而如果指定了终端，即将该符号替换为某个终端的 IP 地址，则其他终端就不能登录，只有配置了这个 IP 地址的终端可以登录。

(3) 修改配置项 Memcached，在其中添加以下内容：

```
SESSION_ENGINE = 'django.contrib.sessions.backends.cache'


CACHES = {
    'default': {
        'BACKEND': 'django.core.cache.backends.memcached.MemcachedCache',
        'LOCATION': 'controller:11211',
    }
}
```

注意：如果配置文件中已经有 CACHES 配置项存在，则需要先将其内容注释掉。

(4) 修改配置项 OPENSTACK_KEYSTONE_MULTIDOMAIN_SUPPORT，修改后的结果如下：

```
OPENSTACK_KEYSTONE_MULTIDOMAIN_SUPPORT = True
```

(5) 修改配置项 OPENSTACK_API_VERSIONS，将其原有的内容注释掉，然后在其中添加以下内容：

```
OPENSTACK_API_VERSIONS = {
    "identity": 3,
    "image": 2,
    "volume": 2,
}
```

(6) 修改配置项 OPENSTACK_KEYSTONE_DEFAULT_DOMAIN，修改后的结果如下：

```
OPENSTACK_KEYSTONE_DEFAULT_DOMAIN = 'Default'
```

(7) 修改配置项 OPENSTACK_KEYSTONE_DEFAULT_ROLE，修改后的结果如下：

```
OPENSTACK_KEYSTONE_DEFAULT_ROLE = "user"
```

(8) 修改配置项 TIME_ZONE，将其值“UTC”替换为本机使用的时区名称：

```
TIME_ZONE = "UTC"
```

本试验中，配置时间服务时使用的时区是东八区(Asia/Shanghai)，因此将该配置项的值修改如下：

```
TIME_ZONE = "Asia/Shanghai"
```

3．重启相关服务

在终端执行以下命令，重启 httpd 和 memcached 服务：

```
# systemctl restart httpd memcached
```

4．测试登录

安装完成后，测试登录 OpenStack 的 Horizon 图形化控制台，步骤如下：

(1) 使用浏览器访问 http://192.168.1.223/dashbaord，进入 OpenStack 图形化控制台登录页面，在其中的【Domain】输入框中输入“default”，在【用户名】输入框中输入“admin”或“demo”，在【密码】输入框中输入之前设定的密码(如 admin123)，然后按回车键，即可登录 OpenStack，如图 4-68 所示。

图 4-68　输入登录信息

(2) 登录成功后的页面如图 4-69 所示。

图 4-69　OpenStack 图形化控制台登录成功

至此，OpenStack 基础组件即安装完成。

本 章 小 结

通过本章的学习，读者应当了解：

✧ 安装 OpenStack 的基础组件至少需要一个控制节点和一个计算节点。
✧ 安装前需要配置好时间服务，保证所有节点时间一致。
✧ MySQL 是 OpenStack 的数据库组件，安装在控制节点上。
✧ RabbitMQ 是 OpenStack 的消息队列服务组件，用于协调各服务组件之间的信息交换。
✧ Memcached 是 OpenStack 的缓存服务组件，用于缓存 Token 等数据。
✧ Etcd 组件用于保证服务在分布式的环境里正常运行。
✧ Keystone(OpenStack Identity Service)是 OpenStack 框架中负责管理身份验证、服务规则和服务令牌功能的组件模块。
✧ Glance 组件用于管理 OpenStack 需要使用的镜像。
✧ Nova 是一个非常重要的核心组件，用于管理用户的虚拟机实例，可以根据使用者需求实现虚拟机的开关机、CPU 调配、RAM 管理等操作。
✧ Horizon 组件为 OpenStack 的图形化控制台，用户可以使用这个控制台对 OpenStack 的网络、镜像等资源进行管理。
✧ 基础组件安装完毕后，OpenStack 的基本框架就搭建完成了，后续可进一步为其添加其他功能组件，以实现更多的云计算功能。

本 章 练 习

1. 描述 OpenStack 的基础架构，说明哪些节点是必须存在的，哪些节点是可选的。
2. 下列说法正确的是______。

A．安装 OpenStack 时，只需要在控制节点配置安装源，其他节点不需要配置

B．安装 OpenStack 时，在控制节点和计算节点都需要配置安装源

C．安装 OpenStack 时，各节点的时间必须一致

D．安装 OpenStack 时，各节的点时间可以不一致

3．下列说法不正确的是______。

A．Memcached 服务作为可选组件，可以不安装，因为安装了也不会提高系统效率

B．RabbitMQ 服务用于处理 OpenStack 的消息队列

C．Keystone(OpenStack Identity Service)是 OpenStack 框架中负责管理身份验证、服务规则和服务令牌功能的组件模块

D．Glance 组件用于管理 OpenStack 需要使用的镜像，接受和处理客户端对镜像和磁盘的访问请求

4．下列说法正确的是______。

A．Nova 组件用于计算控制

B．Horizon 组件只有一个展示功能，没有其他作用

C．Glance 组件用于管理 OpenStack 需要使用的镜像

D．MySQL 是 OpenStack 的数据库组件，安装在计算节点上

5．使用本章介绍的方法，配置时间服务器和客户端，并将操作系统的默认时区修改为东八区。

6．使用本章介绍的方法，搭建一套 OpenStack 基础平台。

第5章 OpenStack 网络服务 Neutron

本章目标

- 了解 OpenStack 中 Neutron 组件的概念和功能
- 了解 Neutron 的架构及其各组件的作用
- 了解 Neutron 的五种网络类型
- 了解 OpenStack 的四种主要节点
- 掌握 Flat 网络的配置方法
- 掌握 VXLAN 网络的配置方法

Neutron 是为整个 OpenStack 环境提供网络支持服务的组件，这些服务包括二层交换、三层路由、DHCP、负载均衡、防火墙和 VPN 等。Neutron 提供了一个灵活的框架，无论是开源软件还是商业软件都可以嵌入到 Neutron 框架中使用。

Neutron 的架构非常灵活，支持分布式部署，有很强的可扩展性。但鱼和熊掌不可兼得，这些优势也使 Neutron 成为了 OpenStack 组件中最复杂、最难理解的一个组件。

学习 Neutron 必须有网络基础，网络基础部分知识请参考本书第 3 章。同时，为了让读者可以轻松进行本章的学习，我们会尽量简化 Neutron 的概念及其各组件之间的逻辑关系，尽量不涉及深层次的 Neutron 结构，使读者可以较为容易地理解 Neutron 组件的功能和配置。

5.1 OpenStack 网络基础

Neutron 的架构比较复杂。由于其建立在分布式系统 OpenStack 之上，在对其架构进行讲解之前，首先要对 OpenStack 网络的基础知识进行介绍(比如节点和网络种类的概念)，以便描述系统中各服务器的功能以及 Neutron 的架构和组件。

OpenStack 网络涉及的部分概念如下：

✧ tap：一个虚拟的 hub，用于连接网桥和虚拟机的网卡。在 OpenStack 中，tap 的命名格式为“tapN”(N=0，1，2，3 等)。

✧ 网桥：用于提供同一网络中各节点之间的相互通信，通常同一个网络的节点都连接在一个网桥上。在 OpenStack 中，网桥的命名格式为“brqXXX”。

✧ Linux bridge：Linux 的桥接技术，是 Neutron 驱动类型的一种。

✧ Open vSwitch(OVS)：一个开源的虚拟交换机，也是 Neutron 驱动类型的一种。

✧ VLAN 接口：即物理服务器的子接口。在 OpenStack 中，VLAN 接口的命名格式为“ethX.Y”(X 为物理机的接口编号，Y 为 VLAN 的 ID 号)。

✧ VXLAN 接口：在 OpenStack 中，VXLAN 接口的命名格式为“VXLAN-VNI”(VNI 是 VXLAN 的 ID 号)。

✧ 物理网卡：即服务器的真实网卡。在 OpenStack 中，物理网卡的命名格式为“ethX”(X 为物理机的接口编号)。

OpenStack 的节点类型和网络种类如图 5-1 所示。

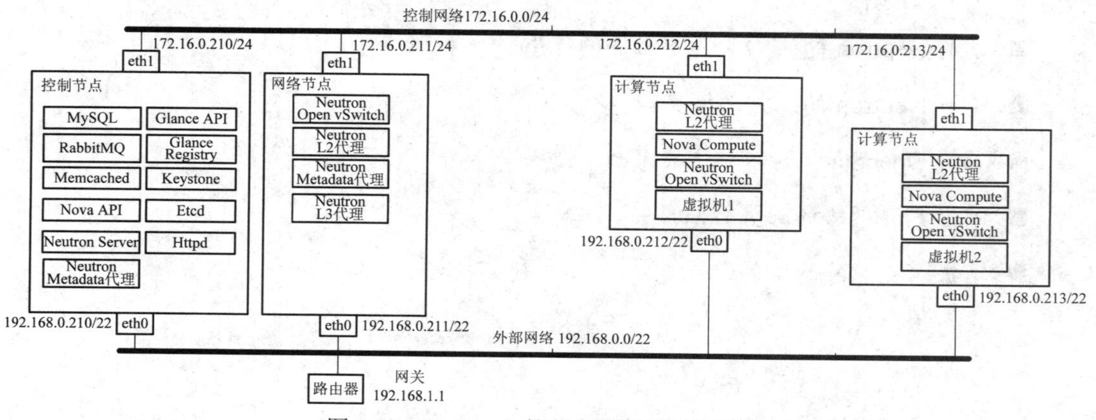

图 5-1 OpenStack 的节点类型和网络种类

5.1.1　OpenStack 节点

OpenStack 是一个复杂的分布式计算系统，不同的功能分布在不同的物理服务器或者虚拟机上，这些物理服务器或者虚拟机称为一个节点。OpenStack 中常见的节点一般有控制节点、网络节点、计算节点和存储节点四种。

1. 控制节点

控制节点是 OpenStack 中提供控制信息的节点，可以看做是 OpenStack 的大脑。控制节点上通常会安装队列服务、数据库服务、身份认证服务以及镜像服务等组件。

参考图 5-1，第 4 章中我们安装的所有组件(例如 MySQL、Memcached、Glance、Keystone 等)都安装在控制节点上。

2. 网络节点

网络节点是 OpenStack 中提供网络通信的节点。网络节点上通常会安装路由服务和 DHCP 服务，同时还会安装 Neutron 二层代理等服务。OpenStack 中的虚拟机访问 Internet 时，一般都需要经过网络节点，由网络节点统一向 Internet 转发。

根据图 5-1，本章我们将在网络节点上安装 Neutron L2 代理、Neutron L3 代理、Neutron Metadata 代理等组件。

3. 计算节点

计算节点是 OpenStack 中运行虚拟机执行计算任务的节点，它为计算任务提供 CPU、内存和本地网络等资源。计算节点上通常会安装 Nova Compute 服务以及 Neutron 二层代理等服务。

参考图 5-1，第 4 章中计算节点上安装的唯一组件是 Nova Compute。由于计算节点上的虚拟机之间需要通信，在本章中还需要在计算节点上安装 Neutron L2 代理和 Neutron Open vSwitch。

4. 存储节点

存储节点是 OpenStack 中存储虚拟机数据和文件的节点。

5.1.2　OpenStack 网络种类

OpenStack 网络根据用途可以划分为以下几种类型。

1. 控制网络

控制网络也叫管理网络，是 OpenStack 控制节点向其他节点发送控制数据的专用网络。各个组件间相互通信的消息队列以及各个组件连接数据库的数据包，都是通过控制网络进行转发的。

在图 5-1 中，所有节点的 eth1 网卡都连接到了控制网络中。

2. 数据网络

数据网络是虚拟机之间传输数据使用的网络，也称为业务网络。

在图 5-1 中，由于实验环境的限制，eth1 网卡所在的网络，既是控制网络，也是数据网络。

3. 外部网络

外部网络是虚拟机访问外网使用的网络。

在图 5-1 中，网络节点的 eth0 网卡与路由器相连。如果虚拟机要访问 Internet，需先将数据从数据网络传输到网络节点上，再由网络节点上的 Neutron L3 代理将数据转发到外部网络中，从而实现虚拟机对 Internet 的访问。

5.2 Neutron 架构及组件

与 OpenStack 其他服务的设计思路一样，Neutron 也采用了分布式架构，由多个组件共同对外提供网络服务。

Neutron 的架构及主要组件如图 5-2 所示，注意其中的各个组件和功能通常安装在不同的 OpenStack 节点上。

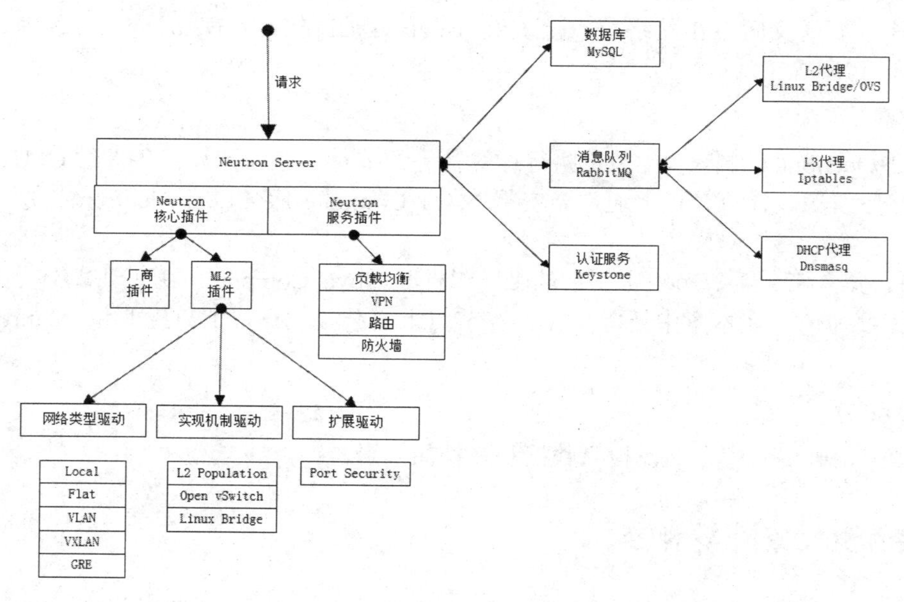

图 5-2　Neutron 的架构

下面依次介绍 Neutron 的各主要组件。

5.2.1 Neutron Server

Neutron Server 就像是 Neutron 的大脑，统一指挥和调度各个 Neutron 组件协同工作。对外提供 OpenStack 的 API，接收各种网络相关的请求，并调用相应的插件来处理这些请求。Neutron Server 的插件主要分为两大类：Neutron 核心插件和 Neutron 服务插件。

1. Neutron 核心插件(core plugin)

Neutron 核心插件用于处理 Neutron Server 发来的请求，维护 OpenStack 网络状态，并调用 Neutron 代理处理请求。此外，Neutron 核心插件还用于将 Neutron 相关资源信息写入数据库中并进行维护。

Neutron 核心插件包含两个分支：厂商插件和 ML2 插件。如果只需要用软件实现 Neutron 功能，只加载 ML2 插件即可；如果要用厂商的硬件来实现 Neutron 功能，就需要同时加载厂商插件和 ML2 插件，还需要在实现机制驱动中加载厂商开发的硬件驱动。

Neutron 核心插件的配置方法如下：

修改 Neutron 配置文件/etc/neutron/neutron.conf 中配置项[DEFAULT]中的内容，使用 core_plugin 参数指定 Neutron 核心插件的类型，本例中指定为 ML2，代码如下：

```
[DEFAULT]
core_plugin = ml2
```

(1) ML2 插件。

为在数据库中维护 Neutron 网络的状态信息，需要为每个网络设备提供商的插件各自编写一套非常相似的数据库访问代码。针对这一问题，Neutron 在 Havana 版本中实现了插件 ML2(Modular Layer 2)，对其他插件的功能进行抽象和封装。有了 ML2 插件，各网络设备提供商无需开发自己的插件，而只需针对 ML2 开发相应的驱动就可以了，工作量和难度都大大降低。

ML2 插件是 OpenStack 中使用最广泛的插件，主要分为网络类型驱动、实现机制驱动和扩展驱动三类：

✧　网络类型驱动。

网络类型驱动包括 Local、Flat、VLAN、VXLAN 和 GRE。每一种类型驱动对应一种 Neutron 网络类型，加载某种类型驱动就可以使用相应类型的网络，也可以同时加载多种类型的驱动。关于 Neutron 网络类型将在下一小节中进行介绍。

✧　实现机制驱动。

实现机制驱动主要包括 Linux Bridge、Open vSwitch 和 L2 Population，用于指定使用何种机制实现指定的网络类型。

Linux Bridge 是工作于二层的虚拟网络设备，功能类似于交换机。Linux Bridge 历史悠久，性能稳定，但对新功能的支持不如 Open vSwitch。选择 Linux Bridge 作为实现机制驱动，可支持 Local、Flat、VLAN 和 VXLAN 四种网络类型。

Open vSwitch 也是一种工作于二层的虚拟网络设备，功能也类似于交换机。相比 Linux Bridge，它支持多种标准的管理接口和协议(如 NetFlow、sFlow、SPAN、RSPAN、CLI、LACP、802.1ag 等)，但稳定性不如 Linux Bridge。选择 Open vSwitch 作为实现机制驱动，可支持 Local、Flat、VLAN、GRE 和 VXLAN 五种网络类型。

L2 Population 是一个针对重叠网络(VXLAN 和 GRE)的优化组件，通过降低广播流量来优化重叠网络，提高重叠网络的传输效率。如果网络类型选择 VXLAN 或者 GRE，在实现机制驱动中通常会选择 Linux Bridge 配合 L2 Population，或者 Open vSwitch 配合 L2 Population。

✧ 扩展驱动。

扩展驱动用于配置 Neutron 的 network、subnet 和 port 的一些扩展属性。目前使用最多的扩展属性是 port security(端口安全)，它允许在虚拟机上使用一些包过滤技术来保证虚拟机的安全。

在 ML2 插件的配置中，需要同时指定网络类型驱动和实现机制驱动，如果需要启动其他功能，还需要加载扩展驱动，具体步骤如下：

在 ML2 配置文件/etc/neutron/plugins/ml2/ml2_conf.ini 中的配置项[ml2]中进行以下配置：

```
[ml2]
type_drivers = flat,vlan,vxlan
mechanism_drivers = openvswitch,l2population
extension_drivers = port_security
```

其中：

✧ 使用 type_drivers 参数指定了加载 Flat、VLAN 和 VXLAN 类型的网络驱动。

✧ 使用 mechanism_drivers 参数指定了实现机制驱动为 openvswitch 和 l2population。

✧ 使用 extension_drivers 参数指定了扩展驱动为 port_security。

(2) 厂商插件。

OpenStack 可以使用各厂商的硬件交换机，使用时将相应厂商的插件驱动加载进来即可。厂商插件部分不在本书的讲述范围，此处不再赘述。

2. Neutron 服务插件

Neutron 服务插件提供各种类型的网络服务。Neutron 服务插件包括防火墙插件、路由插件和负载均衡插件等。常用的插件有防火墙插件和路由插件。

(1) 防火墙插件。

防火墙插件用于对数据包进行过滤，保证虚拟机的安全。

(2) 路由插件。

路由插件用于提供路由转发和 NAT 服务。Neutron 服务插件的配置方法如下：

在 Neutron 配置文件/etc/neutron/neutron.conf 的配置项[DEFAULT]中使用参数 service_plugins 配置 Neutron 服务插件：

```
[DEFAULT]
service_plugins = router
```

其中，service_plugins 参数指定了服务插件的类型为 router，即提供路由服务。

5.2.2 Neutron L2 代理

Neutron L2 代理用于创建一个虚拟的二层交换机，通过这个虚拟二层交换机可以实现虚拟机之间的通信。Neutron L2 代理是虚拟机通过虚拟路由器访问外网的桥梁，因此每一个计算节点上都需要安装 Neutron L2 代理。

如果在实现机制驱动中使用了 Open vSwitch，那么 Neutron L2 代理就要选择 Open

vSwitch；如果在实现机制驱动中使用了 Linux Bridge，那么 Neutron L2 代理就要选择 Linux Bridge。

5.2.3　Neutron L3 代理

Neutron L3 代理用于创建和管理虚拟路由器，为虚拟机提供路由功能。OpenStack 默认的 L3 代理是 iptables，它利用 Linux IP 栈和 iptables 技术来实现内网不同节点上的虚拟机之间的数据包转发，以及虚拟机和外网之间数据包的路由和转发功能。通常 Neutron L3 代理部署在网络节点上，统一为不同的虚拟网络提供路由服务。

当 Neutron Server 收到创建路由器的请求，就会通过 Neutron 路由插件，通过消息队列将创建路由器的指令传递给 Neutron L3 代理。Neutron L3 代理会执行命令，将虚拟路由器、路由表、iptables 规则等全部创建完成。

Neutron L3 代理创建的虚拟路由器性能较差，通常用于网络中没有物理路由的情况下。如果网络中有物理路由器，就没必要使用 Neutron L3 代理功能，毕竟物理路由器和 Neutron 虚拟路由器相比，性能上还是有优势的。

5.2.4　Neutron DHCP 代理

Neutron DHCP 代理用于创建和管理 DHCP 虚拟服务器，为 OpenStack 虚拟机分配 IP 地址和网关。Neutron DHCP 代理自身并不提供 DHCP 服务，而是调用多种 DHCP 软件来实现代理功能。默认情况下，DHCP 代理使用软件 Dnsmasq 来提供 DHCP 服务。

Dnsmasq 是一个轻量级的开源软件，用于向网络中提供 DHCP 服务和 DNS 服务。当一个网络中启动 DHCP 服务时，运行 DHCP 代理的宿主机会为每一个需要 DHCP 服务的网络启动一个 Dnsmasq 进程。OpenStack 虚拟机启动时，Dnsmasq 会给虚拟机提供 IP 地址和网关。

5.2.5　消息队列

OpenStack 默认的消息对列为 rabbitMQ，它负责 Neutron Server、Neutron 插件和 Neutron 代理之间的通信和调用工作。Neutron 消息队列的配置方法如下：

在 Neutron 配置文件/etc/neutron/neutron.conf 中的配置项[DEFAULT]中，使用参数 transport_url 进行配置：

```
[DEFAULT]
transport_url = rabbit://openstack:admin123@controller
```

其中，“openstack”和“admin123”是 rabbitMQ 的账号和密码，“controller”是控制节点的域名。

5.2.6　数据库

数据库中存放着 OpenStack 的网络状态信息。本例中的数据库服务由 MySQL 提供，因此，首先需要在 Neutron 中配置数据库连接，方法如下：

在 Neutron 配置文件/etc/neutron/neutron.conf 的配置项[database]中使用参数 connection 进行配置：

```
[database]
connection = mysql+pymysql://neutron:admin123@controller/neutron
```

其中：

✧ 第一个“neutron”是数据库用户名，“admin123”为相应的密码。

✧ 第二个“neutron”表示 MySQL 中的 Neutron 数据库。

✧ “controller”是数据库服务器的主机名。

5.2.7 认证服务

执行所有 Neutron 操作前都需要经过身份认证，通过后才允许操作。身份认证服务通过第 4 章介绍的 keystone 服务实现，配置方法如下：

在 Neutron 配置文件/etc/neutron/neutron.conf 的配置项[DEFAULT]中使用参数 auth_strategy 指定认证方式为 keystone：

```
[DEFAULT]
auth_strategy = keystone
```

然后，在配置项[keystone_authtoken]中配置以下认证信息：

```
[keystone_authtoken]
auth_uri = http://controller:5000
auth_url = http://controller:35357
memcached_servers = controller:11211
auth_type = password
project_domain_name = default
user_domain_name = default
project_name = service
username = neutron
password = admin123
```

5.3 Neutron 的网络资源

Neutron 是 OpenStack 的网络组件，其网络资源包括 network(网络)，subnet(子网)和 port(端口)，下面具体介绍一下这些概念。

1. Neutron 的网络(network)

network 是一个隔离的二层广播域。一个虚拟交换机就可以看做是一个 network。Neutron 支持多种 network 类型，关于 network 的类型会在下一节重点介绍。

2. Neutron 的子网(subnet)

subnet 是一个 IP 地址段。每个 subnet 都需要定义 IP 地址范围和掩码。虚拟机的 IP

地址则会从 subnet 中分配。

3. Neutron 的端口(port)

port 可以看做虚拟交换机上的一个端口。每个 port 自己定义了一个 MAC 地址，并且从 subnet 中获得一个 IP 地址。当虚拟机的虚拟网卡绑定到 port 时，port 会将 MAC 和 IP 分配给该虚拟网卡。

一个 Project 中可以创建一个或者多个 network(也就是虚拟交换机)，每个 network 中可以创建一个或者多个 subnet(IP 地址段)，一个 subnet 范围内的 IP 地址会分配给多个 port 使用，每个 port 连接一个虚拟机的虚拟网卡。

5.4　Neutron 的网络类型(network 类型)

Neutron 支持的网络类型比较多，这使 Neutron 的配置较为灵活，能够适应不同的网络环境。Neutron 支持的网络类型有 Local、Flat、VLAN、VXLAN 和 GRE，下面逐一进行介绍。

5.4.1　Local 网络类型

Local 网络类型是虚拟交换机不与宿主机的物理网卡相连接的网络类型。使用 Local 网络类型，虚拟机只能与同一台虚拟交换机上的虚拟机通信，而不能与其他虚拟交换机上的虚拟机通信，也不能与宿主机之外的网络通信。

如图 5-3 所示，由于虚拟交换机没有与物理网卡连接，虚拟机 VM1 无法访问 Internet，也无法与宿主机 2 上的三个虚拟机 VM4、VM5 和 VM6 通信；虚拟机 VM1 也无法与同宿主机上的 VM3 通信，因为 VM1 和 VM3 连接到了不同的虚拟交换机上；虚拟机 VM1 只能与 VM2 通信，因为二者都连接到了虚拟交换机 1 上。

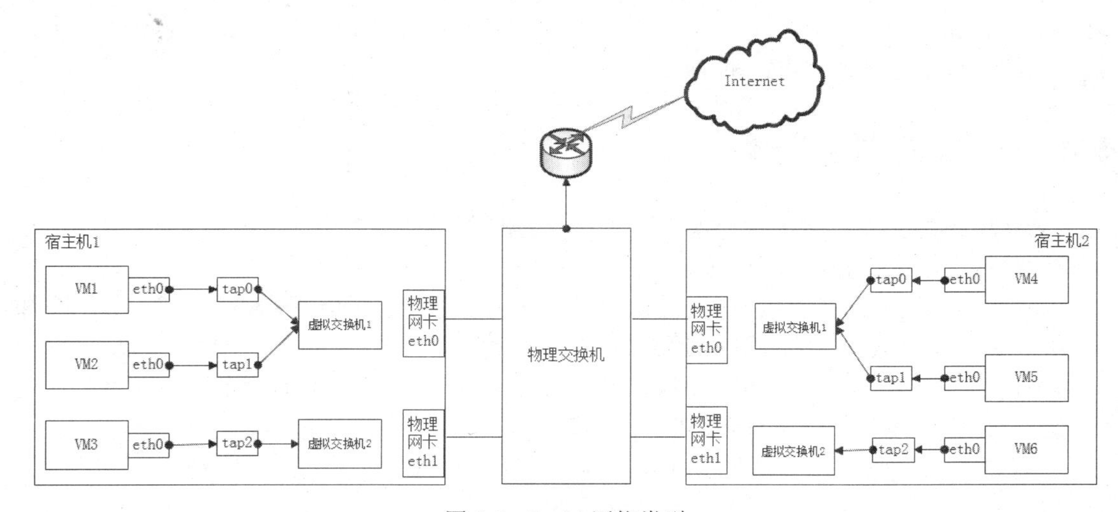

图 5-3　Local 网络类型

生产环境中的虚拟机一般需要和外部网络进行通信，因此 Local 网络类型通常只用于

测试环境和实验环境，在生产环境中几乎不会使用。

5.4.2 Flat 网络类型

Flat 网络类型是虚拟交换机与宿主机物理网卡直接连接的网络类型。在 Flat 网络中，所有虚拟机共用一个私有 IP 地址段，且每个 Flat 网络会独占一个物理网卡。

如图 5-4 所示，所有的虚拟交换机都独占一个物理网卡，它们的网络类型都是 Flat 类型。如果配置了适当的路由，所有虚拟机都可以通过 Flat 网络访问 Internet，相互之间也可以通过 Flat 网络通信。

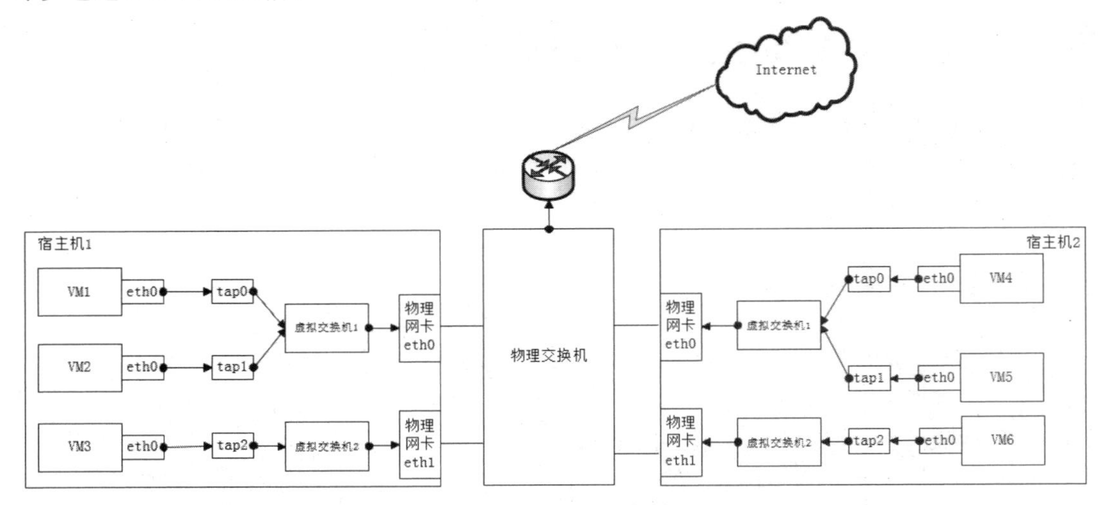

图 5-4　Flat 网络类型

但是，由于宿主机上物理网卡数量有限(通常为 4～8 块网卡)，而一台宿主机上又有许多虚拟交换机，若每台虚拟交换机都占用一块物理网卡，会导致物理网卡不够用的问题。因此在生产环境中，Flat 网络类型应用较少，一般仅用于虚拟机连接 Internet，虚拟机之间的连接则通常使用 VLAN 网络类型或者 VXLAN 网络类型。

5.4.3 VLAN 网络类型

VLAN 网络类型是将虚拟交换机连接到宿主机物理网卡的子接口的一种网络类型。每一块物理网卡可以划分出多个 VLAN 接口。

如图 5-5 所示，宿主机 1 上的物理网卡 eth0 划分出两个 VLAN 接口 eth0.10 和 eth0.11，每个 VLAN 接口都可以连接一台虚拟交换机。这样，许多台虚拟交换机就可以共用一块物理网卡。相较于 Flat 网络类型，VLAN 网络类型可以有效节约物理网卡的使用，因此是应用最为广泛的网络类型之一。

在 VLAN 网络中，传输的数据会被打上标签，标签的作用是告知目标宿主机该数据帧要发送给目标宿主机上哪个 VLAN 中的虚拟机。

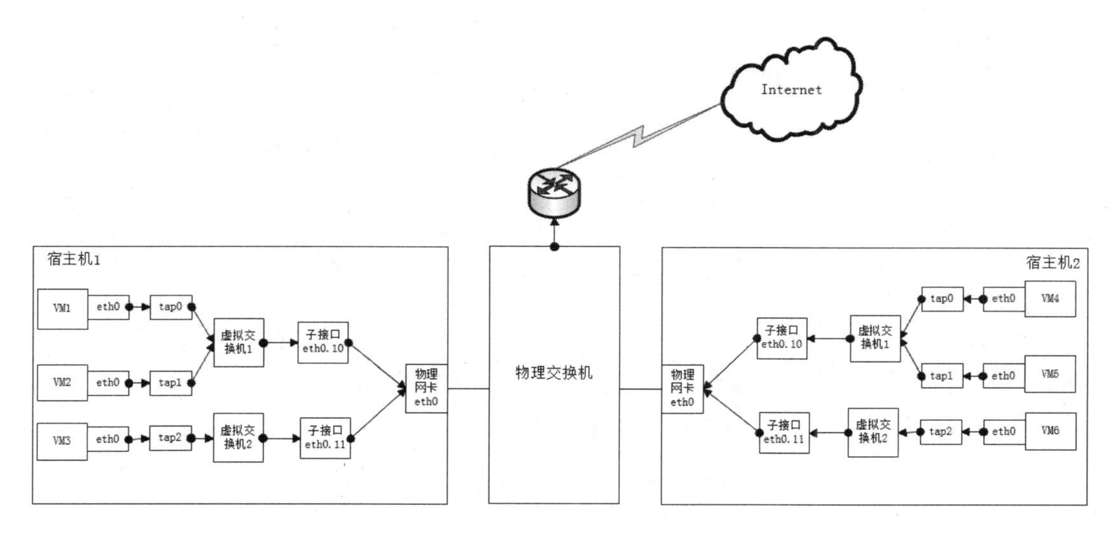

图 5-5　VLAN 网络类型

例如，图 5-5 中的虚拟机 VM1 与 VM4 通信过程如下：

(1) VM1 通过宿主机 1 的物理网卡 eth0 发出数据帧，经过虚拟交换机 1 发送给物理网卡的 VLAN 接口 eth0.10。

(2) 物理网卡的 VLAN 接口 eth0.10 在数据帧上打上一个 VLAN10 的标签(eth0.10 对应 VLAN10)，然后把数据帧通过物理接口发送给物理交换机，转发给宿主机 2 的物理网卡 eth0。

(3) 宿主机 2 的物理网卡 eth0 从数据帧中删除 VLAN10 标签，然后把数据帧转发给宿主机 2 对应的 VLAN 接口 eth0.10。

(4) 宿主机 2 的 VLAN 接口 eth0.10 将数据帧转发给虚拟机 VM4。

5.4.4　VXLAN 网络类型

VXLAN(Virtual eXtensible Local Area Network，虚拟可扩展局域网)是一种网络重叠(overlay)技术，通过三层的网络来搭建虚拟的二层网络。

在 VXLAN 技术出现以前，VLAN 网络类型被用于隔离租户的网络。但是，一个局域网中最多只能有 4096 个 VLAN，但公有云中的租户数量往往远超这个数字。而 VXLAN 网络类型的出现，可将虚拟局域网的数量扩大到 1600 多万个，足以满足公有云租户数量的需要。

不同的 VXLAN 虚拟局域网之间是相互隔离的，以保证彼此的安全。不同的 VXLAN 虚拟局域网使用不同的 VNI 编号表示，VNI 编号的作用是区分不同租户的网络，确保不同租户的网络之间完全隔离。如图 5-6 所示，VM1 和 VM3 都在 VNI100 网络中，二者可以相互通信，而 VM1 和 VM4 在不同的 VNI 网络中，二者就是相互隔离的，无法进行通信。

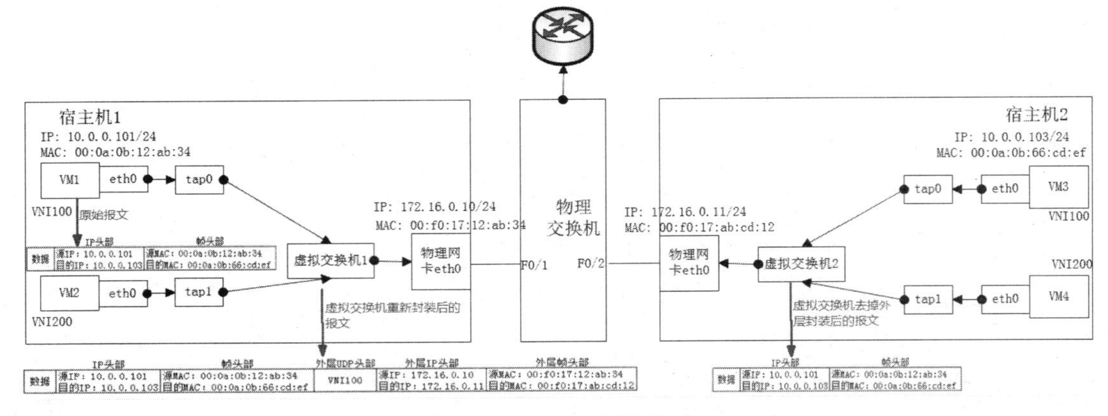

图 5-6　VXLAN 网络类型

在 VXLAN 网络 VNI100 中，VM1 和 VM3 是同一租户租用的虚拟机，二者的通信过程如下：

(1) VM1 向 VM3 发送一个数据帧，当该数据帧经过虚拟交换机 1 时，虚拟交换机 1 在原有的数据帧前面插入了 UDP 头部、IP 头部和帧头部。其中，UDP 头部写入的是 VNI 编号，本例中为 100；IP 头部写入的源 IP 为宿主机 1 物理网卡的 IP 地址，目的 IP 为宿主机 2 物理网卡的 IP 地址；帧头部写入的源 MAC 为宿主机 1 物理网卡的 MAC 地址，目的 MAC 为宿主机 2 物理网卡的 MAC 地址。

(2) 当数据帧被重新封装并发送给物理交换机时，物理交换机查看外层的帧头部，然后根据自己的 MAC 表，将该数据帧通过宿主机 2 的物理网卡转发到虚拟交换机 2，虚拟交换机 2 读取数据帧外层 UDP 头部中的 VNI 编号，得知转发目标为网络 VNI100，于是将外层 UDP 头部、IP 头部和帧头部去掉，将原始数据帧转发给 VNI100 网络中的 VM3。

5.4.5　GRE 网络类型

GRE(Generic Routing Encapsulation，通用路由封装协议)与 VXLAN 一样，也是一种网络重叠技术，即通过在虚拟交换机上对数据帧进行重新封装，让数据帧像在逻辑上穿越了一个 GRE 隧道到达目的网络，到另外一端的时候解封装，从而实现网络传输和不同租户间的网络隔离。

实际工作中，GRE 网络类型很少使用，其工作原理在此不再赘述。

5.5　Neutron 实验

在本实验中，我们将搭建一个基本的 Neutron 网络。由于 Neutron 网络较为复杂，配置步骤较多，建议大家在实验中重点理解每个步骤的目的及 Neutron 各组件之间的关系，而不要刻意记忆每条命令。

5.5.1　实验环境介绍

在本实验中，我们以第 4 章搭建的实验环境为基础，在各个 OpenStack 节点上安装

Neutron 组件，实现 OpenStack 虚拟机之间的相互通信，以及虚拟机和外网之间的相互访问，实验拓扑图如图 5-7 所示。

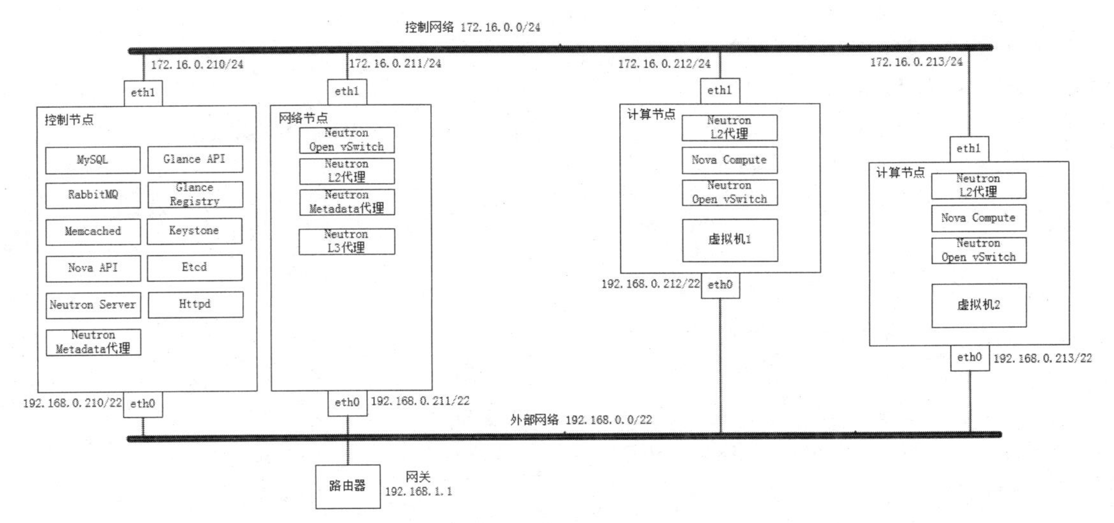

图 5-7　Neutron 实验拓扑图

要实现虚拟机之间的通信，一般在小型网络中会使用 VLAN，在大型网络中会使用 VXLAN，本实验中我们使用 VXLAN。

为实现虚拟机访问外网，我们使用 L3 代理，将 VXLAN 网络路由到 Flat 网络，并选用 ML2 作为 Neutron 的核心插件。实现机制驱动可以选择 Linux Bridge，也可以选择 Open vSwitch，本实验中我们选择 Open vSwitch，并配合 L2 population 来优化 VXLAN 网络。

下面讲解具体的配置方法。

5.5.2　配置控制节点

在控制节点上创建 Neutron 数据库，这需要在 Glance 中创建 Neutron 账号、服务和 Endpoint。接着安装 Neutron 软件包，并对相关配置文件进行修改。

1. 创建数据库并赋予访问权限

执行以下命令，登录数据库：

```
[root@controller ~]# mysql -u root -p
Enter password:
```

执行以下命令，创建 Neutron 数据库：

```
MariaDB [(none)]> CREATE DATABASE neutron;
Query OK, 1 row affected (0.00 sec)
```

执行以下命令，设置 Neutron 数据库的本地账号和远程访问账号：

```
MariaDB [(none)]> GRANT ALL PRIVILEGES ON neutron.* TO 'neutron'@'localhost' IDENTIFIED BY
'admin123';
```

```
Query OK, 0 rows affected (0.04 sec)
MariaDB [(none)]> GRANT ALL PRIVILEGES ON neutron.* TO 'neutron'@'%' IDENTIFIED BY 'admin123';
Query OK, 0 rows affected (0.00 sec)
```

执行以下命令，刷新权限，使上述配置立即生效：

```
MariaDB [(none)]> flush privileges;
Query OK, 0 rows affected (0.00 sec)
```

执行以下命令，退出数据库：

```
MariaDB [(none)]> \q
Bye
```

2．在 Keystone 中创建账号和服务

执行以下命令，获得 admin 权限：

```
[root@controller ~]# . admin-openrc
```

执行 openstack user create 命令，在 default 域中创建 Neutron 用户：

```
[root@controller ~]# openstack user create --domain default --password-prompt neutron
User Password:
Repeat User Password:
+---------------------------+-----------------------------------------------+
| Field                     | Value                                         |
+---------------------------+-----------------------------------------------+
| domain_id                 | default                                       |
| enabled                   | True                                          |
| id                        | 98c3c18b26254b46bd3a2d76cdd468bd              |
| name                      | neutron                                       |
| options                   | {}                                            |
| password_expires_at       | None                                          |
+---------------------------+-----------------------------------------------+
```

注意：此处设置的 Neutron 用户密码为“admin123”，后续对 Neutron 的配置会使用这个密码。

执行以下命令，为新建的 Neutron 用户赋予 admin 权限：

```
[root@controller ~]# openstack role add --project service --user neutron admin
```

执行以下命令，创建名称为“neutron”的服务，服务类型为 network：

```
[root@controller ~]# openstack service create --name neutron --description "OpenStack Networking" network
+--------------+-----------------------------------------------+
| Field        | Value                                         |
+--------------+-----------------------------------------------+
| description  | OpenStack Networking                          |
| enabled      | True                                          |
| id           | 85588f387f724fb7a43fb13125387ca9              |
| name         | neutron                                       |
```

```
| type          | network                                      |
+---------------+----------------------------------------------+
```

执行以下命令，在 RegionOne 区域中为服务 neutron 创建 public、internal 和 admin 三个 Endpoint，为身份认证提供三个接口：

```
[root@controller ~]# openstack endpoint create --region RegionOne network public http://controller:9696
+--------------+----------------------------------------------+
| Field        | Value                                        |
+--------------+----------------------------------------------+
| enabled      | True                                         |
| id           | 8e6adc898b5f45daa7f0ccf965f934de             |
| interface    | public                                       |
| region       | RegionOne                                    |
| region_id    | RegionOne                                    |
| service_id   | 85588f387f724fb7a43fb13125387ca9             |
| service_name | neutron                                      |
| service_type | network                                      |
| url          | http://controller:9696                       |
+--------------+----------------------------------------------+
[root@controller ~]# openstack endpoint create --region RegionOne network internal http://controller:9696
+--------------+----------------------------------------------+
| Field        | Value                                        |
+--------------+----------------------------------------------+
| enabled      | True                                         |
| id           | 4edfff7efade478facea6037ceea3ca5             |
| interface    | internal                                     |
| region       | RegionOne                                    |
| region_id    | RegionOne                                    |
| service_id   | 85588f387f724fb7a43fb13125387ca9             |
| service_name | neutron                                      |
| service_type | network                                      |
| url          | http://controller:9696                       |
+--------------+----------------------------------------------+
[root@controller ~]# openstack endpoint create --region RegionOne network admin http://controller:9696
+--------------+----------------------------------------------+
| Field        | Value                                        |
+--------------+----------------------------------------------+
| enabled      | True                                         |
| id           | 0dff0c3d247d44e9bdddcfcfde017906             |
| interface    | admin                                        |
| region       | RegionOne                                    |
```

```
| region_id    | RegionOne                          |
| service_id   | 85588f387f724fb7a43fb13125387ca9   |
| service_name | neutron                            |
| service_type | network                            |
| url          | http://controller:9696             |
+--------------+------------------------------------+
```

3．安装 Neutron 软件包

执行以下命令，安装 Neutron 软件包：

```
[root@controller ~]# yum install openstack-neutron openstack-neutron-ml2 ebtables -y
```

执行以下命令，创建 Neutron 安全锁路径：

```
[root@controller ~]# mkdir /var/lib/neutron/tmp
```

4．修改 Neutron 配置文件

执行以下命令，备份 Neutron 配置文件：

```
[root@controller ~]# mv /etc/neutron/neutron.conf /etc/neutron/neutron.conf.bak
```

执行以下命令，使用 VI 编辑器修改 Neutron 配置文件：

```
[root@controller ~]# vi /etc/neutron/neutron.conf
```

在文件中的配置项[database]中进行以下配置，添加 Neutron 数据库的连接信息：

```
[database]
connection = mysql+pymysql://neutron:admin123@controller/neutron
```

在文件中的配置项[DEFAULT]中添加以下配置：

```
[DEAFULT]
core_plugin = ml2
service_plugins = router
transport_url = rabbit://openstack:admin123@controller
auth_strategy = keystone
notify_nova_on_port_status_changes = True
notify_nova_on_port_data_changes = True
dhcp_agent_notification = True
allow_overlapping_ips = True
```

在文件中的配置项[keystone_authtoken]中添加以下配置：

```
[keystone_authtoken]
auth_uri = http://controller:5000
auth_url = http://controller:35357
memcached_servers = controller:11211
auth_type = password
project_domain_name = default
user_domain_name = default
project_name = service
username = neutron
```

```
password = admin123
```

在文件中的配置项[nova]中添加以下配置：

```
[nova]
auth_url = http://controller:35357
auth_type = password
project_domain_name = default
user_domain_name = default
region_name = RegionOne
project_name = service
username = nova
password = admin123
```

在文件中的配置项[oslo_concurrency]中添加以下内容，配置路径锁：

```
[oslo_concurrency]
lock_path = /var/lib/neutron/tmp
```

注释：

- ✧ connection = mysql+pymysql://neutron:admin123@controller/neutron：用于指定数据库的连接、用户名和密码。其中，第一个“neutron”和“admin123”分别是刚才创建的 Neutron 数据库的用户名和密码；“controller”是控制节点的域名；第二个“neutron”是刚才创建的 Neutron 数据库。
- ✧ core_plugin = ml2：表示核心插件使用 ml2。
- ✧ service_plugins = router：指定服务插件类型为路由服务，该插件会调用 L3 代理，为虚拟机提供转发服务。
- ✧ transport_url = rabbit://openstack:admin123@controller：用于指定 rabbitMQ 的连接方式。其中，“openstack”和“admin123”分别是第 4 章创建的 rabbitMQ 账号和密码，“controller”则是控制节点的域名。
- ✧ auth_strategy = keystone：表示使用 keystone 进行身份认证。
- ✧ notify_nova_on_port_status_changes = True 和 notify_nova_on_port_data_changes = True：表示将网络拓扑的变化通知计算节点。由于控制节点上安装了 Nova 服务，所以需要在控制节点上添加这两条配置；而网络节点上没有安装 Nova 服务，因此不需要加入这两条配置。
- ✧ dhcp_agent_notification = True：表示开启 DHCP 代理的通知功能。
- ✧ allow_overlapping_ips = True：表示启用 IP 重叠功能。GRE 网络类型和 VXLAN 网络类型都是 IP 重叠的，因此需要添加此条配置。
- ✧ auth_uri = http://controller:5000：用于对 admin 账号进行身份验证的 URL。
- ✧ auth_url = http://controller:35357：用于对除 admin 账号的其他账号(例如 demo 账号)进行身份验证的 URL。
- ✧ memcached_servers = controller:11211：指定使用哪一个 memcache 作为缓存。
- ✧ auth_type = password：表示身份认证的方式为密码。
- ✧ username = neutron 和 password = admin123：在 keystone 中创建完毕的用户名和

密码。

✧ auth_url = http://controller:35357：Nova 使用 Neutron 服务时进行身份认证的URL。
✧ auth_type = password：指定 Nova 使用密码方式进行身份认证。
✧ project_name = service：第 4 章创建的项目 service。
✧ username = nova 和 password = admin123：分别为第 4 章创建的 Nova 账号和密码。

执行以下命令，修改 Neutron 配置文件的权限：

```
[root@controller ~]# chmod 640 /etc/neutron/neutron.conf
[root@controller ~]# chgrp neutron /etc/neutron/neutron.conf
```

5. 修改 ML2 配置文件

执行以下命令，备份 ML2 配置文件：

```
[root@controller ~]# mv /etc/neutron/plugins/ml2/ml2_conf.ini /etc/neutron/plugins/ml2/ml2_conf.ini.bak
```

执行以下命令，使用 VI 编辑器修改 ML2 配置文件：

```
[root@controller ~]# vi /etc/neutron/plugins/ml2/ml2_conf.ini
```

在文件中的配置项[ml2]中进行以下配置：

```
[ml2]
type_drivers = flat,vlan,vxlan
tenant_network_types = vxlan
mechanism_drivers = openvswitch,l2population
extension_drivers = port_security
```

在文件中的配置项[securitygroup]中进行以下配置：

```
[securitygroup]
enable_ipset = true
enable_security_group = True
firewall_driver = neutron.agent.linux.iptables_firewall.OVSHybridIptablesFirewallDriver
```

在文件中的配置项[ml2_type_flat]中进行以下配置：

```
[ml2_type_flat]
flat_networks = external
```

在文件中的配置项[ml2_type_vxlan]中进行以下配置：

```
[ml2_type_vxlan]
vni_ranges = 1:1000
```

注释：

✧ type_drivers = flat,vlan,vxlan：指定加载 Flat、VLAN 和 VXLAN 三种类型的网络驱动。
✧ tenant_network_types = vxlan：指定租户网络类型为 VXLAN。
✧ mechanism_drivers = openvswitch,l2population：将实现机制驱动指定为 Open vSwitch 和 L2 population。
✧ extension_drivers = port_security：启用端口安全扩展驱动 port_security。
✧ enable_ipset = true：启用 ipset 功能，增加安全组配置的便利性。

- ✧ enable_security_group = True：启用安全组功能。
- ✧ firewall_driver = neutron.agent.linux.iptables_firewall.OVSHybridIptablesFirewallDriver：使用 Open vSwitch 作为防火墙驱动。
- ✧ flat_networks = external：使用 Flat 网络作为 OpenStack 虚拟机的公共互联网出口，该 Flat 网络的名称为“external”。
- ✧ vni_ranges = 1:1000：表示 OpenStack 租户可以使用的 VXLAN ID 的范围为 1～1000。

执行以下命令，修改 ML 配置文件的权限：

```
[root@controller ~]# chmod 640 /etc/neutron/plugins/ml2/ml2_conf.ini
[root@controller ~]# chgrp neutron /etc/neutron/plugins/ml2/ml2_conf.ini
```

执行以下命令，将 ML2 配置文件链接到/etc/neutron/plugin.ini：

```
[root@controller ~]# ln -s /etc/neutron/plugins/ml2/ml2_conf.ini /etc/neutron/plugin.ini
```

6．修改 Metadata 配置文件

执行以下命令，备份 Metadata 配置文件：

```
[root@controller ~]# mv /etc/neutron/metadata_agent.ini /etc/neutron/metadata_agent.ini.bak
```

执行以下命令，使用 VI 编辑器修改 Metadata 配置文件：

```
[root@controller ~]# vi /etc/neutron/metadata_agent.ini
```

在文件中的配置项[DEFAULT]中进行以下配置：

```
[DEFAULT]
nova_metadata_host = controller
metadata_proxy_shared_secret = admin123
```

在文件中的配置项[cache]中进行以下配置：

```
[cache]
memcache_servers = controller:11211
```

注释：

- ✧ nova_metadata_host = controller：指定 Nova 组件从 controller 节点获得元数据。
- ✧ metadata_proxy_shared_secret = admin123：将与 Nova 组件共享数据的密码设置为 admin123。

执行以下命令，修改 Metadata、配置文件的权限：

```
[root@controller ~]# chmod 640 /etc/neutron/metadata_agent.ini
[root@controller ~]# chgrp neutron /etc/neutron/metadata_agent.ini
```

7．修改 Nova 配置文件

执行以下命令，备份 Nova 配置文件：

```
[root@controller ~]# cp -a /etc/nova/nova.conf /etc/nova/nova.conf.bak1
```

执行以下命令，使用 VI 编辑器修改 Nova 配置文件：

```
[root@controller ~]# vi /etc/nova/nova.conf
```

在文件中的配置项[DEFAULT]中进行以下配置：

```
[DEFAULT]
linuxnet_interface_driver = nova.network.linux_net.LinuxOVSInterfaceDriver
```

在文件中的配置项[neutron]中进行以下配置：

```
[neutron]
url = http://controller:9696
auth_url = http://controller:35357
auth_type = password
project_domain_name = default
user_domain_name = default
region_name = RegionOne
project_name = service
username = neutron
password = admin123
service_metadata_proxy = true
metadata_proxy_shared_secret = admin123
```

注释：linuxnet_interface_driver = nova.network.linux_net.LinuxOVSInterfaceDriver：使用 Open vSwitch 作为网络驱动。

8. 将 Neutron 数据导入到 Neutron 数据库

执行以下命令，将 Neutron 数据导入 Neutron 数据库：

```
[root@controller ~]# su -s /bin/sh -c "neutron-db-manage --config-file /etc/neutron/neutron.conf --config-file
/etc/neutron/plugins/ml2/ml2_conf.ini upgrade head" neutron
INFO  [alembic.runtime.migration] Context impl MySQLImpl.
INFO  [alembic.runtime.migration] Will assume non-transactional DDL.
  Running upgrade for neutron ...
INFO  [alembic.runtime.migration] Context impl MySQLImpl.
INFO  [alembic.runtime.migration] Will assume non-transactional DDL.
INFO  [alembic.runtime.migration] Running upgrade  -> kilo, kilo_initial

……

 OK
```

若输出信息“OK”，表明数据库导入成功。

9. 重启 Nova API 服务

Nova 配置文件修改完毕后，需要重启 Nova API 服务，使配置生效。

执行以下命令，重启 Nova API 服务：

```
[root@controller ~]# systemctl restart openstack-nova-api
```

执行以下命令，检查 Nova API 服务状态：

```
[root@controller ~]# systemctl status openstack-nova-api
● openstack-nova-api.service - OpenStack Nova API Server
   Loaded: loaded (/usr/lib/systemd/system/openstack-nova-api.service; enabled; vendor preset: disabled)
   Active: active (running) since Mon 2018-07-23 13:19:55 CST; 23s ago
```

```
Main PID: 2319 (nova-api)
```

输出结果显示 nova-api 服务处于 active (running)状态，表明服务启动成功。

10．启动 Neutron 服务

执行以下命令，启动 neutron-server 与 neutron-metadata-agent，并将其设置为开机启动：

```
[root@controller ~]# systemctl start neutron-server neutron-metadata-agent
[root@controller ~]# systemctl enable neutron-server neutron-metadata-agent
Created symlink from /etc/systemd/system/multi-user.target.wants/neutron-server.service to
/usr/lib/systemd/system/neutron-server.service.
Created symlink from /etc/systemd/system/multi-user.target.wants/neutron-metadata-agent.service to
/usr/lib/systemd/system/neutron-metadata-agent.service.
```

执行以下命令，检查 neutron-server 服务和 neutron-metadata-agent 服务的状态：

```
[root@controller ~]# systemctl status neutron-server neutron-metadata-agent
● neutron-server.service - OpenStack Neutron Server
   Loaded: loaded (/usr/lib/systemd/system/neutron-server.service; enabled; vendor preset: disabled)
   Active: active (running) since Mon 2018-07-23 13:20:46 CST; 9s ago
 Main PID: 2365 (neutron-server)

……

● neutron-metadata-agent.service - OpenStack Neutron Metadata Agent
   Loaded: loaded (/usr/lib/systemd/system/neutron-metadata-agent.service; enabled; vendor preset: disabled)
   Active: active (running) since Mon 2018-07-23 13:20:42 CST; 12s ago
 Main PID: 2366 (neutron-metadat)
```

输出结果显示两个 Neutron 服务都处于 active (running)，表明服务启动成功。

5.5.3　配置网络节点

下面需要在网络节点上装 Neutron 软件包，并且对相关配置文件进行修改。

1．安装 Neutron 软件包

执行 yum install 命令，安装 Neutron 软件包：

```
[root@network ~]# yum install -y openstack-neutron openstack-neutron-ml2 openstack-neutron-openvswitch
```

2．修改 Neutron 配置文件

执行以下命令，备份 Neutron 配置文件：

```
[root@network ~]# mv /etc/neutron/neutron.conf /etc/neutron/neutron.conf.bak
```

执行以下命令，使用 VI 编辑器修改 Neutron 配置文件：

```
[root@network ~]# vi /etc/neutron/neutron.conf
```

在文件中的配置项[DEFAULT]中进行以下配置：

```
[DEFAULT]
```

```
core_plugin = ml2
service_plugins = router
auth_strategy = keystone
allow_overlapping_ips = True
transport_url = rabbit://openstack:admin123@controller
```

在文件中的配置项[keystone_authtoken]中进行以下配置：

```
[keystone_authtoken]
auth_uri = http://controller:5000
auth_url = http://controller:35357
memcached_servers = controller:11211
auth_type = password
project_domain_name = default
user_domain_name = default
project_name = service
username = neutron
password = admin123
```

在文件中的配置项[oslo_concurrency]中进行以下配置：

```
[oslo_concurrency]
lock_path = /var/lib/neutron/tmp
```

执行以下命令，修改 Neutron 配置文件的权限：

```
[root@network ~]# chmod 640 /etc/neutron/neutron.conf
[root@network ~]# chgrp neutron /etc/neutron/neutron.conf
```

3. 修改 L3 代理配置文件

执行以下命令，备份 L3 代理配置文件：

```
[root@network ~]# mv /etc/neutron/l3_agent.ini /etc/neutron/l3_agent.ini.bak
```

执行以下命令，使用 VI 编辑器修改 L3 代理配置文件：

```
[root@network ~]# vi /etc/neutron/l3_agent.ini
```

在文件中的配置项[DEFAULT]中进行以下配置：

```
[DEFAULT]
interface_driver = neutron.agent.linux.interface.OVSInterfaceDriver
external_network_bridge = br-eth0
```

执行以下命令，修改 L3 代理配置文件的权限：

```
[root@network ~]# chmod 640 /etc/neutron/l3_agent.ini
[root@network ~]# chgrp neutron /etc/neutron/l3_agent.ini
```

4. 修改 DHCP 代理配置文件

执行以下命令，备份 DHCP 代理配置文件：

```
[root@network ~]# mv /etc/neutron/dhcp_agent.ini /etc/neutron/dhcp_agent.ini.bak
```

执行以下命令，使用 VI 编辑器修改 DHCP 代理配置文件：

```
[root@network ~]# vi /etc/neutron/dhcp_agent.ini
```

在文件中的配置项[DEFAULT]中进行以下配置：

```
[DEFAULT]
interface_driver = neutron.agent.linux.interface.OVSInterfaceDriver
dhcp_driver = neutron.agent.linux.dhcp.Dnsmasq
enable_isolated_metadata = true
```

执行以下命令，修改 DHCP 代理配置文件的权限：

```
[root@network ~]# chmod 640 /etc/neutron/dhcp_agent.ini
[root@network ~]# chgrp neutron /etc/neutron/dhcp_agent.ini
```

5．修改 Metadata 配置文件

执行以下命令，备份 Metadata 配置文件：

```
[root@network ~]# mv /etc/neutron/metadata_agent.ini /etc/neutron/metadata_agent.ini.bak
```

执行以下命令，使用 VI 编辑器修改 Metadata 配置文件：

```
[root@network ~]# vi /etc/neutron/metadata_agent.ini
```

在文件中的配置项[DEFAULT]中进行以下配置：

```
[DEFAULT]
nova_metadata_host = controller
metadata_proxy_shared_secret = admin123
```

在文件中的配置项[cache]中进行以下配置：

```
[cache]
memcache_servers = controller:11211
```

执行以下命令，修改 Metadata 代理配置文件的权限：

```
[root@network ~]# chmod 640 /etc/neutron/metadata_agent.ini
[root@network ~]# chgrp neutron /etc/neutron/metadata_agent.ini
```

6．修改 ML2 配置文件

执行以下命令，备份 ML2 配置文件：

```
[root@network ~]# mv /etc/neutron/plugins/ml2/ml2_conf.ini /etc/neutron/plugins/ml2/ml2_conf.ini.bak
```

执行以下命令，使用 VI 编辑器修改 ML2 配置文件：

```
[root@network ~]# vi /etc/neutron/plugins/ml2/ml2_conf.ini
```

在文件中的配置项[ml2]中进行以下配置：

```
[ml2]
type_drivers = flat,vlan,vxlan
tenant_network_types = vxlan
mechanism_drivers = openvswitch,l2population
extension_drivers = port_security
```

在文件中的配置项[securitygroup]中进行以下配置：

```
[securitygroup]
enable_security_group = True
firewall_driver = neutron.agent.linux.iptables_firewall.OVSHybridIptablesFirewallDriver
enable_ipset = True
```

在文件中的配置项[ml2_type_flat]中进行以下配置：

```
[ml2_type_flat]
flat_networks = external
```

在文件中的配置项[ml2_type_vxlan]中进行以下配置：

```
[ml2_type_vxlan]
vni_ranges = 1:1000
```

执行以下命令，将 ML2 配置文件链接到 Neutron 配置文件/etc/neutron/plugin.ini：

```
[root@network ~]# ln -s /etc/neutron/plugins/ml2/ml2_conf.ini /etc/neutron/plugin.ini
```

执行以下命令，修改 ML2 配置文件的权限：

```
[root@network ~]# chmod 640 /etc/neutron/plugins/ml2/ml2_conf.ini
[root@network ~]# chgrp neutron /etc/neutron/plugins/ml2/ml2_conf.ini
```

7．修改 Open vSwitch 代理配置文件

执行以下命令，备份 Open vSwitch 代理配置文件：

```
[root@network ~]# mv /etc/neutron/plugins/ml2/openvswitch_agent.ini
/etc/neutron/plugins/ml2/openvswitch_agent.ini.bak
```

执行以下命令，使用 VI 编辑器修改 Open vSwitch 代理配置文件：

```
[root@network ~]# vi /etc/neutron/plugins/ml2/openvswitch_agent.ini
```

在文件中的配置项[agent]中进行以下配置：

```
[agent]
tunnel_types = vxlan
l2_population = True
prevent_arp_spoofing = True
```

在文件中的配置项[ovs]中进行以下配置：

```
[ovs]
local_ip = 172.16.0.211
bridge_mappings = external:br-eth0
```

执行以下命令，修改 OpenvSwitch 配置文件的权限：

```
[root@network ~]# chmod 640 /etc/neutron/plugins/ml2/openvswitch_agent.ini
[root@network ~]# chgrp neutron /etc/neutron/plugins/ml2/openvswitch_agent.ini
```

8．启动 Open vSwitch 服务

执行以下命令，启动 Open vSwitch 服务：

```
[root@network ~]# systemctl start openvswitch
```

执行以下命令，将 Open vSwitch 设置为开机启动：

```
[root@network ~]# systemctl enable openvswitch
Created symlink from /etc/systemd/system/multi-user.target.wants/openvswitch.service to
/usr/lib/systemd/system/openvswitch.service.
```

执行以下命令，检查 Open vSwitch 服务状态：

```
[root@network ~]# systemctl status openvswitch
● openvswitch.service - Open vSwitch
```

```
  Loaded: loaded (/usr/lib/systemd/system/openvswitch.service; enabled; vendor preset: disabled)
  Active: active (exited) since Mon 2018-07-23 13:37:50 CST; 8s ago
 Main PID: 1697 (code=exited, status=0/SUCCESS)
```

若输出结果显示 Open vSwitch 处于 active(exited)状态，说明 Open vSwitch 服务正常。

9．创建网桥

执行以下命令，创建网桥 br-int：

```
[root@network ~]# ovs-vsctl add-br br-int
```

执行以下命令，检查新建网桥 br-int 的状态：

```
[root@network ~]# ovs-vsctl show
a414ecae-88d5-4c07-a3fc-11153198424c
    Bridge br-int
        Port br-int
            Interface br-int
                type: internal
ovs_version: "2.9.0"
```

执行以下命令，创建网桥 br-eth0：

```
[root@network ~]# ovs-vsctl add-br br-eth0
```

执行以下命令，将 eth0 桥接到网桥 br-eth0：

```
[root@network ~]# ovs-vsctl add-port br-eth0 eth0
```

注意：如果通过 eth0 接口远程连接网络节点，执行到这一步网络会断开，需要通过其他节点的 eth1 接口连接网络节点。例如，可以从节点 computer1 连接到网络节点，来进行网络节点后续的配置，代码如下：

```
[root@computer1 ~]# ssh 172.16.0.211
The authenticity of host '172.16.0.211 (172.16.0.211)' can't be established.
ECDSA key fingerprint is SHA256:Y2GKm4UPlWUABG2jvWS50YSx814ToOczyhcZwKytq5o.
ECDSA key fingerprint is MD5:97:48:60:4a:e0:5f:da:3b:f9:40:e0:24:4d:6f:04:ce.
Are you sure you want to continue connecting (yes/no)? yes
Warning: Permanently added '172.16.0.211' (ECDSA) to the list of known hosts.
root@172.16.0.211's password:
Last login: Wed Jul 25 14:08:21 2018 from controller
[root@network ~]#
```

执行以下命令，检查新建网桥 br-eth0 的状态：

```
[root@network ~]# ovs-vsctl show
b4551ba0-1a92-4065-b711-2245f99eebf6
    Bridge "br-eth0"
        Port "eth0"
            Interface "eth0"
        Port "br-eth0"
            Interface "br-eth0"
```

```
            type: internal
    Bridge br-int
        Port br-int
            Interface br-int
                type: internal
        ovs_version: "2.9.0"
```

10．启动 Neutron 服务

执行以下命令，分别启动 neutron-dhcp-agent、neutron-l3-agent、neutron-metadata-agent 和 neutron-openvswitch-agent 四个服务：

```
[root@network ~]# systemctl start neutron-dhcp-agent
[root@network ~]# systemctl start neutron-l3-agent
[root@network ~]# systemctl start neutron-metadata-agent
[root@network ~]# systemctl start neutron-openvswitch-agent
```

执行以下命令，将四个 Neutron 服务设置为开机启动：

```
[root@network ~]# systemctl enable neutron-dhcp-agent
[root@network ~]# systemctl enable neutron-l3-agent
[root@network ~]# systemctl enable neutron-metadata-agent
[root@network ~]# systemctl enable neutron-openvswitch-agent
Created symlink from /etc/systemd/system/multi-user.target.wants/neutron-dhcp-agent.service to
/usr/lib/systemd/system/neutron-dhcp-agent.service.
Created symlink from /etc/systemd/system/multi-user.target.wants/neutron-l3-agent.service to
/usr/lib/systemd/system/neutron-l3-agent.service.
Created symlink from /etc/systemd/system/multi-user.target.wants/neutron-metadata-agent.service to
/usr/lib/systemd/system/neutron-metadata-agent.service.
Created symlink from /etc/systemd/system/multi-user.target.wants/neutron-openvswitch-agent.service to
/usr/lib/systemd/system/neutron-openvswitch-agent.service.
```

执行以下命令，检查 Neutron 服务的状态：

```
[root@network ~]# systemctl status neutron-dhcp-agent
[root@network ~]# systemctl status neutron-l3-agent
[root@network ~]# systemctl status neutron-metadata-agent
[root@network ~]# systemctl status neutron-openvswitch-agent
● neutron-dhcp-agent.service - OpenStack Neutron DHCP Agent
   Loaded: loaded (/usr/lib/systemd/system/neutron-dhcp-agent.service; enabled; vendor preset: disabled)
   Active: active (running) since Mon 2018-07-23 14:09:38 CST; 14s ago
 Main PID: 1495 (neutron-dhcp-ag)
  ……

● neutron-l3-agent.service - OpenStack Neutron Layer 3 Agent
   Loaded: loaded (/usr/lib/systemd/system/neutron-l3-agent.service; enabled; vendor preset: disabled)
   Active: active (running) since Mon 2018-07-23 14:09:47 CST; 4s ago
```

```
Main PID: 1513 (neutron-l3-agen)
  ……

● neutron-metadata-agent.service - OpenStack Neutron Metadata Agent
   Loaded: loaded (/usr/lib/systemd/system/neutron-metadata-agent.service; enabled; vendor preset: disabled)
   Active: active (running) since Mon 2018-07-23 14:09:48 CST; 3s ago
 Main PID: 1531 (neutron-metadat)
  ……

● neutron-openvswitch-agent.service - OpenStack Neutron Open vSwitch Agent
   Loaded: loaded (/usr/lib/systemd/system/neutron-openvswitch-agent.service; enabled; vendor preset: disabled)
   Active: active (running) since Mon 2018-07-23 14:09:50 CST; 1s ago
  Process: 1554 ExecStartPre=/usr/bin/neutron-enable-bridge-firewall.sh (code=exited, status=0/SUCCESS)
 Main PID: 1559 (neutron-openvsw)
```

若输出结果显示四个 Neutron 服务全部处于 active(running)状态，表明所有 Neutron 服务正常。

5.5.4　配置计算节点

接下来，我们需要在计算节点上安装 Neutron 软件包，并对相关配置文件进行修改。

本小节以 computer1 节点为例，讲解计算节点的配置方法，computer2 节点可参考 computer1 节点进行配置。

1．安装 Neutron 软件包

执行以下命令，安装 Neutron 软件包、Open vSwitch 服务以及依赖包：

```
[root@computer1 ~]# yum install -y openstack-neutron openstack-neutron-ml2 openstack-neutron-openvswitch
ebtables ipset
```

执行以下命令，创建 Neutron 目录：

```
[root@computer1 ~]# mkdir /var/lib/neutron/tmp
```

2．修改 Neutron 配置文件

执行以下命令，备份 Neutron 配置文件：

```
[root@computer1 ~]# cp -a /etc/neutron/neutron.conf /etc/neutron/neutron.conf.bak
```

执行以下命令，使用 VI 编辑器修改 Neutron 配置文件：

```
[root@computer1 ~]# vi /etc/neutron/neutron.conf
```

在文件中的配置项[DEFAULT]中进行以下配置：

```
[DEFAULT]
core_plugin = ml2
service_plugins = router
auth_strategy = keystone
allow_overlapping_ips = True
transport_url = rabbit://openstack:admin123@controller
```

在文件中的配置项[keystone_authtoken]中进行以下配置：

```
[keystone_authtoken]
auth_uri = http://controller:5000
auth_url = http://controller:35357
memcached_servers = controller:11211
auth_type = password
project_domain_name = default
user_domain_name = default
project_name = service
username = neutron
password = admin123
```

在文件中的配置项[oslo_concurrency]中进行以下配置：

```
[oslo_concurrency]
lock_path = /var/lib/neutron/tmp
```

执行以下命令，修改 Neutron 配置文件的权限：

```
[root@computer1 ~]# chmod 640 /etc/neutron/neutron.conf
[root@computer1 ~]# chgrp neutron /etc/neutron/neutron.conf
```

3. 修改 ML2 配置文件

执行以下命令，备份 ML2 配置文件：

```
[root@computer1 ~]# mv /etc/neutron/plugins/ml2/ml2_conf.ini /etc/neutron/plugins/ml2/ml2_conf.ini.bak
```

执行以下命令，使用 VI 编辑器修改 ML2 配置文件：

```
[root@computer1 ~]# vi /etc/neutron/plugins/ml2/ml2_conf.ini
```

在文件中的配置项[ml2]中进行以下配置：

```
[ml2]
type_drivers = flat,vlan,vxlan
tenant_network_types = vxlan
mechanism_drivers = openvswitch,l2population
extension_drivers = port_security
```

在文件中的配置项[securitygroup]中进行以下配置：

```
[securitygroup]
enable_security_group = true
firewall_driver = neutron.agent.linux.iptables_firewall.OVSHybridIptablesFirewallDriver
enable_ipset = True
```

在文件中的配置项[ml2_type_flat]中进行以下配置：

```
[ml2_type_flat]
flat_networks = external
```

在文件中的配置项[ml2_type_vxlan]中进行以下配置：

```
[ml2_type_vxlan]
vni_ranges = 1:1000
```

执行以下命令，将 ML2 配置文件链接到文件/etc/neutron/plugin.ini：

```
[root@computer1 ~]# ln -s /etc/neutron/plugins/ml2/ml2_conf.ini /etc/neutron/plugin.ini
```

执行以下命令，修改 ML2 配置文件的权限：

```
[root@computer1 ~]# chmod 640 /etc/neutron/plugins/ml2/ml2_conf.ini
[root@computer1 ~]# chgrp neutron /etc/neutron/plugins/ml2/ml2_conf.ini
```

4．修改 Nova 配置文件

执行以下命令，备份 Nova 配置文件：

```
[root@computer1 ~]# cp -a /etc/nova/nova.conf /etc/nova/nova.conf.bak1
```

执行以下命令，使用 VI 编辑器修改 Nova 配置文件：

```
[root@computer1 ~]# vi /etc/nova/nova.conf
```

在文件中的配置项[DEFAULT]中进行以下配置：

```
[DEFAULT]
linuxnet_interface_driver = nova.network.linux_net.LinuxOVSInterfaceDriver
vif_plugging_is_fatal = True
vif_plugging_timeout = 300
```

在文件中的配置项[neutron]中进行以下配置：

```
[neutron]
url = http://controller:9696
auth_url = http://controller:35357
auth_type = password
project_domain_name = default
user_domain_name = default
region_name = RegionOne
project_name = service
username = neutron
password = admin123
service_metadata_proxy = True
metadata_proxy_shared_secret = admin123
```

5．修改 Open vSwitch 代理配置文件

执行以下命令，备份 Open vSwitch 代理配置文件：

```
[root@computer1 ~]# mv /etc/neutron/plugins/ml2/openvswitch_agent.ini
/etc/neutron/plugins/ml2/openvswitch_agent.ini.bak
```

执行以下命令，使用 VI 编辑器修改 Open vSwitch 代理配置文件：

```
[root@computer1 ~]# vi /etc/neutron/plugins/ml2/openvswitch_agent.ini
```

在文件中的配置项[agent]中进行以下配置：

```
[agent]
tunnel_types = vxlan
l2_pupulation = True
prevent_arp_spoofing = True
```

在文件中的配置项[ovs]中进行以下配置：

```
[ovs]
local_ip = 172.16.0.212 # 计算节点的管理IP，第二个计算节点需要改成 172.16.0.213
```

执行以下命令，修改 OpenvSwitch 配置文件的权限：

```
[root@computer1 ~]# chmod 640 /etc/neutron/plugins/ml2/openvswitch_agent.ini
[root@computer1 ~]# chgrp neutron /etc/neutron/plugins/ml2/openvswitch_agent.ini
```

6．启动 Open vSwitch 服务

Open vSwitch 配置文件修改完毕后，可以执行以下命令，启动 Open vSwitch 服务：

```
[root@computer1 ~]# systemctl start openvswitch
```

执行以下命令，将 Open vSwitch 服务设置为开机启动：

```
[root@computer1 ~]# systemctl enable openvswitch
Created symlink from /etc/systemd/system/multi-user.target.wants/openvswitch.service to
/usr/lib/systemd/system/openvswitch.service.
```

执行以下命令，检查 Open vSwitch 服务状态：

```
[root@computer1 ~]# systemctl status openvswitch
● openvswitch.service - Open vSwitch
   Loaded: loaded (/usr/lib/systemd/system/openvswitch.service; enabled; vendor preset: disabled)
   Active: active (exited) since Mon 2018-07-23 13:47:16 CST; 20s ago
 Main PID: 2092 (code=exited, status=0/SUCCESS)
```

若输出结果显示 Open vSwitch 处于 active(exited)状态，表明服务状态正常。

7．创建网桥

执行以下命令，创建网桥 br-int：

```
[root@computer1 ~]# ovs-vsctl add-br br-int
```

执行以下命令，检查新建网桥 br-int 状态：

```
[root@computer1 ~]# ovs-vsctl show
05854e9c-9de8-4749-a93c-8f10294554be
    Bridge br-int
        Port br-int
            Interface br-int
                type: internal
ovs_version: "2.9.0"
```

8．重启 Nova Compute 服务

Nova 配置文件修改完毕后，需要重启 Nova Compute 服务，使配置生效。

执行以下命令，重启 Nova Compute 服务：

```
[root@computer1 ~]# systemctl restart openstack-nova-compute
```

执行以下命令，检查 Nova Compute 服务状态：

```
[root@computer1 ~]# systemctl status openstack-nova-compute
● openstack-nova-compute.service - OpenStack Nova Compute Server
   Loaded: loaded (/usr/lib/systemd/system/openstack-nova-compute.service; enabled; vendor preset: disabled)
```

```
   Active: active (running) since Mon 2018-07-23 13:48:33 CST; 3s ago
 Main PID: 2156 (nova-compute)
    Tasks: 22
```

若输出结果显示服务处于 active(running)状态，表明服务状态正常。

9．启动 OVS 代理

执行以下命令，启动 Open vSwitch 服务：

```
[root@computer1 ~]# systemctl start neutron-openvswitch-agent
```

执行以下命令，将 Open vSwitch 代理设置为开机启动：

```
[root@computer1 ~]# systemctl enable neutron-openvswitch-agent
```

执行以下命令，检查 Open vSwitch 代理的状态：

```
[root@computer1 ~]# systemctl status neutron-openvswitch-agent
● neutron-openvswitch-agent.service - OpenStack Neutron Open vSwitch Agent
   Loaded: loaded (/usr/lib/systemd/system/neutron-openvswitch-agent.service; enabled; vendor preset: disabled)
   Active: active (running) since Mon 2018-07-23 14:16:34 CST; 8s ago
  Process: 1766 ExecStartPre=/usr/bin/neutron-enable-bridge-firewall.sh (code=exited, status=0/SUCCESS)
 Main PID: 1772 (neutron-openvsw)
    Tasks: 7
```

若输出结果显示服务处于 active(running)状态，表明服务状态正常。

computer2 节点的配置与 computer1 节点的配置几乎完全一致。但在修改 Open vSwitch 的配置文件时，要将[ovs]标签下的 local_ip 设置为 computer2 节点的管理 IP 地址 172.16.0.213，代码如下：

```
[root@computer2 ~]# vi /etc/neutron/plugins/ml2/openvswitch_agent.ini
[ovs]
local_ip = 172.16.0.213
```

5.5.5　创建虚拟机网络

经过上述操作，我们已在各个 OpenStack 节点上启动了 Neutron 服务。本小节将在此基础上创建虚拟机运行的网络，并进行网络连通性测试。

1．创建外网

使用第 4 章配置的 Horizon 登录 OpenStack 图形化控制台，在页面左侧边栏中依次单击【管理员】/【网络】/【网络】条目，在右侧出现的【网络】配置页面中单击【创建网络】按钮，如图 5-8 所示。

图 5-8　进入虚拟机网络创建界面

在出现的【创建网络】界面中将【网络】标签下的【名称】设置为“external”，【项目】设置为【admin】，【供应商网络类型】设置为【Flat】，【物理网络】设置为“external”，并勾选【启用管理员状态】、【共享的】、【外部网络】和【创建子网】四项。设置完毕，单击【子网】标签，如图 5-9 所示。

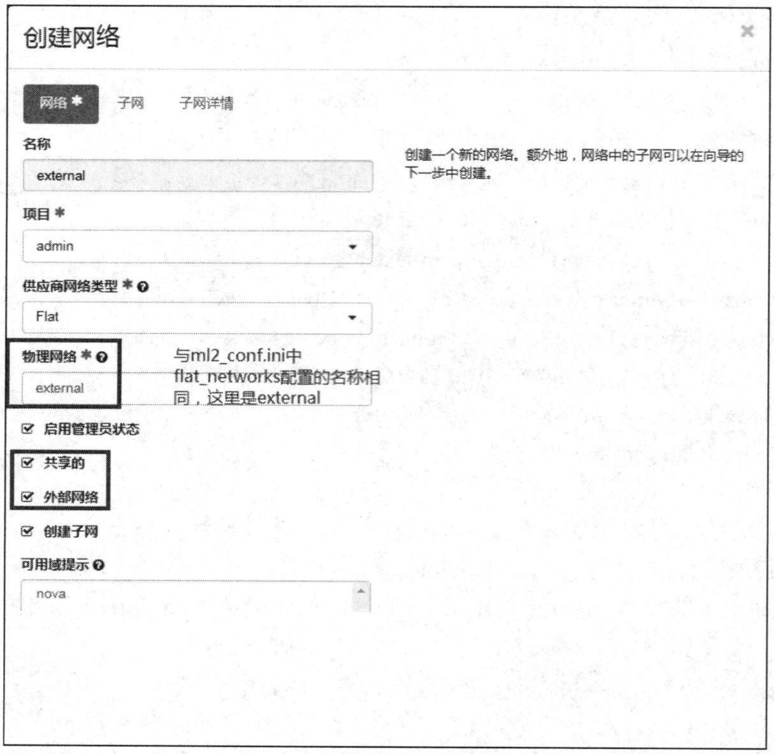

图 5-9　配置新建外网 external 的基本属性

在【子网】标签中将【子网名称】设置为“external_subnet”，【网络地址】设置为 192.168.0.0/22，【IP 版本】设置为【IPv4】，【网关】设置为 192.168.1.1。设置完毕，单击【子网详情】标签，如图 5-10 所示。

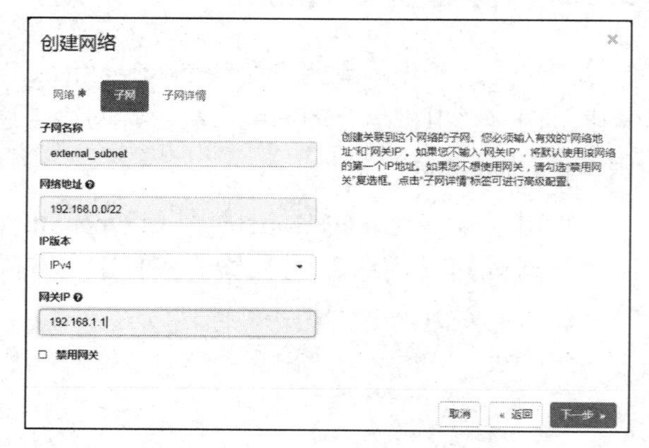

图 5-10　配置新建外网 external 的子网属性

在【子网详情】标签中勾选【激活 DHCP】项，然后在【分配地址池】下方的输入框中输入可以使用的外网地址(中间用英文逗号分隔)，本实验输入的是 192.168.0.240 与 192.168.0.249。设置完毕，单击【已创建】按钮，外网 external 就创建完成了，如图 5-11 所示。

图 5-11　配置新建外网 external 的子网扩展属性

2．创建内网

外网创建完成后，我们还需要继续创建内网，具体步骤如下：

在网络配置页面中，单击【创建网络】按钮。在出现的【创建网络】界面中将【网络】标签中的【名称】设置为“intranet”，【项目】设置为【admin】，【供应商网络类型】设置为【VXLAN】，【段 ID】设置为“100”(表示 VXLAN 的 VNI 为 100)，并勾选【启用管理员状态】和【创建子网】两项(注意此处创建的是内网，因此不应勾选【外部网络】)。设置完毕，单击【子网】标签，如图 5-12 所示。

图 5-12　配置新建内网 intranet 的基本属性

在【子网】标签中将【子网名称】设置为“intranet_subnet”，【网络地址】设置为10.0.0.0/24，【IP 版本】设置为【IPv4】，【网关】设置为 10.0.0.1。设置完毕，单击【子网详情】标签，如图 5-13 所示。

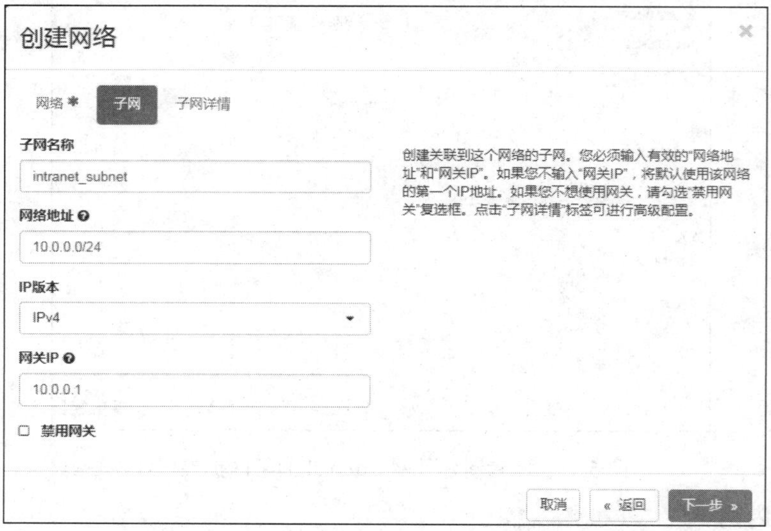

图 5-13　配置新建内网 intranet 的子网属性

在【子网详情】标签中勾选【激活 DHCP】项，然后在【分配地址池】下方的输入框中输入可以使用的内网地址(中间用英文逗号分隔)，本实验输入的是 10.0.0.100 与 10.0.0.200，在【DNS 服务器】下输入 DNS 服务器地址 223.5.5.5。设置完毕，单击【已创建】按钮，内网 intranet 就创建完成了，如图 5-14 所示。

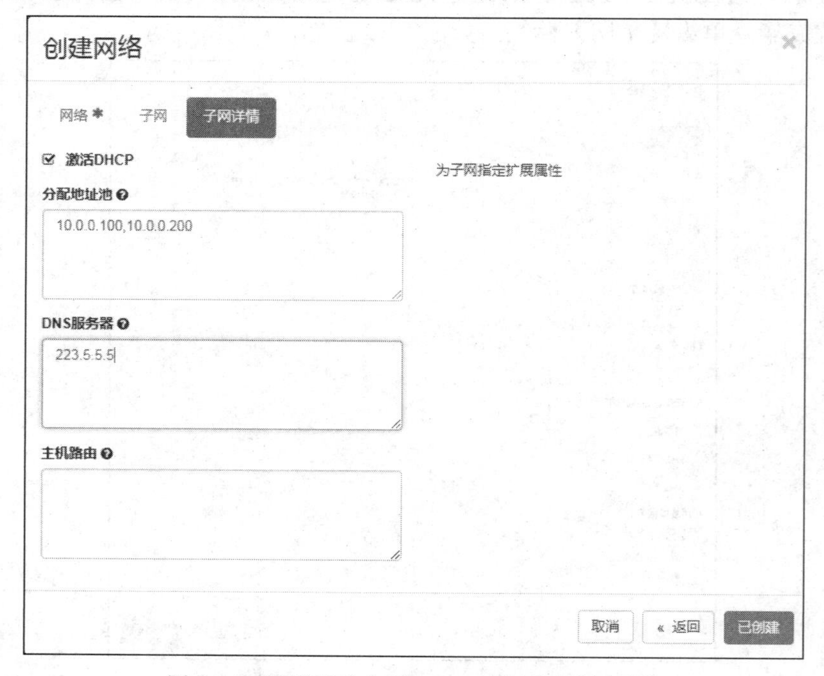

图 5-14　配置新建内网 intranet 的子网扩展属性

3. 创建路由器并连接外网

在前面的操作中，我们已经为虚拟机创建了内网和外网，但这两个网络还没有真正的连通。而路由器的作用是连通网络，所以还需要创建一个路由器，步骤如下：

在 OpenStack 管理页面左侧边栏中依次单击【项目】/【网络】/【路由】条目，在出现的页面中单击【新建路由】按钮，如图 5-15 所示。

图 5-15　进入路由器创建界面

在出现的【新建路由】界面中将【路由名称】设置为“router”，将【外部网络】设置为【external】，即将外网连接到路由器上，然后勾选【启用 SNAT】项，最后单击【新建路由】按钮，一个和外网 external 连接的路由器 router 就创建完成了，如图 5-16 所示。

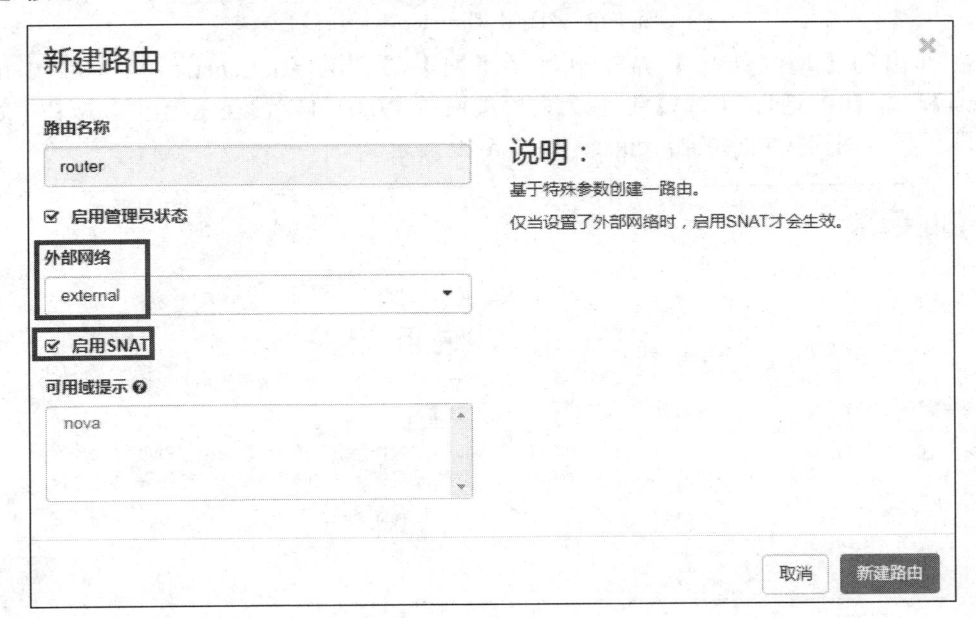

图 5-16　新建路由器 router

4. 将内网连接到路由器

将外网连接到路由器之后，还需要将内网连接到路由器，这样才能实现内外网的联通。将内网与路由器连接的步骤如下：

依次单击【项目】/【网络】/【路由】条目，在右侧出现的【路由】配置页面中，单击刚才创建的路由器【router】，如图 5-17 所示。

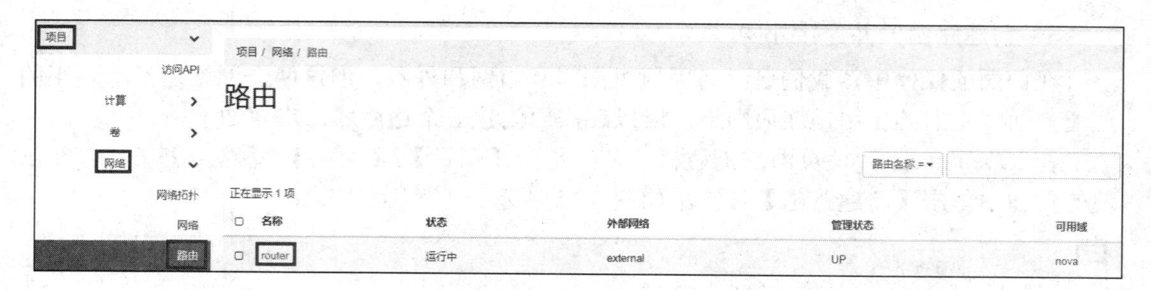

图 5-17　进入路由器配置页面

在出现的【router】配置页面中单击【接口】标签中的【增加接口】按钮，如图 5-18 所示。

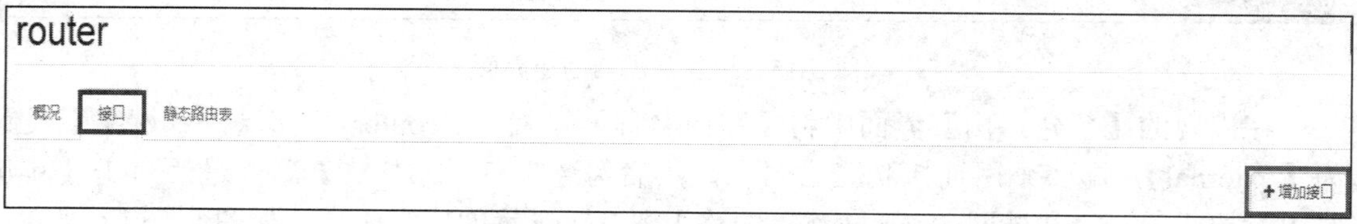

图 5-18　为路由器 router 添加接口

在弹出的【增加接口】界面中将【子网】设置为【intranet: 10.0.0.0/24(intranet_subnet)】，将【IP 地址(可选)】设置为内网的网关 10.0.0.1。设置完毕，单击【提交】按钮，即可将内网连接到路由器 router，如图 5-19 所示。

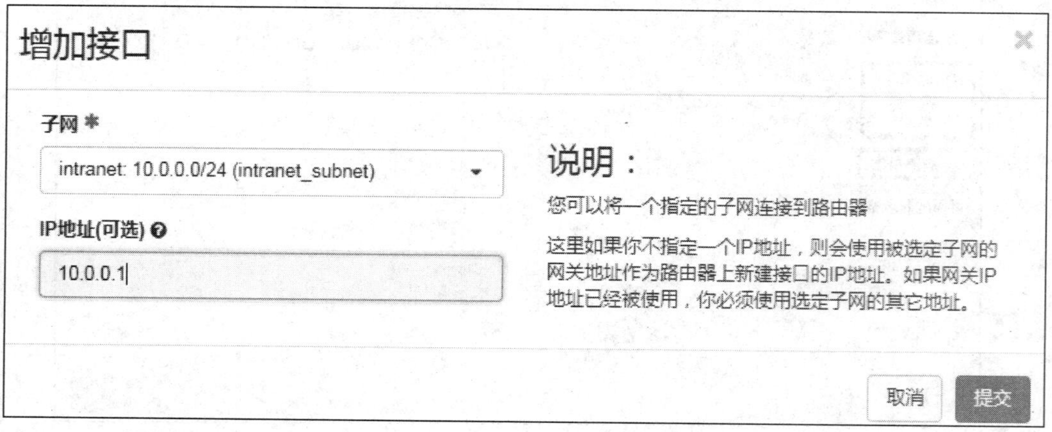

图 5-19　将内网 intranet 连接到路由器 router

5．创建实例类型

实例类型可以看做一个虚拟机的模板，其中定义了虚拟机占用的 CPU 数量，虚拟机内存的多少，以及虚拟机的硬盘空间大小等信息。创建实例类型的步骤如下：

在 OpenStack 管理页面左侧边栏中单击【管理员】/【计算】/【实例类型】条目，在右侧出现的【实例类型】配置页面中单击【创建实例类型】按钮，如图 5-20 所示。

图 5-20　进入实例类型创建界面

在弹出的【创建实例类型】界面中将【实例类型信息】标签中的【名称】设置为“test”,【VCPU 数量】设置为 1,【内存(MB)】设置为 512,【根磁盘(GB)】设置为 1，最后单击【创建实例类型】按钮，一个名为“test”的实例类型就创建完成了，如图 5-21 所示。

图 5-21　创建实例类型 test

6．创建虚拟机

虚拟机的网络和实例类型创建完毕之后，就可以进行虚拟机的创建了。创建虚拟机的步骤如下：

在 OpenStack 管理页面左侧边栏中单击【项目】/【计算】/【实例】条目，在出现的【实例】配置页面中单击【创建实例】按钮，如图 5-22 所示。

图 5-22　进入虚拟机实例创建界面

在弹出的【创建实例】界面中单击左侧列表中的【详情】项目，在右侧出现的配置界面中将【实例名称】设置为待创建虚拟机的名称“cirros-vm1”，然后单击【下一项】按钮，如图 5-23 所示。

图 5-23　设置新建虚拟机名称

在出现的【源】配置界面中单击图标 ↑ ，将需要使用的虚拟机镜像【cirros】从【可用】栏下面移动到【已分配】栏下面，这样就指定了创建虚拟机所使用的镜像，然后单击【下一项】按钮，如图 5-24 所示。

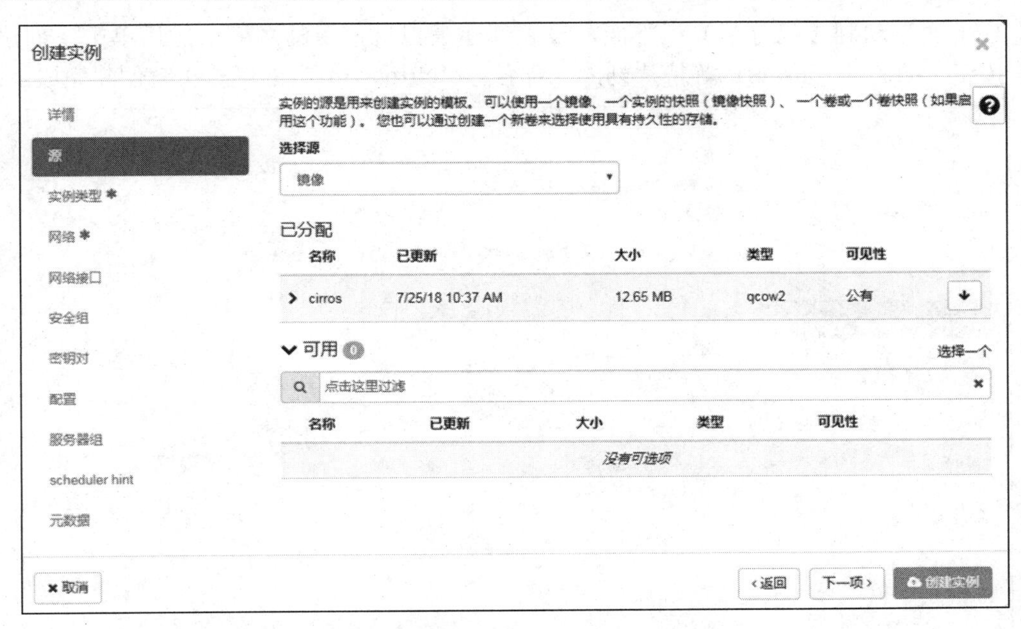

图 5-24　选择创建虚拟机 cirros-vm1 所用镜像

在出现的【实例类型】配置界面中单击图标，将需要使用的实例类型【test】从【可用】栏下面移动到【已分配】栏下面，这样就指定了创建虚拟机所使用的实例类型，然后单击【下一项】按钮，如图 5-25 所示。

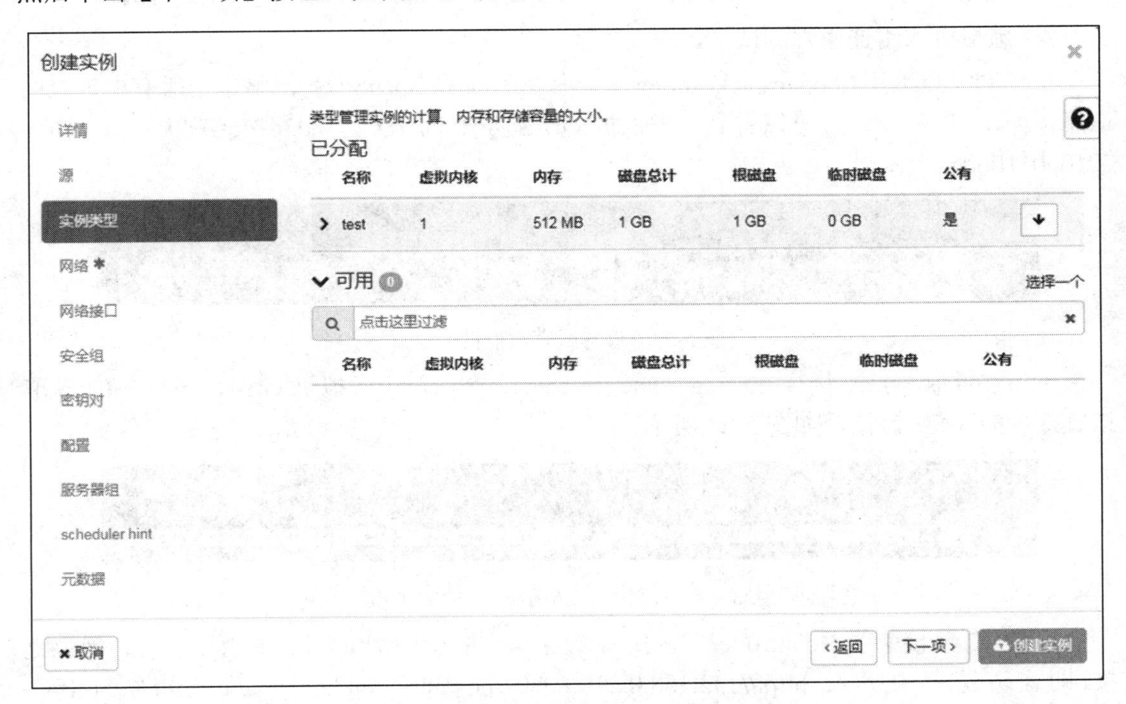

图 5-25　选择创建虚拟机 cirros-vm1 所用实例类型

在出现的【网络】配置界面中单击图标，将需要使用的网络【intranet】从【可

用】栏下面移动到【已分配】栏下面，设置新建虚拟机使用的网络，然后单击【创建实例】按钮，如图 5-26 所示。等待片刻，一台名为“cirros-vm1”的虚拟机就创建完成了。

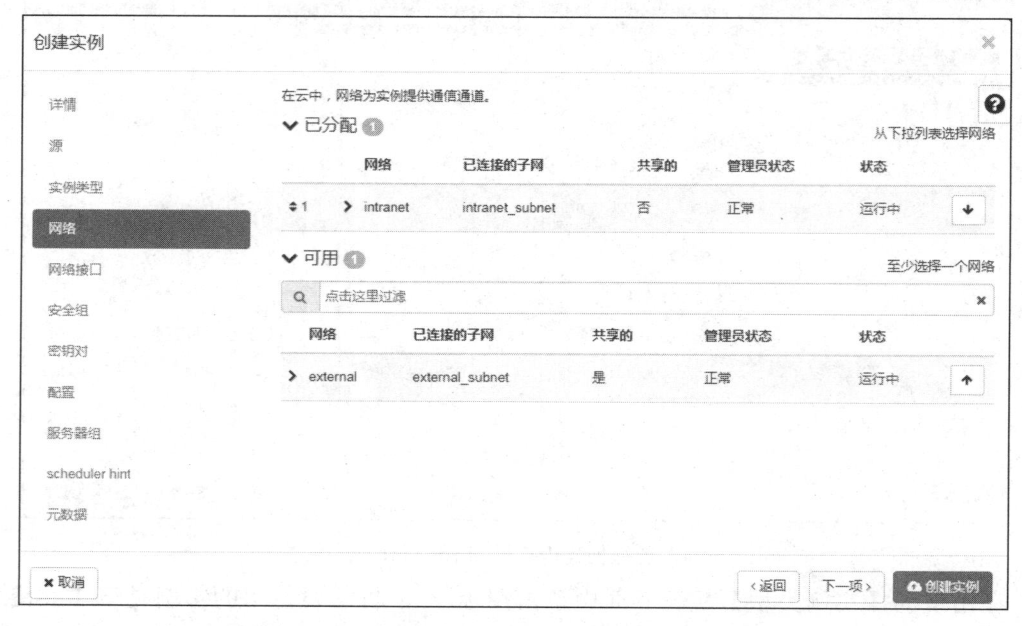

图 5-26　选择新建虚拟机 cirros-vm1 使用的网络

使用相同方法，再创建一台名为“cirros-vm2”的虚拟机，用作接下来的测试。

7. 虚拟机网络连通性测试

在控制节点上执行 openstack server list 命令，列出 OpenStack 网络中的所有虚拟机的信息，如图 5-27 所示。可以看到，虚拟机 cirros-vm1 的 ID 为 8d3d16cf-380e-40d6-a70e-70109011060e。

```
[root@controller ~]# openstack server list
+--------------------------------------+------------+--------+----------------------+--------+--------+
| ID                                   | Name       | Status | Networks             | Image  | Flavor |
+--------------------------------------+------------+--------+----------------------+--------+--------+
| 8d3d16cf-380e-40d6-a70e-70109011060e | cirros-vm2 | ACTIVE | intranet=10.0.0.102  | cirros | test   |
| affb9233-2648-4241-bd93-2794833a7dc0 | cirros-vm1 | ACTIVE | intranet=10.0.0.105  | cirros | test   |
+--------------------------------------+------------+--------+----------------------+--------+--------+
```

图 5-27　查看所有虚拟机信息

然后在控制节点上执行 nova get-vnc-console 命令，使用虚拟机 cirros-vm1 的 ID 获取该虚拟机的 VNC 链接，如图 5-28 所示。

```
[root@controller ~]# nova get-vnc-console 8d3d16cf-380e-40d6-a70e-70109011060e novnc
+-------+-------------------------------------------------------------------------------------+
| Type  | Url                                                                                 |
+-------+-------------------------------------------------------------------------------------+
| novnc | http://controller:6080/vnc_auto.html?token=a8c13d8f-495f-4fa8-9183-eeae7eeb5ccd     |
+-------+-------------------------------------------------------------------------------------+
```

图 5-28　获取虚拟机 cirros-vm1 的 VNC 链接

将 VNC 链接中的“controller”替换为控制节点的 IP 地址，然后使用浏览器访问该链接(即在浏览器中输入 http://192.168.0.210:6080/vnc_auto.html?token=a8c13d8f-495f-4fa8-9183-eeae7eeb5cc)，就可以连接到虚拟机 cirros-vm1 了。

在虚拟机 cirros-vm1 的命令行界面中，使用 ping 命令依次测试 www.baidu.com 和

10.0.0.102 的连通性，如图 5-29 所示。

```
Connected (unencrypted) to: QEMU (instance-00000012)
# ping www.baidu.com
PING www.baidu.com (61.135.169.125): 56 data bytes
64 bytes from 61.135.169.125: seq=0 ttl=55 time=18.252 ms
64 bytes from 61.135.169.125: seq=1 ttl=55 time=14.875 ms

--- www.baidu.com ping statistics ---
2 packets transmitted, 2 packets received, 0% packet loss
round-trip min/avg/max = 14.875/16.563/18.252 ms
# ping 10.0.0.102
PING 10.0.0.102 (10.0.0.102): 56 data bytes
64 bytes from 10.0.0.102: seq=0 ttl=64 time=2.734 ms
64 bytes from 10.0.0.102: seq=1 ttl=64 time=1.966 ms
```

图 5-29　测试虚拟机网络连通性

从测试结果可以看出：虚拟机 cirros-vm1 可以访问百度网站，表明虚拟机和互联网之间是连通的；虚拟机 cirros-vm1 也可以访问虚拟机 cirros-vm2，表明虚拟机之间的网络也是连通的。

本 章 小 结

通过本章的学习，读者应当了解：

✧ OpenStack 节点分为控制节点、网络节点、计算节点和存储节点四种主要类型。

✧ Neutron 是 OpenStack 的网络组件，可以提供二层交换、路由、DHCP、负载均衡、防火墙和 VPN 等服务。本书中我们需要掌握 Neutron 的路由和 DHCP 的配置方法。

✧ Neutron 架构中包含网络类型驱动、实现机制驱动和扩展驱动。

✧ Neutron 包含五种网络类型：Local、Flat、VLAN、VXLAN 和 GRE。

✧ 能够独立配置 VXLAN 网络类型。

本 章 练 习

1．Neutron 的网络类型包括______。

A．Flat　　B．VXLAN　　C．GRE　　D．VLAN

2．Neutron 的实现机制驱动包括_____。

A．Open vSwitch　　B．Linux Bridge　　C．L2 population　　D．子接口

3．Neutron 的路由功能，是由插件______实现的。

A．iptables　　B．Dnsmasq　　C．Linux Bridge　　D．Open vSwitch

4．下面插件中，并非 Neutron 服务插件的是______。

A．负载均衡　　B．VPN　　C．防火墙　　D．keystone

5．Neutron 的 DHCP 服务是由______插件实现的。

A．iptables　　B．Dnsmasq　　C．Linux Bridge　　D．Open vSwitch

6．下面的选项中，______是 Neutron 扩展驱动。

A．port security　　B．Dnsmasq　　C．Linux Bridge　　D．Open vSwitch

7．下列关于 Neutron Server 的说法，正确的是______。

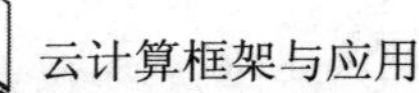

A．统一指挥和调度 Neutron 各组件协同工作

B．对外提供 OpenStack 的 API，接收各种网络相关的请求

C．调用相应的插件来处理请求

D．Neutron Server 的插件分为 Neutron 核心插件和 Neutron 服务插件

8．OpenStack 常见的节点有______。

A．控制节点　　B．计算节点　　C．网络节点　　D．虚拟机节点

9．下列说法错误的是______。

A．网络节点可以不安装 Neutron Server

B．计算节点必须安装 L2 代理

C．计算节点可以不安装 Nova Compute 服务

D．OpenStack 虚拟机运行在计算节点上

10．简述 Neutron 的架构及其组件。

11．参考本书实验步骤，自行配置 Neutron 的 VXLAN 网络。

第 6 章　Cinder 卷服务

本章目标

- 了解 Cinder 的作用、组成及一般部署方式
- 熟悉 Cinder 的架构(包括组织架构、服务及工作流程)
- 熟练进行 Cinder 卷服务搭建前各节点的准备工作
- 掌握控制节点上 Cinder 服务的配置过程
- 掌握存储节点上 Cinder 服务的配置过程
- 了解各节点时间同步对 Cinder 卷服务的重要性

Cinder 是 OpenStack 项目中提供块存储服务的独立项目。本章先从理论层面介绍 Cinder 及 Cinder 的理论知识，然后讲解安装和配置 Cinder 卷服务的过程。

6.1 Cinder 简介

存储服务是 OpenStack 的核心组成部分之一。Cinder 作为块存储服务，可以持久化存储数据，因此在企业中得到广泛应用。下面首先介绍 Cinder 的作用、组成及一般部署方式，然后对 Cinder 的组织架构、相关服务及工作流程进行说明。

6.1.1 Cinder 概述

Cinder 的前身是 Nova 下的 Nova-volume 服务，在 OpenStack 的 Folsom 版本发布之后，独立出来成为 OpenStack 的核心项目。

Cinder 用于为 Nova 创建的虚拟机提供持久性的数据块存储服务，其核心功能是对卷(Volume)进行管理，即对卷从创建到删除的整个生命周期的管理，同时也允许对卷类型(Volume Type)、卷快照(Volume Snapshot)进行管理。

Cinder 本身并没有实现对块设备的底层数据管理和实际的 I/O 服务，而是提供统一的驱动接口，用来调用存储后端，然后由存储后端进行数据存储。由于 Cinder 的存储生态圈很是活跃，目前市场上几乎全部的存储厂商都实现了对它的支持，如 IBM、EMC 以及众多的开源块存储系统(如 Ceph、Gluster 分布式文件系统)等。

6.1.2 Cinder 架构

Cinder 项目在架构设计方面延续了 Nova 及 OpenStack 其他组件的设计理念，下面从服务组件和工作流程两个角度，对 Cinder 的内部架构进行简要介绍。

1．Cinder 服务组件

Cinder 由 Cinder-api、Cinder-scheduler、Cinder-volume、Cinder-backup 及消息队列(Message Queue)五个主要部分组成。一般情况下，Cinder 会将 Cinder-api 和 Cinder-scheduler 服务运行在控制节点上；Cinder-volume 服务则根据选择的驱动不同，既可以运行在控制节点，也可以运行在计算节点或者独立的存储节点上。

下面对 Cinder 的五个主要服务组件逐一进行介绍：

(1) Cinder-api：Cinder 对外的唯一入口。客户端通过 Cinder-api 发送 REST 请求，Cinder-api 接收到客户端的请求后，将请求信息交给消息队列，由后续的其他服务根据消息队列信息进行处理。

(2) Cinder-scheduler：Cinder 的调度器，功能与 Nova-scheduler 相似。Cinder-scheduler 通过消息队列获取 API 请求，并借助内部的过滤器和权重计算，选取最合适的存储节点。Cinder-scheduler 的默认过滤器是 FilterScheduler，借助该过滤器的 Capacity、Volume Types、Availability Zone 等条件，筛选出适合的存储节点，并通过权重计算，选择

权重值最大的即最优的存储节点。

(3) Cinder-volume：Cinder 提供块存储和存储驱动接口的服务，凡是运行 Cinder-volume 的节点都称为存储节点。Cinder-volume 通过消息队列或是直接与 Cinder-scheduler 进行交互，并将其管理的存储后端的参数信息(如运行状态、性能、容量等)实时传递给 Cinder-scheduler，Cinder-scheduler 则以这些参数为依据实施调度。除此之外，Cinder-volume 也可以借助驱动实现与不同存储后端的交互。

(4) Cinder-backup：Cinder 的备份服务，可实现对块存储卷的备份。目前常用的备份存储后端由 Swift 提供。Cinder-backup 与 Cinder-volume 类似，也需要借助驱动与不同的存储后端进行交互。

(5) 消息队列：Cinder 内部的服务组件之间需通过消息队列进行消息交互。同时，消息队列也实现了各内部服务之间的解耦。

2. Cinder 工作流程

Cinder 的工作流程如图 6-1 所示。

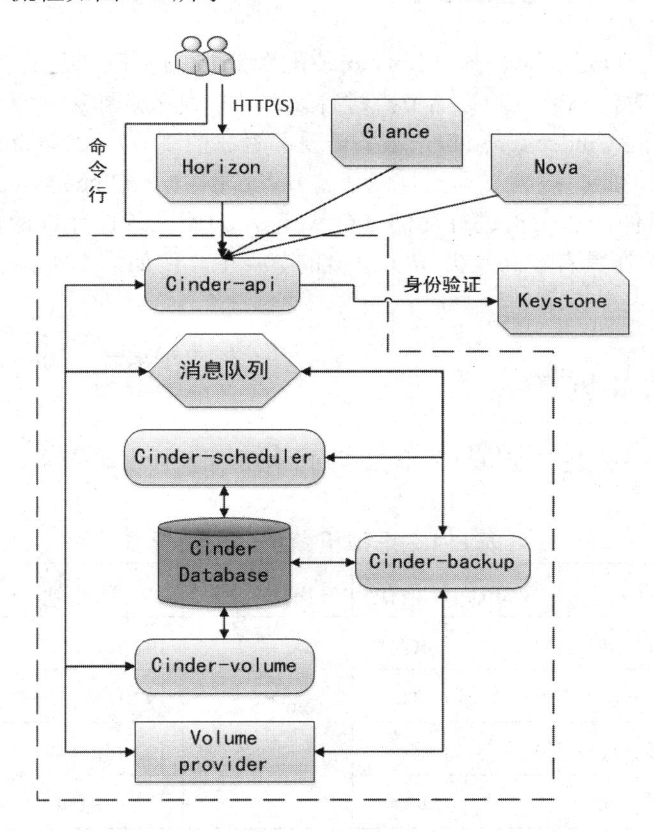

图 6-1　Cinder 工作流程

由图 6-1 可知，Cinder 通过 Cinder-api 接收客户端存储或备份数据的请求，这个客户端可以是图形界面、命令行或 OpenStack 的其他组件。Cinder-api 接收请求的同时，OpenStack 的 Keystone 项目会对发送请求的客户端进行身份验证，验证通过，请求即进入 Cinder 的内部工作流程。

(1) 数据存储流程。

Cinder-api 在接收到存储数据的请求时，会将请求消息放入消息队列，由消息队列通知 Cinder-scheduler 或 Cinder-volume：在客户端未指定存储节点的情况下，消息队列会通知 Cinder-scheduler，它根据内部策略选择出最优的存储节点，同时更新 Cinder Database(通常安装在控制节点，一般使用 MySQL 数据库)中卷的状态，然后调用最优的存储节点上运行的 Cinder-volume，由 Cinder-volume 通过驱动调用 Volume Provider 的不同存储后端，这些存储后端可以是裸盘，也可以是分布式文件系统；而在客户端指定了存储节点的情况下，消息队列会直接通知 Cinder-volume。

(2) 数据备份流程。

Cinder-api 在接收到备份数据的请求时，也会将请求消息放入消息队列，由消息队列通知 Cinder-backup。与 Cinder-volume 类似，Cinder-backup 也会通过驱动调用存储后端。

6.2 安装 Cinder 卷服务

Cinder 需要在 OpenStack 基础组件安装配置完成的基础上进行安装和配置。配置 Cinder 卷服务需要对控制节点和存储节点进行设置。控制节点即第 4 章中介绍的 controller 节点，Cinder-api 和 Cinder-scheduler 服务需要部署在控制节点上，Cinder-volume 也可以部署在控制节点上，此时控制节点就兼任存储节点。但由于 Cinder-volume 负责加载和管理后端存储驱动插件，还负责进行存储 I/O 处理，因此在条件允许的情况下，应尽量将 Cinder-volume 部署在具有较高硬盘 I/O 速度的节点上。例如，本实验就将 Cinder-volume 单独部署在存储节点上。

6.2.1 搭建安装环境

本实验在第 4 章搭建的虚拟机环境的基础上增加了一个存储节点，具体角色分配如表 6-1 所示。

表 6-1 虚拟机角色分配情况

主机名	节点类型	VCPU	内存	操作系统	IP 地址	用途
controller	控制节点	2	4G	CentOS 7.4 最小化安装	192.168.1.223	控制功能
compute1	计算节点	2	4G		192.168.1.225	计算功能
computer02	计算节点	2	4G		192.168.0.48	计算功能
block	存储节点	2	4G		192.168.0.47	块存储功能

6.2.2 配置相关节点

安装 Cinder 前，需要对控制节点、计算节点以及新增存储节点进行相关配置。

1. 配置控制节点

在控制节点上使用 VI 编辑器修改文件/etc/hosts，在文件末尾写入存储节点的 IP 地址与主机名的映射关系：

```
192.168.0.47 block
```

配置完毕，保存文件并退出，然后重启虚拟机，使配置生效。

2. 配置计算节点

在计算节点上使用 VI 编辑器修改文件/etc/hosts，在文件末尾写入存储节点的 IP 地址与主机名的映射关系：

```
192.168.0.47 block
```

配置完毕，保存文件并退出，然后重启虚拟机，使配置生效。

3. 配置存储节点

在存储节点上进行以下配置：

(1) 配置网络。

首先执行 ifconfig 命令，查看虚拟机网卡设备。本实验中使用的网卡名称为 eth0。

然后使用 VI 编辑器修改文件/etc/sysconfig/network-scripts/ifcfg-eth0，在其中配置网络信息，内容如下：

```
TYPE=Ethernet
PROXY_METHOD=none
BROWSER_ONLY=no
BOOTPROTO=static
DEFROUTE=yes
IPV4_FAILURE_FATAL=no
IPV6INIT=yes
IPV6_AUTOCONF=yes
IPV6_DEFROUTE=yes
IPV6_FAILURE_FATAL=no
IPV6_ADDR_GEN_MODE=stable-privacy
NAME=eth0
UUID=7d15f825-8ebf-4788-ad4a-31bd5abc41f5
DEVICE=eth0
ONBOOT=yes
IPADDR=192.168.0.47
PREFIX=22
GATEWAY=192.168.1.1
DNS1=202.102.134.68
```

修改完毕，保存文件并退出。

最后执行以下命令，重启网络：

```
# systemctl restart network
```

(2) 配置主机名和映射。

通过编辑文件/etc/hostname 和文件/etc/hosts，配置存储节点主机名以及各节点 IP 地址与主机名间的映射关系。操作如下：

使用 VI 编辑器修改文件/etc/hostname，删除文件的原有内容，然后将主机名 block 写入其中：

```
block
```

修改完毕，保存文件并退出。

接着使用 VI 编辑器修改文件/etc/hosts，在文件末尾追加各节点 IP 地址与主机名间的映射关系：

```
192.168.1.223 controller
192.168.1.225 compute1
192.168.0.48 computer02
192.168.0.47 block
```

修改完毕，保存文件并退出。

(3) 关闭防火墙。

执行以下命令，关闭防火墙，且禁止其开机启动：

```
# systemctl stop firewalld
# systemctl disable firewalld
```

(4) 关闭 SELinux。

使用 VI 编辑器修改文件/etc/selinux/config，找到“SELINUX=enforcing”一行，将其改为“SELINUX=disabled”。修改完毕，保存文件并退出。

(5) 重启虚拟机。

执行 reboot 命令，重启虚拟机，使配置文件生效。

(6) 安装时间服务客户端。

为保证该存储节点的时间与其他节点时间同步，需要修改系统时区，并配置时间服务客户端，具体操作参见 4.3 节，此处不再赘述。

(7) 升级系统。

执行以下命令，升级所有包/软件设置、系统设置及系统版本内核：

```
# yum update -y
```

6.2.3 安装 Cinder 卷服务

在控制节点和存储节点上安装 Cinder 卷服务的方法如下。

1. 在控制节点上安装 Cinder 服务

首先配置控制节点，在控制节点上创建数据库、服务认证和 API 端点，步骤如下：

1) 创建数据库

Cinder 卷服务有一些数据需要存放在数据库中，因此要先为 Cinder 创建数据库，操作如下：

(1) 执行以下命令，使用 root 用户登录控制节点的 MySQL 环境：

```
# mysql -u root -p
```

(2) 执行以下命令，为 Cinder 创建数据库 cinder：

```
MariaDB [(none)]> create database cinder;
```

数据库创建成功的输出信息如图 6-2 所示。

```
MariaDB [(none)]> create database cinder;
Query OK, 1 row affected (0.00 sec)
```

图 6-2　数据库 cinder 创建成功

(3) 执行以下命令，为数据库用户 cinder 授予访问数据库 cinder 的权限：

```
MariaDB [(none)]> GRANT ALL PRIVILEGES ON cinder.* TO 'cinder'@'localhost' IDENTIFIED BY
'admin123';
MariaDB [(none)]> GRANT ALL PRIVILEGES ON cinder.* TO 'cinder'@'%' IDENTIFIED BY 'admin123';
```

其中，“localhost”和“%”表示允许本地和其他主机远程访问该数据库，“admin123”为用户 cinder 的密码。

注意：使用上述命令授权时，若用户 cinder 不存在，会先创建用户 cinder，然后为其授权；若用户 cinder 存在，则直接为其授权。

(4) 执行 quit 或 exit 命令，退出 MySQL。

2) 创建服务凭证

数据库创建完成后，接下来要为 Cinder 卷服务创建用户，并为其授予 admin 角色权限(管理员权限)，步骤如下：

(1) 执行以下命令，以 admin 权限进行 Keystone 认证：

```
# . admin-openrc
```

(2) 执行以下命令，创建 Cinder 用户 cinder：

```
# openstack user create --domain default --password-prompt cinder
```

根据提示，设置新建用户 cinder 的密码(本实验为“admin123”)，然后再次输入一遍密码，确认设置，若两次输入的密码一致，则创建成功，并返回用户信息，如图 6-3 所示。

```
[root@controller ~]# openstack user create --domain default --
password-prompt cinder
User Password:
Repeat User Password:
+---------------------+----------------------------------+
| Field               | Value                            |
+---------------------+----------------------------------+
| domain_id           | default                          |
| enabled             | True                             |
| id                  | e934272c76d3434f9fa573f7ad51b51c |
| name                | cinder                           |
| options             | {}                               |
| password_expires_at | None                             |
+---------------------+----------------------------------+
```

图 6-3　创建 Cinder 用户 cinder

(3) 执行以下命令，为用户 cinder 授予 admin 角色权限：

```
# openstack role add --project service --user cinder admin
```

(4) 执行以下命令，创建 Cinder 服务项目：

```
# openstack service create --name cinderv2 --description "OpenStack Block Storage" volumev2
# openstack service create --name cinderv3 --description "OpenStack Block Storage" volumev3
```

Cinder 卷服务需要两个服务项目(本实验创建的是服务 cinderv2 和服务 cinderv3)，创建成功后的输出结果如图 6-4 所示。

```
[root@controller ~]# openstack service create --name cinderv2 --description "Ope
nStack Block Storage" volumev2
+-------------+----------------------------------+
| Field       | Value                            |
+-------------+----------------------------------+
| description | OpenStack Block Storage          |
| enabled     | True                             |
| id          | 21858cdbc7e146d68521e26990eed1f7 |
| name        | cinderv2                         |
| type        | volumev2                         |
+-------------+----------------------------------+
[root@controller ~]# openstack service create --name cinderv3 --description "Ope
nStack Block Storage" volumev3
+-------------+----------------------------------+
| Field       | Value                            |
+-------------+----------------------------------+
| description | OpenStack Block Storage          |
| enabled     | True                             |
| id          | 71baeac0cdeb492399618e863fe65405 |
| name        | cinderv3                         |
| type        | volumev3                         |
+-------------+----------------------------------+
```

图 6-4　创建 Cinder 服务项目

3) 创建 Cinder 服务的 API 端点(API Endpoint)

执行以下命令，为服务项目 cinderv2 和 cinderv3 分别创建 public、internal 和 admin 的 API 端点：

```
#   openstack endpoint create --region RegionOne volumev2 public http://controller:8776/v2/%\(project_id\)s
# openstack endpoint create --region RegionOne volumev2 internal http://controller:8776/v2/%\(project_id\)s
# openstack endpoint create --region RegionOne volumev2 admin http://controller:8776/v2/%\(project_id\)s
# openstack endpoint create --region RegionOne volumev3 public http://controller:8776/v3/%\(project_id\)s
# openstack endpoint create --region RegionOne volumev3 internal http://controller:8776/v3/%\(project_id\)s
# openstack endpoint create --region RegionOne volumev3 admin http://controller:8776/v3/%\(project_id\)s
```

创建成功后的输出结果如图 6-5 所示。

```
[root@controller ~]# openstack endpoint create --region RegionOne
     volumev2 public http://controller:8776/v2/%\(project_id\)s
+--------------+-------------------------------------------+
| Field        | Value                                     |
+--------------+-------------------------------------------+
| enabled      | True                                      |
| id           | d588f5e4723c4fe88dfd8bacf4eb5a43          |
| interface    | public                                    |
| region       | RegionOne                                 |
| region_id    | RegionOne                                 |
| service_id   | e5cd903f77274dcc9db9c0fec3cc06ec          |
| service_name | cinderv2                                  |
| service_type | volumev2                                  |
| url          | http://controller:8776/v2/%(project_id)s  |
+--------------+-------------------------------------------+
[root@controller ~]# openstack endpoint create --region RegionOne
 volumev2 internal http://controller:8776/v2/%\(project_id\)s
+--------------+-------------------------------------------+
| Field        | Value                                     |
+--------------+-------------------------------------------+
| enabled      | True                                      |
| id           | cabbaa2bafc24f6c9b3a5a1fb495552b          |
| interface    | internal                                  |
| region       | RegionOne                                 |
| region_id    | RegionOne                                 |
| service_id   | e5cd903f77274dcc9db9c0fec3cc06ec          |
| service_name | cinderv2                                  |
| service_type | volumev2                                  |
| url          | http://controller:8776/v2/%(project_id)s  |
+--------------+-------------------------------------------+
[root@controller ~]# openstack endpoint create --region RegionOne
   volumev2 admin http://controller:8776/v2/%\(project_id\)s
+--------------+-------------------------------------------+
| Field        | Value                                     |
+--------------+-------------------------------------------+
| enabled      | True                                      |
| id           | 71c59ace51844566986c910fb8b5fd4e          |
| interface    | admin                                     |
| region       | RegionOne                                 |
| region_id    | RegionOne                                 |
| service_id   | e5cd903f77274dcc9db9c0fec3cc06ec          |
| service_name | cinderv2                                  |
| service_type | volumev2                                  |
| url          | http://controller:8776/v2/%(project_id)s  |
+--------------+-------------------------------------------+
[root@controller ~]# openstack endpoint create --region RegionOne
 volumev3 public http://controller:8776/v3/%\(project_id\)s
+--------------+-------------------------------------------+
| Field        | Value                                     |
+--------------+-------------------------------------------+
| enabled      | True                                      |
| id           | 42132f42c99947ae938176f80e58ccdb          |
| interface    | public                                    |
| region       | RegionOne                                 |
| region_id    | RegionOne                                 |
| service_id   | 6abf542bd91d47aebf020d5d1f76a0b0          |
| service_name | cinderv3                                  |
| service_type | volumev3                                  |
| url          | http://controller:8776/v3/%(project_id)s  |
+--------------+-------------------------------------------+
[root@controller ~]# openstack endpoint create --region RegionOne
 volumev3 internal http://controller:8776/v3/%\(project_id\)s
+--------------+-------------------------------------------+
| Field        | Value                                     |
+--------------+-------------------------------------------+
| enabled      | True                                      |
| id           | be51ca7091e94939bcf6141eadedfe3b          |
| interface    | internal                                  |
| region       | RegionOne                                 |
| region_id    | RegionOne                                 |
| service_id   | 6abf542bd91d47aebf020d5d1f76a0b0          |
| service_name | cinderv3                                  |
| service_type | volumev3                                  |
| url          | http://controller:8776/v3/%(project_id)s  |
+--------------+-------------------------------------------+
[root@controller ~]# openstack endpoint create --region RegionOne
 volumev3 admin http://controller:8776/v3/%\(project_id\)s
+--------------+-------------------------------------------+
| Field        | Value                                     |
+--------------+-------------------------------------------+
| enabled      | True                                      |
| id           | 9ddd57f0a7fc4e5f8f64fa7e8afeb0f8          |
| interface    | admin                                     |
| region       | RegionOne                                 |
| region_id    | RegionOne                                 |
| service_id   | 6abf542bd91d47aebf020d5d1f76a0b0          |
| service_name | cinderv3                                  |
| service_type | volumev3                                  |
| url          | http://controller:8776/v3/%(project_id)s  |
+--------------+-------------------------------------------+
```

图 6-5　创建 Cinder 服务的 API 端点

4) 安装 Cinder 软件包

执行以下命令，安装 Cinder 软件包：

```
# yum install -y openstack-cinder
```

安装过程如图 6-6 所示。

```
Transaction Summary
================================================================================
Install  1 Package (+29 Dependent packages)

Total download size: 14 M
Installed size: 58 M
......
  trousers.x86_64 0:0.3.14-2.el7
  userspace-rcu.x86_64 0:0.10.0-3.el7

Complete!
```

图 6-6　安装 Cinder 软件包

5) 编辑 Cinder 配置文件

使用 VI 编辑器，修改 Cinder 的配置文件/etc/cinder/cinder.conf，具体操作如下：

✧　修改 database 配置。

在文件中找到配置项[database]，在其中添加数据库访问地址：

```
connection = mysql+pymysql://cinder:admin123@controller/cinder
```

上述代码中的“admin123”为在给用户 cinder 授权时设置的密码。

✧　修改 DEFAULT 配置。

在文件中找到配置项[DEFAULT]，在其中添加 RabbitMQ 消息队列访问地址：

```
transport_url = rabbit://openstack:admin123@controller
```

上述代码中的“admin123”为安装 RabbitMQ 组件时设置的密码。

继续在该配置项中添加以下代码，作为指向控制节点的管理接口的 IP 地址：

```
my_ip = 192.168.1.223
```

✧　修改 keystone_authtoken 配置。

首先在文件中找到配置项[DEFAULT]，在其中添加 Keystone 验证服务：

```
auth_strategy = keystone
```

然后在文件中找到配置项[keystone_authtoken]，在其中添加 Keystone 验证服务的信息：

```
auth_uri = http://controller:5000
auth_url = http://controller:35357
memcached_servers = controller:11211
auth_type = password
project_domain_id = default
user_domain_id = default
project_name = service
username = cinder
password = admin123
```

上述代码中的“admin123”为用户 cinder 的密码。

✧　修改 oslo_concurrency 配置。

在文件中找到配置项[oslo_concurrency]，在其中添加路径锁：

```
lock_path = /var/lib/cinder/tmp
```

配置完毕，保存文件并退出，使配置生效。

6) 同步 Cinder 数据库表

在控制节点的终端执行以下命令，同步 Cinder 数据库表：

```
# su -s /bin/sh -c "cinder-manage db sync" cinder
```

返回结果如图 6-7 所示，可忽略输出的提示。

```
[root@controller ~]# su -s /bin/sh -c "cinder-manage db sync" cinder
Option "logdir" from group "DEFAULT" is deprecated. Use option "log-dir" from group "DEFAULT".
```

图 6-7　同步 Cinder 数据库表

以 root 用户登录 MySQL，在其中执行以下命令，验证 Cinder 数据库表的同步情况：

```
# mysql -u root -p
MariaDB [(none)]> use cinder;
MariaDB [cinder]> show tables;
```

输出结果如图 6-8 所示。

```
[root@controller ~]# mysql -u root -p
Enter password:
Welcome to the MariaDB monitor.  Commands end with ; or \g.
Your MariaDB connection id is 276
Server version: 10.1.20-MariaDB MariaDB Server

Copyright (c) 2000, 2016, Oracle, MariaDB Corporation Ab and others.

Type 'help;' or '\h' for help. Type '\c' to clear the current input statement.

MariaDB [(none)]> use cinder;
Reading table information for completion of table and column names
You can turn off this feature to get a quicker startup with -A

Database changed
MariaDB [cinder]> show tables;
+----------------------------+
| Tables_in_cinder           |
+----------------------------+
| attachment_specs           |
| backup_metadata            |
| backups                    |
| cgsnapshots                |
| clusters                   |
| consistencygroups          |
| driver_initiator_data      |
| encryption                 |
| group_snapshots            |
| group_type_projects        |
| group_type_specs           |
| group_types                |
| group_volume_type_mapping  |
| groups                     |
| image_volume_cache_entries |
| messages                   |
| migrate_version            |
| quality_of_service_specs   |
| quota_classes              |
| quota_usages               |
| quotas                     |
| reservations               |
| services                   |
| snapshot_metadata          |
| snapshots                  |
| transfers                  |
| volume_admin_metadata      |
| volume_attachment          |
| volume_glance_metadata     |
| volume_metadata            |
| volume_type_extra_specs    |
| volume_type_projects       |
| volume_types               |
| volumes                    |
| workers                    |
+----------------------------+
```

图 6-8　查看 Cinder 数据库表同步情况

查看完毕，执行 exit 或 quit 命令，退出 MySQL。

7) 指定计算服务使用块存储

使用 VI 编辑器，修改计算服务 Nova 的配置文件/etc/nova/nova.conf，找到配置项[cinder]，在其中添加以下内容：

```
os_region_name = RegionOne
```

配置完毕，保存文件并退出。

8) 重启 Nova 服务

执行以下命令，重启 Nova 服务：

```
# systemctl restart openstack-nova-api.service
```

9) 启动 Cinder 服务

执行以下命令，启动 Cinder-api 和 Cinder-scheduler 服务，且允许服务开机自启动：

```
# systemctl start openstack-cinder-api.service openstack-cinder-scheduler.service
# systemctl enable openstack-cinder-api.service openstack-cinder-scheduler.service
```

执行以下命令，查看 Cinder-api 和 Cinder-scheduler 服务的运行状态：

```
# systemctl status openstack-cinder-api.service openstack-cinder-scheduler.service
```

若输出信息为【active】，表明上述 Cinder 服务均已正常启动，如图 6-9 所示。

```
[root@controller ~]# systemctl status openstack-cinder-api.service openstack-cinder-scheduler.service
â openstack-cinder-api.service - OpenStack Cinder API Server
   Loaded: loaded (/usr/lib/systemd/system/openstack-cinder-api.service; enabled; vendor preset: disab
led)
   Active: active (running) since Wed 2018-07-18 13:49:24 CST; 16s ago
 Main PID: 18252 (cinder-api)
   CGroup: /system.slice/openstack-cinder-api.service
           忖18252 /usr/bin/python2 /usr/bin/cinder-api --config-file /usr/share/cinder/cinder-dist...
           忖18298 /usr/bin/python2 /usr/bin/cinder-api --config-file /usr/share/cinder/cinder-dist...
           忖18299 /usr/bin/python2 /usr/bin/cinder-api --config-file /usr/share/cinder/cinder-dist...

Jul 18 13:49:24 controller systemd[1]: Started OpenStack Cinder API Server.
Jul 18 13:49:24 controller systemd[1]: Starting OpenStack Cinder API Server...
Jul 18 13:49:27 controller cinder-api[18252]: Option "logdir" from group "DEFAULT" is deprecated...T".

â openstack-cinder-scheduler.service - OpenStack Cinder Scheduler Server
   Loaded: loaded (/usr/lib/systemd/system/openstack-cinder-scheduler.service; enabled; vendor preset:
 disabled)
   Active: active (running) since Wed 2018-07-18 13:49:24 CST; 16s ago
 Main PID: 18253 (cinder-schedule)
   CGroup: /system.slice/openstack-cinder-scheduler.service
           忖18253 /usr/bin/python2 /usr/bin/cinder-scheduler --config-file /usr/share/cinder/cinde...
```

图 6-9 查看 Cinder 服务状态

2. 在存储节点上安装 Cinder 服务

接下来安装配置存储节点。安装前，首先需要为其设置安装源，具体步骤参见 4.4.1 节，此处不再赘述。

1) 安装 LVM 软件包

LVM 是 Cinder 默认的插件，因此需要先配置 LVM，才能进行后续的安装和配置，步骤如下：

(1) 执行以下命令，检查 LVM 是否已经安装：

```
# rpm -qalgrep lvm2
```

上述代码中的“q”表示 query，代表查询参数；“a”表示 all，代表查询所有的包。

若返回信息如图 6-10 所示，表明 LVM 已安装。

```
[root@block ~]# rpm -qa|grep lvm2
lvm2-libs-2.02.177-4.el7.x86_64
lvm2-2.02.177-4.el7.x86 64
```

图 6-10 检查 LVM 安装情况

若无返回信息，则表明 LVM 未安装，需要执行以下命令，安装 LVM 相关软件包：

```
# yum install -y lvm2 device-mapper-persistent-data
```

上述代码中的“lvm2”和“device-mapper-persistent-data”是储存设备映射必需的两个软件包。

LVM 的安装过程如图 6-11 所示。

```
Loaded plugins: fastestmirror
base                                          | 3.6 kB     00:00
extras                                        | 3.4 kB     00:00
updates                                       | 3.4 kB     00:00
(1/4): extras/7/x86 64/primary db              | 173 kB     00:00
……
  device-mapper-event-libs.x86_64 7:1.02.146-4.el7
  device-mapper-libs.x86_64 7:1.02.146-4.el7
  lvm2-libs.x86_64 7:2.02.177-4.el7

Complete!
```

图 6-11 安装 LVM 软件包

(2) 安装完毕，执行以下命令，启动 LVM 元数据服务，且允许该服务开机自启动：

```
# systemctl start lvm2-lvmetad.service
# systemctl enable lvm2-lvmetad.service
```

(3) 执行以下命令，查看 LVM 元数据服务的运行状态：

```
# systemctl status lvm2-lvmetad.service
```

若输出信息为【active】，表明服务已经正常启动，如图 6-12 所示。

```
[root@storage1 ~]# systemctl status lvm2-lvmetad.service
â lvm2-lvmetad.service - LVM2 metadata daemon
   Loaded: loaded (/usr/lib/systemd/system/lvm2-lvmetad.service; static; vendor
preset: enabled)
   Active: active (running) since Wed 2018-07-18 02:09:47 EDT; 9min ago
     Docs: man:lvmetad(8)
 Main PID: 8728 (lvmetad)
   CGroup: /system.slice/lvm2-lvmetad.service
           忖8728 /usr/sbin/lvmetad -f
```

图 6-12 查看 LVM 元数据服务状态

2) 添加硬盘

为存储节点添加一块新的硬盘，但不进行分区，即创建一个空的本地块存储设备，作为创建物理卷时指向的块存储设备，步骤如下：

(1) 在存储节点 block 的终端执行以下命令，查看当前硬盘情况：

```
# cd /dev
# ls vd*
```

输出结果如图 6-13 所示，可以看到当前节点上只有一块硬盘 vda，且该硬盘上有 vda1 和 vda2 两个分区。

```
[root@block dev]# cd /dev
[root@block dev]# ls vd*
vda  vda1  vda2
```

图 6-13　查看存储节点当前硬盘情况

(2) 在存储节点的虚拟机界面中添加硬盘，操作如下：

✧ 在存储节点所在的宿主机上执行以下命令，为该节点添加一个 qcow2 格式的硬盘文件：

```
# qemu-img create -f qcow2 block_HD.qcow2 20G
```

✧ 启动宿主机上的 virt-manager 管理器，进入存储节点的虚拟机窗口，如图 6-14 所示。

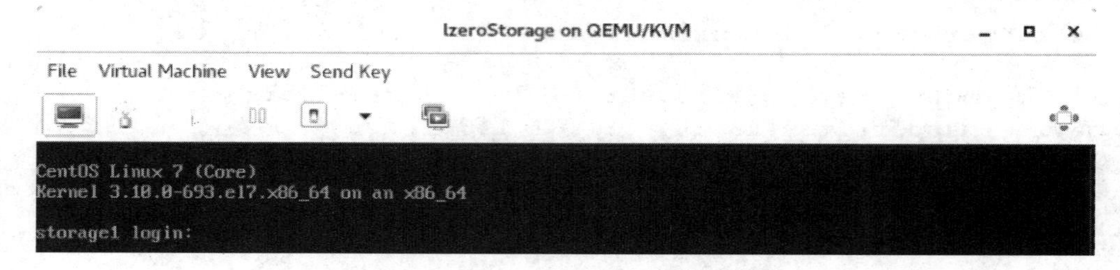

图 6-14　进入存储节点的虚拟机窗口

✧ 单击虚拟机窗口菜单栏中的左起第二个图标，进入虚拟机的详情窗口，如图 6-15 所示。

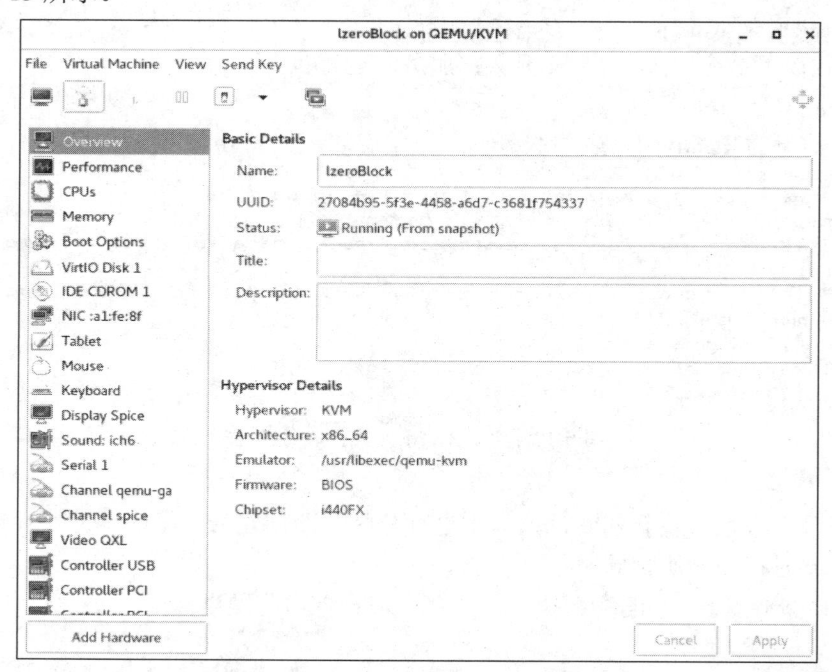

图 6-15　存储节点所在虚拟机的详情窗口

✧ 单击窗口左下角的【Add Hardware】按钮，弹出【Add New Virtual Hardware】(添加新虚拟硬盘)窗口。单击窗口左侧边栏中的【Storage】项目，在右侧出现的配置界面中选择【Select or create custom storage】，然后单击下方的【Manage】按钮，选择刚才创建的硬盘文件 block_HD.qcow2，将【Bus type】保持默认设置即可。设置完毕，单击【Finish】按钮，如图 6-16 所示。

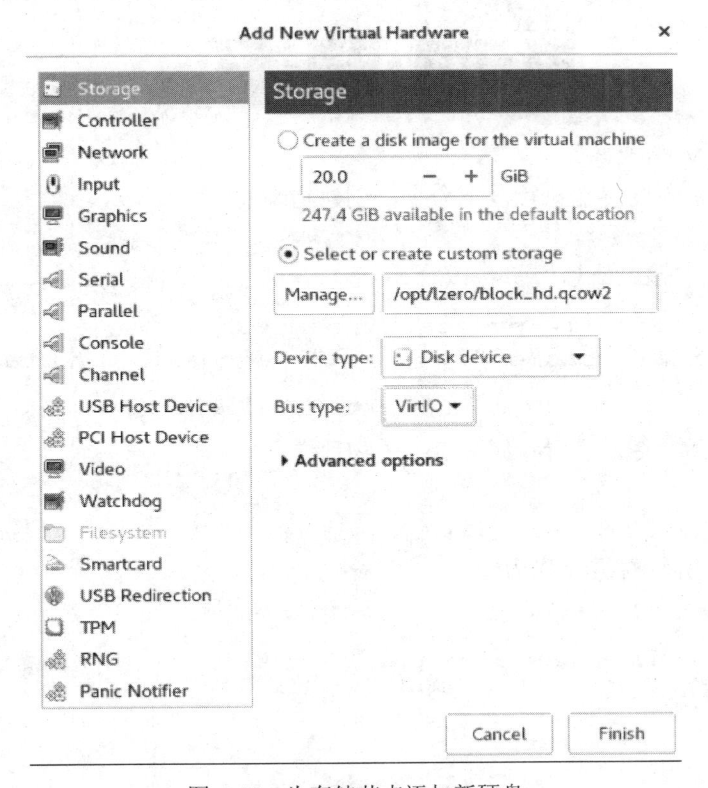

图 6-16　为存储节点添加新硬盘

✧ 回到虚拟机详情窗口，在窗口左侧边栏中可以看到设备【VirtIO Disk 2】，即新添加的硬盘，如图 6-17 所示。

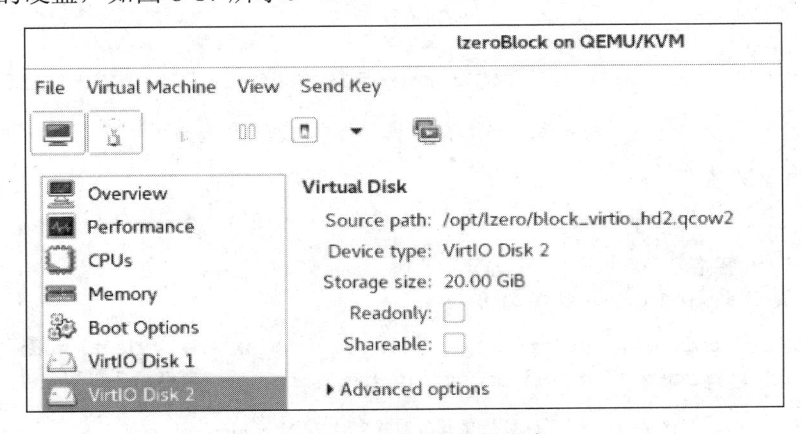

图 6-17　查看新添加的硬盘

✧ 在存储节点的终端执行以下命令，查看存储节点的硬盘情况：

```
# ls /dev/vd*
```

输出结果如图 6-18 所示，可以看到存储节点上已有两个硬盘 vda 和 vdb，vdb 即新添加的硬盘。

```
[root@block dev]# cd /dev
[root@block dev]# ls vd*
vda  vda1  vda2  vdb
```

图 6-18 再次查看存储节点硬盘情况

3) 创建 LVM 物理卷

(1) 在存储节点的终端执行以下命令，创建物理卷：

```
# pvcreate /dev/vdb
```

创建成功后的输出信息如图 6-19 所示。

```
[root@block ~]# pvcreate /dev/vdb
  Physical volume "/dev/vdb" successfully created.
```

图 6-19 在存储节点上创建 LVM 物理卷

(2) 执行以下命令，查看存储节点上的物理卷：

```
# pvdisplay
```

输出结果如图 6-20 所示，可以看到，当前存储节点上有一个物理卷/dev/vdb，即新创建的物理卷，其所属卷组(VG)为空。

```
[root@block ~]# pvdisplay
  "/dev/vdb" is a new physical volume of "20.00 GiB"
  --- NEW Physical volume ---
  PV Name               /dev/vdb
  VG Name
  PV Size               20.00 GiB
  Allocatable           NO
  PE Size               0
  Total PE              0
  Free PE               0
  Allocated PE          0
  PV UUID               8YQXIr-ae5D-JVff-6e29-0hYR-EZZ0-O6hCUw
```

图 6-20 查看存储节点上的物理卷信息

4) 创建 LVM 卷组

(1) 在存储节点的终端执行以下命令，创建 LVM 卷组 cinder-volumes：

```
# vgcreate cinder-volumes /dev/vdb
```

创建成功后的输出信息如图 6-21 所示。

```
[root@block ~]# vgcreate cinder-volumes /dev/vdb
  Volume group "cinder-volumes" successfully created
```

图 6-21 在存储节点上创建 LVM 卷组 cinder-volumes

(2) 执行以下命令，查看存储节点上的卷组：

```
# vgdisplay
```

输出结果表明，当前存储节点上有两个卷组 cinder-volumes 和 centos，其中的 cinder-volumes 即新创建的卷组，如图 6-22 所示。

```
[root@block ~]# vgdisplay
  --- Volume group ---
  VG Name               cinder-volumes
  System ID
  Format                lvm2
  Metadata Areas        1
  Metadata Sequence No  1
  VG Access             read/write
  VG Status             resizable
  MAX LV                0
  Cur LV                0
  Open LV               0
  Max PV                0
  Cur PV                1
  Act PV                1
  VG Size               <20.00 GiB
  PE Size               4.00 MiB
  Total PE              5119
  Alloc PE / Size       0 / 0
  Free  PE / Size       5119 / <20.00 GiB
  VG UUID               DXLQj4-naoy-BcRc-o5sx-Rsj8-ad3l-kL9stP
```

图 6-22　查看存储节点上的卷组信息

(3) 执行以下命令，查看物理卷/dev/vdb 的信息：

```
# pvdisplay /dev/vdb
```

输出结果如图 6-23 所示，可以看到物理卷/dev/vdb 已归属于卷组 cinder-volumes。

```
[root@block dev]# pvdisplay /dev/vdb
  --- Physical volume ---
  PV Name               /dev/vdb
  VG Name               cinder-volumes
  PV Size               20.00 GiB / not usable 4.00 MiB
  Allocatable           yes
  PE Size               4.00 MiB
  Total PE              5119
  Free PE               245
  Allocated PE          4874
  PV UUID               nBW8Bv-ftDq-eZUG-ZYhl-fDZJ-Yzhs-r4MwbP
```

图 6-23　查看物理卷/dev/vdb 的信息

5) 配置/etc/lvm/lvm.conf 文件

默认情况下，LVM 卷扫描工具会扫描整个/dev 目录，在其中查找包含卷的块存储设备。本实验需要在配置文件/etc/lvm/lvm.conf 中建立一个过滤器，使其只扫描 cinder-volumes 卷组成员的硬盘，操作如下：

在存储节点上使用 VI 编辑器修改文件/etc/lvm/lvm.conf，在其中找到“devices {”一行，在其下方添加以下信息：

```
filter = ["a/vdb/", "r/.*/"]
```

上述代码中的“a”是 accept 的缩写，“r”是 reject 的缩写。上述代码建立了一个过滤器，意为只允许 LVM 工具扫描 vdb 硬盘，而拒绝其扫描其他硬盘。

注意：若存储节点的操作系统硬盘(一般是硬盘 vda)上也使用了 LVM(逻辑卷管理，是一种 Linux 环境下对磁盘分区进行管理的机制)，则应在上面的过滤器代码中加上操作系统硬盘的名称，示例如下：

```
filter = [ "a/vda/","a/vdb/", "r/.*/"]
```

类似地，若计算节点在操作系统硬盘(vda)上使用了 LVM 方式，则需要修改计算节点的/etc/lvm/lvm.conf 文件中的过滤器代码，在其中添加以下信息：

```
filter = [ "a/vda/", "r/.*/"]
```

6) 安装 Cinder 及相关软件包

在存储节点上执行以下命令，安装 Cinder 及相关软件包：

```
# yum install -y openstack-cinder targetcli python-keystone
```

安装过程如图 6-24 所示。

```
Loaded plugins: fastestmirror
centos-ceph-luminous                                              | 2.9 kB  00:00:00
centos-openstack-queens                                           | 2.9 kB  00:00:00
centos-qemu-ev                                                    | 2.9 kB  00:00:00
(1/3): centos-qemu-ev/7/x86_64/primary_db                         |  47 kB  00:00:01
......
  userspace-rcu.x86_64 0:0.10.0-3.el7

Dependency Updated:
  pciutils-libs.x86_64 0:3.5.1-3.el7
```

图 6-24　Cinder 及相关软件包安装过程

7) 配置/etc/cinder/cinder.conf 文件

在存储节点上使用 VI 编辑器修改文件/etc/cinder/cinder.conf，具体内容如下：

✧　修改 database 配置。

在文件中找到配置项[database]，在其中添加数据库 cinder 的地址：

```
connection = mysql+pymysql://cinder:admin123@controller/cinder
```

上述代码中的“admin123”是之前配置的数据库 cinder 的用户密码。

✧　修改 DEFAULT 配置。

在文件中找到配置项[DEFAULT]，在其中添加 RabbitMQ 的消息队列访问地址：

```
transport_url = rabbit://openstack:admin123@controller
```

上述代码中的“admin123”为 RabbitMQ 组件安装时设置的密码。

在该配置项中继续添加指向存储节点管理接口的 IP 地址，内容如下：

```
my_ip = 192.168.0.47
```

最后在该配置项中添加以下信息，配置镜像服务 API 的地址：

```
glance_api_servers = http://controller:9292
```

✧　修改 keystone_authtoken 配置。

首先在文件中找到配置项[DEFAULT]，在其中添加 Keystone 验证服务：

```
auth_strategy = keystone
```

然后在文件中找到配置项[keystone_authtoken]，在其中添加以下内容：

```
auth_uri = http://controller:5000
auth_url = http://controller:35357
memcached_servers = controller:11211
auth_type = password
project_domain_id = default
user_domain_id = default
project_name = service
username = cinder
password = admin123
```

其中，代码“password=admin123”一行中的“admin123”是之前在控制节点上为 Cinder 卷服务用户 cinder 创建的 Keystone 验证密码。

✧　修改 lvm 配置。

在文件中找到配置项[lvm]，若没有找到，则在其中新建一个配置项[lvm]，然后在其中添加以下内容：

```
[lvm]
volume_driver = cinder.volume.drivers.lvm.LVMVolumeDriver
volume_group = cinder-volumes
iscsi_protocol = iscsi
iscsi_helper = lioadm
```

其中，参数 volume_driver 用于设置驱动；参数 volume_group 用于设置卷组(本实验中为之前创建的卷组 cinder-volumes)；参数 iscsi_protocol 用于指定 iSCSI 协议，参数 iscsi_helper 用于指定 iSCSI 管理工具。

接着在文件中找到配置项[DEFAULT]，在其中添加以下内容，指向可用的存储后端：

```
enabled_backends = lvm
```

注意：后端名称是任意的，本实验使用驱动程序的名称“lvm”作为后端的名称。

✧　修改 oslo_concurrency 配置。

在文件中找到配置项[oslo_concurrency]，在其中配置路径锁：

```
lock_path = /var/lib/cinder/tmp
```

完成所有配置后，保存文件并退出。

8) *启动服务*

在存储节点上执行以下命令，启动 Cinder-volume 和 target 服务，且允许服务在系统开机后自启动：

```
# systemctl start openstack-cinder-volume.service target.service
# systemctl enable openstack-cinder-volume.service target.service
```

服务启动后，执行以下命令，查看服务运行状态：

```
# systemctl status openstack-cinder-volume.service target.service
```

若输出结果均为【active】，表明服务状态正常，如图 6-25 所示。

```
[root@storage1 etc]# systemctl status openstack-cinder-volume.service target.service
â openstack-cinder-volume.service - OpenStack Cinder Volume Server
   Loaded: loaded (/usr/lib/systemd/system/openstack-cinder-volume.service; enabled;
vendor preset: disabled)
   Active: active (running) since Thu 2018-07-19 04:32:44 EDT; 16s ago
 Main PID: 14885 (cinder-volume)
   CGroup: /system.slice/openstack-cinder-volume.service
           付14885 /usr/bin/python2 /usr/bin/cinder-volume --config-file /usr/shar...
           付14922 /usr/bin/python2 /usr/bin/cinder-volume --config-file /usr/shar...
......
â target.service - Restore LIO kernel target configuration
   Loaded: loaded (/usr/lib/systemd/system/target.service; enabled; vendor preset: di
sabled)
   Active: active (exited) since Thu 2018-07-19 04:32:45 EDT; 16s ago
 Main PID: 14886 (code=exited, status=0/SUCCESS)
   CGroup: /system.slice/target.service
```

图 6-25　查看 Cinder-volume 和 target 服务运行状态

6.2.4　验证 Cinder 卷服务

在完成控制节点和存储节点的安装配置后，还需要验证 Cinder 卷服务是否运行正常。验证在控制节点的终端上进行，步骤如下：

(1) 执行以下命令，以 admin 权限进行 Keystone 认证：

```
# . admin-openrc
```

(2) 执行以下命令，查看 Cinder 服务运行状态：

```
# openstack volume service list
```

输出结果显示，Cinder-scheduler 和 Cinder-volume 两个服务的【State】值均为【up】，表明 Cinder 卷服务运行正常，如图 6-26 所示。

```
[root@controller ~]#  openstack volume service list
+------------------+------------+------+---------+-------+----------------------------+
| Binary           | Host       | Zone | Status  | State | Updated At                 |
+------------------+------------+------+---------+-------+----------------------------+
| cinder-volume    | block@lvm  | nova | enabled | up    | 2018-08-21T05:56:11.000000 |
| cinder-scheduler | controller | nova | enabled | up    | 2018-08-21T05:56:17.000000 |
+------------------+------------+------+---------+-------+----------------------------+
```

图 6-26　查看 Cinder 卷服务状态

注意：在安装配置 Cinder 卷服务之前，务必确认 OpenStack 各节点的时间都是同步的，且各节点时间误差在 50 s 之内，否则在最终验证时，Cinder-volume 服务的【State】值会显示为“down”，即运行不正常，这将导致 Cinder 卷服务安装失败。

(3) 执行以下命令，为 Cinder 创建卷类型(Type)lvm：

```
# cinder type-create lvm
```

创建成功后，会返回新建的卷类型信息，如图 6-27 所示。

```
[root@controller ~]# cinder type-create lvm
+--------------------------------------+------+-------------+-----------+
| ID                                   | Name | Description | Is_Public |
+--------------------------------------+------+-------------+-----------+
| a0f6e769-a587-4628-8974-1d97a904cb30 | lvm  | -           | True      |
+--------------------------------------+------+-------------+-----------+
```

图 6-27　查看卷类型 lvm 的信息

(4) 执行以下命令，为 Cinder 卷类型 lvm 设置存储后端 lvm，并查看卷类型与存储后端的映射关系：

```
# cinder type-key lvm set volume_backend_name=lvm
# cinder extra-specs-list
```

卷类型 lvm 与存储后端的 lvm 映射关系如图 6-28 所示。

```
[root@controller ~]# cinder type-key lvm set volume_backend_name=lvm
[root@controller ~]# cinder extra-specs-list
+--------------------------------------+------+--------------------------------+
| ID                                   | Name | extra_specs                    |
+--------------------------------------+------+--------------------------------+
| a0f6e769-a587-4628-8974-1d97a904cb30 | lvm  | {'volume_backend_name': 'lvm'} |
+--------------------------------------+------+--------------------------------+
```

图 6-28　查看卷类型 lvm 与存储后端 lvm 的映射关系

(5) 执行以下命令，为 Cinder 创建卷：

```
# cinder create --volume-type lvm --name lvm-volume1 2
```

其中，volume-type 用来指定卷的类型；name 用来定义卷的名称；2 为创建的卷的大小，单位为 GB。该命令返回的新建卷的信息如图 6-29 所示。

```
[root@controller ~]# cinder create --volume-type lvm --name lvm-volume1 2
+--------------------------------+--------------------------------------+
| Property                       | Value                                |
+--------------------------------+--------------------------------------+
| attachments                    | []                                   |
| availability_zone              | nova                                 |
| bootable                       | false                                |
| consistencygroup_id            | None                                 |
| created_at                     | 2018-08-21T06:14:25.000000           |
| description                    | None                                 |
| encrypted                      | False                                |
| id                             | 18f511fb-107e-48c4-afad-1fd59a0e44a5 |
| metadata                       | {}                                   |
| migration_status               | None                                 |
| multiattach                    | False                                |
| name                           | lvm-volume1                          |
| os-vol-host-attr:host          | None                                 |
| os-vol-mig-status-attr:migstat | None                                 |
| os-vol-mig-status-attr:name_id | None                                 |
| os-vol-tenant-attr:tenant_id   | 7b1bd5b8fb0a4bd19b9748af29eda171     |
| replication_status             | None                                 |
| size                           | 2                                    |
| snapshot_id                    | None                                 |
| source_volid                   | None                                 |
| status                         | creating                             |
| updated_at                     | 2018-08-21T06:14:26.000000           |
| user_id                        | c2dab44ecede4da7a8891bf124c03f31     |
| volume_type                    | lvm                                  |
+--------------------------------+--------------------------------------+
```

图 6-29　创建 lvm 类型的卷

(6) 执行以下命令，查看 Cinder 卷列表：

```
# cinder list
```

输出信息如图 6-30 所示，可以看到卷的【Status】列都为“available”，即可用。

```
[root@controller ~]# cinder list
+--------------------------------------+-----------+-------------+------+-------------+----------+-------------+
| ID                                   | Status    | Name        | Size | Volume Type | Bootable | Attached to |
+--------------------------------------+-----------+-------------+------+-------------+----------+-------------+
| 17a524d7-0767-4c19-9d82-063f46ed86f9 | available | lvm-volume1 | 2    | lvm         | false    |             |
+--------------------------------------+-----------+-------------+------+-------------+----------+-------------+
```

图 6-30　查看新建 lvm 类型的卷的信息

6.2.5　使用 Horizon 操作 Cinder 卷服务

除使用命令行方式设置 Cinder 卷服务以外，还可以通过第 4 章配置的 Horizon 图形化控制台对 Cinder 卷进行管理。在用户不擅长使用命令行方式创建卷及卷类型的情况下，可以使用这种方式来简化操作过程，具体操作如下。

1．登录 Horizon 控制台

使用浏览器访问地址 http://192.168.1.223/dashboard(192.168.1.223 是安装 Horizon 组件的控制节点的 IP 地址)，使用 admin 用户登录 OpenStack 的 Horizon 控制台，如图 6-31 所示。

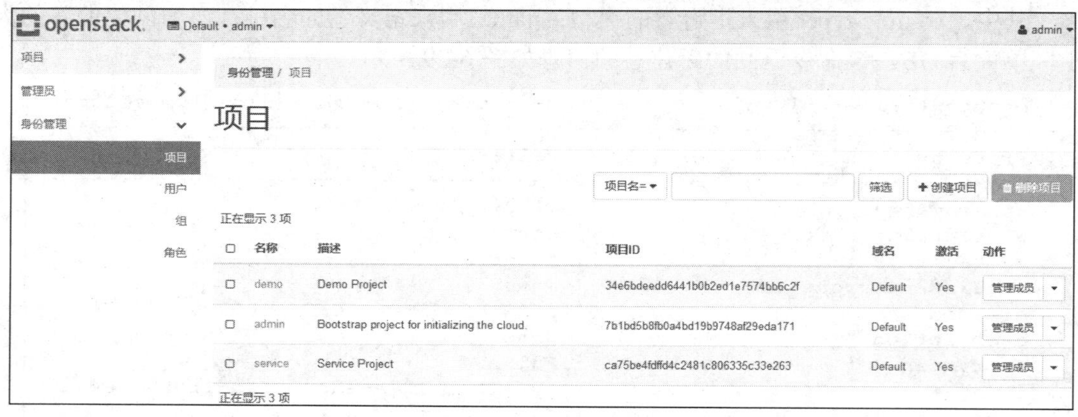

图 6-31　OpenStack 图形化控制台 Horizon

2．设置卷类型

(1) 在页面左侧导航栏中单击【管理员】/【卷】/【卷类型】条目，在页面右侧出现的【卷类型】配置界面中查看之前创建的 Cinder 卷类型的信息，然后单击界面中的【创建卷类型】按钮，如图 6-32 所示。

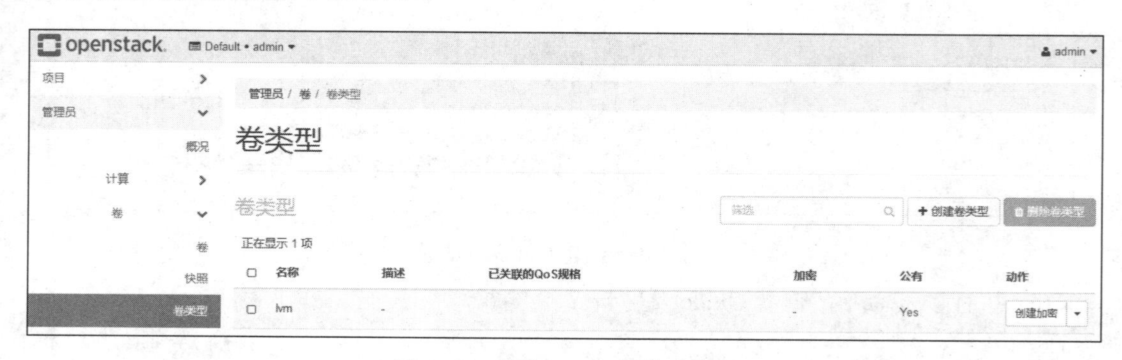

图 6-32　查看 Cinder 卷类型信息

(2) 在弹出的【创建卷类型】界面中将【名称】设置为“lvm1”，然后单击窗口右下角的【创建卷类型】按钮，创建一个名为“lvm1”的卷类型，如图 6-33 所示。

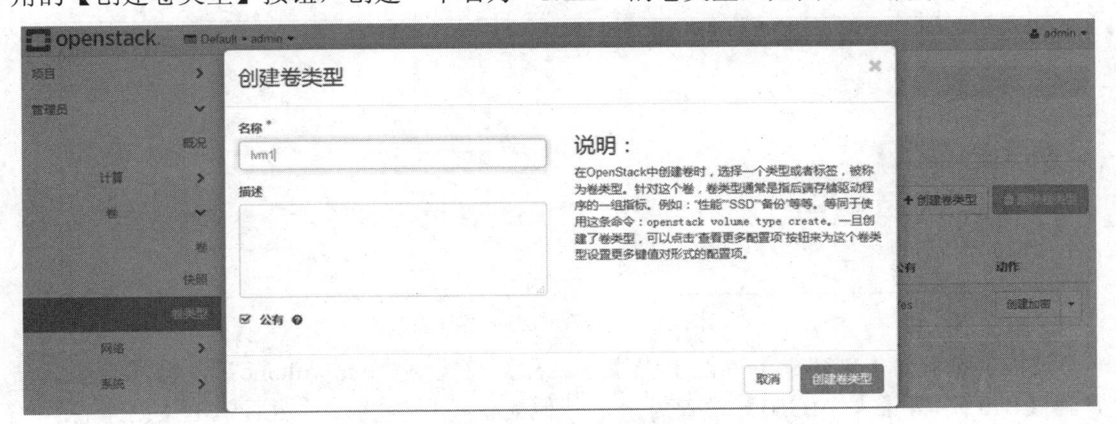

图 6-33　创建卷类型 lvm1

(3) 回到【卷类型】配置界面，查看新建的卷类型 lvm1，如图 6-34 所示。

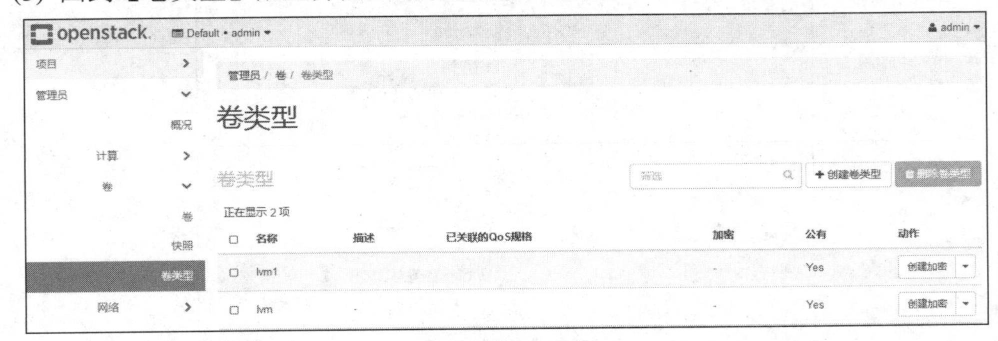

图 6-34　卷类型 lvm1 创建成功

(4) 勾选新建的卷类型 lvm1，单击页面右上角的【删除卷类型】按钮，在弹出的【确认 删除卷类型】对话框中单击【删除卷类型】按钮，即可删除卷类型 lvm1，如图 6-35 所示。

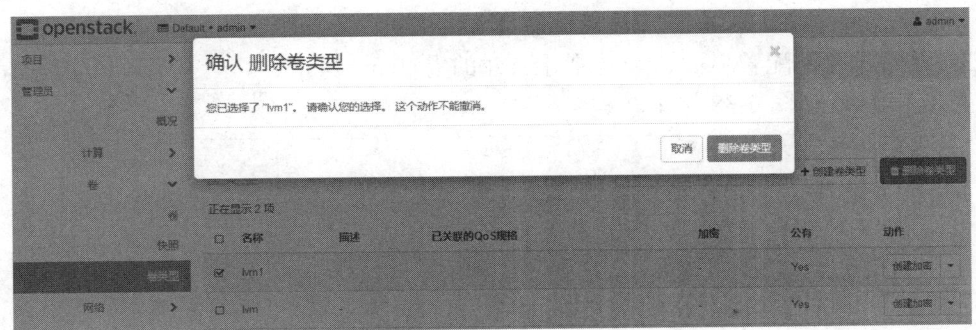

图 6-35　删除卷类型 lvm1

3. 设置卷

(1) 在页面左侧导航栏中单击【项目】/【卷】/【卷】条目，在页面右侧出现的

【卷】配置界面中查看之前创建的 Cinder 卷的信息，然后单击【创建卷】按钮，如图 6-36 所示。

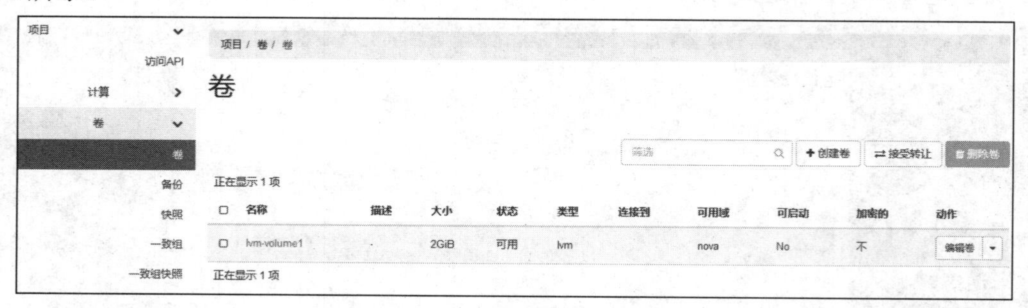

图 6-36　查看 Cinder 卷列表

(2) 在弹出的【创建卷】界面中将【卷名称】设置为“lvm-volume2”，将【类型】设置为【lvm】，将【大小(GB)】设置为 1，其他配置项保持默认，然后单击【创建卷】按钮，创建一个类型为 lvm 的卷 lvm-volume2，如图 6-37 所示。

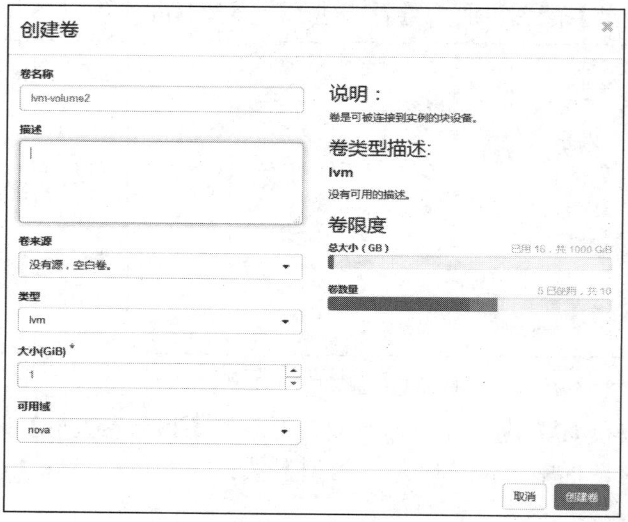

图 6-37　创建卷 lvm-volume2

(3) 返回【卷】配置界面，查看刚才新建的卷 lvm-volume2，可以看到其状态为【可用】(正常状态)，如图 6-38 所示。

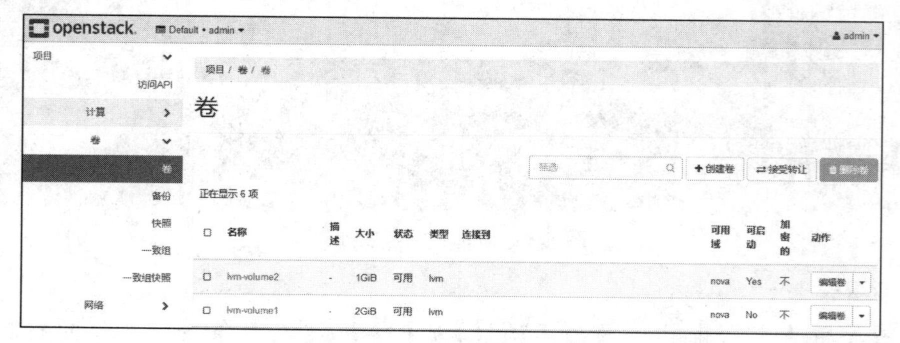

图 6-38　卷 lvm-volume2 创建成功

(4) 勾选新建的卷 lvm-volume2，单击界面中的【删除卷】按钮，在出现的【确认 删除卷】对话框中单击【删除卷】按钮，即可删除卷 lvm-volume2，如图 6-39 所示。

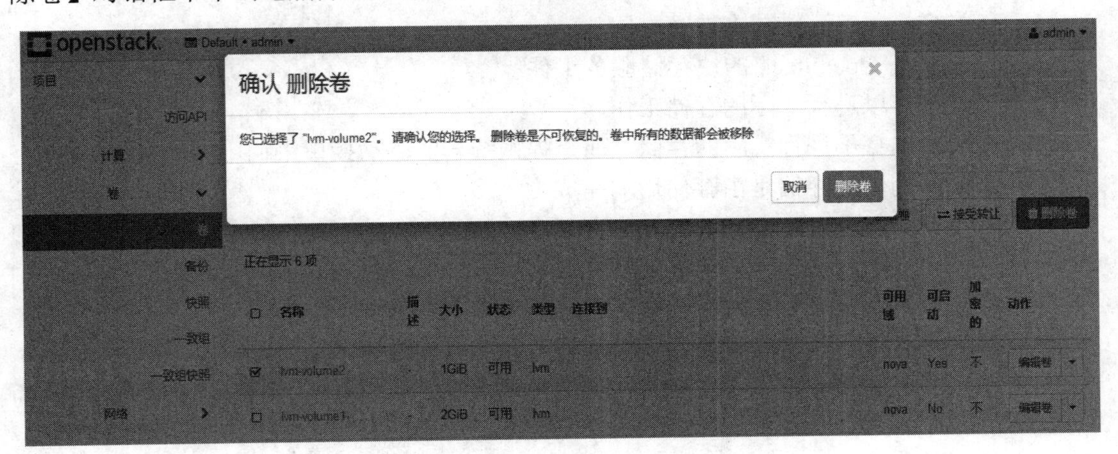

图 6-39　删除卷 lvm-volume2

以上为 Cinder 卷服务安装配置的所有内容。在下一章中，我们将以本章搭建完成的 Cinder 卷服务为基础，介绍如何使用 Cinder 卷服务管理分布式文件系统。

本 章 小 结

通过本章的学习，读者应当了解：

✧ Cinder 是 OpenStack 中的块存储服务组件，主要用于对卷(Volume)、卷类型(Volume Type)、卷快照(Volume Snapshot)进行管理。Cinder 本身不能存储数据，而是通过统一的驱动接口来调用存储后端，再由存储后端进行数据存储。IBM、EMC 以及众多的开源块存储系统(如 Ceph、Gluster 分布式文件系统)等都可以作为 Cinder 的存储后端。

✧ Cinder 由五部分组成，分别为 Cinder-api、Cinder-scheduler、Cinder-volume、Cinder-backup 及消息队列(Message Queue)。其中，Cinder-api 是 Cinder 对外的唯一入口；Cinder-volume 提供块存储和存储驱动接口的组件服务；Cinder-scheduler 是调度器；Cinder-backup 用于实现对块存储卷的备份；消息队列用于 Cinder 内部的消息交互。

✧ 安装配置 Cinder 时，一般将 Cinder-api 和 Cinder-scheduler 服务运行在控制节点上，将 Cinder-volume 服务运行在控制节点、计算节点或单独的存储节点上。

✧ Cinder 提供的块存储通常要以存储卷的形式挂载到虚拟机后才可使用，目前一个卷在同一时刻只能挂载到一个虚拟机上，但在不同时刻可以挂载到多个虚拟机上。

✧ Cinder 安装配置之前需要注意的事项有两个：第一，在控制节点和存储节点上编辑 Cinder 配置文件 cinder.conf 时，其中的参数 my_ip 需要指向自己的 IP 地址；第二，一定要保证控制节点与存储节点的时间同步，否则进行验证时 Cinder-volume 服务的状态会显示为不正常，这将导致 Cinder 卷服务安装失败。

本 章 练 习

1．有关 Cinder，下列说法错误的是_______。

A．Cinder 是 OpenStack 的块存储服务组件

B．Cinder 可以进行实际的存储工作

C．Cinder 本身不进行实际的存储，而是提供统一的驱动接口来调用存储后端

D．Cinder 的数据存储是由存储后端完成

2．按照本章介绍的方法配置 Cinder 卷服务，在对 cinder.conf 文件的 my_ip 进行配置时，下列说法正确的是_______。

A．控制节点和存储节点的 my_ip 值都为控制节点的 IP 地址

B．控制节点和存储节点的 my_ip 值都为存储节点的 IP 地址

C．控制节点的 my_ip 值为存储节点的 IP 地址，存储节点的 my_ip 值为控制节点的 IP 地址

D．控制节点的 my_ip 值为控制节点的 IP 地址，存储节点的 my_ip 值为存储节点的 IP 地址

3．有关 Cinder 的一般部署情况，下列说法错误的是______。

A．Cinder-api 和 Cinder-scheduler、Cinder-volume 服务都部署在控制节点上

B．Cinder-api 和 Cinder-scheduler 服务部署在控制节点上，Cinder-volume 服务部署在存储节点上

C．Cinder-api 和 Cinder-scheduler 服务部署在存储节点上，Cinder-volume 服务部署在控制节点上

D．Cinder-api 和 Cinder-scheduler 服务部署在控制节点上，Cinder-volume 服务部署在计算节点上

4．Cinder 安装配置完成后，执行 cinder service-list 命令可以查看 Cinder 的哪些服务_____。

A．Cinder-api 和 Cinder-scheduler 服务

B．Cinder-api 和 Cinder-volume 服务

C．Cinder-api、Cinder-volume 和 Cinder-scheduler 服务

D．Cinder-volume 和 Cinder-scheduler 服务

5．简述 Cinder 的五个组成部分及其各自的作用。

6．简述 Cinder 的工作流程。

7．参照第 4 章及本章内容，自行安装配置一套 Cinder 卷服务。

第7章　管理分布式文件系统

本章目标

- 了解分布式文件系统与Cinder卷服务的关系
- 了解Ceph文件系统及Ceph的两个核心概念
- 理解Ceph文件系统的概念架构
- 熟悉Ceph文件系统的三个核心组件
- 掌握Ceph文件系统的创建过程
- 掌握Cinder管理Ceph文件系统的整个过程

Cinder 是 OpenStack 提供块存储的组件，但它自身并不进行数据的存储，而是将此工作交予存储后端来完成。在第 6 章中，我们介绍了 Cinder 卷服务的安装配置方法，本章将在此基础上，继续介绍 Cinder 管理存储后端的方法。

本章以目前企业常用的 Ceph+OpenStack 组合为例，从介绍分布式文件系统的概念及其与 Cinder 的关系入手，循序渐进，着重介绍 Ceph 文件系统的架构、搭建方法以及 Cinder 如何管理 Ceph 文件系统等知识，帮助读者掌握使用 Cinder 管理存储后端的基本技能。

7.1 分布式文件系统与 Cinder 卷服务

Cinder 支持多种存储后端，分布式文件系统就是其中之一。分布式文件系统可以把多个不同类型的存储块汇聚成一个大的并行网络文件系统，因此目前已被广泛作为存储后端使用。

下面介绍常用的分布式文件系统及其与 Cinder 卷服务的关系。

7.1.1 分布式文件系统简介

分布式文件系统(Distributed File System)管理的物理存储资源不一定直接连接在本地节点上，而是通过计算机网络与节点相连。换言之，分布式文件系统就是集群文件系统，基于 C/S(Client/Server)模式设计，具有易于扩展且便于配置、共享和管理的特点，可以支持大量节点及 PB 级的数据存储。

常见的开源分布式文件系统有 Gluster、Ceph 等。OpenStack 曾经支持 Gluster 和 Ceph 文件系统，但从 Ocata 版本开始，OpenStack 取消了 Gluster 驱动，即不再支持 Gluster 文件系统的存储后端；Ceph 文件系统则一直得到 OpenStack 的支持。随着 Ceph 的 Jewel 版本发布，Ceph 性能日益稳定，已成为 OpenStack 存储后端的标配。

7.1.2 Cinder 与分布式文件系统的交互

Cinder 是虚拟机和具体存储设备间的一层逻辑存储卷的抽象，它本身并不是一种存储技术，而是提供一个中间的抽象层，通过调用不同的驱动接口来管理对应类型的存储后端，为用户提供统一的卷操作。

Cinder 通过内部的 Cinder-volume 服务借助插件式的驱动接口与各种存储后端进行交互，对外提供了统一的 Cinder API 接口，使用户无需针对不同存储后端逐一开发对应的实现方式。Cinder-volume 服务支持基于软件和基于硬件的两类插件，而 Cinder 与分布式文件系统存储后端的交互主要通过 Cinder-volume 的基于软件的插件来实现，如图 7-1 所示。

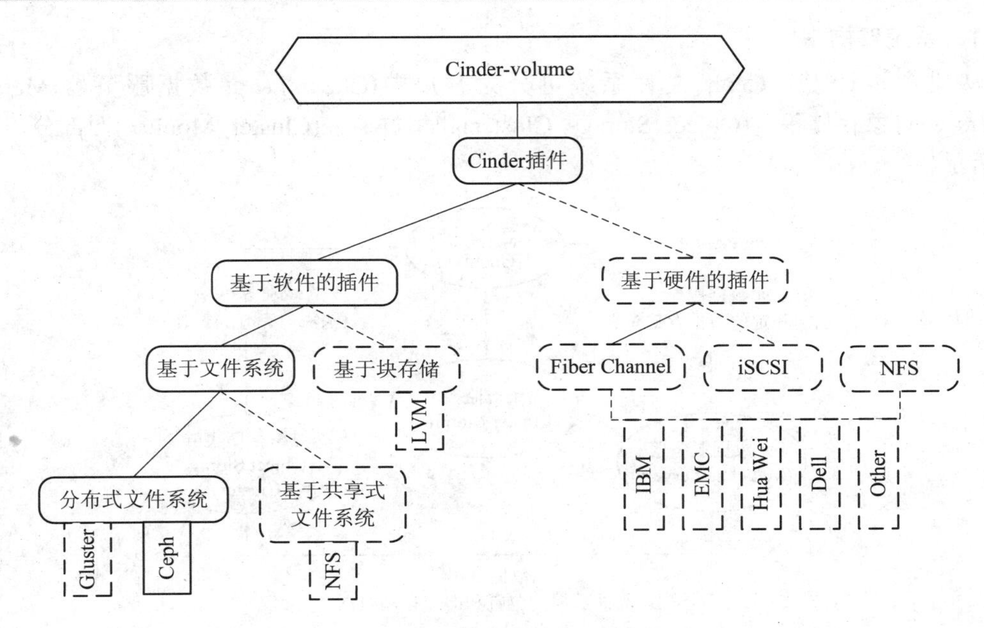

图 7-1　Cinder 与分布式文件系统的交互过程

7.2　管理 Ceph 文件系统

Ceph 文件系统是目前 OpenStack 社区呼声最高的开源存储解决方案之一。本节将详细介绍 Ceph 文件系统的概念、架构及创建方法，并在此基础上进一步讲解使用 Cinder 管理 Ceph 文件系统的方法。

7.2.1　Ceph 文件系统简介

Ceph 官方网站对 Ceph 的介绍是“Ceph is a unified, distributed storage system designed for excellent performance, reliability and scalability.”，即 Ceph 文件系统是一种统一的分布式存储系统，具备性能卓越、高可靠、高可扩展的设计特性。

Ceph 有两个核心概念：统一和分布式。统一即 Ceph 可以凭一套存储系统同时提供对象存储、块存储和文件系统存储三种功能，用户既可以同时启用这三种功能，也可以“三选一”使用，从而在满足不同应用需求的前提下简化部署和运维工作；分布式即 Ceph 文件系统具有真正的无中心结构和理论上无上限的系统规模可扩展性，其以 Scale-out 形式实现的扩容可达到 PB 级别。

7.2.2　Ceph 文件系统架构

与传统的文件系统不同，Ceph 没有将全部的精力集中在文件系统本身，而是将功能分布到了 Ceph 集群中。

1. 系统架构

从概念设计上，Ceph 文件系统可分为客户端(Clients)、元数据服务器(Metadata Servers)、对象存储集群(Object Storage Cluster)和集群监控(Cluster Monitor)四部分，如图 7-2 所示。

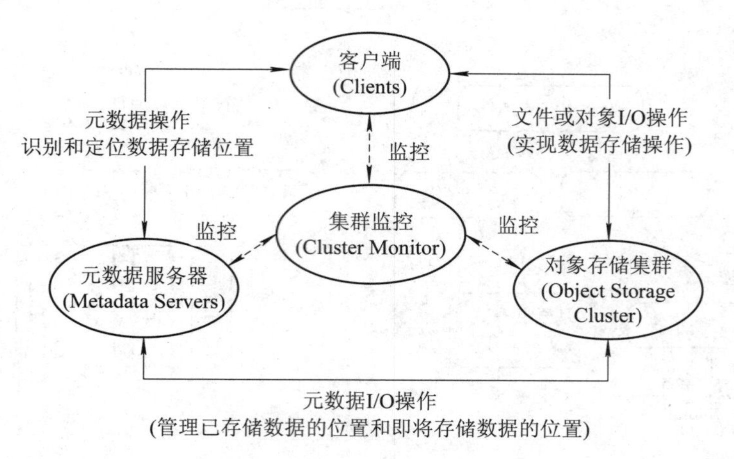

图 7-2　Ceph 文件系统架构图

其中，客户端即存储数据的使用者；元数据服务器负责缓存和同步分布式元数据；对象存储集群以对象的形式存储用户数据和元数据，并实现其他的主要功能；集群监控即实现对整个集群的监控。

2. 系统组件

Ceph 文件系统有三个核心组件：Ceph OSD、Ceph Monitor 和 Ceph MDS。

(1) Ceph OSD：对象存储设备(Object Storage Device)，是 Ceph 文件系统的最终物理存储设备，主要实现存储、复制、平衡、恢复数据等功能，此外还能进行 OSD 间的心跳检查，并将一些变化情况上报给 Ceph Monitor。每个 OSD 都有一个 OSD 守护进程，通常一个 OSD 守护进程与一个物理磁盘绑定，也就是说，Ceph 文件系统的 OSD 个数与物理磁盘的个数相等。

(2) Ceph Monitor：监视器，负责监视 Ceph 集群，维护 Ceph 集群的健康状态，同时维护着 Ceph 集群中的各种 Map 图，比如 OSD Map、Monitor Map、PG Map 和 CRUSH Map，这些 Map 统称为 Cluster Map。

(3) Ceph MDS：元数据服务器(Ceph MetaData Server)，主要用于保存文件系统服务的元数据。

7.2.3 创建 Ceph 文件系统

Ceph 的 Monitor 具有仲裁机制，因此搭建 Ceph 文件系统至少需要 3 个 Monitor 节点。如果需要增加 Monitor 节点，要保证所用的 Monitor 节点必须是奇数。OSD 节点的 OSD 进程要绑定在一块单独的不运行操作系统的硬盘上，并且设置至少两个分区，分别用于保存 OSD 数据和 OSD 日志。

下面介绍创建 Ceph 文件系统的基本步骤。

1．搭建环境

本次实验用 3 台虚拟机搭建最精简的 Ceph 分布式文件系统。这 3 台虚拟机既作为 OSD 节点，又作为 Monitor 节点，同时也作为 MDS 节点，具体部署情况如表 7-1 所示。

表 7-1　Ceph 文件系统的环境部署

<table>
<tr><td rowspan="4">宿主机</td><td>虚拟机主机名</td><td>虚拟机 IP</td><td>操作系统</td><td>说　明</td></tr>
<tr><td>ceph1</td><td>192.168.0.51</td><td rowspan="3">CentOS 7.4
最小化安装</td><td>作为 OSD 节点，同时也作为 Monitor 节点和 Metadata 节点(MDS 节点)
安装 ceph-deploy，安装部署其他各节点</td></tr>
<tr><td>ceph2</td><td>192.168.0.52</td><td>作为 OSD 节点，同时也作为 Monitor 节点和 Metadata 节点(MDS 节点)</td></tr>
<tr><td>ceph3</td><td>192.168.0.53</td><td>作为 OSD 节点，同时也作为 Monitor 节点和 Metadata 节点(MDS 节点)</td></tr>
</table>

注意：安装虚拟机操作系统时，需使用 Minimal Install(最小化安装)模式。

本次实验环境的拓扑架构如图 7-3 所示。

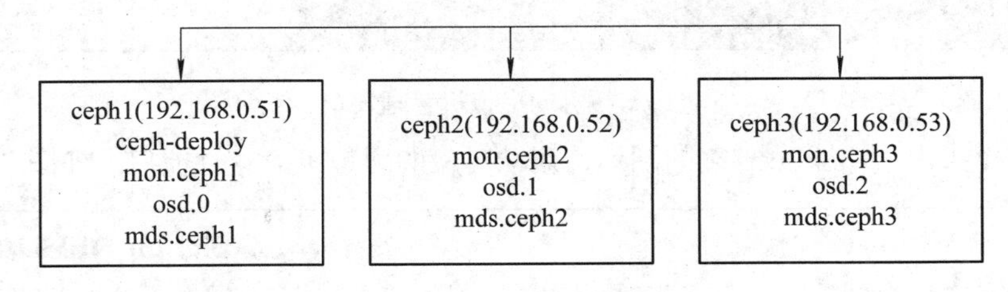

图 7-3　实验环境拓扑架构图

2．配置网络

配置网络的具体操作参考本书 6.2.2 节中的存储节点网络配置部分，此处不再赘述。

3．配置虚拟机

配置虚拟机即设置虚拟机主机名、配置主机名与 IP 地址的映射、关闭防火墙及 SELinux 等，具体操作可参考本书 6.2.2 节中的配置存储节点部分，此处不再赘述。

4．同步时间

为保证 Ceph 文件系统与 OpenStack 的时间一致，需要修改 ceph1、ceph2、ceph3 三台虚拟机上的系统时区，然后配置时间服务客户端，具体操作参考本书的 4.3.1 节和 4.3.3 节，此处不再赘述。

5．升级系统

升级系统的具体操作参考本书 6.2.2 节中的存储节点系统升级部分，此处不再赘述。

6．添加硬盘

在虚拟机 ceph1、ceph2、ceph3 上各添加一块硬盘，具体步骤如下：

1) 创建硬盘文件

在三台虚拟机所在的宿主机上执行以下命令，创建大小为 20 G 的虚拟机硬盘文件：

```
# qemu-img create -f qcow2 lzero_ceph1_hd.qcow2 20G
# qemu-img create -f qcow2 lzero_ceph2_hd.qcow2 20G
# qemu-img create -f qcow2 lzero_ceph3_hd.qcow2 20G
```

2) 为虚拟机添加硬盘

下面以虚拟机 ceph1 为例，介绍为虚拟机添加硬盘的过程：

(1) 在虚拟机所在的宿主机终端执行 virt-manager 命令，启动虚拟机管理窗口【Virtual Machine Manager】，如图 7-4 所示。

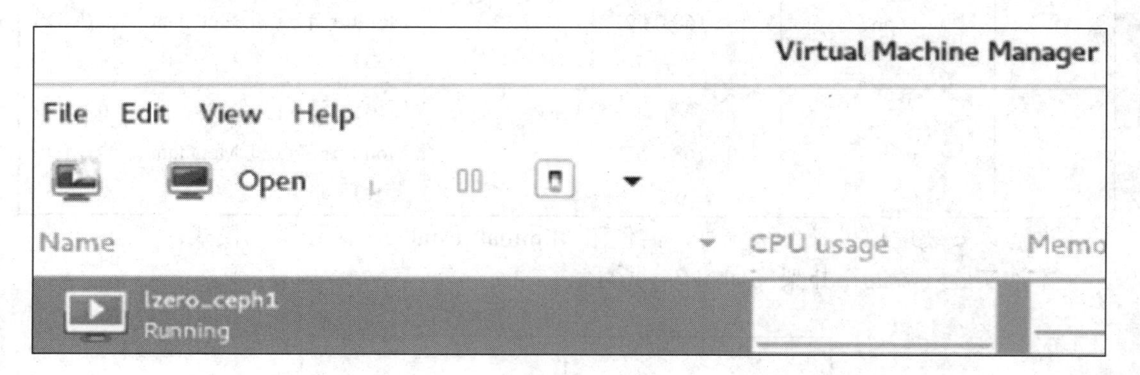

图 7-4　启动虚拟机管理窗口

(2) 双击窗口中虚拟机 ceph1 的图标，启动对应的虚拟机命令行窗口，如图 7-5 所示。

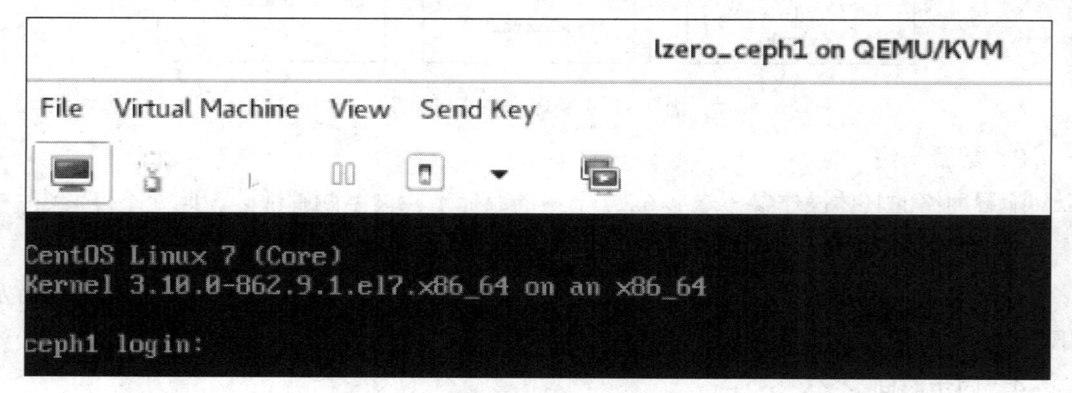

图 7-5　启动虚拟机 ceph1 的命令行窗口

(3) 单击虚拟机命令行窗口工具栏中的左起第二个图标 ，进入虚拟机详情窗口，如图 7-6 所示。

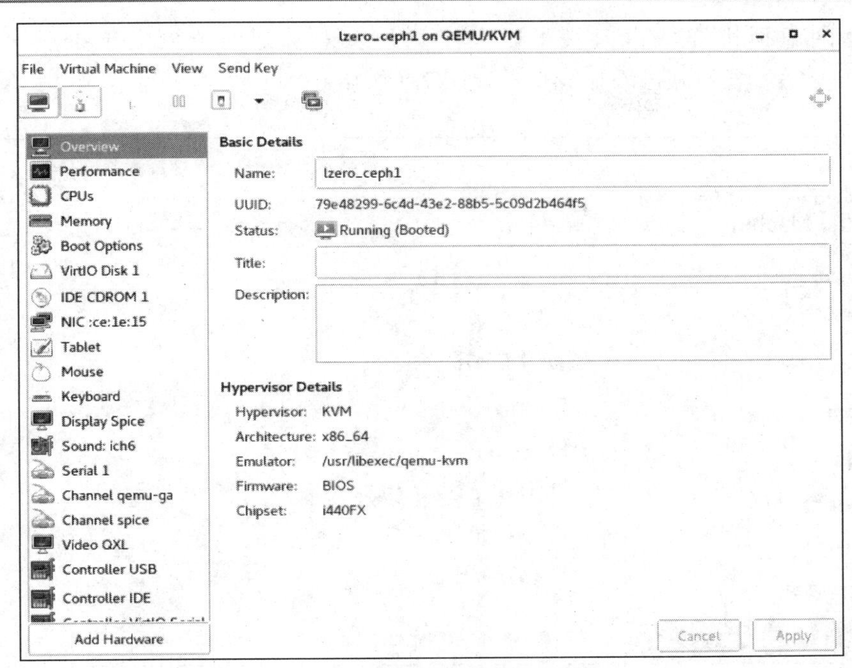

图 7-6　进入虚拟机 ceph1 的详情窗口

(4) 单击虚拟机详情窗口左下角的【Add Hardware】按钮，弹出【Add New Virtual Hardware】界面，在界面左侧的项目列表中选择【Storage】项目，在右侧出现的配置界面中选择【Select or create custom storage】，然后单击下方的【Manage...】按钮，选择创建硬盘所使用的文件。配置完毕，单击【Finish】按钮，如图 7-7 所示。

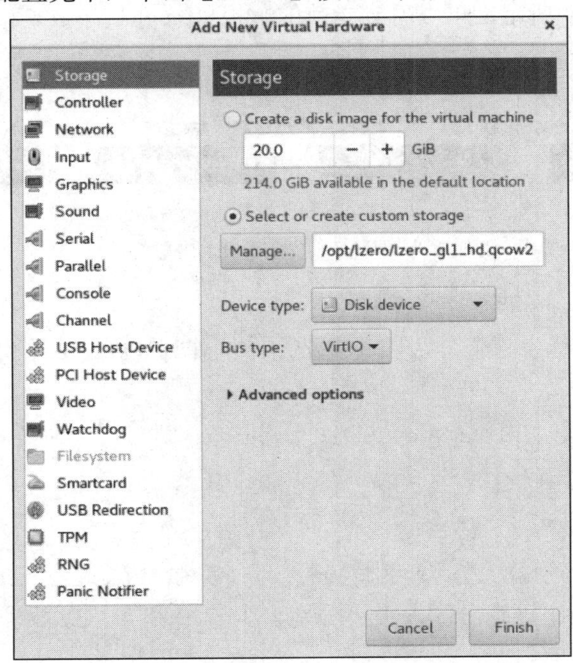

图 7-7　为虚拟机 ceph1 添加新硬盘

(5) 返回虚拟机详情窗口，可以在左侧列表中看到虚拟机多出了一个硬盘项目【VirtIO Disk 2】，表明硬盘添加成功，如图 7-8 所示。

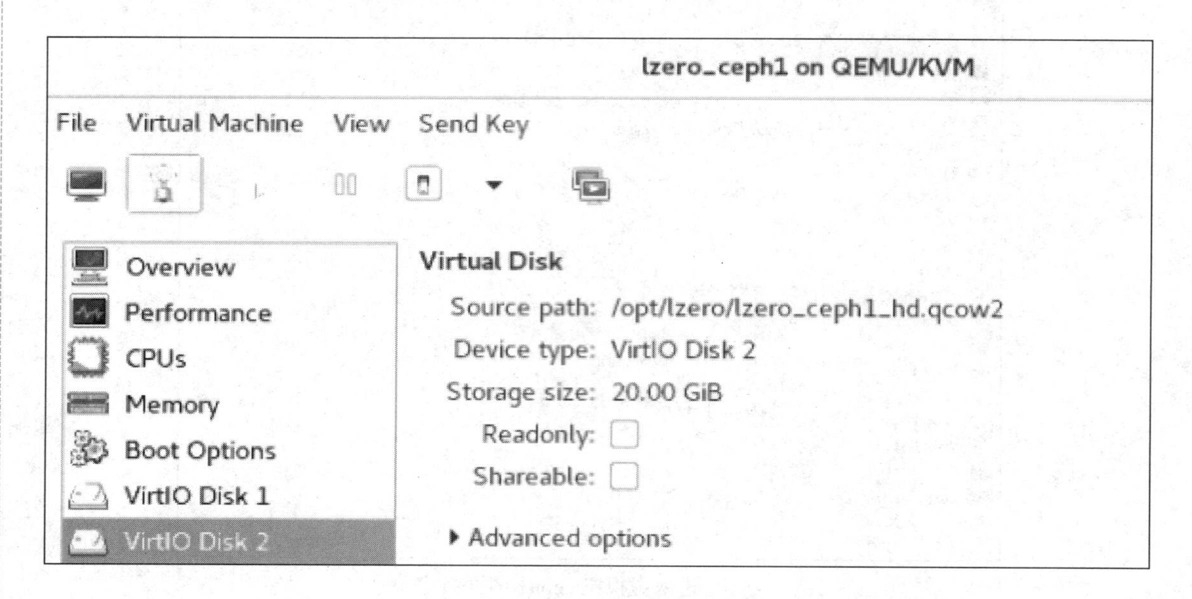

图 7-8　虚拟机硬盘添加成功

(6) 在虚拟机上执行以下命令，查看硬盘情况：

```
# ls /dev/vd*
```

查看结果如图 7-9 所示，可以看到当前的虚拟机 ceph1 有 vda 和 vdb 两个硬盘，其中 vdb 即新添加的硬盘。

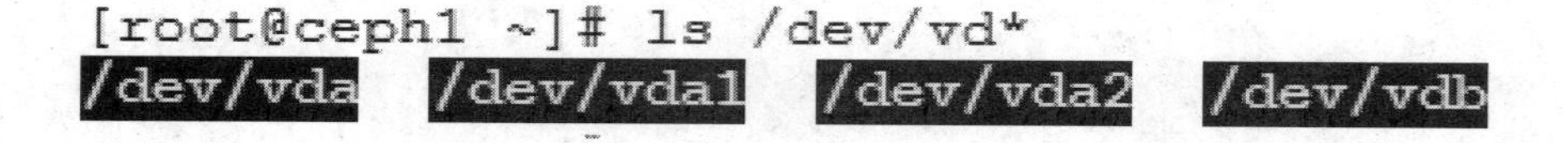

图 7-9　查看虚拟机 ceph1 硬盘情况

3) 划分硬盘分区

将新硬盘 vdb 划分为两个分区，其中一个分区作为 OSD 数据盘，另一个分区作为日志盘，具体操作如下：

(1) 执行 fdisk 命令，为硬盘/dev/vdb 划分分区：

```
# fdisk /dev/vdb
```

根据命令返回的提示，依次输入“n”(创建一个分区)→“p”(主分区)→回车→“30000000”(第一个分区的最后扇区值)→“n”(创建一个分区)→接连三个回车→“w”(保存并退出)来创建两个硬盘分区，大小分别为 14.7 G 和 4.3 G，如图 7-10 所示。

```
[root@ceph1 ~]# fdisk /dev/vdb
Welcome to fdisk (util-linux 2.23.2).

Changes will remain in memory only, until you decide to write them.
Be careful before using the write command.

Device does not contain a recognized partition table
Building a new DOS disklabel with disk identifier 0x1068fb6b.

Command (m for help): n
Partition type:
   p   primary (0 primary, 0 extended, 4 free)
   e   extended
Select (default p): p
Partition number (1-4, default 1): 1
First sector (2048-41943039, default 2048):
Using default value 2048
Last sector, +sectors or +size{K,M,G} (2048-41943039, default 41943039): 30000000
Partition 1 of type Linux and of size 14.3 GiB is set

Command (m for help): n
Partition type:
   p   primary (1 primary, 0 extended, 3 free)
   e   extended
Select (default p): p
Partition number (2-4, default 2):
First sector (30000001-41943039, default 30001152):
Using default value 30001152
Last sector, +sectors or +size{K,M,G} (30001152-41943039, default 41943039):
Using default value 41943039
Partition 2 of type Linux and of size 5.7 GiB is set

Command (m for help): w
The partition table has been altered!

Calling ioctl() to re-read partition table.
Syncing disks.
```

图 7-10　为新建硬盘 vdb 划分分区

(2) 执行以下命令，再次查看新硬盘 vdb 的情况：

```
# ls /dev/vdb*
```

输出结果如图 7-11 所示，可以看到，vdb 硬盘已经划分为 vdb1 和 vdb2 两个分区，其中 vdb1 作为数据盘，vdb2 作为日志盘。

```
[root@ceph1 ~]# ls /dev/vdb*
/dev/vdb  /dev/vdb1  /dev/vdb2
```

图 7-11　查看新硬盘分区状态

4) 创建文件系统

执行以下命令，为分区 vdb1 创建文件系统：

```
# mkfs.xfs /dev/vdb1
```

创建成功后，返回如图 7-12 所示的文件系统信息，可以看到，新建文件系统中的默认日志为内部日志，且 realtime 不可用。

```
[root@ceph1 ~]# mkfs.xfs /dev/vdb1
meta-data=/dev/vdb1              isize=512    agcount=4, agsize=937436 blks
         =                       sectsz=512   attr=2, projid32bit=1
         =                       crc=1        finobt=0, sparse=0
data     =                       bsize=4096   blocks=3749744, imaxpct=25
         =                       sunit=0      swidth=0 blks
naming   =version 2              bsize=4096   ascii-ci=0 ftype=1
log      =internal log           bsize=4096   blocks=2560, version=2
         =                       sectsz=512   sunit=0 blks, lazy-count=1
realtime =none                   extsz=4096   blocks=0, rtextents=0
```

图 7-12　为 vdb1 分区创建文件系统

5) 挂载文件系统

(1) 执行以下命令，创建挂载点：

```
# mkdir /ceph
```

(2) 使用 VI 编辑器修改/etc/fstab 文件，在文件末尾添加以下内容：

```
/dev/vdb1 /ceph xfs defaults 0 0
```

(3) 执行以下命令，将 vdb1 分区的文件系统挂载到/ceph 目录下，并验证挂载是否成功：

```
# mount -a
# df -h /dev/vdb1
```

若能看到 vdb1 返回的挂载信息，即表示文件系统挂载成功，如图 7-13 所示。

```
[root@ceph1 ceph]# df -h /dev/vdb1
Filesystem      Size  Used Avail Use% Mounted on
/dev/vdb1        15G   33M   15G   1% /ceph
```

图 7-13　vdb1 分区文件系统挂载成功

使用相同方法，在作为 OSD 节点的虚拟机 ceph2、ceph3 上分别完成上述添加硬盘的全部操作。

7. 配置 ssh-key 无密码登录

ceph-deploy 是 Ceph 文件系统的部署工具，但 ceph-deploy 不支持输入密码，因此需要在 Monitor 节点上生成 SSH 密钥，并把该密钥分发给 Ceph 的各个节点，操作如下：

(1) 在作为 Monitor 节点的虚拟机 ceph1 上执行以下命令，生成密钥：

```
# ssh-keygen
```

密钥生成过程中，一直按回车键保持默认设置即可，如图 7-14 所示。

```
[root@ceph1 yum.repos.d]# ssh-keygen
Generating public/private rsa key pair.
Enter file in which to save the key (/root/.ssh/id_rsa):
Created directory '/root/.ssh'.
Enter passphrase (empty for no passphrase):
Enter same passphrase again:
Your identification has been saved in /root/.ssh/id_rsa.
Your public key has been saved in /root/.ssh/id_rsa.pub.
The key fingerprint is:
SHA256:NyD7MR+km2bOY8bnv7zgpDRPjlraPl9DeDmP+gePEF4 root@ceph1
The key's randomart image is:
+---[RSA 2048]----+
|                 |
|                 |
|       . . .     |
|        o +..E.  |
|       . S.=o=   |
|        . Bo=.+  |
|        .X =.++. |
|        X*X.=..o |
|       o=B*Bo*+  |
+----[SHA256]-----+
```

图 7-14　在 Monitor 节点上创建 SSH 密钥

(2) 密钥创建完毕后，在虚拟机 ceph1 上执行以下命令，将创建的密钥复制给各个节点(包括 ceph1 本身的节点)：

```
# ssh-copy-id ceph1
# ssh-copy-id ceph2
# ssh-copy-id ceph3
```

根据返回的提示，输入目标虚拟机的登录密码，即可完成密钥复制，如图 7-15 所示。

```
[root@ceph1 yum.repos.d]# ssh-copy-id ceph2
/usr/bin/ssh-copy-id: INFO: Source of key(s) to be installed: "/root/.ssh/id_rsa.pu
b"
The authenticity of host 'ceph2 (192.168.0.52)' can't be established.
ECDSA key fingerprint is SHA256:c9pDddBSawV7FwC8Tifji5nVoujhlEAHoXwBObuBT1c.
ECDSA key fingerprint is MD5:3c:a1:d1:56:23:ac:dd:5a:22:39:0b:f2:63:83:78:50.
Are you sure you want to continue connecting (yes/no)? yes
/usr/bin/ssh-copy-id: INFO: attempting to log in with the new key(s), to filter out
 any that are already installed
/usr/bin/ssh-copy-id: INFO: 1 key(s) remain to be installed -- if you are prompted
now it is to install the new keys
root@ceph2's password:

Number of key(s) added: 1

Now try logging into the machine, with:   "ssh 'ceph2'"
and check to make sure that only the key(s) you wanted were added.
```

图 7-15　将创建的 SSH 密钥复制给其他节点

(3) 密钥复制完成后，执行 ssh 命令，以检查远程登录其他节点时是否无需输入密码即可直接登录。

8. 安装 Ceph 程序

在配置 Ceph 文件系统之前，需要先安装 Ceph 的部署工具 ceph-deploy。使用 ceph-deploy 可以非常简便地创建 Ceph 文件系统，其安装配置的步骤如下：

(1) 在作为 Monitor 节点的虚拟机 ceph1、ceph2、ceph3 上分别执行以下命令，创建 Ceph 软件源：

```
# rpm -ivh http://download.ceph.com/rpm-jewel/el7/noarch/ceph-release-1-1.el7.noarch.rpm
```

命令执行完毕，在每台虚拟机的/etc/yum.repos.d/目录下会生成一个 ceph.repo 源文件，其中记录了 Ceph 及其相关组件安装包的具体位置。

(2) 在一个 Monitor 节点(如虚拟机 ceph1)上执行以下命令，安装 ceph-deploy 软件：

```
# yum install -y ceph-deploy
```

安装完成后，执行以下命令，创建目录/ceph-conf 并在该目录下初始化 Monitor 环境：

```
# mkdir /ceph-conf
# cd /ceph-conf
# ceph-deploy new ceph1 ceph2 ceph3
```

命令执行完毕，在这台虚拟机的/ceph-conf 目录下会生成三个文件，如表 7-2 所示。

表 7-2　Monitor 环境初始化生成的文件

目录	文件	描　述
/ceph-conf	ceph.conf	Ceph 的配置文件
	ceph-deploy-ceph.log	ceph-deploy 命令执行的日志
	ceph.mon.keyring	Ceph Monitor 的密钥

(3) 在作为 Monitor 节点的虚拟机 ceph1、ceph2、ceph3 上分别执行以下命令，删除刚才创建的 Ceph 软件源，以避免安装 Ceph 主程序时发生冲突：

```
# rpm -e ceph-release-1-1.el7.noarch
```

(4) 在虚拟机 ceph1 上执行以下命令，在(客户端以外的)所有节点上安装 Ceph 程序：

```
# ceph-deploy install ceph1 ceph2 ceph3
```

忽略安装过程中出现的警告信息，如图 7-16 所示。

```
[ceph3][WARNIN] check_obsoletes has been enabled for Yum priorities plugin
[ceph3][       ] Running command: rpm --import https://download.ceph.com/keys/release.asc
[ceph3][       ] Running command: rpm -Uvh --replacepkgs https://download.ceph.com/rpm-jewel/el7/n
oarch/ceph-release-1-0.el7.noarch.rpm
[ceph3][DEBUG ] Retrieving https://download.ceph.com/rpm-jewel/el7/noarch/ceph-release-1-0.el7.no
arch.rpm
[ceph3][DEBUG ] Preparing...                          ########################################
[ceph3][DEBUG ] Updating / installing...
[ceph3][DEBUG ] ceph-release-1-1.el7                  ########################################
[ceph3][WARNIN] ensuring that /etc/yum.repos.d/ceph.repo contains a high priority
[ceph3][WARNIN] altered ceph.repo priorities to contain: priority=1
```

图 7-16　Ceph 程序安装过程

9. 配置 Ceph 文件系统

准备工作完成后，下面开始依次创建 Monitor、OSD 和 MDS 节点，具体步骤如下：

1) 创建 Monitor

(1) 在安装 ceph-deploy 软件的虚拟机 ceph1 上执行以下命令，安装 Monitor：

```
# cd /ceph-conf
# ceph-deploy mon create ceph1 ceph2 ceph3
```

若返回如图 7-17 所示信息，表明安装成功。

```
[ceph3][DEBUG ]    "state": "peon",
[ceph3][DEBUG ]    "sync_provider": []
[ceph3][DEBUG ] }
[ceph3][DEBUG ] ********************************************************************************
[ceph3][       ] monitor: mon.ceph3 is running
[ceph3][       ] Running command: ceph --cluster=ceph --admin-daemon /var/run/ceph/ceph-mon.ceph3.
asok mon_status
```

图 7-17　Monitor 节点创建成功

(2) 继续在虚拟机 ceph1 上执行以下命令，收集虚拟机 ceph1、ceph2 和 ceph3 上的 Monitor 节点的 key：

```
# ceph-deploy gatherkeys ceph1 ceph2 ceph3
```

忽略过程中出现的警告信息，收集完成后返回的报告如图 7-18 所示。

```
keyring=/var/lib/ceph/mon/ceph-ceph1/keyring auth get client.bootstrap-rgw
[ceph_deploy.gatherkeys][       ] Storing ceph.client.admin.keyring
[ceph_deploy.gatherkeys][       ] Storing ceph.bootstrap-mds.keyring
[ceph_deploy.gatherkeys][       ] keyring 'ceph.mon.keyring' already exists
[ceph_deploy.gatherkeys][       ] Storing ceph.bootstrap-osd.keyring
[ceph_deploy.gatherkeys][       ] Storing ceph.bootstrap-rgw.keyring
[ceph_deploy.gatherkeys][       ] Destroy temp directory /tmp/tmpxSDb9J
```

图 7-18　Monitor 节点的 key 收集完成

(3) 在虚拟机 ceph1 上执行以下命令，查看 Ceph 的当前状态：

```
# ceph -s
```

输出结果如图 7-19 所示。注意：由于 Ceph 尚未配置 OSD(注意输出信息【no osds】)，因此，Ceph 当前的【health】(健康状况)为【HEALTH_ERR】，即报错状态。

```
[root@ceph1 ~]# ceph -s
    cluster 4795e18b-10e5-4f9b-a103-b4aeb03f1a5d
     health HEALTH_ERR
            64 pgs are stuck inactive for more than 300 seconds
            64 pgs stuck inactive
            64 pgs stuck unclean
            no osds
     monmap e1: 3 mons at {ceph1=192.168.0.51:6789/0,ceph2=192.168.0.52:6789/0,ce
ph3=192.168.0.53:6789/0}
            election epoch 10, quorum 0,1,2 ceph1,ceph2,ceph3
     osdmap e1: 0 osds: 0 up, 0 in
            flags sortbitwise,require_jewel_osds
      pgmap v2: 64 pgs, 1 pools, 0 bytes data, 0 objects
            0 kB used, 0 kB / 0 kB avail
                  64 creating
```

图 7-19　查看未配置 OSD 的 Ceph 状态

2) 创建 OSD

(1) 创建 OSD 之前，需先修改硬盘的挂载点与硬盘设备的属主和组属性。在作为 OSD 节点的虚拟机 ceph1、ceph2、ceph3 上分别执行以下命令，将硬盘的挂载点、硬盘设备的属主和组属性都变更为 ceph：

```
# chown ceph:ceph /dev/vdb* /ceph
```

(2) 在安装了 ceph-deploy 软件的虚拟机 ceph1 的/ceph-conf 目录下，执行 prepare 命令，创建 OSD：

```
# ceph-deploy --overwrite-conf osd prepare ceph1:/ceph:/dev/vdb2 ceph2:/ceph:/dev/vdb2 ceph3:/ceph:/dev/vdb2
```

忽略创建过程中出现的警告信息，创建完成后的返回结果如图 7-20 所示。

```
[ceph3][WARNIN] command: Running command: /usr/bin/chown -R ceph:ceph /ceph/journal_uuid.3838.tmp
[ceph3][WARNIN] adjust_symlink: Creating symlink /ceph/journal -> /dev/vdb2
[ceph3][      ] checking OSD status...
[ceph3][DEBUG ] find the location of an executable
[ceph3][      ] Running command: /bin/ceph --cluster=ceph osd stat --format=json
[ceph_deploy.osd][DEBUG ] Host ceph3 is now ready for osd use.
```

图 7-20　OSD 创建完成

(3) 继续在虚拟机 ceph1 上执行 activate 命令，激活刚才创建的 OSD：

```
# ceph-deploy --overwrite-conf osd activate ceph1:/ceph:/dev/vdb2   ceph2:/ceph:/dev/vdb2
ceph3:/ceph:/dev/vdb2
```

忽略创建过程中出现的警告信息，激活成功后的返回信息如图 7-21 所示。

```
[ceph3][WARNIN] command_check_call: Running command: /usr/bin/systemctl start ceph-osd@2
[ceph3][      ] checking OSD status...
[ceph3][DEBUG ] find the location of an executable
[ceph3][      ] Running command: /bin/ceph --cluster=ceph osd stat --format=json
[ceph3][WARNIN] there are 2 OSDs down
[ceph3][WARNIN] there are 2 OSDs out
[ceph3][      ] Running command: systemctl enable ceph.target
```

图 7-21　OSD 激活成功

(4) 在虚拟机 ceph1 上执行以下命令，查看 Ceph 以及 OSD 树的状态：

```
# ceph -s
# ceph osd tree
```

输出结果如图 7-22 所示，可以看到 Ceph 的【health】项显示为【HEALTH_OK】，表明 Ceph 状态正常；【monmap】项显示集群中有 3 个 Monitor 节点；【osdmap】项显示集群中有 3 个 OSD 节点且均为正常状态(即【up】状态)。

```
[root@ceph1 ceph-conf]# ceph -s
    cluster 4795e18b-10e5-4f9b-a103-b4aeb03f1a5d
     health HEALTH_OK
     monmap e1: 3 mons at {ceph1=192.168.0.51:6789/0,ceph2=192.168.0.52:6789/0,ceph3=192.168.0.53:6789/0}
            election epoch 10, quorum 0,1,2 ceph1,ceph2,ceph3
     osdmap e14: 3 osds: 3 up, 3 in
            flags sortbitwise,require_jewel_osds
      pgmap v25: 64 pgs, 1 pools, 0 bytes data, 0 objects
            321 MB used, 43590 MB / 43912 MB avail
                  64 active+clean
[root@ceph1 ceph-conf]# ceph osd tree
ID WEIGHT  TYPE NAME      UP/DOWN REWEIGHT PRIMARY-AFFINITY
-1 0.04198 root default
-2 0.01399     host ceph1
 0 0.01399         osd.0       up  1.00000          1.00000
-3 0.01399     host ceph2
 1 0.01399         osd.1       up  1.00000          1.00000
-4 0.01399     host ceph3
 2 0.01399         osd.2       up  1.00000          1.00000
```

图 7-22　查看 Ceph 及 OSD 树的状态

3) 创建 MDS

在虚拟机 ceph1 的/ceph-conf 目录下执行以下命令，创建 MDS：

```
# ceph-deploy mds create ceph1 ceph2 ceph3
```

创建完成后的输出信息如图 7-23 所示。

```
[ceph3][      ] Running command: systemctl enable ceph-mds@ceph3
[ceph3][WARNIN] Created symlink from /etc/systemd/system/ceph-mds.target.wants/ce
ph-mds@ceph3.service to /usr/lib/systemd/system/ceph-mds@.service.
[ceph3][      ] Running command: systemctl start ceph-mds@ceph3
[ceph3][      ] Running command: systemctl enable ceph.target
```

图 7-23　创建 MDS

4) 创建 Pool

Ceph 默认使用 Pool(存储池)的形式存储数据，用户可以将不同的数据存入同一个 Pool 中，也可以将不同数据存储在不同的 Pool 中。

本次实验将创建三个 Pool：data、metadata 和 volumes。其中，MDS 需要使用两个 Pool，data Pool 用来存储数据；metadata Pool 用来存储元数据；而 volumes Pool 是预留给 Cinder 卷服务使用的。具体创建步骤如下：

(1) 在虚拟机 ceph1 上执行以下命令，依次创建三个 Pool 并为其授权：

```
# ceph osd pool create data 192 192
# ceph osd pool create metadata 192 192
# ceph osd pool create volumes 2048 2048
# ceph auth get-or-create client.cinder mon 'allow r' osd 'allow class-read object_prefix rbd_children, allow rwx
pool=volumes'
```

(2) 执行 ceph -s 命令，查看 Ceph 状态。输出结果显示此时 Ceph 的【health】状态为【HEALTH_WARN】，如图 7-24 所示。

```
[root@ceph1 ceph-conf]# ceph -s
    cluster 4795e18b-10e5-4f9b-a103-b4aeb03f1a5d
     health HEALTH_WARN
            too many PGs per OSD (448 > max 300)
     monmap e1: 3 mons at {ceph1=192.168.0.51:6789/0,ceph2=192.168.0.52:6789/0,ceph3=192.168.0.53:6789/0}
            election epoch 10, quorum 0,1,2 ceph1,ceph2,ceph3
      fsmap e7: 1/1/1 up {0=ceph2=up:active}, 2 up:standby
     osdmap e21: 3 osds: 3 up, 3 in
            flags sortbitwise,require_jewel_osds
      pgmap v98: 448 pgs, 3 pools, 2068 bytes data, 20 objects
            323 MB used, 43588 MB / 43912 MB avail
                 448 active+clean
```

图 7-24　Ceph 呈现警告状态

(3) 根据图 7-24 中【health】项下方的提示信息【too many PGs per OSD (448 > max 300)】，表明应调整 PG(归置组，是 Ceph 的逻辑存储单元)的值。使用 VI 编辑器修改虚拟机上的/etc/ceph/ceph.conf 文件，对 PG 的最大值进行调整，应设置的尽量大些，如 1000 或更大：

```
mon_pg_warn_max_per_osd = 1000
```

设置完毕，保存文件并退出。

(4) 再次执行以下命令，重启虚拟机 ceph1 的 Monitor 服务，并查看 Ceph 的状态：

```
# systemctl restart ceph-mon@ceph1
# ceph -s
```

若输出结果如图 7-25 所示，【health】状态变为【HEALTH_OK】，表明 Ceph 的状态已恢复正常。

```
[root@ceph1 ceph-conf]# systemctl restart ceph-mon@ceph1
[root@ceph1 ceph-conf]# ceph -s
    cluster 4795e18b-10e5-4f9b-a103-b4aeb03f1a5d
     health HEALTH_OK
```

图 7-25　Ceph 恢复正常状态

如果 Ceph 的【health】状态仍然为【HEALTH_WARN】，则按照上述步骤，依次检查虚拟机 ceph2、ceph3 的配置信息，直到 Ceph 的状态显示为正常，此处不再赘述。

7.2.4　使用 Cinder 管理 Ceph 文件系统

Cinder 是 OpenStack 中最早支持 Ceph 文件系统的项目。在前面的实验当中，已经将 Cinder 安装配置完成，并将 Ceph 文件系统创建完毕，接下来，我们开始讲解如何使用 Cinder 管理 Ceph 文件系统。

1．搭建环境

本实验以第 6 章搭建的 OpenStack 环境为基础，将 Cinder 与 Ceph 文件系统相集成。实验环境部署情况如表 7-3 所示。

表 7-3　Cinder 集成实验环境部署

OpenStack 环境						
主机名	节点类型	VCPU	内存	操作系统	虚拟机 IP	说明
controller	控制节点	2	4G	CentOS 7.4 最小化安装	192.168.1.223	控制功能
compute1	计算节点	2	4G		192.168.1.225	计算功能
computer02	计算节点	2	4G		192.168.0.48	计算功能
block	存储节点	2	4G		192.168.0.47	块存储功能
Ceph 文件系统						
主机名		VCPU	内存	操作系统	虚拟机 IP	说　明
ceph1		2	2G	CentOS 7.4 最小化安装	192.168.0.51	作为 OSD 节点，同时也作为 Monitor 节点和 Metadata 节点(MDS 节点) 安装 ceph-deploy，安装部署其他各节点
ceph2		2	2G		192.168.0.52	作为 OSD 节点，同时也作为 Monitor 节点和 Metadata 节点(MDS 节点)
ceph3		2	2G		192.168.0.53	

2．配置 Ceph 客户端认证

在 Ceph 的其中一个 Monitor 节点(如 ceph1)上执行以下命令，为 Cinder 创建客户端用户 client.cinder：

```
# ceph auth get-or-create client.cinder
```

上述命令会返回用户 client.cinder 的密钥(key)，如图 7-26 所示。

```
[root@ceph1 ceph-conf]# ceph auth get-or-create client.cinder
[client.cinder]
        key = AQDy/IBbUSDVChAAfnlg/6GMA66bM01jcZVSGA==
```

图 7-26　获取客户端用户 client.cinder 的密钥

记录好该密钥的信息，后面配置存储节点和计算节点时还会用到。

3．配置计算节点

首先对运行 nova-compute 服务的计算节点进行配置。本次实验有两个计算节点 compute1 和 computer02。因此首先需要登录 compute1 节点，在上面依次进行以下操作：

1) 安装并配置 Ceph

(1) 执行以下命令，安装 ceph-common 软件包：

```
# yum install -y ceph-common
```

(2) 执行以下命令，将虚拟机 ceph1(IP:192.168.0.51)的/etc/ceph/目录下的 ceph.conf 和 ceph.client.admin.keyring 两个文件传输到 compute1 节点上：

```
# mkdir -p /etc/ceph/
# scp  192.168.0.51:/etc/ceph/ceph.conf  /etc/ceph/
# scp  192.168.0.51:/etc/ceph/ceph.client.admin.keyring   /etc/ceph/
```

(3) 进入/etc/ceph 目录，使用 VI 编辑器修改文件 ceph.client.cinder.keyring，将图 7-26 中 Cinder 客户端的密钥信息添加到文件中：

```
[client.cinder]
    key = AQDy/IBbUSDVChAAfnlg/6GMA66bM01jcZVSGA==
```

设置完毕，保存文件并退出。

2) 创建并配置密钥

(1) 执行以下命令，生成一个 UUID：

```
# uuidgen
```

以上命令会返回一个 UUID 值，作为该节点在整个 OpenStack 集群中的唯一识别码，如图 7-27 所示。注意：该命令只需要执行一次。

```
[root@computer01 ceph]# uuidgen
b02330e4-e316-42ae-93dd-0676573f81c6
```

图 7-27　生成 UUID

(2) 使用 VI 编辑器修改临时密钥文件/root/secret.xml，在其中编写 client.cinder 用户信息，并将 UUID 作为密钥添加到 libvirt 中，然后将用户 client.cinder 与 UUID 进行关联，代码内容如下：

```
<secret ephemeral='no' private='no'>
  <uuid>b02330e4-e316-42ae-93dd-0676573f81c6</uuid>
  <usage type='ceph'>
    <name>client.cinder secret</name>
  </usage>
</secret>
```

添加完毕，保存文件并退出。注意：这里要记住该 UUID 的值，后面配置存储节点时还会用到。

(3) 执行以下命令，定义密钥文件 secret.xml：

```
# virsh secret-define --file /root/secret.xml
```

输出结果如图 7-28 所示，若看到信息【Secret …… created】，表明密钥已创建。

```
[root@computer01 ceph]# virsh secret-define --file /root/secret.xml
Secret b02330e4-e316-42ae-93dd-0676573f81c6 created
```

图 7-28　重定义文件 secret.xml

(4) 执行以下命令，将用户 client.cinder 的密钥(key)与 UUID 关联，并删除临时副本：

```
# virsh secret-set-value --secret b02330e4-e316-42ae-93dd-0676573f81c6 --base64
AQDy/IBbUSDVChAAfnlg/6GMA66bM01jcZVSGA==
# rm -rf client.cinder.key secret.xml
```

其中，参数 secret 后跟图 7-28 中生成的 UUID 值，base64 后跟图 7-26 中生成的用户 client.cinder 的密钥值。

(5) 配置完毕，执行以下命令，重启 libvirtd 服务：

```
# systemctl restart libvirtd
```

使用相同方法，在 computer02 节点上完成相关配置。注意：配置 computer02 节点时不需再执行 uuidgen 命令生成 UUID，使用 compute1 节点上生成 UUID 的即可。

4. 配置存储节点

接下来对运行 Cinder-volume 服务的存储节点 block 进行配置，具体步骤如下：

(1) 安装 Ceph 相关组件。

在存储节点上执行以下命令，安装 ceph-common 软件包：

```
# yum install -y ceph-common
```

(2) 获取 Ceph 配置文件。

在存储节点上执行以下命令，将 Monitor 节点(即 ceph1)的配置文件拷贝到本节点上：

```
# mkdir -p /etc/ceph/
# scp 192.168.0.51:/etc/ceph/ceph.conf /etc/ceph
# scp 192.168.0.51:/etc/ceph/ceph.client.admin.keyring /etc/ceph
```

(3) 配置 cinder 密钥并设置归属。

进入存储节点的/etc/ceph 目录，使用 VI 编辑器修改文件 ceph.client.cinder.keyring，将图 7-26 中获取的用户 client.cinder 的密钥信息写入文件中：

```
[client.cinder]
    key = AQDy/IBbUSDVChAAfnlg/6GMA66bM01jcZVSGA==
```

然后执行以下命令，为修改后的文件设置属主和组属性：

```
# chown cinder:cinder /etc/ceph/ceph.client.cinder.keyring
```

(4) 配置 cinder.conf 文件。

在存储节点上使用 VI 编辑器修改 cinder.conf 文件，在其中添加以下内容：

✧ 配置 DEFAULT。

修改文件中的配置项[DEFAULT]中 enabled_backends 参数的值，在原有的 lvm 存储后端的后面添加 ceph 存储后端，之间用“,”分隔，代码如下：

```
enabled_backends = lvm,ceph
```

Cinder 支持多个存储后端，当 Cinder 管理的存储后端有两个以上时，需在配置项[DEFAULT]下添加参数 glance_api_version，且其值必须设置为“2”，代码如下：

```
glance_api_version = 2
```

✧ 配置 Ceph 存储后端。

在文件中添加配置项[ceph]，并在其中写入以下配置信息，配置 Ceph 存储后端：

```
[ceph]
volume_driver = cinder.volume.drivers.rbd.RBDDriver
volume_backend_name = ceph
rbd_pool = volumes
rbd_user = cinder
rbd_secret_uuid = b02330e4-e316-42ae-93dd-0676573f81cb
rbd_ceph_conf = /etc/ceph/ceph.conf
rbd_flatten_volume_from_snapshot = false
rbd_max_clone_depth = 5
rbd_store_chunk_size = 4
rados_connect_timeout = -1
```

其中，参数 rbd_pool 指 Ceph 中的数据存储池，即 Ceph 创建的 volumes Pool；参数 rbd_user 指用户 client.cinder；参数 rbd_secret_uuid 指 UUID，即 compute1 节点上生成的 UUID 值；参数 rbd_ceph_conf 指向 Ceph 的配置文件 ceph.conf。

注意：Cinder 使用 Ceph 作为存储后端时，必须被告知计算节点生成的 UUID 和用户 client.cinder，libvirt 会使用该用户与 Ceph 集群进行连接和认证，因此需要对 rbd_secret_uuid 项和 rbd_user 项进行配置，这两项也适用于 Nova 临时后端的配置。

(5) 重启服务。

配置完毕，在存储节点上执行以下命令，重启 Cinder-volume 服务：

```
# systemctl restart openstack-cinder-volume
```

5．配置控制节点

在控制节点上执行以下命令，安装 python-rbd 软件包并升级系统：

```
# yum install -y python-rbd
# yum update -y
```

然后在控制节点上执行以下命令，将 Monitor 节点(即 ceph1)的配置文件拷贝到本节点上：

```
# mkdir -p /etc/ceph/
# scp 192.168.0.51:/etc/ceph/ceph.conf /etc/ceph
# scp 192.168.0.51:/etc/ceph/ceph.client.admin.keyring /etc/ceph
```

6．验证

所有节点配置完成后，接下来通过查看 Cinder 内部服务运行状态以及是否能使用 Cinder 创建基于 Ceph 的卷，来验证 Cinder 是否能对 Ceph 存储后端进行管理。验证操作均在控制节点上进行，具体步骤如下：

(1) 查看 Cinder 服务状态。

依次执行以下命令，切换到/root 目录下，加载环境变量，并查看 Cinder 服务情况：

```
# cd
# . admin-openrc
# openstack volume service list
```

输出结果如图 7-29 所示，可以看到 Ceph 存储后端 block@ceph 的【State】列为【up】，表明该存储后端处于正常状态。

```
+------------------+------------+------+---------+-------+----------------------------+-----------------+
| Binary           | Host       | Zone | Status  | State | Updated_at                 | Disabled Reason |
+------------------+------------+------+---------+-------+----------------------------+-----------------+
| cinder-scheduler | controller | nova | enabled | up    | 2018-08-17T03:44:18.000000 | -               |
| cinder-volume    | block@ceph | nova | enabled | up    | 2018-08-17T03:44:14.000000 | -               |
| cinder-volume    | block@lvm  | nova | enabled | up    | 2018-08-17T03:44:12.000000 | -               |
+------------------+------------+------+---------+-------+----------------------------+-----------------+
```

图 7-29　查看 Cinder 服务情况

(2) 创建基于 Ceph 的卷类型和卷。

执行以下命令，为 Cinder 创建卷类型(Type)ceph：

```
# cinder type-create ceph
```

创建完成后，会返回新建卷类型的信息，如图 7-30 所示。

```
[root@controller ~]# cinder type-create ceph
+--------------------------------------+------+-------------+-----------+
| ID                                   | Name | Description | Is_Public |
+--------------------------------------+------+-------------+-----------+
| 3e7cfda5-782f-43a7-9e2a-bab8792ef034 | ceph | -           | True      |
+--------------------------------------+------+-------------+-----------+
```

图 7-30　查看新建卷类型 ceph 的信息

接着，执行以下命令，为新建的卷类型 ceph 设置名为“ceph”的存储后端，并查看卷类型 ceph 与存储后端 ceph 的映射关系：

```
# cinder type-key ceph set volume_backend_name=ceph
# cinder extra-specs-list
```

输出结果如图 7-31 所示。

```
[root@controller ~]# cinder type-key ceph set volume_backend_name=ceph
[root@controller ~]# cinder extra-specs-list
+--------------------------------------+------+---------------------------------------+
| ID                                   | Name | extra_specs                           |
+--------------------------------------+------+---------------------------------------+
| a0f6e769-a587-4628-8974-1d97a904cb30 | lvm  | {'volume_backend_name': 'lvm'}        |
| b4cbf98e-0013-4aac-b466-64d9ab37893e | ceph | {'volume_backend_name': 'ceph'}       |
+--------------------------------------+------+---------------------------------------+
```

图 7-31　查看卷类型 ceph 与存储后端 ceph 的映射关系

继续执行以下命令，为 Cinder 创建卷 ceph-volume1：

```
# cinder create --volume-type ceph --name ceph-volume1 2
```

其中，参数 volume-type 用来指定卷的类型；参数 name 用来定义卷的名称；“2”为创建的卷的大小，单位 GB。

创建完成后，会返回新建卷的信息，如图 7-32 所示。

```
[root@controller ceph]# cinder create --volume-type ceph --name ceph-volume1 2
+--------------------------------+---------------------------------------+
| Property                       | Value                                 |
+--------------------------------+---------------------------------------+
| attachments                    | []                                    |
| availability_zone              | nova                                  |
| bootable                       | false                                 |
| consistencygroup_id            | None                                  |
| created_at                     | 2018-08-25T07:25:03.000000            |
| description                    | None                                  |
| encrypted                      | False                                 |
| id                             | 2b93bc50-1e00-404a-a045-97b3d0046cbd  |
| metadata                       | {}                                    |
| migration_status               | None                                  |
| multiattach                    | False                                 |
| name                           | ceph-volume1                          |
| os-vol-host-attr:host          | None                                  |
| os-vol-mig-status-attr:migstat | None                                  |
| os-vol-mig-status-attr:name_id | None                                  |
| os-vol-tenant-attr:tenant_id   | 7b1bd5b8fb0a4bd19b9748af29eda171      |
| replication_status             | None                                  |
| size                           | 2                                     |
| snapshot_id                    | None                                  |
| source_volid                   | None                                  |
| status                         | creating                              |
| updated_at                     | 2018-08-25T07:25:03.000000            |
| user_id                        | c2dab44ecede4da7a8891bf124c03f31      |
| volume_type                    | ceph                                  |
+--------------------------------+---------------------------------------+
```

图 7-32　查看新建卷的信息

执行以下命令，查看 Cinder 卷的列表：

```
# cinder list
```

输出结果如图 7-33 所示，可以看到卷的【Status】列都为【available】，即可用状态。

```
[root@controller ceph]# cinder list
+--------------------------------------+-----------+--------------+------+-------------+----------+-------------+
| ID                                   | Status    | Name         | Size | Volume Type | Bootable | Attached to |
+--------------------------------------+-----------+--------------+------+-------------+----------+-------------+
| 17a524d7-0767-4c19-9d82-063f46ed86f9 | available | lvm-volume1  | 2    | lvm         | false    |             |
| 2b93bc50-1e00-404a-a045-97b3d0046cbd | available | ceph-volume1 | 2    | ceph        | false    |             |
+--------------------------------------+-----------+--------------+------+-------------+----------+-------------+
```

图 7-33　查看 Cinder 卷列表

执行以下命令，查看 volumes Pool：

```
# rbd ls volumes
```

输出结果如图 7-34 所示，可以看到 volumes Pool 下存在一个卷 volume-2b93bc50-1e00-404a-a045-97b3d0046cbd，其中的字符“2b93bc50-1e00-404a-a045-97b3d0046cbd”即为卷 ceph-volume1 的 ID。

```
[root@controller ceph]# rbd ls volumes
volume-2b93bc50-1e00-404a-a045-97b3d0046cbd
```

图 7-34　查看 volumes Pool 下的卷

使用浏览器访问地址 http://192.168.1.223/dashboard/，以 admin 用户身份登录 OpenStack 图形化控制台。登录成功后，在页面左侧导航栏中单击【项目】/【卷】/【卷】条目，即可在页面右侧出现的【卷】配置页面中查看之前创建的 Cinder 卷的信息，如图 7-35 所示。

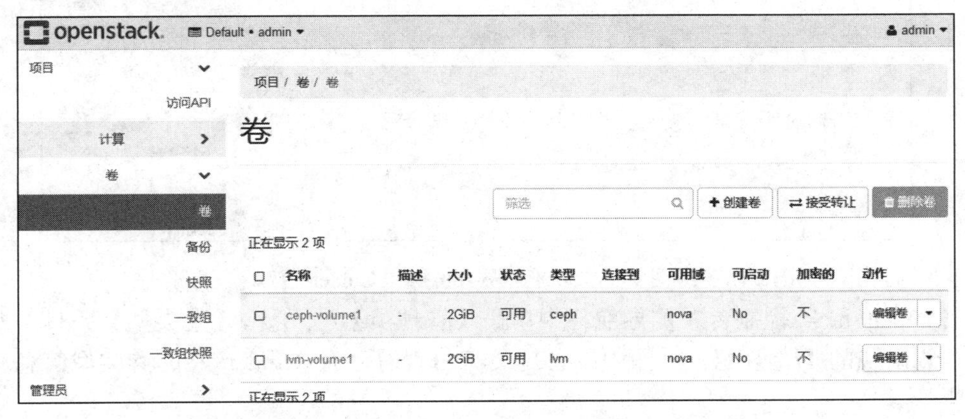

图 7-35　在 OpenStack 图形化控制台中查看 Cinder 卷信息

在此配置页面中，可以对卷进行查询、创建、编辑、扩展、管理、创建快照、修改卷类型、上传镜像等操作，如图 7-36 所示。

筛选　+ 创建卷　⇄ 接受转让　删除卷

正在显示 2 项

名称	描述	大小	状态	类型	连接到	可用域	可启动	加密的	动作
ceph-volume1	-	2GiB	可用	ceph		nova	Yes	不	编辑卷
lvm-volume1	-	2GiB	可用	lvm		nova	No	不	

正在显示 2 项

扩展卷
创建实例
管理连接
创建快照
修改卷类型
上传镜像
创建转让
删除卷
更新元数据

图 7-36　使用图形化配置界面操作 Cinder 卷

在 OpenStack 控制台左侧导航栏中单击【管理员】/【卷】/【卷】条目，即可在右侧出现的【卷】配置页面中以管理员身份查看 Cinder 卷的信息，如图 7-37 所示。

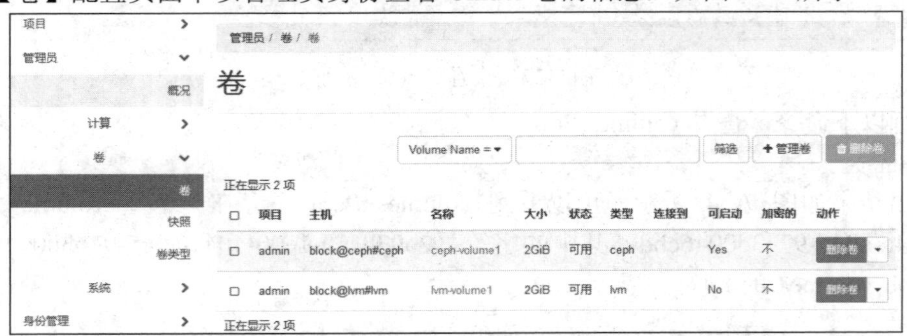

图 7-37　以管理员身份查看 Cinder 卷

在此页面中，可以对卷进行管理、更新、删除、迁移等操作，如图 7-38 所示。

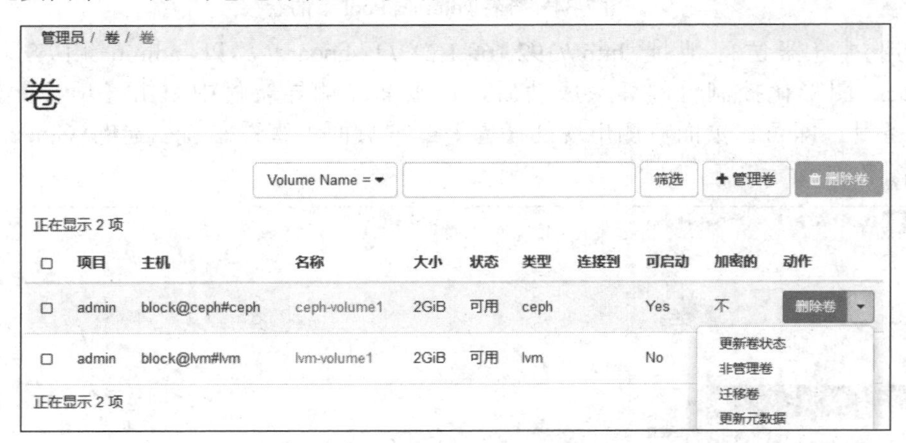

图 7-38　以管理员身份操作 Cinder 卷

在 OpenStack 控制台左侧导航栏中单击【管理员】/【卷】/【卷类型】条目，即可在页面右侧出现的【卷】配置页面中以管理员身份查看已有 Cinder 卷的卷类型信息，如图 7-39 所示。

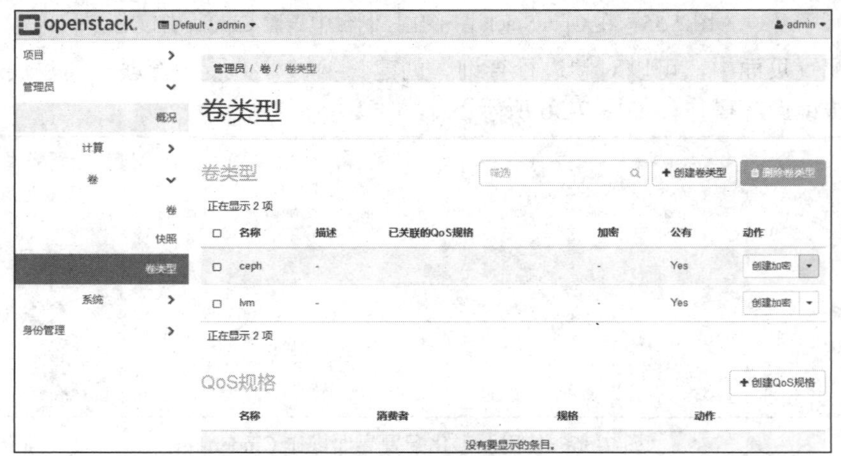

图 7-39　以管理员身份查看 Cinder 卷类型

在此页面中，可以对卷类型进行创建、编辑、删除、扩展等操作，如图 7-40 所示。

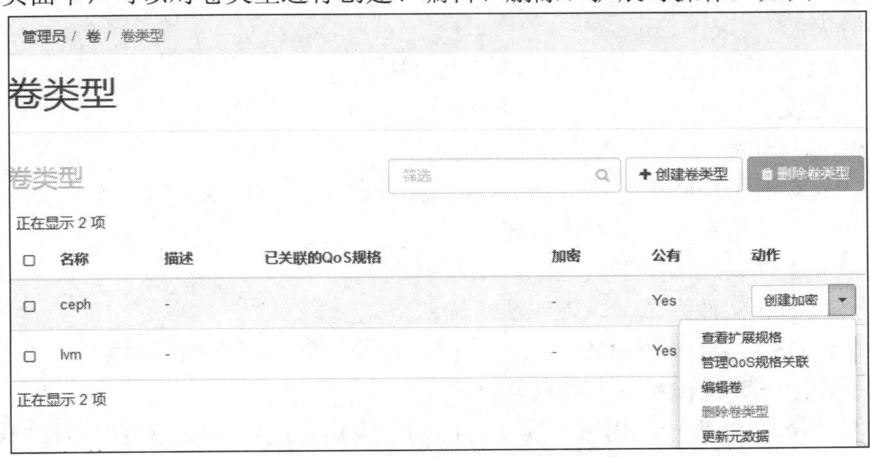

图 7-40　以管理员身份操作 Cinder 卷类型

本章介绍了分布式文件系统与 Cinder 卷的关系，并以目前企业常用的 Ceph+ OpenStack 的组合为例，详细讲解了 Ceph 文件系统的创建步骤以及如何使用 Cinder 管理 Ceph 文件系统。

本 章 小 结

通过本章的学习，读者应当了解：

✧ 分布式文件系统(Distributed File System)管理的物理存储资源不一定直接连接在本地节点上，而是通过计算机网络与节点相连。目前，Ceph 文件系统与 OpenStack 的搭配已成为一种非常受欢迎的分布式存储组合。

✧ Cinder 不是一种存储技术，它只提供一个中间的抽象层，通过调用不同的驱动接口来管理对应类型的存储后端，为用户提供统一的卷操作。

✧ Ceph 文件系统可同时实现对象存储、块存储和文件系统存储三种功能，用户既可以同时使用这三种功能，也可以择其一使用，从而在满足不同应用需求的前提下大大简化了部署和运维工作。

✧ Ceph 文件系统具有真正的无中心结构和理论上无上限的系统规模可扩展性，其以 Scale-out 形式实现的扩容可达到 PB 级别。

✧ Ceph 文件系统拥有 Ceph OSD、Ceph Monitor 和 Ceph MDS 三个核心组件。一个 Ceph 文件系统至少要有 3 个 Monitor 节点，且要保证 Monitor 节点的个数始终是奇数；OSD 节点的 OSD 守护进程要绑定在一块独立且不运行操作系统的硬盘上，该硬盘上需设置两个分区，分别保存 OSD 数据和 OSD 日志。

✧ 使用 Cinder 管理 Ceph 文件系统前，需要对 OpenStack 的控制节点和存储节点进行配置。要注意保存好 Ceph 文件系统生成的 client.cinder 的密钥(key)值，在对 OpenStack 的节点进行配置时会经常用到。

本 章 练 习

1．简述分布式文件系统与 Cinder 卷服务的关系。

2．Cinder-volume 服务支持基于______和基于______两类插件来调用存储后端。

Cinder 卷服务与分布式文件系统的存储后端的交互主要通过 Cinder-volume 服务基于________的插件来实现。

3．有关 Ceph 文件系统，以下说法错误的是______。

A．Ceph 文件系统是一种统一的分布式存储系统，具备性能卓越、高可靠、高可扩展的设计特性

B．Ceph 有两个核心概念：“统一”和“分布式”

C．Ceph 文件系统只实现了块存储

D．Ceph 文件系统的扩容可达 PB 级别

4．有关 Ceph 文件系统，以下说法正确的是_______。

A．每个 OSD 都有一个 OSD 守护进程，通常一个 OSD 守护进程与一个物理磁盘绑定，这个硬盘用安装操作系统的硬盘就可以

B．Monitor 是监视器，用来监视 Ceph 的健康状态，Monitor 在扩容时，其个数奇偶不限

C．MDS 即元数据服务器，用于保存文件系统的数据

D．Ceph 文件系统的 OSD 个数与物理硬盘的个数相等

5．如图 7-41 所示的案例中，Cinder 已经成功接管了 Ceph 文件系统，现在要求创建一个卷类型 ceph2，并让 ceph2 映射到名为“ceph”的存储后端，则以下命令正确的是_______。

Binary	Host	Zone	Status	State	Updated_at	Disabled Reason
cinder-scheduler	controller	nova	enabled	up	2018-08-17T03:44:18.000000	-
cinder-volume	block@ceph	nova	enabled	up	2018-08-17T03:44:14.000000	-
cinder-volume	block@lvm	nova	enabled	up	2018-08-17T03:44:12.000000	-

图 7-41　某 Cinder 卷服务的状态

A．cinder type-create ceph2
　cinder type-key ceph2 set volume_backend_name=ceph

B．cinder type create ceph2
　cinder type-key ceph2 set volume_backend_name=ceph

C．cinder type-create ceph2
　cinder type-key ceph set volume_backend_name=ceph2

D．cinder type-create ceph
　cinder type-key ceph set volume_backend_name=ceph2

6．有关命令 cinder create --volume-type lvm --name lvm-testV1 20，以下描述正确的是________。

A．创建一个名为 lvm-testV1，卷类型为 lvm，大小为 20 GB 的卷

B．创建一个名为 lvm-testV1，卷类型为 lvm，大小为 20 MB 的卷

C．创建一个名为 lvm-testV1，卷类型为 lvm，大小为 20 TB 的卷

D．创建一个名为 lvm-testV1，卷类型为 lvm，大小为 20 KB 的卷

7．参考本章所学内容，自行创建一个 Ceph 文件系统。

8．参考本章所学内容，使用第 6 章课后第 7 题安装配置好的 Cinder 卷服务，管理第 7 题中创建的 Ceph 文件系统。

第8章 管理虚拟机

本章目标

- 熟练使用 Ceph 与 Glance 进行集成
- 熟练使用 Ceph 与 Nova 进行集成
- 了解创建虚拟机前需要收集和设置的资源
- 掌握创建虚拟机的几种方式
- 了解迁移虚拟机前需要进行哪些配置
- 掌握虚拟机的在线迁移方法

对于 OpenStack 而言，创建虚拟机是检验其关键功能是否正常可用的必要步骤。在第 7 章中，我们以目前企业常用的 Ceph+OpenStack 组合为例，介绍了如何使用 Cinder 管理分布式文件系统。本章将在第 7 章所搭建环境的基础上，继续介绍如何创建虚拟机，以及如何完成虚拟机迁移。

8.1 在共享存储设备上创建虚拟机

在创建虚拟机之前，需要首先完成分配网络资源以及集成 Glance 与 Nova 环境等工作，然后整合这些资源和环境，最后才能进行虚拟机的创建。

8.1.1 配置环境

创建虚拟机前，需要先检查并配置所用的 OpenStack 环境。

1. 搭建实验环境

本实验沿用第 7 章搭建完成的 OpenStack 环境(包含 1 个控制节点、2 个计算节点、1 个存储节点)和 Ceph 文件系统，并在此基础上新增 1 台虚拟机作为网络节点，在控制节点、计算节点、存储节点上各增加一块网卡，Ceph 文件系统保持不变，具体部署情况如表 8-1 所示。

表 8-1　虚拟机迁移所用 OpenStack 环境部署情况

<table>
<tr><th>虚拟机主机名</th><th>外部网络 IP(eth0)</th><th>控制网络 IP(eth1)</th><th>说　明</th></tr>
<tr><td>controller</td><td>192.168.1.223</td><td>172.16.0.223</td><td>控制节点</td></tr>
<tr><td>compute1</td><td>192.168.1.225</td><td>172.16.0.225</td><td>计算节点</td></tr>
<tr><td>block</td><td>192.168.0.47</td><td>172.16.0.47</td><td>Cinder 存储节点</td></tr>
<tr><td>computer02</td><td>192.168.0.48</td><td>172.16.0.48</td><td>计算节点</td></tr>
<tr><td>neutron</td><td>192.168.0.54</td><td>172.16.0.54</td><td>网络节点(新增)</td></tr>
<tr><td>ceph1</td><td>192.168.0.51</td><td></td><td>OSD 节点，同时也是 Monitor 节点和 Metadata 节点(MDS 节点)
安装 ceph-deploy，安装部署其他各节点。</td></tr>
<tr><td>ceph 2</td><td>192.168.0.52</td><td></td><td rowspan="2">OSD 节点，同时也是 Monitor 节点和 Metadata 节点(MDS 节点)</td></tr>
<tr><td>ceph 3</td><td>192.168.0.53</td><td></td></tr>
</table>

由于本次实验的 OpenStack 环境中新增了一个网络节点，因此需要将 OpenStack 环境与网络节点进行整合，具体配置方法参考 5.6 节的 Neutron 实验，此处不再赘述。

本实验环境部署情况的拓扑图如图 8-1 所示。

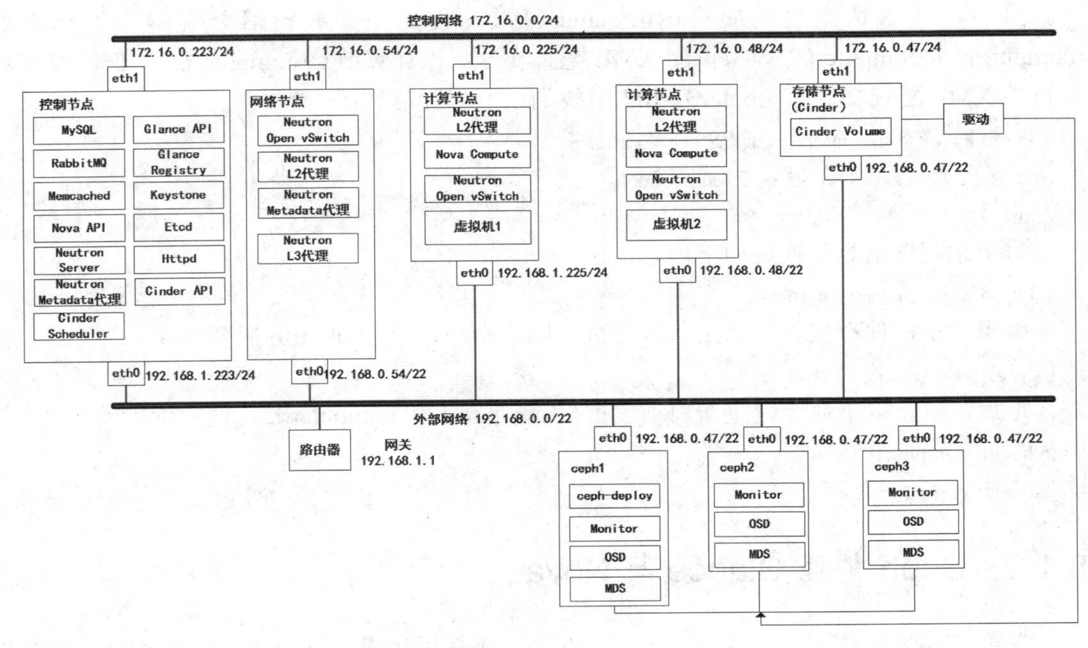

图 8-1　实验环境拓扑图

2. 调整虚拟机配置

由于本实验中的各个节点都采用虚拟机搭建，为保证在虚拟机上可以创建嵌套虚拟机，需要让虚拟机支持嵌套创建虚拟机功能。

嵌套虚拟机在计算节点上创建，因此需要调整计算节点所在的宿主机配置，使其支持 Nested 功能。同时，要将虚拟机的 CPU 模式调整为 host-passthrough 模式，即直接使用宿主机的 CPU 特性，具体操作如下：

(1) 开启 Nested 功能。

在计算节点所在的宿主机上执行以下命令，检查 Nested 功能是否已开启：

```
# cat /sys/module/kvm_intel/parameters/nested
```

若返回【Y】，表明 Nested 功能已开启；否则为未开启。

若 Nested 功能未开启，使用 VI 编辑器编辑/etc/modprobe.d/kvm_mod.conf 文件，在其中添加以下内容：

```
options kvm-intel nested=y
```

编辑完毕，保存文件并退出。

(2) 修改虚拟机配置。

首先，在计算节点所在宿主机上执行以下命令，关闭所有用作计算节点的虚拟机：

```
# virsh shutdown compute1
# virsh shutdown computer02
```

注意： 使用命令行方式关闭虚拟机时，需要通过虚拟机名称指定虚拟机。虽然本实验的虚拟机名称与主机名相同，但虚拟机名称并不是虚拟机操作系统内部配置的主机名。

也可以登录计算节点所在的宿主机，启动 virt-manager 图形化界面来关闭虚拟机。

然后，进入宿主机的/etc/libvirt/qemu/目录，使用 VI 编辑器分别编辑计算节点(compute1 和 computer02)虚拟机的 XML 配置文件。以计算节点 computer02 为例，在其虚拟机的 XML 配置文件 computer02.xml 中找到以下配置信息：

```
<cpu mode='custom' match='exact' check='partial'>
  <model fallback='allow'>Broadwell</model>
</cpu>
```

将上述配置信息替换成如下内容：

```
<cpu mode='host-passthrough'/>
```

编辑完毕，保存文件并退出。接着执行以下命令，重启 libvirtd 服务：

```
# virsh restart libvirtd
```

最后，执行以下命令，重新启动虚拟机 compute1 和 computer02，使配置生效：

```
# virsh start compute1
# virsh start computer02
```

8.1.2 Ceph 集成 Glance 与 Nova

在第 7 章中，我们已经将 Ceph 与 Cinder 进行了集成，下面要继续将 Ceph 分别与 Glance、Nova 组件进行集成。

1．配置系统

在集成前，需要先在 Ceph 的其中一个 Monitor 节点(如 ceph1)上进行以下配置：

(1) 配置 Pool。

在 Monitor 节点上执行以下命令，分别为 Glance 与 Nova 创建对应的 Pool：

```
# ceph osd pool create images 256 256
# ceph osd pool create vms 512 512
```

其中，images Pool 由 Glance 使用，作用为存放镜像；vms Pool 由 Nova 使用，作用为存放创建的虚拟机。

(2) 获取 Ceph 配置文件。

将 Ceph 文件系统中的文件 ceph.conf 和 ceph.client.admin.keyring 传输给配置了 glance-api 服务的控制节点和配置了 nova-compute 服务的计算节点。

执行以下命令，将两个文件传送到控制节点(IP：192.168.1.223)上：

```
# mkdir -p /etc/ceph
# scp /etc/ceph/ceph.client.admin.keyring 192.168.1.223:/etc/ceph/
# scp /etc/ceph/ceph.conf 192.168.1.223:/etc/ceph/
```

然后使用同样方法，将两个文件传送到计算节点上。

(3) 配置 Ceph 客户端认证。

执行以下命令，启用 cephx 认证，为 Nova/Cinder 创建新用户 client.cinder：

```
# ceph auth get-or-create client.cinder mon 'allow r' osd 'allow class-read object_prefix rbd_children,allow rwx pool=volumes, allow rwx pool=vms, allow rx pool=images'
```

由于在第 7 章已创建并认证过用户 client.cinder，再次认证有可能报错，如图 8-2

所示。

```
[root@ceph1 ceph-conf]# ceph auth get-or-create client.cinder mon 'allow r' osd 'allow class-re
ad object_prefix rbd_children,allow rwx pool=volumes, allow rwx pool=vms, allow rx pool=images'

Error EINVAL: key for client.cinder exists but cap osd does not match
```

图 8-2　Ceph 客户端认证报错

如出现此问题，则需执行以下命令，更新 caps，然后再进行认证：

```
# ceph auth caps client.cinder mon 'allow r' osd 'allow class-read object_prefix rbd_children,allow rwx
pool=volumes, allow rwx pool=vms, allow rx pool=images'
# ceph auth get-or-create client.cinder mon 'allow r' osd 'allow class-read object_prefix rbd_children,allow rwx
pool=volumes, allow rwx pool=vms, allow rx pool=images'
```

接着执行以下命令，启用 cephx 认证，为 Glance 创建新用户 client.glance：

```
# ceph auth get-or-create client.glance mon 'allow r' osd 'allow class-read object_prefix rbd_children, allow rwx
pool=images'
```

最后获取 Nova/Cinder 和 Glance 用户的密钥(key)，以备后续实验中关联 Ceph 时使用，如图 8-3 所示。

```
[root@ceph1 ceph-conf]# ceph auth caps client.cinder mon 'allow r' osd 'allow class-read object
_prefix rbd_children,allow rwx pool=volumes, allow rwx pool=vms, allow rx pool=images'
updated caps for client.cinder
[root@ceph1 ceph-conf]# ceph auth get-or-create client.cinder mon 'allow r' osd 'allow class-re
ad object_prefix rbd_children,allow rwx pool=volumes, allow rwx pool=vms, allow rx pool=images'
[client.cinder]
        key = AQDy/IBbUSDVChAAfnlg/6GMA66bM01jcZVSGA==
[root@ceph1 ceph-conf]# ceph auth get-or-create client.glance mon 'allow r' osd 'allow class-re
ad object_prefix rbd_children, allow rwx pool=images'
[client.glance]
        key = AQAHBIlbXymSHRAACt61kdvY8UTbqM5AscW6ag==
```

图 8-3　获取 Nova/Cinder 和 Glance 用户密钥

至此，Ceph 客户端认证配置完成。

(4) 配置密钥并授权。

若 client.cinder 的密钥值无变化，则将该值写入计算节点的/etc/ceph/ceph.client.cinder.keyring 文件中：

```
[client.cinder]
    key = AQDy/IBbUSDVChAAfnlg/6GMA66bM01jcZVSGA==
```

若 client.cinder 的密钥有变化，则要将 client.cinder 的信息分别写入计算节点和存储节点的/etc/ceph/ceph.client.cinder.keyring 文件中。

在安装 glance-api 的控制节点的/etc/ceph 目录下，使用 VI 编辑器编辑配置文件 ceph.client.glance.keyring，在其中写入 client.glance 的密钥：

```
[client.glance]
    key = AQAHBIlbXymSHRAACt61kdvY8UTbqM5AscW6ag==
```

编辑完毕，保存文件并退出。

然后执行以下命令，修改配置文件/etc/ceph/ceph.client.glance.keyring 的属主和组属性：

```
# chown glance:glance /etc/ceph/ceph.client.glance.keyring
```

2．集成 Glance 与 Nova 组件

将 Ceph 与 Glance 和 Nova 组件集成，步骤如下：

(1) 集成 Glance 组件。

将 Ceph 与 Glance 组件进行集成，需要对安装 glance-api 的控制节点进行配置。在控制节点上使用 VI 编辑器编辑文件/etc/glance/glance-api.conf，将其内容修改如下：

✧ 修改 DEFAULT 配置项。

在文件中找到配置项[DEFAULT]，在其中添加以下内容：

```
show_image_direct_url = True
```

✧ 修改 glance_store 配置项。

在文件中找到配置项[glance_store]，将其内容替换如下，将 Glance 挂载到 Ceph RBD 设备，并指定 images Pool 作为镜像的存储位置：

```
stores = rbd
default_store = rbd
rbd_store_pool = images
rbd_store_user = glance
rbd_store_ceph_conf = /etc/ceph/ceph.conf
rbd_store_chunk_size = 8
```

编辑完毕，保存文件并退出。

然后执行以下命令，重启 openstack-glance-api 和 openstack-glance-registry 服务：

```
# systemctl restart openstack-glance-api
# systemctl restart openstack-glance-registry
```

(2) 集成 Nova 组件。

将 Ceph 文件系统与 Nova 组件进行集成，需要对安装 nova-compute 服务的计算节点进行配置。

分别在计算节点 compute1 和 computer02 上使用 VI 编辑器编辑文件/etc/nova/nova.conf，在其中找到配置项[libvirt]，在其中添加以下内容，将 Nova 挂载到 Ceph RBD 设备上，并指定 vms Pool 作为虚拟机的存储位置：

```
rbd_user = cinder
rbd_secret_uuid = b02330e4-e316-42ae-93dd-0676573f81c6
images_type = rbd
images_rbd_pool = vms
images_rbd_ceph_conf = /etc/ceph/ceph.conf
disk_cachemodes="network=writeback"
```

注意：上述代码中的“b02330e4-e316-42ae-93dd-0676573f81c6”是其中一个计算节点在第 7 章中生成的 UUID。

然后在该配置项下添加以下配置信息，禁用文件注入功能：

```
inject_password = false
inject_key = false
inject_partition = -2
```

注意：Nova 的注入功能虽然支持 Ceph RBD 方式启动虚拟机，但不支持从卷启动虚拟机，在注入失败的情况下，也不会给出任何的错误提示，不利于错误的排查解决。而

且，这种启动方式也并不安全，因此建议禁用文件注入功能。

最后在该配置项下添加参数 live_migration_flag，允许虚拟机进行热迁移：

```
live_migration_flag="VIR_MIGRATE_UNDEFINE_SOURCE,VIR_MIGRATE_PEER2PEER,VIR_MIGRATE
_LIVE,VIR_MIGRATE_PERSIST_DEST,VIR_MIGRATE_TUNNELLED"
```

配置完成后，执行以下命令，重启各计算节点的 openstack-nova-compute 服务：

```
# systemctl restart openstack-nova-compute
```

3. 验证 Glance 和 Ceph 集成状态

Glance 和 Ceph 集成后，镜像的存储位置应会自动指向 Ceph 的 images Pool。下面我们就新建一个镜像，来验证 Glance 和 Ceph 是否集成成功。

在控制节点上执行以下命令，创建一个名为“cirros-ceph”的镜像：

```
# openstack image create "cirros-ceph" --file cirros-0.3.5-x86_64-disk.img  --disk-format qcow2 --container-
format bare --public
```

创建成功后输出的镜像信息如图 8-4 所示。

```
[root@controller ~]# openstack image create "cirros-ceph"  --file cirros-0.3.5-x86_64-disk.img  --disk-format qcow2 --container-format
 bare  --public
+------------------+--------------------------------------------------------------------------------------------------------------+
| Field            | Value                                                                                                        |
+------------------+--------------------------------------------------------------------------------------------------------------+
| checksum         | f8ab98ff5e73ebab884d80c9dc9c7290                                                                             |
| container_format | bare                                                                                                         |
| created_at       | 2018-09-07T02:37:54Z                                                                                         |
| disk_format      | qcow2                                                                                                        |
| file             | /v2/images/95ba6020-e26a-45d0-a01e-dda3db42ffb5/file                                                         |
| id               | 95ba6020-e26a-45d0-a01e-dda3db42ffb5                                                                         |
| min_disk         | 0                                                                                                            |
| min_ram          | 0                                                                                                            |
| name             | cirros-ceph                                                                                                  |
| owner            | 7b1bd5b8fb0a4bd19b9748af29eda171                                                                             |
| properties       | direct_url='rbd://e0ac0e80-74ab-43be-9b8a-24bca70a8988/images/95ba6020-e26a-45d0-a01e-dda3db42ffb5/snap' |
| protected        | False                                                                                                        |
| schema           | /v2/schemas/image                                                                                            |
| size             | 13267968                                                                                                     |
| status           | active                                                                                                       |
| tags             |                                                                                                              |
| updated_at       | 2018-09-07T02:37:55Z                                                                                         |
| virtual_size     | None                                                                                                         |
| visibility       | public                                                                                                       |
+------------------+--------------------------------------------------------------------------------------------------------------+
```

图 8-4　创建镜像 cirros-ceph

然后执行以下命令，查看 images Pool：

```
# rbd ls images
```

如图 8-5 所示，可以看到在 images Pool 下存在一个 ID，此 ID 即新建的镜像 cirros-ceph 的 ID。

```
[root@controller ~]# rbd ls images
95ba6020-e26a-45d0-a01e-dda3db42ffb5
```

图 8-5　查看 images Pool 存储的镜像

使用相同方法，再创建一个镜像 cirros，用于后续的虚拟机创建操作。

8.1.3　创建虚拟机网络

创建虚拟机网络，即创建计算节点上的虚拟机所需要的网络，具体过程参考 5.5.5 节创建虚拟机网络部分的内容，此处不再赘述。

虚拟机网络创建完成后，在控制节点上执行以下命令，查看已有的网络：

```
# openstack network list
```

如图 8-6 所示，可以看到已创建的内部网络 intranet 和外部网络 extranet。

```
[root@controller ~]# openstack network list
+--------------------------------------+----------+--------------------------------------+
| ID                                   | Name     | Subnets                              |
+--------------------------------------+----------+--------------------------------------+
| 599a555b-94ac-45e8-820e-9949c5bce8ac | intranet | 10f9d64b-76e1-4242-b790-653f505362ca |
| fcfeca0c-dbb8-45a7-8fec-e0dfb9562766 | extranet | aa23e7cd-a63e-44da-82ca-c0d15820a8d8 |
+--------------------------------------+----------+--------------------------------------+
```

图 8-6　查看已创建的虚拟机网络

8.1.4　创建虚拟机

常用的虚拟机创建方式有两种：基于本地镜像的虚拟机创建和基于存储后端的卷的虚拟机创建。但无论哪种创建方式，都要先收集创建虚拟机所需的可用资源，资源全部收集完成后才可进行虚拟机的创建。下面对具体的虚拟机创建步骤进行介绍。

1. 设置并收集资源

创建虚拟机之前，需要先收集虚拟机的模板、网络、镜像、安全组、密钥等信息，具体过程如下：

(1) 设置虚拟机模板。

模板(Flavor)定义了虚拟机所需的 CPU、内存、磁盘等资源。用户可以根据需求，创建属于自己的模板。

在控制节点上执行以下命令，可以创建一个名为“test”的模板，模版规格为 1 个 CPU、512 MB 的内存、1 块硬盘：

```
# openstack flavor create --vcpus 1 --ram 512 --disk 1 test
```

创建完成的模板信息如图 8-7 所示。

```
[root@controller ~]# openstack flavor create --vcpus 1 --ram 512 --disk 1 test
+----------------------------+--------------------------------------+
| Field                      | Value                                |
+----------------------------+--------------------------------------+
| OS-FLV-DISABLED:disabled   | False                                |
| OS-FLV-EXT-DATA:ephemeral  | 0                                    |
| disk                       | 1                                    |
| id                         | 98c72b36-764b-4449-8bb7-6d4aa553c959 |
| name                       | test                                 |
| os-flavor-access:is_public | True                                 |
| properties                 |                                      |
| ram                        | 512                                  |
| rxtx_factor                | 1.0                                  |
| swap                       |                                      |
| vcpus                      | 1                                    |
+----------------------------+--------------------------------------+
```

图 8-7　创建虚拟机模板 test

(2) 收集网络信息。

虚拟机在创建时需要指定其归属的网络，即内部网络，以便在创建过程中查找网络资源。

在控制节点上执行以下命令，获取并验证之前创建的内网 intranet 的 ID：

```
# Int_Net_ID=`openstack network list|grep intranet|awk '{print $2}'`
# echo $ Int_Net_ID
```

获取的内网 ID 信息如图 8-8 所示。

```
[root@controller ~]# Int_Net_ID=`openstack network list|grep intranet|awk '{print $2}'`
[root@controller ~]# echo $Int_Net_ID
599a555b-94ac-45e8-820e-9949c5bce8ac
```

图 8-8　获取内网 intranet 的 ID 信息

(3) 收集镜像信息。

Nova 或 Glance 均无默认镜像，用户可制作符合自身需求的镜像并将其上传。但 OpenStack 官方提供了一个测试镜像 cirros，以便用户进行创建虚拟机的测试。

在控制节点上执行以下命令，可以查看当前已存在的镜像：

```
# openstack image list
```

输出结果如图 8-9 所示，可以看到官方提供的测试用镜像 cirros。

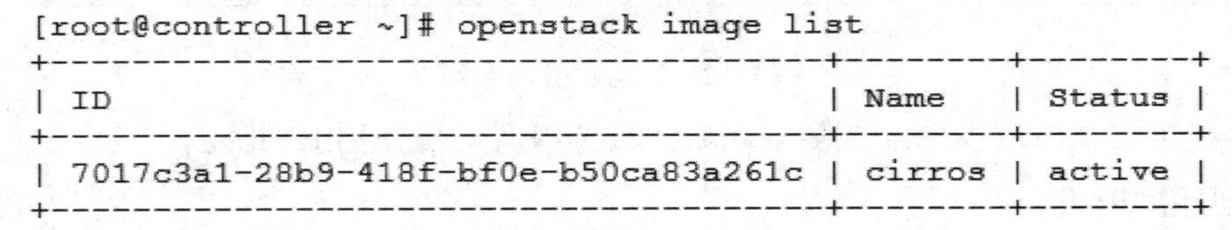

```
[root@controller ~]# openstack image list
+--------------------------------------+--------+--------+
| ID                                   | Name   | Status |
+--------------------------------------+--------+--------+
| 7017c3a1-28b9-418f-bf0e-b50ca83a261c | cirros | active |
+--------------------------------------+--------+--------+
```

图 8-9　查看已有镜像

(4) 创建密钥。

很多虚拟机并不提供登录口令，只允许以密钥形式进行 SSH 登录。OpenStack 官方出于安全考虑，也推荐以密钥形式进行 SSH 登录，因此需在控制节点上执行以下命令，生成一个密钥文件：

```
# ssh-keygen -q -N ""
```

输出结果如图 8-10 所示，此时无需输入任何信息，按回车键即可。

```
[root@controller ~]# ssh-keygen -q -N ""
Enter file in which to save the key (/root/.ssh/id_rsa):
```

图 8-10　生成密钥文件

接着执行以下命令，基于该密钥文件创建一个名为“mykey”的密钥：

```
# openstack keypair create --public-key ~/.ssh/id_rsa.pub mykey
```

创建完成后，执行以下命令，查看已有密钥：

```
# openstack keypair list
```

输出的密钥信息如图 8-11 所示。

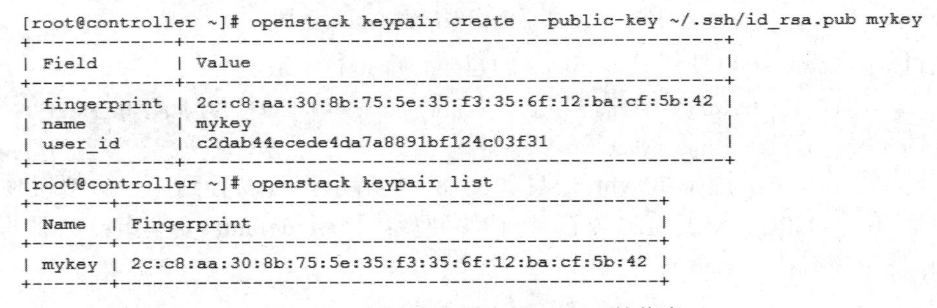

```
[root@controller ~]# openstack keypair create --public-key ~/.ssh/id_rsa.pub mykey
+-------------+-------------------------------------------------+
| Field       | Value                                           |
+-------------+-------------------------------------------------+
| fingerprint | 2c:c8:aa:30:8b:75:5e:35:f3:35:6f:12:ba:cf:5b:42 |
| name        | mykey                                           |
| user_id     | c2dab44ecede4da7a8891bf124c03f31                |
+-------------+-------------------------------------------------+
[root@controller ~]# openstack keypair list
+-------+-------------------------------------------------+
| Name  | Fingerprint                                     |
+-------+-------------------------------------------------+
| mykey | 2c:c8:aa:30:8b:75:5e:35:f3:35:6f:12:ba:cf:5b:42 |
+-------+-------------------------------------------------+
```

图 8-11　创建并查看密钥 mykey 的信息

(5) 收集安全组信息。

安全组是一种重要的安全隔离手段，类似于虚拟防火墙，主要用于对单个或多个虚拟机的 IP 地址、端口、协议等信息进行设置，从而控制网络访问。OpenStack 默认存在名为“default”的安全组。

在控制节点上执行以下命令，可以查看已有的安全组：

```
# openstack security group list
```

输出结果如图 8-12 所示，可以看到两个名为“default”的安全组。

```
[root@controller ~]# openstack security group list
+--------------------------------------+---------+------------------------+----------------------------------+
| ID                                   | Name    | Description            | Project                          |
+--------------------------------------+---------+------------------------+----------------------------------+
| 69a825df-17e1-4091-b726-d0509f1bffe0 | default | Default security group | 7b1bd5b8fb0a4bd19b9748af29eda171 |
| dd944bc1-37a6-4c28-9f72-bf7354d551f4 | default | Default security group |                                  |
+--------------------------------------+---------+------------------------+----------------------------------+
```

图 8-12　查看已有安全组

注意：当安全组列表中存在多个同名的安全组时，可使用 ID 指定。

2. 创建虚拟机

创建虚拟机需要的所有可用资源收集完毕后，就可以开始创建虚拟机了，过程如下：

(1) 创建虚拟机。

下面介绍创建虚拟机的两种常用方法：基于镜像创建虚拟机和基于存储后端的卷(Volume)创建虚拟机。

✧ 基于镜像创建虚拟机。

基于镜像创建虚拟机是虚拟机的常规创建方法，如图 8-13 所示。

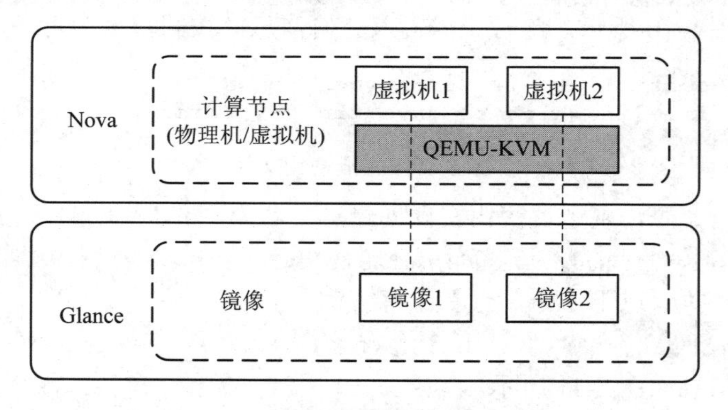

图 8-13　基于镜像创建虚拟机示意图

执行以下命令，可以使用镜像 cirros 创建一台虚拟机 vm：

```
# openstack server create --flavor test --image cirros --security-group 69a825df-17e1-4091-b726-d0509f1bffe0 --nic net-id=$Int_Net_ID --key-name mykey vm
```

创建成功后输出的虚拟机 vm 信息如图 8-14 所示。可以看到，该虚拟机使用模板 test，即有 1 个 CPU、512 MB 内存及 1 块硬盘；使用 default 安全组；归属的内网为 intranet；使用的密钥为 mykey。

```
[root@controller ~]# openstack server create --flavor test --image cirros --security-group 69a825df-17e1-4091
-b726-d0509f1bffe0 --nic net-id=$Int_Net_ID --key-name mykey vm
+--------------------------------------+-----------------------------------------------+
| Field                                | Value                                         |
+--------------------------------------+-----------------------------------------------+
| OS-DCF:diskConfig                    | MANUAL                                        |
| OS-EXT-AZ:availability_zone          |                                               |
| OS-EXT-SRV-ATTR:host                 | None                                          |
| OS-EXT-SRV-ATTR:hypervisor_hostname  | None                                          |
| OS-EXT-SRV-ATTR:instance_name        |                                               |
| OS-EXT-STS:power_state               | NOSTATE                                       |
| OS-EXT-STS:task_state                | scheduling                                    |
| OS-EXT-STS:vm_state                  | building                                      |
| OS-SRV-USG:launched_at               | None                                          |
| OS-SRV-USG:terminated_at             | None                                          |
| accessIPv4                           |                                               |
| accessIPv6                           |                                               |
| addresses                            |                                               |
| adminPass                            | XPQCvNc8gdnE                                  |
| config_drive                         |                                               |
| created                              | 2018-09-27T03:32:18Z                          |
| flavor                               | test (98c72b36-764b-4449-8bb7-6d4aa553c959)   |
| hostId                               |                                               |
| id                                   | 73c82b8e-e327-4bb0-b7bb-bf6e18eec8e4          |
| image                                | cirros (ef346840-ddc1-421c-a12d-b3c42dc0ed5b) |
| key_name                             | mykey                                         |
| name                                 | vm                                            |
| progress                             | 0                                             |
| project_id                           | 7b1bd5b8fb0a4bd19b9748af29eda171              |
| properties                           |                                               |
| security_groups                      | name='69a825df-17e1-4091-b726-d0509f1bffe0'   |
| status                               | BUILD                                         |
| updated                              | 2018-09-27T03:32:18Z                          |
| user_id                              | c2dab44ecede4da7a8891bf124c03f31              |
| volumes_attached                     |                                               |
+--------------------------------------+-----------------------------------------------+
```

图 8-14　基于镜像 cirros 创建虚拟机 vm

执行以下命令，查看虚拟机 vm 所在的位置：

```
# rbd ls vms
```

输出结果如图 8-15 所示，可以看到虚拟机 vm 位于 vms Pool 中。

```
[root@controller ~]# rbd ls vms
73c82b8e-e327-4bb0-b7bb-bf6e18eec8e4_disk
```

图 8-15　查看虚拟机 vm 的存储位置

✧　基于存储后端的卷(Volume)创建虚拟机。

Cinder 存储后端的卷与虚拟机的生命周期是密不可分的，其关系如图 8-16 所示。

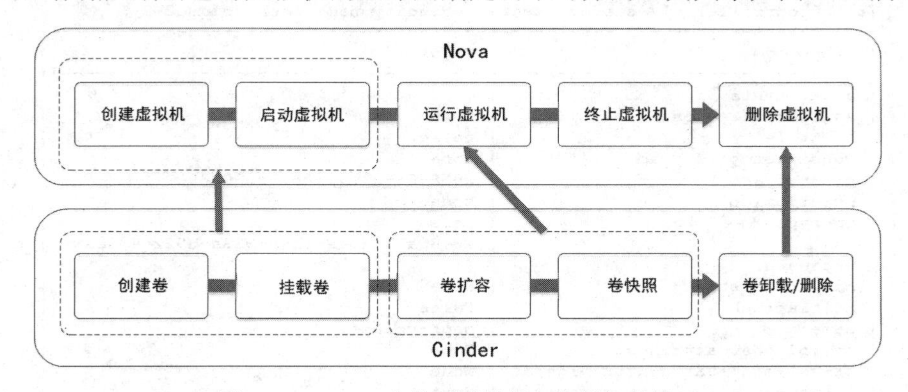

图 8-16　Cinder 存储后端的卷与虚拟机的关系

基于存储后端的卷创建虚拟机前要创建对应的 Cinder 卷，该卷作为虚拟机的启动卷。在虚拟机创建时，将该卷挂载到虚拟机上。虚拟机运行过程中，随着业务数据的增加，可根据需要对卷进行扩容或者通过创建快照来备份数据。虚拟机终止或销毁时，挂载在虚拟机上的卷会被卸载。

注意：被卸载的 Cinder 卷上的数据是不会丢失的，只有卷被删除时，数据才会丢失。卸载的卷可以挂载到其他虚拟机上，挂载该卷的虚拟机可以访问该卷上的数据。

基于存储后端的卷创建虚拟机有两种方式：基于不可引导卷方式创建虚拟机和基于引导卷方式创建虚拟机。

• 基于不可引导卷方式创建虚拟机，本质上仍然是使用镜像创建虚拟机，只是在创建的同时将 Cinder 卷挂载到虚拟机上作为永久存储使用，如图 8-17 所示。

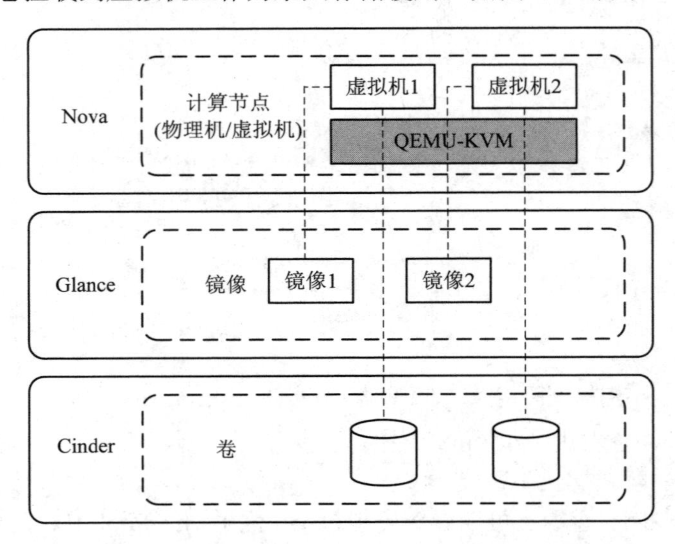

图 8-17　基于不可引导卷方式创建虚拟机示意图

首先执行以下命令，创建一个不指定任何类型的空 Cinder 卷 ceph-volume2，将其大小设置为 2G：

```
# cinder create --display-name ceph-volume2 2
```

创建成功后输出的卷信息如图 8-18 所示。

```
[root@controller ~]# cinder create --display-name ceph-volume2 2
+--------------------------------+---------------------------------------+
| Property                       | Value                                 |
+--------------------------------+---------------------------------------+
| attachments                    | []                                    |
| availability_zone              | nova                                  |
| bootable                       | false                                 |
| consistencygroup_id            | None                                  |
| created_at                     | 2018-09-27T01:09:39.000000            |
| description                    | None                                  |
| encrypted                      | False                                 |
| id                             | a8e80a77-d5aa-4ba9-933a-b922e403aa9f  |
| metadata                       | {}                                    |
| migration_status               | None                                  |
| multiattach                    | False                                 |
| name                           | ceph-volume2                          |
| os-vol-host-attr:host          | None                                  |
| os-vol-mig-status-attr:migstat | None                                  |
| os-vol-mig-status-attr:name_id | None                                  |
| os-vol-tenant-attr:tenant_id   | 7b1bd5b8fb0a4bd19b9748af29eda171      |
| replication_status             | None                                  |
| size                           | 2                                     |
| snapshot_id                    | None                                  |
| source_volid                   | None                                  |
| status                         | creating                              |
| updated_at                     | 2018-09-27T01:09:39.000000            |
| user_id                        | c2dab44ecede4da7a8891bf124c03f31      |
| volume_type                    | None                                  |
+--------------------------------+---------------------------------------+
```

图 8-18　创建卷 ceph-volume2

接着执行以下命令，查看 Cinder 卷列表：

```
# cinder list
```

输出结果如图 8-19 所示，可以看到卷 ceph-volume2 已在列表中。

```
[root@controller ~]# cinder list
+--------------------------------------+-----------+--------------+------+-------------+----------+--------------------------------------+
| ID                                   | Status    | Name         | Size | Volume Type | Bootable | Attached to                          |
+--------------------------------------+-----------+--------------+------+-------------+----------+--------------------------------------+
| 1cd0dda5-8cb3-4e56-bee5-c40580044672 | available | lvm-volume1  | 2    | lvm         | false    |                                      |
| 843a419f-a1f3-4bb9-8dba-323f5e10271c | available | ceph-volume1 | 2    | ceph        | false    |                                      |
| a8e80a77-d5aa-4ba9-933a-b922e403aa9f | in-use    | ceph-volume2 | 2    | -           | false    | 5928ef4a-e878-48bc-9550-8cf9bf7b9fee |
+--------------------------------------+-----------+--------------+------+-------------+----------+--------------------------------------+
```

图 8-19　查看已存在的 Cinder 卷

然后执行以下命令，使用镜像 cirros 创建虚拟机 ceph-notBoot-instance，同时将卷 ceph-volume2 挂载到该虚拟机上：

```
# openstack server create  --flavor test --image cirros --security-group 69a825df-17e1-4091-b726-d0509f1bffe0 --nic net-id=$Int_Net_ID  --key-name mykey  --block-device-mapping volumeAttach=a8e80a77-d5aa-4ba9-933a-b922e403aa9f:volume:2:false ceph-notBoot-instance
```

上述命令中的参数--block-device-mapping 用来指定虚拟机启动后挂载到虚拟机的卷，其格式为 DEV-NAME=ID:TYPE:SIZE:DELETE_ON_TERMINATE。其中，DEV-NAME 表示挂载到虚拟机的卷名称，可自定义；ID 指向挂载的卷的 ID，这里指向上面创建的空卷 ceph-volume2；TYPE 指使用卷的对象类型，其值只有两个——volume 和 snapshot，volume 指创建卷，snapshot 指创建快照；SIZE 指卷的大小；DELETE_ON_TERMINATE 指虚拟机删除后，挂载到虚拟机上的卷是否删除，false 表示虚拟机删除时，卷保留，true 表示虚拟机删除时，卷也一起删除。

创建成功后输出的虚拟机信息如图 8-20 所示。

```
[root@controller ~]# openstack server create  --flavor test --image cirros --security-group 69a825df-17e1-4
091-b726-d0509f1bffe0 --nic net-id=$Int_Net_ID  --key-name mykey  --block-device-mapping volumeAttach=a8e80
a77-d5aa-4ba9-933a-b922e403aa9f:volume:2:false ceph-notBoot-instance
+-------------------------------------+-----------------------------------------------+
| Field                               | Value                                         |
+-------------------------------------+-----------------------------------------------+
| OS-DCF:diskConfig                   | MANUAL                                        |
| OS-EXT-AZ:availability_zone         |                                               |
| OS-EXT-SRV-ATTR:host                | None                                          |
| OS-EXT-SRV-ATTR:hypervisor_hostname | None                                          |
| OS-EXT-SRV-ATTR:instance_name       |                                               |
| OS-EXT-STS:power_state              | NOSTATE                                       |
| OS-EXT-STS:task_state               | scheduling                                    |
| OS-EXT-STS:vm_state                 | building                                      |
| OS-SRV-USG:launched_at              | None                                          |
| OS-SRV-USG:terminated_at            | None                                          |
| accessIPv4                          |                                               |
| accessIPv6                          |                                               |
| addresses                           |                                               |
| adminPass                           | 9HnDchuc8Wqf                                  |
| config_drive                        |                                               |
| created                             | 2018-09-27T03:13:37Z                          |
| flavor                              | test (98c72b36-764b-4449-8bb7-6d4aa553c959)   |
| hostId                              |                                               |
| id                                  | 5928ef4a-e878-48bc-9550-8cf9bf7b9fee          |
| image                               | cirros (ef346840-ddc1-421c-a12d-b3c42dc0ed5b) |
| key_name                            | mykey                                         |
| name                                | ceph-notBoot-instance                         |
| progress                            | 0                                             |
| project_id                          | 7b1bd5b8fb0a4bd19b9748af29eda171              |
| properties                          |                                               |
| security_groups                     | name='69a825df-17e1-4091-b726-d0509f1bffe0'   |
| status                              | BUILD                                         |
| updated                             | 2018-09-27T03:13:37Z                          |
| user_id                             | c2dab44ecede4da7a8891bf124c03f31              |
| volumes_attached                    |                                               |
+-------------------------------------+-----------------------------------------------+
```

图 8-20　基于不可引导卷 ceph-volume2 创建虚拟机 ceph-notBoot-instance

最后执行以下命令，查看虚拟机 ceph-notBoot-instance 所在位置：

```
# rbd ls vms
```

输出结果如图 8-21 所示，可以看到虚拟机 ceph-notBoot-instance 位于 vms Pool 中。

```
[root@controller ~]# rbd ls vms
73c82b8e-e327-4bb0-b7bb-bf6e18eec8e4_disk
5928ef4a-e878-48bc-9550-8cf9bf7b9fee_disk
```

图 8-21　查看虚拟机 ceph-notBoot-instance 的存储位置

• 基于引导卷方式创建虚拟机是使用镜像创建一个具有引导功能的 Cinder 卷，然后使用该引导卷创建虚拟机。这种方式创建的虚拟机存储在引导卷中，且引导卷默认不会随着虚拟机的删除而删除。虚拟机运行时，其引导卷关联的镜像会保存在共享存储上，方便进行在线迁移，如图 8-22 所示。

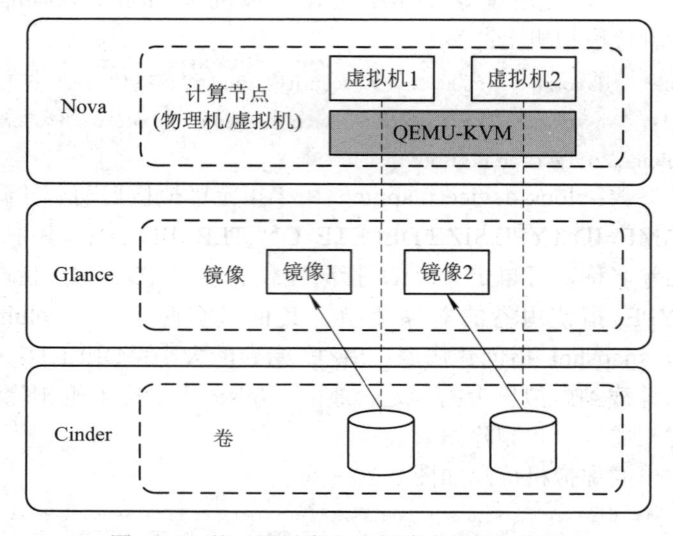

图 8-22　基于引导卷方式创建虚拟机示意图

首先在控制节点上执行以下命令，为镜像 cirros-ceph 创建引导卷 ceph-bootable1：

```
# cinder create --image-id cirros-ceph --name ceph-bootable1 --volume-type ceph 2
```

创建的引导卷的类型为 ceph，大小为 2G。

创建成功后输出的引导卷信息如图 8-23 所示。

```
[root@controller ~]# cinder create --image-id cirros-ceph --name ceph-bootable1 --volume-type ceph 2
+--------------------------------+--------------------------------------+
| Property                       | Value                                |
+--------------------------------+--------------------------------------+
| attachments                    | []                                   |
| availability_zone              | nova                                 |
| bootable                       | false                                |
| consistencygroup_id            | None                                 |
| created_at                     | 2018-09-27T03:39:01.000000           |
| description                    | None                                 |
| encrypted                      | False                                |
| id                             | e13c1adf-8e95-4b7a-ad41-16551aae44de |
| metadata                       | {}                                   |
| migration_status               | None                                 |
| multiattach                    | False                                |
| name                           | ceph-bootable1                       |
| os-vol-host-attr:host          | None                                 |
| os-vol-mig-status-attr:migstat | None                                 |
| os-vol-mig-status-attr:name_id | None                                 |
| os-vol-tenant-attr:tenant_id   | 7b1bd5b8fb0a4bd19b9748af29eda171     |
| replication_status             | None                                 |
| size                           | 2                                    |
| snapshot_id                    | None                                 |
| source_volid                   | None                                 |
| status                         | creating                             |
| updated_at                     | 2018-09-27T03:39:02.000000           |
| user_id                        | c2dab44ecede4da7a8891bf124c03f31     |
| volume_type                    | ceph                                 |
+--------------------------------+--------------------------------------+
```

图 8-23　创建引导卷 ceph-bootable1

接着执行以下命令，查看 Cinder 卷列表：

```
# cinder list
```

输出结果如图 8-24 所示，可以看到引导卷 ceph-bootable1 已在列表中。

```
[root@controller ~]# cinder list
+--------------------------------------+-----------+----------------+------+-------------+----------+--------------------------------------+
| ID                                   | Status    | Name           | Size | Volume Type | Bootable | Attached to                          |
+--------------------------------------+-----------+----------------+------+-------------+----------+--------------------------------------+
| 1cd0dda5-8cb3-4e56-bee5-c40580044672 | available | lvm-volume1    | 2    | lvm         | false    |                                      |
| 843a419f-a1f3-4bb9-8dba-323f5e10271c | available | ceph-volume1   | 2    | ceph        | false    |                                      |
| a8e80a77-d5aa-4ba9-933a-b922e403aa9f | in-use    | ceph-volume2   | 9    | -           | false    | 5928ef4a-e878-48bc-9550-8cf9bf7b9fee |
| e13c1adf-8e95-4b7a-ad41-16551aae44de | available | ceph-bootable1 | 2    | ceph        | true     |                                      |
+--------------------------------------+-----------+----------------+------+-------------+----------+--------------------------------------+
```

图 8-24　查看 Cinder 中已存在的卷

然后执行以下命令，使用引导卷 ceph-bootable1 创建虚拟机 ceph-boot-instance：

```
# openstack server create --flavor test --volume  e13c1adf-8e95-4b7a-ad41-16551aae44de --key-name mykey --
security-group 69a825df-1mykey --security-group 69a825df-17e1-4091-b726-d0509f1bffe0 --nic net-
id=$Int_Net_ID ceph-boot-instance
```

其中，e13c1adf-8e95-4b7a-ad41-16551aae44de 即引导卷 ceph-bootable1。注意：执行此命令前，需使用 echo $Int_Net_ID 命令来确认是否获取了 net_id。若输出内容为空，即 Int_Net_ID 未获取到或丢失了 net_id，则需要重新收集网络信息。

创建成功后输出的虚拟机信息如图 8-25 所示。

```
[root@controller ~]# openstack server create --flavor test --volume  e13c1adf-8e95-4b7a-ad41-16551aae44de --key-name
mykey --security-group 69a825df-17e1-4091-b726-d0509f1bffe0 --nic net-id=$Int_Net_ID ceph-boot-instance
+-------------------------------------+------------------------------------------------+
| Field                               | Value                                          |
+-------------------------------------+------------------------------------------------+
| OS-DCF:diskConfig                   | MANUAL                                         |
| OS-EXT-AZ:availability_zone         |                                                |
| OS-EXT-SRV-ATTR:host                | None                                           |
| OS-EXT-SRV-ATTR:hypervisor_hostname | None                                           |
| OS-EXT-SRV-ATTR:instance_name       |                                                |
| OS-EXT-STS:power_state              | NOSTATE                                        |
| OS-EXT-STS:task_state               | scheduling                                     |
| OS-EXT-STS:vm_state                 | building                                       |
| OS-SRV-USG:launched_at              | None                                           |
| OS-SRV-USG:terminated_at            | None                                           |
| accessIPv4                          |                                                |
| accessIPv6                          |                                                |
| addresses                           |                                                |
| adminPass                           | kswWx4BewFEY                                   |
| config_drive                        |                                                |
| created                             | 2018-09-27T03:47:53Z                           |
| flavor                              | test (98c72b36-764b-4449-8bb7-6d4aa553c959)    |
| hostId                              |                                                |
| id                                  | a7a320cb-2a6c-48bc-ae0f-140a9f5e6230           |
| image                               |                                                |
| key_name                            | mykey                                          |
| name                                | ceph-boot-instance                             |
| progress                            | 0                                              |
| project_id                          | 7b1bd5b8fb0a4bd19b9748af29eda171               |
| properties                          |                                                |
| security_groups                     | name='69a825df-17e1-4091-b726-d0509f1bffe0'    |
| status                              | BUILD                                          |
| updated                             | 2018-09-27T03:47:53Z                           |
| user_id                             | c2dab44ecede4da7a8891bf124c03f31               |
| volumes_attached                    |                                                |
+-------------------------------------+------------------------------------------------+
```

图 8-25　基于引导卷 ceph- bootable1 创建虚拟机 ceph-boot-instance

最后执行以下命令，查看虚拟机 ceph-boot-instance 所在的位置：

```
# rbd ls vms
```

```
# rbd ls volumes
```

输出结果如图 8-26 所示，可以看到，该方式创建的虚拟机不在 vms Pool 中，而是在 volumes Pool 中，即使用存储后端的卷创建的虚拟机是存放在卷所在的 Pool 中。

```
[root@controller ~]# rbd ls vms
5928ef4a-e878-48bc-9550-8cf9bf7b9fee_disk
73c82b8e-e327-4bb0-b7bb-bf6e18eec8e4_disk
[root@controller ~]# rbd ls volumes
volume-843a419f-a1f3-4bb9-8dba-323f5e10271c
volume-e13c1adf-8e95-4b7a-ad41-16551aae44de
```

图 8-26　查看虚拟机 ceph-boot-instance 的存储位置

✧ 基于 Ceph RBD 创建虚拟机。

Ceph 文件系统与 Nova 集成后，还可以使用 Ceph RBD 块存储来创建虚拟机。实际上，此方式是基于镜像创建虚拟机的一种，但它要求所用镜像的格式必须是 RAW 格式。因此，使用此方式需要先对镜像进行格式转换，再使用转换后的镜像创建虚拟机。

首先在控制节点上执行以下命令，将 QCOW2 格式的镜像文件 cirros-0.3.5-x86_64-disk.img 转换成 RAW 格式：

```
# qemu-img convert -f qcow2 -O raw cirros-0.3.5-x86_64-disk.img cirros-0.3.5-x86_64-disk.raw
```

接着执行以下命令，基于转换后的镜像文件 cirros-0.3.5-x86_64-disk.raw 创建一个格式为 RAW，名为“cirros-ceph-raw”的镜像：

```
# openstack image create "cirros-ceph-raw" --file cirros-0.3.5-x86_64-disk.raw --disk-format raw  --container-format bare --public
```

创建成功后输出的镜像信息如图 8-27 所示。

```
[root@controller ~]# openstack image create "cirros-ceph-raw" --file cirros-0.3.5-x86_64-disk.raw --disk-format raw --container-format bare
 --public
+------------------+--------------------------------------------------------------------------------------------------------------+
| Field            | Value                                                                                                        |
+------------------+--------------------------------------------------------------------------------------------------------------+
| checksum         | 4bda4108d1a74dd73a6ae6d0ba369916                                                                             |
| container_format | bare                                                                                                         |
| created_at       | 2018-09-27T04:30:24Z                                                                                         |
| disk_format      | raw                                                                                                          |
| file             | /v2/images/45bc799c-b743-4f22-8298-f23b1569884b/file                                                         |
| id               | 45bc799c-b743-4f22-8298-f23b1569884b                                                                         |
| min_disk         | 0                                                                                                            |
| min_ram          | 0                                                                                                            |
| name             | cirros-ceph-raw                                                                                              |
| owner            | 7b1bd5b8fb0a4bd19b9748af29eda171                                                                             |
| properties       | direct_url='rbd://c1d72bfb-4f84-4c53-80c5-3c809aa0ab6d/images/45bc799c-b743-4f22-8298-f23b1569884b/snap'     |
| protected        | False                                                                                                        |
| schema           | /v2/schemas/image                                                                                            |
| size             | 41126400                                                                                                     |
| status           | active                                                                                                       |
| tags             |                                                                                                              |
| updated_at       | 2018-09-27T04:30:26Z                                                                                         |
| virtual_size     | None                                                                                                         |
| visibility       | public                                                                                                       |
+------------------+--------------------------------------------------------------------------------------------------------------+
```

图 8-27　创建 RAW 格式的镜像 cirros-ceph-raw

然后执行以下命令，创建虚拟机 ceph-raw-instance：

```
# openstack server create --flavor test --image cirros-ceph-raw  --key-name mykey --security-group 69a825df-17e1-4091-b726-d0509f1bffe0 --nic net-id=$Int_Net_ID ceph-raw-instance
```

创建成功后输出的虚拟机信息如图 8-28 所示。

```
[root@controller ~]# openstack server create --flavor test --image cirros-ceph-raw  --key-name mykey
--security-group 69a825df-17e1-4091-b726-d0509f1bffe0 --nic net-id=$Int_Net_ID ceph-raw-instance
+-------------------------------------+------------------------------------------------------------+
| Field                               | Value                                                      |
+-------------------------------------+------------------------------------------------------------+
| OS-DCF:diskConfig                   | MANUAL                                                     |
| OS-EXT-AZ:availability_zone         |                                                            |
| OS-EXT-SRV-ATTR:host                | None                                                       |
| OS-EXT-SRV-ATTR:hypervisor_hostname | None                                                       |
| OS-EXT-SRV-ATTR:instance_name       |                                                            |
| OS-EXT-STS:power_state              | NOSTATE                                                    |
| OS-EXT-STS:task_state               | scheduling                                                 |
| OS-EXT-STS:vm_state                 | building                                                   |
| OS-SRV-USG:launched_at              | None                                                       |
| OS-SRV-USG:terminated_at            | None                                                       |
| accessIPv4                          |                                                            |
| accessIPv6                          |                                                            |
| addresses                           |                                                            |
| adminPass                           | y9RTjmZZm7rU                                               |
| config_drive                        |                                                            |
| created                             | 2018-09-27T04:34:33Z                                       |
| flavor                              | test (98c72b36-764b-4449-8bb7-6d4aa553c959)                |
| hostId                              |                                                            |
| id                                  | 107a4c70-cfd0-4106-a32f-348e02c65388                       |
| image                               | cirros-ceph-raw (45bc799c-b743-4f22-8298-f23b1569884b)     |
| key_name                            | mykey                                                      |
| name                                | ceph-raw-instance                                          |
| progress                            | 0                                                          |
| project_id                          | 7b1bd5b8fb0a4bd19b9748af29eda171                           |
| properties                          |                                                            |
| security_groups                     | name='69a825df-17e1-4091-b726-d0509f1bffe0'                |
| status                              | BUILD                                                      |
| updated                             | 2018-09-27T04:34:33Z                                       |
| user_id                             | c2dab44ecede4da7a8891bf124c03f31                           |
| volumes_attached                    |                                                            |
+-------------------------------------+------------------------------------------------------------+
```

图 8-28　基于 Ceph RBD 创建虚拟机 ceph-raw-instance

最后执行以下命令，查看虚拟机 ceph-raw-instance 所在位置：

```
# rbd ls vms
```

输出结果如图 8-29 所示，可以看到虚拟机 ceph-raw-instance 位于 vms Pool 中。

```
[root@controller ~]# rbd ls vms
107a4c70-cfd0-4106-a32f-348e02c65388_disk
5928ef4a-e878-48bc-9550-8cf9bf7b9fee_disk
73c82b8e-e327-4bb0-b7bb-bf6e18eec8e4_disk
```

图 8-29　查看虚拟机 ceph-raw-instance 的存储位置

(2) 获取并访问 VNC URL。

在控制节点上执行以下命令，查看集群中虚拟机的运行情况：

```
# openstack server list
```

输出结果如图 8-30 所示，可以看到，当前创建的虚拟机的【State】列均为【ACTIVE】，即运行正常。

```
[root@controller ~]# openstack server list
+--------------------------------------+--------------------------+--------+----------------------+-----------------+--------+
| ID                                   | Name                     | Status | Networks             | Image           | Flavor |
+--------------------------------------+--------------------------+--------+----------------------+-----------------+--------+
| 107a4c70-cfd0-4106-a32f-348e02c65388 | ceph-raw-instance        | ACTIVE | intranet=10.0.0.5    | cirros-ceph-raw | test   |
| a7a320cb-2a6c-48bc-ae0f-140a9f5e6230 | ceph-boot-instance       | ACTIVE | intranet=10.0.0.9    |                 | test   |
| 73c82b8e-e327-4bb0-b7bb-bf6e18eec8e4 | vm                       | ACTIVE | intranet=10.0.0.6    | cirros          | test   |
| 5928ef4a-e878-48bc-9550-8cf9bf7b9fee | ceph-notBoot-instance    | ACTIVE | intranet=10.0.0.12   | cirros          | test   |
+--------------------------------------+--------------------------+--------+----------------------+-----------------+--------+
```

图 8-30　查看集群中虚拟机的运行情况

然后执行以下命令，获取虚拟机 vm 的 VNC URL：

```
# nova get-vnc-console 73c82b8e-e327-4bb0-b7bb-bf6e18eec8e4 novnc
```

其中，73c82b8e-e327-4bb0-b7bb-bf6e18eec8e4 即虚拟机 vm 的 ID。

该命令返回的信息即虚拟机 vm 的 VNC URL 地址，如图 8-31 所示。

```
[root@controller ~]# nova get-vnc-console 73c82b8e-e327-4bb0-b7bb-bf6e18eec8e4 novnc
+-------+------------------------------------------------------------------------------------+
| Type  | Url                                                                                |
+-------+------------------------------------------------------------------------------------+
| novnc | http://192.168.0.46:6080/vnc_auto.html?token=7bfd7d78-ed3a-4886-8613-586a5407a2ab |
+-------+------------------------------------------------------------------------------------+
```

图 8-31　获取虚拟机 vm 的 VNC URL

使用浏览器访问地址 http://192.168.1.223:6080/vnc_auto.html?token=73c82b8e-e327-4bb0-b7bb-bf6e18eec8e4，即可进入虚拟机 vm 的远程登录界面，如图 8-32 所示。

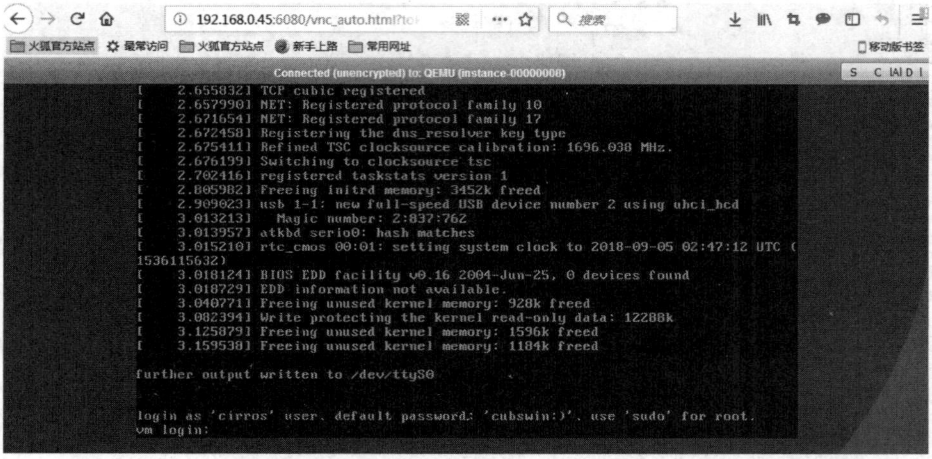
192.168.0.45:6080/vnc_auto.html?to
搜索
火狐官方站点
最常访问
火狐官方站点
新手上路
常用网址
移动版书签
Connected (unencrypted) to: QEMU (instance-00000008)
[2.655832] TCP cubic registered
[2.657990] NET: Registered protocol family 10
[2.671654] NET: Registered protocol family 17
[2.672458] Registering the dns_resolver key type
[2.675411] Refined TSC clocksource calibration: 1696.038 MHz.
[2.676199] Switching to clocksource tsc
[2.702416] registered taskstats version 1
[2.805982] Freeing initrd memory: 3452k freed
[2.909023] usb 1-1: new full-speed USB device number 2 using uhci_hcd
[3.013213]   Magic number: 2:837:762
[3.013957] atkbd serio0: hash matches
[3.015210] rtc_cmos 00:01: setting system clock to 2018-09-05 02:47:12 UTC (1536115632)
[3.018124] BIOS EDD facility v0.16 2004-Jun-25, 0 devices found
[3.018729] EDD information not available.
[3.040771] Freeing unused kernel memory: 928k freed
[3.082394] Write protecting the kernel read-only data: 12288k
[3.125879] Freeing unused kernel memory: 1596k freed
[3.159538] Freeing unused kernel memory: 1184k freed
further output written to /dev/ttyS0
login as 'cirros' user. default password: 'cubswin:)'. use 'sudo' for root.
vm login:

图 8-32　进入虚拟机 vm 远程登录界面

根据图 8-32 中的提示，可知虚拟机 vm 的用户名/密码为 cirros/cubswin:)，使用该用户名和密码登录虚拟机 vm，然后执行 ip add 命令，查看该虚拟机的网络 IP 地址，如图 8-33 所示。

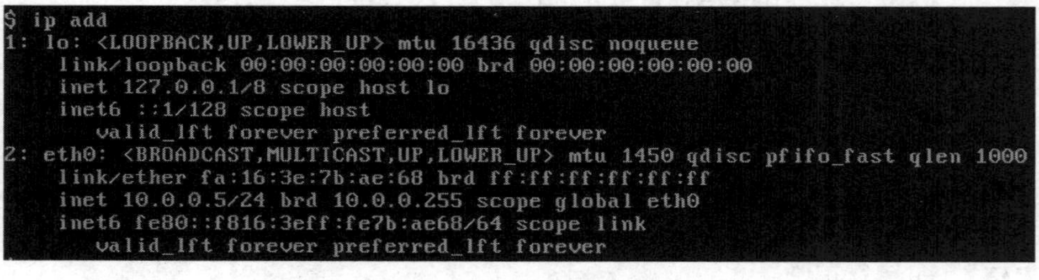
$ ip add
1: lo: <LOOPBACK,UP,LOWER_UP> mtu 16436 qdisc noqueue
link/loopback 00:00:00:00:00:00 brd 00:00:00:00:00:00
inet 127.0.0.1/8 scope host lo
inet6 ::1/128 scope host
valid_lft forever preferred_lft forever
2: eth0: <BROADCAST,MULTICAST,UP,LOWER_UP> mtu 1450 qdisc pfifo_fast qlen 1000
link/ether fa:16:3e:7b:ae:68 brd ff:ff:ff:ff:ff:ff
inet 10.0.0.5/24 brd 10.0.0.255 scope global eth0
inet6 fe80::f816:3eff:fe7b:ae68/64 scope link
valid_lft forever preferred_lft forever

图 8-33　查看虚拟机 vm 的网络 IP 地址

从查看结果中可以得知，虚拟机 vm 的网络 IP 地址为 10.0.0.5/24。

3. 配置虚拟机

虚拟机创建完成后，可根据实际需要为虚拟机进行一些具体配置。

(1) 为安全组创建安全规则。

为限制安全组内的虚拟机对内外网的访问，可以为安全组设置安全规则。前面创建的虚拟机均使用 ID 为 69a825df-17e1-4091-b726-d0509f1bffe0 的 default 安全组，下面我们就

为该安全组创建特殊的安全规则：

首先在控制节点上执行以下命令，允许 ICMP 协议(Internet 控制报文协议)：

```
# openstack security group rule create --protocol icmp --ingress 69a825df-17e1-4091-b726-d0509f1bffe0
```

注意：ICMP 协议属于 TCP/IP 协议族的一个子协议，可以在 IP 主机、路由器之间传递控制消息。

返回的 ICMP 协议信息如图 8-34 所示。

```
[root@controller ~]# openstack security group rule create --protocol icmp --ingress 69a825df-17e1-4091-b726-d0509f1bffe0
+-------------------+--------------------------------------+
| Field             | Value                                |
+-------------------+--------------------------------------+
| created_at        | 2018-09-05T03:04:58Z                 |
| description       |                                      |
| direction         | ingress                              |
| ether_type        | IPv4                                 |
| id                | 33ab29e2-edc3-451c-9e33-6e671ec00249 |
| name              | None                                 |
| port_range_max    | None                                 |
| port_range_min    | None                                 |
| project_id        | 7b1bd5b8fb0a4bd19b9748af29eda171     |
| protocol          | icmp                                 |
| remote_group_id   | None                                 |
| remote_ip_prefix  | 0.0.0.0/0                            |
| revision_number   | 0                                    |
| security_group_id | 69a825df-17e1-4091-b726-d0509f1bffe0 |
| updated_at        | 2018-09-05T03:04:58Z                 |
+-------------------+--------------------------------------+
```

图 8-34　为安全组设置 ICMP 协议

然后执行以下命令，对外开放 22 端口：

```
# openstack security group rule create --protocol tcp --dst-port 22:22 69a825df-17e1-4091-b726-d0509f1bffe0
```

返回的开放 22 端口信息如图 8-35 所示。

```
[root@controller ~]# openstack security group rule create --protocol tcp --dst-port 22:22 69a825df-17e1-4091-b726-d0509f1bffe0
+-------------------+--------------------------------------+
| Field             | Value                                |
+-------------------+--------------------------------------+
| created_at        | 2018-09-05T03:05:33Z                 |
| description       |                                      |
| direction         | ingress                              |
| ether_type        | IPv4                                 |
| id                | 208c8519-0955-41d5-b506-008ed575f1d0 |
| name              | None                                 |
| port_range_max    | 22                                   |
| port_range_min    | 22                                   |
| project_id        | 7b1bd5b8fb0a4bd19b9748af29eda171     |
| protocol          | tcp                                  |
| remote_group_id   | None                                 |
| remote_ip_prefix  | 0.0.0.0/0                            |
| revision_number   | 0                                    |
| security_group_id | 69a825df-17e1-4091-b726-d0509f1bffe0 |
| updated_at        | 2018-09-05T03:05:33Z                 |
+-------------------+--------------------------------------+
```

图 8-35　为安全组对外开放 22 端口

最后执行以下命令，查看虚拟机所属的 ID 为 69a825df-17e1-4091-b726-d0509f1bffe0 的安全组的安全规则：

```
# openstack security group rule list 69a825df-17e1-4091-b726-d0509f1bffe0
```

输出结果如图 8-36 所示，可以看到该安全组中已存在 ICMP 协议和 22 端口的安全规则。

```
[root@controller ~]# openstack security group rule list 69a825df-17e1-4091-b726-d0509f1bffe0
+--------------------------------------+-------------+-----------+------------+--------------------------------------+
| ID                                   | IP Protocol | IP Range  | Port Range | Remote Security Group                |
+--------------------------------------+-------------+-----------+------------+--------------------------------------+
| 208c8519-0955-41d5-b506-008ed575f1d0 | tcp         | 0.0.0.0/0 | 22:22      | None                                 |
| 20966e58-6582-4c81-8e00-0bf94101291d | None        | None      |            | None                                 |
| 33ab29e2-edc3-451c-9e33-6e671ec00249 | icmp        | 0.0.0.0/0 |            | None                                 |
| 5a467f36-b205-4c7f-bb73-208ea47e4bf7 | None        | None      |            | None                                 |
| 5ef2001c-cddf-4216-b1ab-8e0ff8f25276 | None        | None      |            | 69a825df-17e1-4091-b726-d0509f1bffe0 |
| ec7853a5-aa6d-4106-8944-73ec81cb6cb5 | None        | None      |            | 69a825df-17e1-4091-b726-d0509f1bffe0 |
+--------------------------------------+-------------+-----------+------------+--------------------------------------+
```

图 8-36　查看安全组的安全规则

(2) 创建浮动 IP。

创建虚拟机时已经为其指定了内网，但为了让虚拟机之间能够进行通信，还需要为其设置外网。虚拟机的外网 IP 采用创建浮动 IP 地址的方式进行设置，下面以虚拟机 vm 为例进行介绍：

在控制节点上执行以下命令，创建一个外部网络 extranet 的浮动 IP 地址：

```
# openstack floating ip create extranet
```

输出结果如图 8-37 所示，可以看到创建的浮动 IP 为 10.0.1.105。

```
[root@controller ~]# openstack floating ip create extranet
+---------------------+--------------------------------------+
| Field               | Value                                |
+---------------------+--------------------------------------+
| created_at          | 2018-09-05T03:41:53Z                 |
| description         |                                      |
| fixed_ip_address    | None                                 |
| floating_ip_address | 10.0.1.105                           |
| floating_network_id | fcfeca0c-dbb8-45a7-8fec-e0dfb9562766 |
| id                  | f33d14cd-2af6-440d-b3d5-373d7db06428 |
| name                | 10.0.1.105                           |
| port_id             | None                                 |
| project_id          | 7b1bd5b8fb0a4bd19b9748af29eda171     |
| qos_policy_id       | None                                 |
| revision_number     | 0                                    |
| router_id           | None                                 |
| status              | DOWN                                 |
| subnet_id           | None                                 |
| updated_at          | 2018-09-05T03:41:53Z                 |
+---------------------+--------------------------------------+
```

图 8-37　创建外网 extranet 的浮动 IP

然后执行以下命令，将创建的浮动 IP 分配给虚拟机 vm：

```
# openstack server add floating ip vm 10.0.1.105
```

接着执行以下命令，查看已分配的浮动 IP 的信息：

```
# openstack floating ip show 10.0.1.105
```

输出结果如图 8-38 所示，可以看到浮动 IP 的外网地址为 10.0.1.105，对应的内网地址为 10.0.0.5。

```
[root@controller ~]# openstack floating ip show 10.0.1.105
+---------------------+--------------------------------------+
| Field               | Value                                |
+---------------------+--------------------------------------+
| created_at          | 2018-09-05T03:41:53Z                 |
| description         |                                      |
| fixed_ip_address    | 10.0.0.5                             |
| floating_ip_address | 10.0.1.105                           |
| floating_network_id | fcfeca0c-dbb8-45a7-8fec-e0dfb9562766 |
| id                  | f33d14cd-2af6-440d-b3d5-373d7db06428 |
| name                | 10.0.1.105                           |
| port_id             | aa18e2df-7dc9-4bbe-9cac-f7a130274ca1 |
| project_id          | 7b1bd5b8fb0a4bd19b9748af29eda171     |
| qos_policy_id       | None                                 |
| revision_number     | 2                                    |
| router_id           | 465f78cd-c1b8-4311-a94d-79b1ecdcbf3b |
| status              | ACTIVE                               |
| subnet_id           | None                                 |
| updated_at          | 2018-09-05T03:43:07Z                 |
+---------------------+--------------------------------------+
```

图 8-38　查看浮动 IP 外网与内网地址的对应关系

最后执行以下命令，查看虚拟机 vm 的网络信息：

```
# openstack server list
```

输出结果如图 8-39 所示，可以看到虚拟机 vm 有两个网络，其内部网络的 IP 为 10.0.0.6，外部网络的浮动 IP 为 10.0.1.105。

```
[root@controller ~]# openstack server list
+--------------------------------------+--------------------------+--------+---------------------------------+------------------+--------+
| ID                                   | Name                     | Status | Networks                        | Image            | Flavor |
+--------------------------------------+--------------------------+--------+---------------------------------+------------------+--------+
| 107a4c70-cfd0-4106-a32f-348e02c65388 | ceph-raw-instance        | ACTIVE | intranet=10.0.0.5               | cirros-ceph-raw  | test   |
| a7a320cb-2a6c-48bc-ae0f-140a9f5e6230 | ceph-boot-instance       | ACTIVE | intranet=10.0.0.9               |                  | test   |
| 73c82b8e-e327-4bb0-b7bb-bf6e18eec8e4 | vm                       | ACTIVE | intranet=10.0.0.6, 10.0.1.105   | cirros           | test   |
| 5928ef4a-e878-48bc-9550-8cf9bf7b9fee | ceph-notBoot-instance    | ACTIVE | intranet=10.0.0.12              | cirros           | test   |
+--------------------------------------+--------------------------+--------+---------------------------------+------------------+--------+
```

图 8-39　查看虚拟机 vm 的网络信息

8.2　迁移虚拟机

为保证能对虚拟机进行非中断且实时的维护，Nova 提供了 live-migration 功能，该功能又称为热迁移或在线迁移，可以将虚拟机从一个计算节点在线迁移到另一个计算节点，在此过程中只有非常短暂的访问延时，服务也不会中断。

实时在线迁移有三种实现方式：基于非共享存储的块迁移、基于共享存储的迁移和基于卷的迁移。其中，前者由于在使用上存在诸多问题，如迁移过程中需要拷贝临时存储文件和镜像文件，在临时存储文件很大的情况下，有可能出现耗时长还不成功的情况，且不符合实时在线迁移的设计思想，因此不推荐使用；后两种则相对使用较多。

鉴于本书中已将 Ceph 与 Cinder、Glance 及 Nova 集成，使 Ceph 成为了 OpenStack 的统一存储后端，本节仅介绍基于卷的虚拟机在线迁移。

8.2.1　前期准备

无论是基于共享存储的迁移，还是基于卷的迁移，其前期准备都是相同的，即都需要在迁移前对 OpenStack 的各个计算节点进行配置，具体操作如下。

1．配置/etc/sysconfig/libvirtd 文件

使用 VI 编辑器编辑文件 /etc/sysconfig/libvirtd，在其中找到以下内容：

```
# LIBVIRTD_ARGS="--listen"
```

删除其中的“#”号，将其内容修改如下：

```
LIBVIRTD_ARGS="--listen"
```

2．配置/etc/libvirt/libvirtd.conf 文件

使用 VI 编辑器编辑文件/etc/libvirt/libvirtd.conf，在其中找到以下内容：

```
#listen_tls = 0
#listen_tcp = 1
#auth_tcp = "sasl"
```

将上述内容修改如下：

```
listen_tls = 0
```

```
listen_tcp = 1
auth_tcp = "none"
```

3．配置/etc/nova/nova.conf 文件

使用 VI 编辑器编辑文件/etc/nova/nova.conf，在其中找到以下内容：

```
……
#server_listen=127.0.0.1
……
#server_proxyclient_address=127.0.0.1
```

将上述内容修改如下：

```
……
server_listen=127.0.0.1
……
server_proxyclient_address=127.0.0.1
```

4．重启 libvirtd 服务

执行以下命令，重启 libvirtd 服务：

```
# systemctl restart libvirtd
# systemctl restart openstack-nova-compute
```

8.2.2 进行迁移

使用 Ceph 提供的启动卷创建的虚拟机，运行时其镜像会存放在共享存储设备上，可以更方便地进行在线迁移。而使用 Ceph RBD 方式创建的虚拟机也可以进行在线迁移，因为对 Nova 而言，Ceph RBD 与共享存储等效。

下面以基于引导卷创建的虚拟机 ceph-boot-instance 和基于 Ceph RBD 创建的虚拟机 ceph-raw-instance 为例，分别介绍两类虚拟机的在线迁移过程。

进行在线迁移前，首先在控制节点上执行以下命令，查看本节点上的虚拟机情况：

```
# openstack server list
```

输出结果如图 8-40 所示，可以看到，控制节点上所有虚拟机的【Status】列均为【ACTIVE】，即运行正常。

```
[root@controller ~]# openstack server list
+--------------------------------------+------------------------+--------+-------------------------------+------------------+--------+
| ID                                   | Name                   | Status | Networks                      | Image            | Flavor |
+--------------------------------------+------------------------+--------+-------------------------------+------------------+--------+
| 107a4c70-cfd0-4106-a32f-348e02c65388 | ceph-raw-instance      | ACTIVE | intranet=10.0.0.5             | cirros-ceph-raw  | test   |
| a7a320cb-2a6c-48bc-ae0f-140a9f5e6230 | ceph-boot-instance     | ACTIVE | intranet=10.0.0.9             |                  | test   |
| 73c82b8e-e327-4bb0-b7bb-bf6e18eec8e4 | vm                     | ACTIVE | intranet=10.0.0.6, 10.0.1.105 | cirros           | test   |
| 5928ef4a-e878-48bc-9550-8cf9bf7b9fee | ceph-notBoot-instance  | ACTIVE | intranet=10.0.0.12            | cirros           | test   |
+--------------------------------------+------------------------+--------+-------------------------------+------------------+--------+
```

图 8-40　查看控制节点上的虚拟机

然后执行以下命令，查看计算节点 compute1 上的虚拟机情况：

```
# nova hypervisor-servers compute1
```

输出结果如图 8-41 所示，由虚拟机的 ID 号可知：虚拟机 ceph-raw-instance 和 vm 位于计算节点 compute1 上。

```
[root@controller ~]# nova hypervisor-servers compute1
+--------------------------------------+-------------------+--------------------------------------+---------------------+
| ID                                   | Name              | Hypervisor ID                        | Hypervisor Hostname |
+--------------------------------------+-------------------+--------------------------------------+---------------------+
| 73c82b8e-e327-4bb0-b7bb-bf6e18eec8e4 | instance-00000018 | 427d1555-fa8a-42c9-8d5c-0e91ce296c6c | compute1            |
| 107a4c70-cfd0-4106-a32f-348e02c65388 | instance-0000001c | 427d1555-fa8a-42c9-8d5c-0e91ce296c6c | compute1            |
+--------------------------------------+-------------------+--------------------------------------+---------------------+
```

图 8-41　查看计算节点 compute1 上的虚拟机

接着执行以下命令，查看计算节点 compute02 上的虚拟机情况：

```
# nova hypervisor-servers computer02
```

输出结果如图 8-42 所示，由虚拟机的 ID 号可知：虚拟机 ceph-notBoot-instance 和 ceph-boot-instance 位于计算节点 computer02 上。

```
[root@controller ~]# nova hypervisor-servers computer02
+--------------------------------------+-------------------+--------------------------------------+---------------------+
| ID                                   | Name              | Hypervisor ID                        | Hypervisor Hostname |
+--------------------------------------+-------------------+--------------------------------------+---------------------+
| 5928ef4a-e878-48bc-9550-8cf9bf7b9fee | instance-00000017 | 73c88be8-1faf-4d5a-ab37-b90835d5dda2 | computer02          |
| a7a320cb-2a6c-48bc-ae0f-140a9f5e6230 | instance-0000001a | 73c88be8-1faf-4d5a-ab37-b90835d5dda2 | computer02          |
+--------------------------------------+-------------------+--------------------------------------+---------------------+
```

图 8-42　查看计算节点 computer02 上的虚拟机

随后执行以下命令，将虚拟机 ceph-raw-instance 迁移到计算节点 computer02 上：

```
# nova live-migration ceph-raw-instance computer02
```

迁移完毕，执行以下命令，查看计算节点 compute1 和 computer02 上的虚拟机情况：

```
# nova hypervisor-servers compute1
# nova hypervisor-servers computer02
```

输出结果如图 8-43 所示，可以看到，虚拟机 ceph-raw-instance 已成功从计算节点 compute1 迁移到了计算节点 computer02 上。

```
[root@controller ~]# nova hypervisor-servers compute1
+--------------------------------------+-------------------+--------------------------------------+---------------------+
| ID                                   | Name              | Hypervisor ID                        | Hypervisor Hostname |
+--------------------------------------+-------------------+--------------------------------------+---------------------+
| 73c82b8e-e327-4bb0-b7bb-bf6e18eec8e4 | instance-00000018 | 427d1555-fa8a-42c9-8d5c-0e91ce296c6c | compute1            |
+--------------------------------------+-------------------+--------------------------------------+---------------------+
[root@controller ~]# nova hypervisor-servers computer02
+--------------------------------------+-------------------+--------------------------------------+---------------------+
| ID                                   | Name              | Hypervisor ID                        | Hypervisor Hostname |
+--------------------------------------+-------------------+--------------------------------------+---------------------+
| 5928ef4a-e878-48bc-9550-8cf9bf7b9fee | instance-00000017 | 73c88be8-1faf-4d5a-ab37-b90835d5dda2 | computer02          |
| a7a320cb-2a6c-48bc-ae0f-140a9f5e6230 | instance-0000001a | 73c88be8-1faf-4d5a-ab37-b90835d5dda2 | computer02          |
| 107a4c70-cfd0-4106-a32f-348e02c65388 | instance-0000001c | 73c88be8-1faf-4d5a-ab37-b90835d5dda2 | computer02          |
+--------------------------------------+-------------------+--------------------------------------+---------------------+
```

图 8-43　迁移虚拟机 ceph-raw-instance

使用同样方法，将虚拟机 ceph-boot-instance 从计算节点 compute1 迁移到计算节点 computer02 上，输出结果如图 8-44 所示。

```
[root@controller ~]# nova live-migration ceph-boot-instance compute1
[root@controller ~]# nova hypervisor-servers compute1
+--------------------------------------+-------------------+--------------------------------------+---------------------+
| ID                                   | Name              | Hypervisor ID                        | Hypervisor Hostname |
+--------------------------------------+-------------------+--------------------------------------+---------------------+
| 73c82b8e-e327-4bb0-b7bb-bf6e18eec8e4 | instance-00000018 | 427d1555-fa8a-42c9-8d5c-0e91ce296c6c | compute1            |
| a7a320cb-2a6c-48bc-ae0f-140a9f5e6230 | instance-0000001a | 427d1555-fa8a-42c9-8d5c-0e91ce296c6c | compute1            |
+--------------------------------------+-------------------+--------------------------------------+---------------------+
[root@controller ~]# nova hypervisor-servers computer02
+--------------------------------------+-------------------+--------------------------------------+---------------------+
| ID                                   | Name              | Hypervisor ID                        | Hypervisor Hostname |
+--------------------------------------+-------------------+--------------------------------------+---------------------+
| 5928ef4a-e878-48bc-9550-8cf9bf7b9fee | instance-00000017 | 73c88be8-1faf-4d5a-ab37-b90835d5dda2 | computer02          |
| 107a4c70-cfd0-4106-a32f-348e02c65388 | instance-0000001c | 73c88be8-1faf-4d5a-ab37-b90835d5dda2 | computer02          |
+--------------------------------------+-------------------+--------------------------------------+---------------------+
```

图 8-44　迁移虚拟机 ceph-boot-instance

除使用命令行方式以外，还可以使用 Horizon 图形化控制台进行虚拟机的在线迁移。操作如下：

(1) 使用浏览器访问 http://192.168.1.223/dashboard，以 admin 用户登录 OpenStack 图形化控制台，单击页面左侧导航栏中【管理员】/【计算】/【实例】条目，在页面右侧出现的【实例】页面中查看之前创建的虚拟机信息，然后在虚拟机 vm 的【动作】下拉菜单中选择【实例热迁移】命令，如图 8-45 所示。

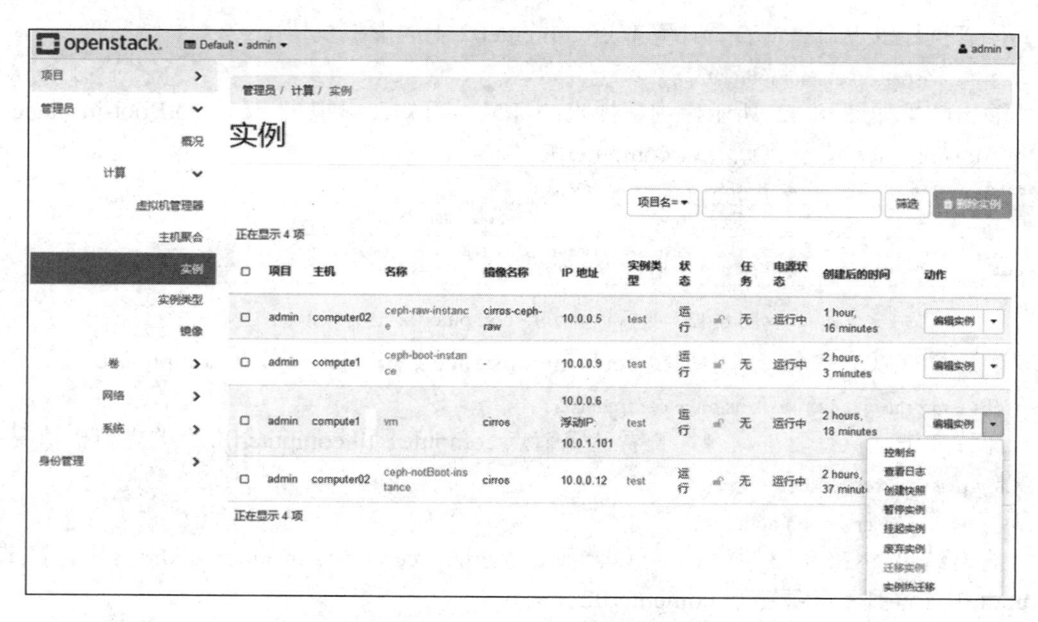

图 8-45　在图形化控制台中查看虚拟机信息

(2) 在弹出的【热迁移】界面中将【新主机】(迁移目标节点)设置为【computer02】，然后单击页面右下角的【提交】按钮，虚拟机 vm 就会开始进行热迁移，如图 8-46 所示。

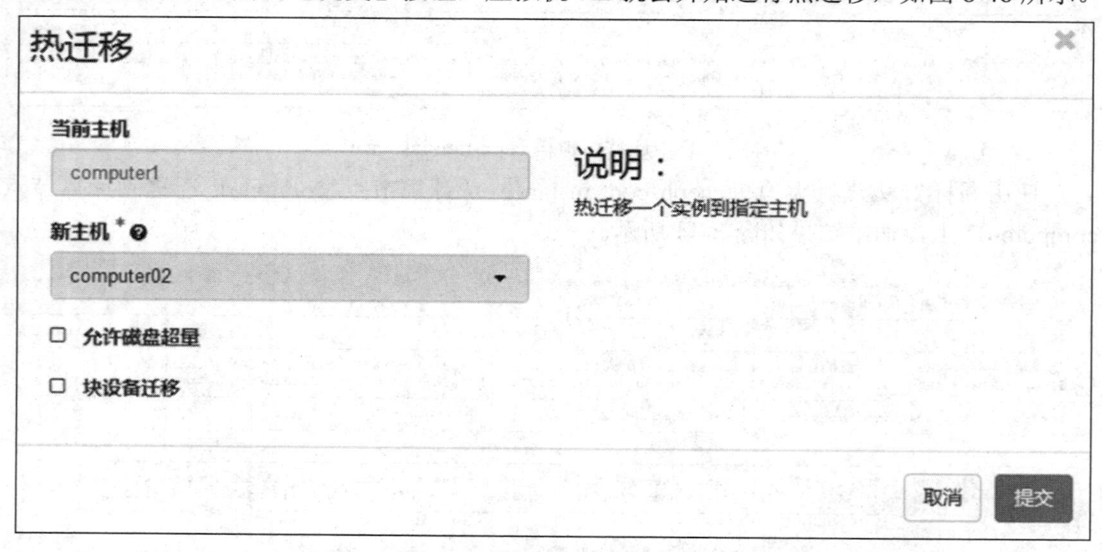

图 8-46　设置虚拟机 vm 的迁移目标节点

(3) 迁移成功后返回【实例】页面，可以看到虚拟机 vm 所在的计算节点由 compute1 变成了 computer02，如图 8-47 所示。

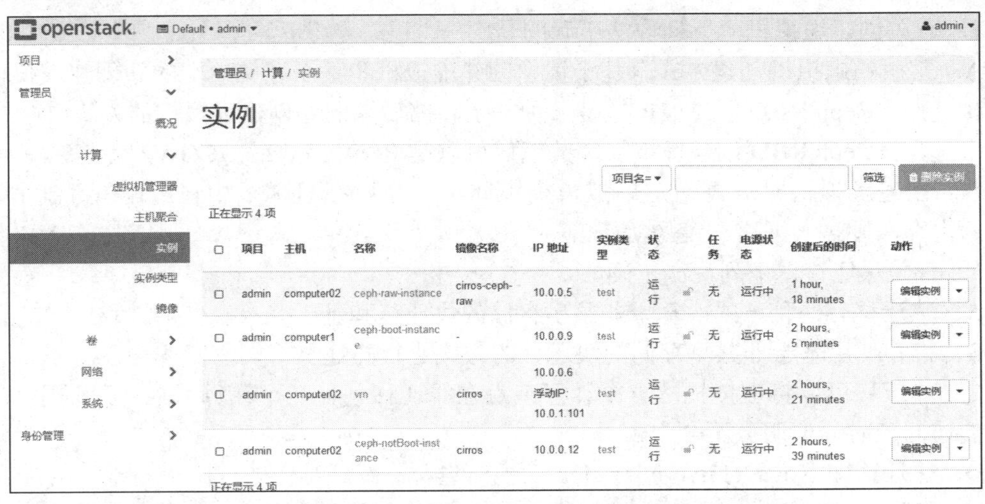

图 8-47　虚拟机 vm 成功迁移到计算节点 computer02

以上即为虚拟机管理的所有内容。

本 章 小 结

通过本章的学习，读者应当了解：

✧ Ceph 除了可以与 Cinder 进行集成，还可以与 Glance、Nova 进行集成。Ceph 与 Cinder、Glance、Nova 都进行集成后，它将成为 OpenStack 的统一存储后端，镜像、虚拟机的默认存储位置都将指向它。

✧ 要创建一台虚拟机，需要先收集虚拟机模板、镜像、安全组、密钥、网络等信息。通过虚拟机模板来配置虚拟机的 CPU 个数、内存大小及硬盘个数等信息；通过镜像来指定创建的虚拟机的操作系统；通过安全组来控制虚拟机的访问情况；通过设置密钥来在免密情况下创建虚拟机；通过网络给虚拟机配置指定网段的 IP。

✧ 常用的创建虚拟机的方式有两种：基于镜像创建虚拟机和基于存储后端的卷创建虚拟机。除此之外，还有一种方式是基于 Ceph RBD 创建虚拟机，该方式属于基于镜像创建虚拟机的一种，但其所用的镜像必须是 RAW 格式。

✧ 在线迁移有三种实现方式：基于非共享存储的块迁移、基于共享存储的迁移和基于卷的迁移。其中，前者由于在使用上存在诸多问题，且不符合实时在线迁移的设计思想，不推荐使用；后两种相对更为常用。

✧ 无论是使用存储后端的卷创建的虚拟机还是使用 Ceph RBD 创建的虚拟机，都可以进行热迁移。因为基于存储后端的卷创建的虚拟机在运行时其镜像存放于共享存储上；而基于 Ceph RBD 创建的虚拟机存放虚拟机的 Ceph RBD 等效于共享存储。

本 章 练 习

1．简述使计算节点支持嵌套创建虚拟机的配置方法。

2．有关创建虚拟机，下列说法正确的是________。

A．常用的虚拟机创建方式有基于镜像创建虚拟机和基于存储后端的卷创建虚拟机

B．基于 Ceph RBD 创建虚拟机是一种基于存储后端的卷创建虚拟机的方式

C．基于 Ceph RBD 创建虚拟机，其镜像可以是 RAW 格式或 QCOW2 格式

D．创建虚拟机时只需指定虚拟机模板即可，在虚拟机模板中已经配置了虚拟机的 CPU、内存、硬盘、网络、镜像等资源

3．有关热迁移，下列说法正确的是________。

A．热迁移有两种方式：基于非共享存储的块迁移和基于共享存储的迁移

B．推荐使用基于非共享存储的块迁移的方式进行热迁移

C．热迁移可以将虚拟机从一个计算节点在线迁移到另一个计算节点，过程中有非常短暂的访问延时，但服务不会中断

D．热迁移即 Nova 的 live-migration 功能，也称离线迁移

4．有关 Ceph 与 Glance、Nova 的集成，下列说法错误的是________。

A．Ceph 与 Glance 集成，即使 Ceph 成为镜像的存储后端

B．Ceph 与 Nova 集成，即使 Ceph 成为虚拟机的存储后端

C．Ceph 与 Glance 集成，即对控制节点进行配置

D．Ceph 与 Nova 集成，即对安装有 nova-compute 的节点进行配置

5．简述创建虚拟机前需要收集哪些资源，并简要说明每种资源的作用。

6．根据以下要求，为虚拟机的创建收集相应资源：

✧ 创建一个虚拟机模板，模板要求：CPU 数量为 1，硬盘数量为 1，内存大小为 1 G。

✧ 上传一个 CentOS 7.4 操作系统的镜像文件，格式为 QCOW2。

✧ 设置一个名为“key”的密钥。

✧ 创建内网 inNetwork 及其子网 inSubNetwork、外部网络 outNetwork 及其子网 outSubNetwork、路由器 router。其中，内网的网络范围为 171.17.2.100～171.17.2.150，DNS 为 223.5.5.5；外网的网段为 171.17.5.0/24，DNS 为 223.5.5.5。

7．使用第 6 题收集的资源，采用本章介绍的三种虚拟机创建方式分别创建一台虚拟机。

8．使用第 7 题中基于存储后端的卷创建的虚拟机和基于 Ceph RBD 创建的虚拟机，完成虚拟机的热迁移操作。

第9章　对象存储组件 Swift

本章目标

- 了解 Swift 的功能和特点
- 了解 Swift 的基本概念
- 了解 Swift 的使用场景
- 掌握 Swift 的配置方法
- 能够使用命令行界面管理 Swift 对象文件

Swift 是 OpenStack 的对象存储组件。早在 OpenStack 的第一版(Austin 版)中，Swift 就是仅有的两个组件之一(另外一个组件是 Nova)。而随着 OpenStack 发展至现在的第十七版(Queens 版)，因为有了许多存储组件可供选择，Swift 已不再是 OpenStack 的必需组件了，但在某些应用场景中仍然需要使用对象存储。因此，本章会简单介绍 Swift 的使用场景和配置方法。

9.1 Swift 简介

Swift 是一个提供 RESTful HTTP 接口的对象存储系统，最初起源于 Rackspace Cloud Files 项目，后来 Rackspace 加入了 OpenStack 社区，于是 Swift 就变成了 OpenStack 最初的两个组件之一，并且沿用至今。

Swift 之所以会被沿用，是因为它具有以下特点。

9.1.1 Swift 的特点

Swift 不是文件系统或者实时的数据存储系统，而是对象存储系统，用于长期存储永久类型的静态数据。这些数据可以被检索和调整，并在必要时进行更新。

Swift 没有采用 RAID，也没有中心单元和主控点，而是通过在软件层面采用一致性 HASH 和数据冗余机制，牺牲一定程度的数据一致性来实现高可用和可收缩的存储功能。它支持多用户模式，适合解决互联网应用场景下非结构化数据的存储问题。

Swift 的主要特点如下：

(1) 极高的数据持久性。

(2) 无限的可扩展性：一是存储的数据可以无限增加；二是 Swift 的性能可以线性提升。

(3) 无单点故障：Swift 的元数据存储是完全均匀随机分布的，并且与对象文件存储一样，不存在单点故障。

9.1.2 Swift 的应用场景

早在 2010 年，Swift 就有了第一个商用案例——韩国电信，随后维基百科和 Ebay 也陆续使用了 Swift 作为对象存储组件。

Swift 最常见的应用场景就是云盘，用户可以将数据存储到采用 Swift 构建的云盘中，就像使用普通的硬盘一样，可以进行上传、浏览及下载。Swift 没有中心节点，因此能够提供强大的扩展性和冗余性。当用户量增加，上传量指数式增长的情况下，Swift 依然持续扩展容量，并能够承受存储的压力。

Swift 也适合用于虚拟机镜像、图片、邮件和存档备份之类的静态数据的存储，这类数据不会被频繁的实时查询。因此，有的企业会将员工电脑中的数据备份到 Swift 上，作为统一的灾备服务。还有企业将特定的大数据存储到 Swift 中，然后使用大数据系统对存储到 Swift 中的数据进行分析。

9.1.3　Swift 的主要概念

面对海量级别的、需要存放在成千上万台服务器和硬盘设备上的对象，应如何将其分布到这些设备上呢？为解决此问题，Swift 基于一致性散列技术，通过计算将对象均匀分布到虚拟空间的分区上，在增加或删除分区时即可大大减少需移动的数据量，然后借助独特的数据结构环(Ring)机制将虚拟节点映射到实际的物理存储设备上，从而完成寻址，即根据获得的地址找到存储数据。

1．代理服务器(Proxy Server)

代理服务器是 Swift 的公共接口，接收并处理所有的请求。当它接收到 URL(例如 https://swift.ugrow.com/account/container/object)请求时，会根据 URL 的信息找到对应的存储节点，完成数据的读取和写入过程。

代理服务器是一种共享的无状态架构，在业务压力增加时，可以扩展出多个 Proxy Server 来分担业务压力。

2．对象(Object)

对象就是数据的切片。Swift 会将数据文件分成大小相等的数据块，每一个数据块就叫做一个对象。

3．副本(Replica)

为保证数据安全，Swift 会将数据复制多个备份，分别存储到不同的服务器上，其中每一份数据叫做数据的一个副本。默认情况下，Swift 会保留三个副本。Swift 引入副本的概念，为数据存储提供了冗余。这样，就算某个副本意外损坏了，其他副本存储的数据仍然完好，保证数据不会丢失。

4．区域(Zones)

Swift 将每个副本存储到一个独立的区域。当某个区域的数据丢失时，Swift 还有副本存储在其他区域上，可以从这些区域中读取数据，从而保证了数据的安全性。

区域的最小单位是一块硬盘或者一组硬盘。为了便于理解，可以将区域理解为一个机柜上的一大组硬盘，或者一个机房的一大组硬盘。这样，当一个机柜停电，或者一个机房的网络出现问题，Swift 还可以读取另外一个机柜或者另外一个机房中存储的副本。

5．账号和容器(Accounts and Containers)

每个账号(Account)和容器(Container)都是一个独立的数据库，分布在集群的多个存储节点上。一个账号可以包含一个或者多个容器，每个容器可以包含一个或者多个对象。

例如，从代理服务器接收的请求 URL https://swift.ugrow.com/account/container/object 中，可以看出上述三者的结构层次关系：Account 包含 Container，Container 包含 Object。

6．分区(Partitions)

分区是一个虚拟节点，通过这个虚拟节点，可以将真正的数据存放到多个服务器上。引入分区的概念是为了解决对存储服务器进行增减时数据移动过多的问题。

7．环(Ring)

环是对象数据名称和其在硬盘上具体位置的映射。当需要对账户、容器和对象进行操作时，都需要对相应的环进行查询，以确定其在硬盘上的具体位置。

8．复制服务(Replicator)

为保证 Swift 多个副本的一致性，复制服务会持续检查每个分区中的数据，将本地分区与其他区域中的分区进行比较，检查数据是否一致。如果数据相同，就不需要重新同步；如果数据不相同，则需要进行数据同步。

9.2 Swift 实验

在本实验中，我们以第 5 章中对控制节点和网络节点的配置为基础，进行 Swift 的配置。

9.2.1 实验环境

本实验使用 3 台虚拟机作为存储节点，为每个存储节点添加一块 50G 硬盘；另外使用 1 台虚拟机作为 Swift 测试机，详细部署如表 9-1 所示。

表 9-1 Swift 实验环境部署

节点名称	网卡序号	网卡名称	IP 地址
test	网卡一	eth0	192.168.0.215/22
	网卡二	eth1	172.16.0.215/24
Storage1	网卡一	eth0	192.168.0.216/22
	网卡二	eth1	172.16.0.216/24
Storage2	网卡一	eth0	192.168.0.217/22
	网卡二	eth1	172.16.0.217/24
Storage3	网卡一	eth0	192.168.0.218/22
	网卡二	eth1	172.16.0.218/24

9.2.2 实验步骤

本实验涉及控制节点、存储节点和网络节点三种节点。其中，网络节点虽不需要进行配置，但必须正常运行，才能确保本实验的正常进行。

下面对具体的实验步骤进行介绍。

1．配置控制节点

在控制节点上创建 Swift 账号、Service 服务以及 Swift Endpoint 服务接入点，然后安装 Swift 软件包并进行相关配置，最后创建环。具体操作步骤如下：

(1) 创建 Swift 账号。

执行以下命令，获得 admin 权限：

```
[root@controller ~]# source admin-openrc
```

执行 openstack user create 命令，创建名为“swift”的 Swift 账号：

```
[root@controller ~]# openstack user create --domain default --project service --password admin123 swift
+---------------------+----------------------------------+
| Field               | Value                            |
+---------------------+----------------------------------+
| default_project_id  | 15f915a6725b48218c177ed1bbf012a7 |
| domain_id           | default                          |
| enabled             | True                             |
| id                  | 38acfc370c1443d9a902ac719c9138cd |
| name                | swift                            |
| options             | {}                               |
| password_expires_at | None                             |
+---------------------+----------------------------------+
```

执行 openstack role add 命令，赋予该 Swift 账号 admin 权限：

```
[root@controller ~]# openstack role add --project service --user swift admin
```

(2) 创建名为“swift”的服务。

执行 openstack service create 命令，创建服务 swift，将服务类型设置为 object-store：

```
[root@controller ~]# openstack service create --name swift --description "OpenStack Object Stroage" object-store
+-------------+----------------------------------+
| Field       | Value                            |
+-------------+----------------------------------+
| description | OpenStack Object Stroage         |
| enabled     | True                             |
| id          | 3555657be4a044fc93db31b131923967 |
| name        | swift                            |
| type        | object-store                     |
+-------------+----------------------------------+
```

执行 openstack endpoint create 命令，为新建的 swift 服务分别创建 public、internal 和 admin 三个 Endpoint，并为三种服务提供认证接口：

```
[root@controller ~]# openstack endpoint create --region RegionOne object-store public
http://172.16.0.210:8080/v1/AUTH_%\(project_id\)s
+--------------+--------------------------------------------------+
| Field        | Value                                            |
+--------------+--------------------------------------------------+
| enabled      | True                                             |
| id           | a1e9cef0802141fdbdd8bf8af437fb99                 |
| interface    | public                                           |
```

```
| region       | RegionOne                                          |
| region_id    | RegionOne                                          |
| service_id   | 3555657be4a044fc93db31b131923967                   |
| service_name | swift                                              |
| service_type | object-store                                       |
| url          | http://172.16.0.210:8080/v1/AUTH_%(project_id)s    |
+--------------+----------------------------------------------------+
[root@controller ~]# openstack endpoint create --region RegionOne object-store internal
http://172.16.0.210:8080/v1/AUTH_%\(project_id\)s
+--------------+----------------------------------------------------+
| Field        | Value                                              |
+--------------+----------------------------------------------------+
| enabled      | True                                               |
| id           | 654ac97f0c7e4367b639e2a3984700cd                   |
| interface    | internal                                           |
| region       | RegionOne                                          |
| region_id    | RegionOne                                          |
| service_id   | 3555657be4a044fc93db31b131923967                   |
| service_name | swift                                              |
| service_type | object-store                                       |
| url          | http://172.16.0.210:8080/v1/AUTH_%(project_id)s    |
+--------------+----------------------------------------------------+
[root@controller ~]# openstack endpoint create --region RegionOne object-store admin
http://172.16.0.210:8080/v1/
+--------------+----------------------------------------------------+
| Field        | Value                                              |
+--------------+----------------------------------------------------+
| enabled      | True                                               |
| id           | f714182c27b4425ea1b21a83437287d7                   |
| interface    | admin                                              |
| region       | RegionOne                                          |
| region_id    | RegionOne                                          |
| service_id   | 3555657be4a044fc93db31b131923967                   |
| service_name | swift                                              |
| service_type | object-store                                       |
| url          | http://172.16.0.210:8080/v1/                       |
+--------------+----------------------------------------------------+
```

(3) 安装Swift软件包。

执行yum install命令，安装控制节点所需的Swift软件包：

```
[root@controller ~]# yum install openstack-swift-proxy python-swiftclient python-keystoneclient python-keystone middleware memcached -y
```

(4) 修改 Proxy Server 配置文件。

执行 cp 命令，将原有的配置文件备份为.bak 文件：

```
[root@controller ~]# cp -a /etc/swift/proxy-server.conf /etc/swift/proxy-server.conf.bak
```

执行以下命令，将原配置文件清空：

```
[root@controller ~]# >/etc/swift/proxy-server.conf
```

使用 VI 编辑器创建配置文件，在其中写入以下内容：

```
[root@controller ~]# vi /etc/swift/proxy-server.conf
[DEFAULT]
bind_port = 8080
user = swift
swift_dir = /etc/swift

[pipeline:main]
pipeline = catch_errors gatekeeper healthcheck proxy-logging cache container_sync bulk ratelimit authtoken keystoneauth container-quotas account-quotas slo dlo versioned_writes proxy-logging proxy-server

[app:proxy-server]
use = egg:swift#proxy
account_autocreate = True

[filter:tempauth]
use = egg:swift#tempauth
user_admin_admin = admin .admin .reseller_admin
user_test_tester = testing .admin
user_test2_tester2 = testing2 .admin
user_test_tester3 = testing3
user_test5_tester5 = testing5 service

[filter:authtoken]
paste.filter_factory = keystonemiddleware.auth_token:filter_factory
auth_uri = http://172.16.0.210:5000
auth_url = http://172.16.0.210:35357
memcached_servers = 172.16.0.210:11211
auth_type = password
project_domain_id = default
user_domain_id = default
project_name = service
username = swift
```

```
password = admin123
delay_auth_decision = True

[filter:keystoneauth]
use = egg:swift#keystoneauth
operator_roles = admin,user

[filter:healthcheck]
use = egg:swift#healthcheck

[filter:cache]
use = egg:swift#memcache
memcache_servers = 172.16.0.210:11211

[filter:ratelimit]
use = egg:swift#ratelimit

[filter:domain_remap]
use = egg:swift#domain_remap

[filter:catch_errors]
use = egg:swift#catch_errors

[filter:cname_lookup]
use = egg:swift#cname_lookup

[filter:staticweb]
use = egg:swift#staticweb

[filter:tempurl]
use = egg:swift#tempurl

[filter:formpost]
use = egg:swift#formpost

[filter:name_check]
use = egg:swift#name_check

[filter:list-endpoints]
use = egg:swift#list_endpoints
```

```
[filter:proxy-logging]
use = egg:swift#proxy_logging

[filter:bulk]
use = egg:swift#bulk

[filter:slo]
use = egg:swift#slo

[filter:dlo]
use = egg:swift#dlo

[filter:container-quotas]
use = egg:swift#container_quotas

[filter:account-quotas]
use = egg:swift#account_quotas

[filter:gatekeeper]
use = egg:swift#gatekeeper

[filter:container_sync]
use = egg:swift#container_sync

[filter:xprofile]
use = egg:swift#xprofile

[filter:versioned_writes]
use = egg:swift#versioned_writes

[filter:copy]
use = egg:swift#copy

[filter:keymaster]
use = egg:swift#keymaster
encryption_root_secret = admin123

[filter:encryption]
use = egg:swift#encryption
```

(5) 修改 Swift 配置文件。

执行 cp 命令，将原有的配置文件备份成.bak 文件：

```
[root@controller ~]# cp -a /etc/swift/swift.conf /etc/swift/swift.conf_back
```

执行以下命令，将原配置文件清空：

```
[root@controller ~]# >/etc/swift/swift.conf
```

使用 VI 编辑器修改原配置文件，在其中写入以下内容：

```
[root@controller ~]# vi /etc/swift/swift.conf
[swift-hash]
swift_hash_path_suffix = admin123
swift_hash_path_prefix = admin123
[storage-policy:0]
name = Policy-0
default = yes
aliases = yellow, orange
[swift-constraints]
```

(6) 配置 Swift 环文件。

执行 cd 命令，进入/etc/swift 目录：

```
[root@controller ~]# cd /etc/swift
```

分别执行三次 swift-ring-builder 命令，生成以下三个.builder 文件：

```
[root@controller swift]# swift-ring-builder /etc/swift/account.builder create 12 3 1
[root@controller swift]# swift-ring-builder /etc/swift/container.builder create 12 3 1
[root@controller swift]# swift-ring-builder /etc/swift/object.builder create 12 3 1
```

执行 swift-ring-builder 命令，为第一台存储服务器 Storage1 创建环：

```
[root@controller swift]# swift-ring-builder /etc/swift/account.builder add r0z0-172.16.0.215:6202/device0 100
Device d0r0z0-172.16.0.215:6202R172.16.0.215:6202/device0_"" with 100.0 weight got id 0
[root@controller swift]# swift-ring-builder /etc/swift/container.builder add r0z0-172.16.0.215:6201/device0 100
Device d0r0z0-172.16.0.215:6201R172.16.0.215:6201/device0_"" with 100.0 weight got id 0
[root@controller swift]# swift-ring-builder /etc/swift/object.builder add r0z0-172.16.0.215:6200/device0 100
Device d0r0z0-172.16.0.215:6200R172.16.0.215:6200/device0_"" with 100.0 weight got id 0
```

执行 swift-ring-builder 命令，为第二台存储服务器 Storage2 创建环：

```
[root@controller swift]# swift-ring-builder /etc/swift/account.builder add r1z1-172.16.0.216:6202/device1 100
Device d1r1z1-172.16.0.216:6202R172.16.0.216:6202/device1_"" with 100.0 weight got id 1
[root@controller swift]# swift-ring-builder /etc/swift/container.builder add r1z1-172.16.0.216:6201/device1 100
Device d1r1z1-172.16.0.216:6201R172.16.0.216:6201/device1_"" with 100.0 weight got id 1
[root@controller swift]# swift-ring-builder /etc/swift/object.builder add r1z1-172.16.0.216:6200/device1 100
Device d1r1z1-172.16.0.216:6200R172.16.0.216:6200/device1_"" with 100.0 weight got id 1
```

执行 swift-ring-builder 命令，为第三台存储服务器 Storage3 创建环：

```
[root@controller swift]# swift-ring-builder /etc/swift/account.builder add r2z2-172.16.0.217:6202/device2 100
Device d2r2z2-172.16.0.217:6202R172.16.0.217:6202/device2_"" with 100.0 weight got id 2
[root@controller swift]# swift-ring-builder /etc/swift/container.builder add r2z2-172.16.0.217:6201/device2 100
```

```
Device d2r2z2-172.16.0.217:6201R172.16.0.217:6201/device2_"" with 100.0 weight got id 2
[root@controller swift]# swift-ring-builder /etc/swift/object.builder add r2z2-172.16.0.217:6200/device2 100
Device d2r2z2-172.16.0.217:6200R172.16.0.217:6200/device2_"" with 100.0 weight got id 2
```

上述命令执行完毕，会在/etc/swift 目录下生成文件 account.builder、container.builder 与 object.builder 三个文件：

```
[root@controller swift]# ll
-rw-r--r-- 1 root root   9050 Aug  3 11:01 account.builder
drwxr-xr-x 2 root root    109 Aug  3 10:37 backups
-rw-r--r-- 1 root root   9050 Aug  3 11:01 container.builder
-rw-r----- 1 root swift 1415 Feb 17 20:51 container-reconciler.conf
-rw-r--r-- 1 root root   9050 Aug  3 11:01 object.builder
-rw-r----- 1 root swift   291 Feb 17 20:51 object-expirer.conf
drwxr-xr-x 2 root root      6 Feb 17 20:54 proxy-server
-rw-r----- 1 root swift 2234 Aug  3 09:55 proxy-server.conf
-rw-r----- 1 root swift 2868 Feb 17 20:51 proxy-server.conf.bak
-rw-r----- 1 root swift   175 Aug  3 10:07 swift.conf
-rw-r----- 1 root swift    63 Feb 17 20:51 swift.conf_back
```

执行 swift-ring-builder 命令，将上述三个.builder 文件转换成.ring.gz 文件：

```
[root@controller swift]# swift-ring-builder /etc/swift/account.builder rebalance
Reassigned 12288 (300.00%) partitions. Balance is now 0.00.  Dispersion is now 0.00
[root@controller swift]# swift-ring-builder /etc/swift/container.builder rebalance
Reassigned 12288 (300.00%) partitions. Balance is now 0.00.  Dispersion is now 0.00
[root@controller swift]# swift-ring-builder /etc/swift/object.builder rebalance
Reassigned 12288 (300.00%) partitions. Balance is now 0.00.  Dispersion is now 0.00
```

将上述三个.builder 文件转换成.ring.gz 文件，原来的三个.builder 文件依然存在：

```
[root@controller swift]# ll
-rw-r--r-- 1 root root   34029 Aug  3 11:06 account.builder
-rw-r--r-- 1 root root     301 Aug  3 11:06 account.ring.gz
drwxr-xr-x 2 root root     315 Aug  3 11:06 backups
-rw-r--r-- 1 root root   34029 Aug  3 11:06 container.builder
-rw-r----- 1 root swift   1415 Feb 17 20:51 container-reconciler.conf
-rw-r--r-- 1 root root     303 Aug  3 11:06 container.ring.gz
-rw-r--r-- 1 root root   34029 Aug  3 11:06 object.builder
-rw-r----- 1 root swift    291 Feb 17 20:51 object-expirer.conf
-rw-r--r-- 1 root root     300 Aug  3 11:06 object.ring.gz
drwxr-xr-x 2 root root       6 Feb 17 20:54 proxy-server
-rw-r----- 1 root swift   2234 Aug  3 09:55 proxy-server.conf
-rw-r----- 1 root swift   2868 Feb 17 20:51 proxy-server.conf.bak
-rw-r----- 1 root swift    175 Aug  3 10:07 swift.conf
-rw-r----- 1 root swift     63 Feb 17 20:51 swift.conf_back
```

(7) 修改 ring.gz 文件的所有者。

执行 chown 命令，将 ring.gz 文件的所有者改为用户 swift：

```
[root@controller ~]# chown swift. /etc/swift/*.gz
```

(8) 启动 Swift 服务。

执行 systemctl start 命令，启动 Swift 服务：

```
[root@controller ~]# systemctl start openstack-swift-proxy
```

执行 systemctl enable 命令，将 Swift 服务设置为开机启动：

```
[root@controller ~]# systemctl enable openstack-swift-proxy
Created symlink from /etc/systemd/system/multi-user.target.wants/openstack-swift-proxy.service to
/usr/lib/systemd/system/openstack-swift-proxy.service.
```

执行以下命令，检查 Swift 服务的状态：

```
[root@controller ~]# systemctl status openstack-swift-proxy
● openstack-swift-proxy.service - OpenStack Object Storage (swift) - Proxy Server
   Loaded: loaded (/usr/lib/systemd/system/openstack-swift-proxy.service; enabled; vendor preset: disabled)
   Active: active (running) since Fri 2018-08-03 11:08:38 CST; 2min 39s ago
```

若输出结果显示 swift 服务的【Active】处于【active(running)】状态，表明服务已正常启动。

2．配置存储节点

下面以 storage1 节点为例对存储节点进行配置，其他存储节点请参考 storage1 节点自行配置。

(1) 配置网卡。

使用 VI 编辑器创建/etc/sysconfig/network-scripts/ifcfg-eth0 文件，按照图 9-1 所示信息，在其中添加第一块网卡 eth0 的配置。

```
TYPE=Ethernet
BOOTPROTO=static
NAME=eth0
DEVICE=eth0
ONBOOT=yes
IPADDR=192.168.0.215
NETMASK=255.255.252.0
GATEWAY=192.168.1.1
DNS1=202.102.134.68
```

图 9-1　eth0 网卡配置

使用 VI 编辑器创建/etc/sysconfig/network-scripts/ifcfg-eth0 文件，参考图 9-2 所示信息，在其中添加第二块网卡 eth1 的配置。

```
TYPE=Ethernet
BOOTPROTO=static
NAME=eth1
DEVICE=eth1
ONBOOT=yes
IPADDR=172.16.0.215
NETMASK=255.255.255.0
```

图 9-2　eth1 网卡配置

配置完毕，执行以下命令，重启网卡，使配置生效：

```
# systemctl restart network
```

(2) 修改主机名。

执行 hostnamectl 命令，修改主机名，使其在不重启的情况下生效：

```
# hostnamectl set-hostname storage1
```

使用 VI 编辑器编辑/etc/sysconfig/network 文件，修改主机名，使其重启后继续生效：

```
# vi /etc/sysconfig/network
hostname storage1
```

(3) 安装 Queens 版 yum 源。

执行 yum install 命令，安装 Queens 版 yum 源：

```
# yum install centos-release-openstack-queens -y
```

(4) 安装并配置 NTP 服务。

存储服务器对时间精确度的要求比其他服务都要高，因此必须对时间进行校准，否则容易出现各种各样的错误。

执行以下命令，安装 NTP 客户端软件：

```
# yum install chrony -y
```

使用 VI 编辑器编辑/etc/chrony.conf 文件，使用“#”号注释掉其中带有“server”的行，并增加下一行，将时间服务器指向控制节点 192.168.0.210：

```
# server 0.centos.pool.ntp.org iburst
# server 1.centos.pool.ntp.org iburst
# server 2.centos.pool.ntp.org iburst
# server 3.centos.pool.ntp.org iburst
server 192.168.0.210 iburst
```

修改文件中带有“allow”的一行，修改结果如下：

```
allow 192.168.0.0/22
```

然后执行以下命令，启动 chronyd 时间服务：

```
# systemctl start chronyd
```

(5) 安装 Swift 软件包。

执行 yum install 命令，安装 Swift 软件包：

```
# yum install -y openstack-swift-account openstack-swift-container openstack-swift-object xfsprogs rsync
openssh-clients
```

(6) 配置硬盘。

在 Storage1 节点终端执行 fdisk -l 命令，查看当前硬盘信息：

```
# fdisk -l
Disk /dev/vda: 42.9 GB, 42949672960 bytes, 83886080 sectors
Units = sectors of 1 * 512 = 512 bytes
Sector size (logical/physical): 512 bytes / 512 bytes
I/O size (minimum/optimal): 512 bytes / 512 bytes
Disk label type: dos
Disk identifier: 0x000b2c1a
```

```
   Device Boot      Start         End      Blocks   Id  System
/dev/vda1   *        2048     2099199     1048576   83  Linux
/dev/vda2         2099200    83886079    40893440   8e  Linux LVM

Disk /dev/vdb: 53.7 GB, 53687091200 bytes, 104857600 sectors
Units = sectors of 1 * 512 = 512 bytes
Sector size (logical/physical): 512 bytes / 512 bytes
I/O size (minimum/optimal): 512 bytes / 512 bytes
```

从输出结果可以看出，在实验准备阶段添加的硬盘名称为“/dev/vdb”。

执行 mkfs 命令，格式化硬盘/dev/vdb：

```
# mkfs.xfs -i size=1024 -s size=4096 /dev/vdb
meta-data=/dev/vdb               isize=1024   agcount=4, agsize=3276800 blks
         =                       sectsz=4096  attr=2, projid32bit=1
         =                       crc=1        finobt=0, sparse=0
data     =                       bsize=4096   blocks=13107200, imaxpct=25
         =                       sunit=0      swidth=0 blks
naming   =version 2              bsize=4096   ascii-ci=0 ftype=1
log      =internal log           bsize=4096   blocks=6400, version=2
         =                       sectsz=4096  sunit=1 blks, lazy-count=1
realtime =none                   extsz=4096   blocks=0, rtextents=0
```

执行 mkdir 命令，创建挂载目录：

```
# mkdir -p /srv/node/device0
```

注意：在 storage1 节点上创建的目录为/srv/node/device0；在 storage2 节点上创建的目录为/srv/node/device1；在 storage3 节点上创建的目录为/srv/node/device2。

执行 mount 命令，将分区/dev/vdb 挂载到刚才创建的挂载目录上：

```
# mount -o noatime,nodiratime,nobarrier /dev/vdb /srv/node/device0
```

挂载完毕，执行 df 命令，查看挂载是否成功：

```
[root@storage1 ~]# df -h
Filesystem               Size  Used Avail Use% Mounted on
/dev/mapper/centos-root   36G  1.1G   35G   3% /
devtmpfs                 909M     0  909M   0% /dev
tmpfs                    920M  4.0K  920M   1% /dev/shm
tmpfs                    920M  8.5M  912M   1% /run
tmpfs                    920M     0  920M   0% /sys/fs/cgroup
/dev/vda1               1014M  143M  872M  15% /boot
tmpfs                    184M     0  184M   0% /run/user/0
/dev/vdb                  50G   33M   50G   1% /srv/node/device0
```

(7) 修改目录/srv/node 的所有者。

执行 chown 命令，将/srv/node 目录的所有者改为 swift：

```
# chown -R swift. /srv/node
```

(8) 设置开机自动挂载。

使用 VI 编辑器编辑/etc/fstab 文件，在文件末尾添加以下内容，确保开机自动挂载：

```
# vi /etc/fstab
/dev/vdb    /srv/node/device0    xfs    noatime,nodiratime,nobarrier 0 0
```

设置完毕，执行 mount 命令，验证挂载是否成功：

```
# mount -a
#
```

如果没有正确挂载，则会输出错误信息。本例中未显示错误信息，说明挂载成功。

(9) 拷贝配置文件。

执行 scp 命令，将配置文件从控制节点上拷贝到存储节点 Storage1 上：

```
[root@controller ~]# scp /etc/swift/*.gz 172.16.0.215:/etc/swift/
The authenticity of host '172.16.0.215 (172.16.0.215)' can't be established.
ECDSA key fingerprint is SHA256:Y2GKm4UPlWUABG2jvWS50YSx814ToOczyhcZwKytq5o.
ECDSA key fingerprint is MD5:97:48:60:4a:e0:5f:da:3b:f9:40:e0:24:4d:6f:04:ce.
Are you sure you want to continue connecting (yes/no)? yes    # 这里输入 yes
Warning: Permanently added '172.16.0.215' (ECDSA) to the list of known hosts.
root@172.16.0.215's password:    # 这里输入存储节点的密码
account.ring.gz                          100%   301    423.6KB/s    00:00
container.ring.gz                        100%   303    306.4KB/s    00:00
object.ring.gz                           100%   300    389.1KB/s    00:00
```

使用相同方法，将控制节点上的配置文件拷贝到存储节点 Storage2 和 Storage3 上。

(10) 修改配置文件所有者。

执行 chown 命令，将.gz 文件的所有者修改为 swift：

```
# chown swift. /etc/swift/*.gz
```

使用相同方法，修改存储节点 Storage2 和 Storage3 上.gz 文件的所有者。

(11) 修改 Swift 配置文件。

执行 cp 命令，将原有的配置文件备份为.bak 文件：

```
# cp -a /etc/swift/swift.conf /etc/swift/swift.conf.bak
```

执行以下命令，将原配置文件清空：

```
# >/etc/swift/swift.conf
```

使用 VI 编辑器，在原配置文件中写入以下内容：

```
# vi /etc/swift/swift.conf
[swift-hash]
swift_hash_path_suffix = admin123
swift_hash_path_prefix = admin123
[storage-policy:0]
name = Policy-0
default = yes
aliases = yellow, orange
[swift-constraints]
```

使用相同方法，修改存储节点 Storage2 和 Storage3 上的 Swift 配置文件。

(12) 修改 account-server 配置文件。

执行 cp 命令，将原有的配置文件备份为.bak 文件：

```
# cp -a /etc/swift/account-server.conf /etc/swift/account-server.conf.bak
```

执行以下命令，将原配置文件清空：

```
# >/etc/swift/account-server.conf
```

使用 VI 编辑器，在原配置文件中写入以下内容：

```
# vi /etc/swift/account-server.conf
[DEFAULT]
bind_ip = 0.0.0.0
bind_port = 6202
[pipeline:main]
pipeline = healthcheck recon account-server
[app:account-server]
use = egg:swift#account
[filter:healthcheck]
use = egg:swift#healthcheck
[filter:recon]
use = egg:swift#recon
[account-replicator]
[account-auditor]
[account-reaper]
[filter:xprofile]
```

使用相同方法，修改存储节点 Storage2 和 Storage3 上的 account-server 配置文件。

(13) 修改 container-server 配置文件。

执行 cp 命令，将原有的配置文件备份为.bak 文件：

```
# cp -a /etc/swift/container-server.conf /etc/swift/container-server.conf.bak
```

执行以下命令，将原配置文件清空：

```
# >/etc/swift/container-server.conf
```

使用 VI 编辑器，在原配置文件中写入以下内容：

```
# vi /etc/swift/container-server.conf
[DEFAULT]
bind_ip = 0.0.0.0
bind_port = 6201
[pipeline:main]
pipeline = healthcheck recon container-server
[app:container-server]
use = egg:swift#container
[filter:healthcheck]
use = egg:swift#healthcheck
```

```
[filter:recon]
use = egg:swift#recon
[container-replicator]
[container-updater]
[container-auditor]
[container-sync]
[filter:xprofile]
use = egg:swift#xprofile
```

使用相同方法，修改存储节点 Storage2 和 Storage3 上的 container-server 配置文件。

(14) 修改 object-server 配置文件。

执行 cp 命令，将原有的配置文件备份为.bak 文件：

```
# cp -a /etc/swift/object-server.conf /etc/swift/object-server.conf.bak
```

执行以下命令，将原配置文件清空：

```
# >/etc/swift/object-server.conf
```

使用 VI 编辑器，在原配置文件中写入以下内容：

```
# vi /etc/swift/object-server.conf
[DEFAULT]
bind_ip = 0.0.0.0
bind_port = 6200
[pipeline:main]
pipeline = healthcheck recon object-server
[app:object-server]
use = egg:swift#object
[filter:healthcheck]
use = egg:swift#healthcheck
[filter:recon]
use = egg:swift#recon
[object-replicator]
[object-reconstructor]
[object-updater]
[object-auditor]
[filter:xprofile]
use = egg:swift#xprofile
```

使用相同方法，修改存储节点 Storage2 和 Storage3 上的 object-server 配置文件。

(15) 修改 rsync 配置文件。

多个 Swift 存储节点之间是通过 rsync 同步数据的，因此要根据 Swift 的需求重新配置 rsync，配置方法如下：

执行 cp 命令，将 rsync 的原配置文件备份为.bak 文件：

```
# cp -a /etc/rsyncd.conf /etc/rsyncd.conf.bak
```

执行以下命令，将原配置文件清空：

```
>/etc/rsyncd.conf
```

使用 VI 编辑器，在原配置文件中写入以下内容：

```
# vi /etc/rsyncd.conf
pid file = /var/run/rsyncd.pid
log file = /var/log/rsyncd.log
uid = swift
gid = swift
address = 172.16.0.215     # 这个 IP 地址是各个存储节点的管理 IP

[account]
path               = /srv/node
read only          = false
write only         = no
list               = yes
incoming chmod   = 0644
outgoing chmod   = 0644
max connections = 25
lock file =        /var/lock/account.lock

[container]
path               = /srv/node
read only          = false
write only         = no
list               = yes
incoming chmod   = 0644
outgoing chmod   = 0644
max connections = 25
lock file =        /var/lock/container.lock

[object]
path               = /srv/node
read only          = false
write only         = no
list               = yes
incoming chmod   = 0644
outgoing chmod   = 0644
max connections = 25
lock file =        /var/lock/object.lock

[swift_server]
```

```
path             = /etc/swift
read only        = true
write only       = no
list             = yes
incoming chmod   = 0644
outgoing chmod   = 0644
max connections = 5
lock file =      /var/lock/swift_server.lock
```

使用相同方法，修改存储节点 Stroage2 和 Storage3 的 rsync 配置文件，但要注意将这两个存储节点的 address 改为各自对应的管理 IP。

(16) 启动 rsync。

执行 systemctl start 命令，启动 rsync 服务：

```
[root@storage1 ~]# systemctl start rsyncd
```

执行 systemctl enable 命令，将 rsync 服务设置为开机启动：

```
[root@storage1 ~]# systemctl enable rsyncd
Created symlink from /etc/systemd/system/multi-user.target.wants/rsyncd.service to
/usr/lib/systemd/system/rsyncd.service.
```

执行 systemctl status 命令，检查 rsync 服务状态：

```
[root@storage1 ~]# systemctl status rsyncd
● rsyncd.service - fast remote file copy program daemon
   Loaded: loaded (/usr/lib/systemd/system/rsyncd.service; enabled; vendor preset: disabled)
   Active: active (running) since Fri 2018-08-03 11:55:29 CST; 1min 7s ago
```

可以看到，服务的【Active】项处于【active(running)】状态，表明 rsync 服务启动正常。

(17) 启动 Swift 服务。

依次执行以下 systemctl start 命令，启动 Swift 相关服务：

```
# systemctl start openstack-swift-account
# systemctl start openstack-swift-account-replicator
# systemctl start openstack-swift-account-auditor
# systemctl start openstack-swift-container
# systemctl start openstack-swift-container-replicator
# systemctl start openstack-swift-container-updater
# systemctl start openstack-swift-container-auditor
# systemctl start openstack-swift-object
# systemctl start openstack-swift-object-replicator
# systemctl start openstack-swift-object-updater
# systemctl start openstack-swift-object-auditor
```

依次执行以下 systemctl enable 命令，将 Swift 相关服务设置为开机启动：

```
# systemctl enable openstack-swift-account
# systemctl enable openstack-swift-account-replicator
```

```
Created symlink from /etc/systemd/system/multi-user.target.wants/openstack-swift-account.service to
/usr/lib/systemd/system/openstack-swift-account.service.
# systemctl enable openstack-swift-account-replicator
Created symlink from /etc/systemd/system/multi-user.target.wants/openstack-swift-account-replicator.service to
/usr/lib/systemd/system/openstack-swift-account-replicator.service.
# systemctl enable openstack-swift-account-auditor
Created symlink from /etc/systemd/system/multi-user.target.wants/openstack-swift-account-auditor.service to
/usr/lib/systemd/system/openstack-swift-account-auditor.service.
# systemctl enable openstack-swift-container
Created symlink from /etc/systemd/system/multi-user.target.wants/openstack-swift-container.service to
/usr/lib/systemd/system/openstack-swift-container.service.
# systemctl enable openstack-swift-container-replicator
Created symlink from /etc/systemd/system/multi-user.target.wants/openstack-swift-container-replicator.service to
/usr/lib/systemd/system/openstack-swift-container-replicator.service.
# systemctl enable openstack-swift-container-updater
Created symlink from /etc/systemd/system/multi-user.target.wants/openstack-swift-container-updater.service to
/usr/lib/systemd/system/openstack-swift-container-updater.service.
# systemctl enable openstack-swift-container-auditor
Created symlink from /etc/systemd/system/multi-user.target.wants/openstack-swift-container-auditor.service to
/usr/lib/systemd/system/openstack-swift-container-auditor.service.
# systemctl enable openstack-swift-object
Created symlink from /etc/systemd/system/multi-user.target.wants/openstack-swift-object.service to
/usr/lib/systemd/system/openstack-swift-object.service.
# systemctl enable openstack-swift-object-replicator
Created symlink from /etc/systemd/system/multi-user.target.wants/openstack-swift-object-replicator.service to
/usr/lib/systemd/system/openstack-swift-object-replicator.service.
# systemctl enable openstack-swift-object-updater
Created symlink from /etc/systemd/system/multi-user.target.wants/openstack-swift-object-updater.service to
/usr/lib/systemd/system/openstack-swift-object-updater.service.
# systemctl enable openstack-swift-object-auditor
Created symlink from /etc/systemd/system/multi-user.target.wants/openstack-swift-object-auditor.service to
/usr/lib/systemd/system/openstack-swift-object-auditor.service.
```

执行 systemctl status 命令，检查 Swift 相关服务状态：

```
# systemctl status openstack-swift-account openstack-swift-account-replicator openstack-swift-account-auditor
openstack-swift-container openstack-swift-container-replicator openstack-swift-container-updater openstack-
swift-container-auditor openstack-swift-object openstack-swift-object-replicator openstack-swift-object-updater
openstack-swift-object-auditor
● openstack-swift-account.service - OpenStack Object Storage (swift) - Account Server
   Loaded: loaded (/usr/lib/systemd/system/openstack-swift-account.service; enabled; vendor preset: disabled)
   Active: active (running) since Fri 2018-08-03 13:09:51 CST; 7min ago
```

```
● openstack-swift-account-replicator.service - OpenStack Object Storage (swift) - Account Replicator
   Loaded: loaded (/usr/lib/systemd/system/openstack-swift-account-replicator.service; enabled; vendor preset: disabled)
   Active: active (running) since Fri 2018-08-03 13:09:58 CST; 7min ago

● openstack-swift-account-auditor.service - OpenStack Object Storage (swift) - Account Auditor
   Loaded: loaded (/usr/lib/systemd/system/openstack-swift-account-auditor.service; enabled; vendor preset: disabled)
   Active: active (running) since Fri 2018-08-03 13:10:04 CST; 7min ago

● openstack-swift-container.service - OpenStack Object Storage (swift) - Container Server
   Loaded: loaded (/usr/lib/systemd/system/openstack-swift-container.service; enabled; vendor preset: disabled)
   Active: active (running) since Fri 2018-08-03 13:10:09 CST; 7min ago

● openstack-swift-container-replicator.service - OpenStack Object Storage (swift) - Container Replicator
   Loaded: loaded (/usr/lib/systemd/system/openstack-swift-container-replicator.service; enabled; vendor preset: disabled)
   Active: active (running) since Fri 2018-08-03 13:10:15 CST; 6min ago

● openstack-swift-container-updater.service - OpenStack Object Storage (swift) - Container Updater
   Loaded: loaded (/usr/lib/systemd/system/openstack-swift-container-updater.service; enabled; vendor preset: disabled)
   Active: active (running) since Fri 2018-08-03 13:10:20 CST; 6min ago

● openstack-swift-container-auditor.service - OpenStack Object Storage (swift) - Container Auditor
   Loaded: loaded (/usr/lib/systemd/system/openstack-swift-container-auditor.service; enabled; vendor preset: disabled)
   Active: active (running) since Fri 2018-08-03 13:10:26 CST; 6min ago

● openstack-swift-object.service - OpenStack Object Storage (swift) - Object Server
   Loaded: loaded (/usr/lib/systemd/system/openstack-swift-object.service; enabled; vendor preset: disabled)
   Active: active (running) since Fri 2018-08-03 13:10:33 CST; 6min ago

● openstack-swift-object-replicator.service - OpenStack Object Storage (swift) - Object Replicator
   Loaded: loaded (/usr/lib/systemd/system/openstack-swift-object-replicator.service; enabled; vendor preset: disabled)
   Active: active (running) since Fri 2018-08-03 13:10:33 CST; 6min ago

● openstack-swift-object-updater.service - OpenStack Object Storage (swift) - Object Updater
```

```
  Loaded: loaded (/usr/lib/systemd/system/openstack-swift-object-updater.service; enabled; vendor preset: disabled)
  Active: active (running) since Fri 2018-08-03 13:10:33 CST; 6min ago

● openstack-swift-object-auditor.service - OpenStack Object Storage (swift) - Object Auditor
  Loaded: loaded (/usr/lib/systemd/system/openstack-swift-object-auditor.service; enabled; vendor preset: disabled)
  Active: active (running) since Fri 2018-08-03 13:10:33 CST; 6min ago
```

可以看到，Swift 相关服务的【Active】项都为【active(running)】状态，表明 Swift 相关服务启动正常。

3．命令行测试

(1) 在控制节点上创建测试项目和测试用户。

在控制节点上执行 source 命令，加载 admin 权限：

```
[root@controller ~]# source admin-openrc
```

执行 openstack project create 命令，创建测试项目 swiftservice：

```
[root@controller ~]# openstack project create --domain default --description "Swift Service Project" swiftservice
+-------------+----------------------------------+
| Field       | Value                            |
+-------------+----------------------------------+
| description | Swift Service Project            |
| domain_id   | default                          |
| enabled     | True                             |
| id          | 5aefd97128d044959407ccdf536f4e20 |
| is_domain   | False                            |
| name        | swiftservice                     |
| parent_id   | default                          |
| tags        | []                               |
+-------------+----------------------------------+
```

执行 openstack user create 命令，创建测试用户 testuser：

```
[root@controller ~]# openstack user create --domain default --project swiftservice --password admin123 testuser
+---------------------+----------------------------------+
| Field               | Value                            |
+---------------------+----------------------------------+
| default_project_id  | 5aefd97128d044959407ccdf536f4e20 |
| domain_id           | default                          |
| enabled             | True                             |
| id                  | 2a8470d34db74ea8806414490daeb2c7 |
| name                | testuser                         |
| options             | {}                               |
| password_expires_at | None                             |
```

```
+------------------------+--------------------------------------------+
```

执行 openstack role add 命令，赋予 testuser 用户 user 角色：

```
[root@controller ~]# openstack role add --project swiftservice --user testuser user
```

(2) 在 test 节点上安装 Swift 客户端。

在 test 节点上执行 yum install 命令，安装 Queens 版 yum 源：

```
# yum install centos-release-openstack-queens -y
```

接着执行 yum install 命令，安装 Swift 客户端软件：

```
[root@test ~]# yum install -y python-openstackclient python-keystoneclient python-swiftclient
```

(3) 配置客户端环境变量。

在 test 节点上使用 VI 编辑器创建文件 keystonerc_swift，在其中写入以下内容:

```
[root@test ~]# vi ~/keystonerc_swift
export OS_PROJECT_DOMAIN_NAME=default
export OS_USER_DOMAIN_NAME=default
export OS_PROJECT_NAME=swiftservice
export OS_USERNAME=testuser
export OS_PASSWORD=admin123
export OS_AUTH_URL=http://172.16.0.210:35357/v3
export OS_IDENTITY_API_VERSION=3
```

注意：文件 keystonerc_swift 为环境变量文件，后续将作为上传到 Swift 存储系统的测试文件。

(4) 设置环境变量文件权限，并加载环境变量。

在 test 节点上执行 chmod 命令，修改 keystonerc_swift 文件权限：

```
[root@test ~]# chmod 600 ~/keystonerc_swift
```

然后执行 source 命令，使配置文件 keystonerc_swift 生效：

```
[root@test ~]# source ~/keystonerc_swift
```

最后执行 echo 命令，将配置文件 keystonerc_swift 的内容写入配置文件 bash_profile 中，重启后就不需要再使用 source 命令加载 keystonerc_swift 权限：

```
[root@test ~]# echo "source ~/keystonerc_swift " >> ~/.bash_profile
```

(5) 查看对象存储状态。

在 test 节点上执行 swift stat 命令，查看对象存储状态：

```
[root@test ~]# swift stat
               Account: AUTH_5aefd97128d044959407ccdf536f4e20
            Containers: 0
               Objects: 0
                 Bytes: 0
       X-Put-Timestamp: 1533274818.16380
           X-Timestamp: 1533274818.16380
            X-Trans-Id: tx879e2ed57a1a4a34bec12-005b63eaba
          Content-Type: text/plain; charset=utf-8
X-Openstack-Request-Id: tx879e2ed57a1a4a34bec12-005b63eaba
```

(6) 创建测试容器。

在 test 节点上执行 openstack container create 命令，创建测试容器 testcontainer：

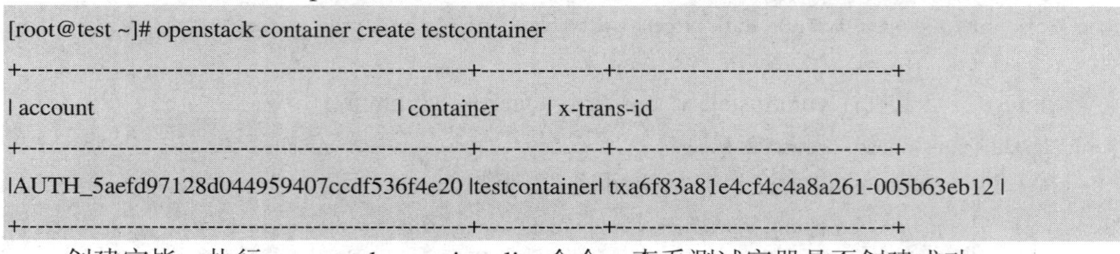

```
[root@test ~]# openstack container create testcontainer
+----------------------------------------------+-------------+------------------------------+
| account                                      | container   | x-trans-id                   |
+----------------------------------------------+-------------+------------------------------+
|AUTH_5aefd97128d044959407ccdf536f4e20 |testcontainer| txa6f83a81e4cf4c4a8a261-005b63eb12 |
+----------------------------------------------+-------------+------------------------------+
```

创建完毕，执行 openstack container list 命令，查看测试容器是否创建成功：

```
[root@test ~]# openstack container list
+--------------+
| Name         |
+--------------+
| testcontainer |
+--------------+
```

(7) 上传客户端文件到容器。

在 test 节点上执行 openstack object create 命令，将文件 keystonerc_swift 从本地上传到 Swift 存储系统中：

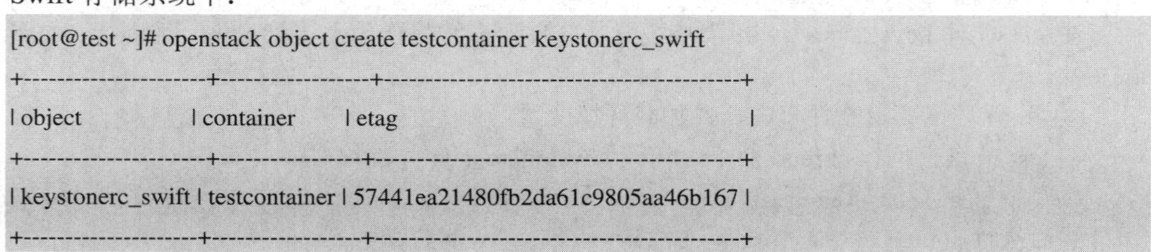

```
[root@test ~]# openstack object create testcontainer keystonerc_swift
+-------------------+----------------+--------------------------------------+
| object            | container      | etag                                 |
+-------------------+----------------+--------------------------------------+
| keystonerc_swift | testcontainer | 57441ea21480fb2da61c9805aa46b167 |
+-------------------+----------------+--------------------------------------+
```

上传完毕，执行 openstack object list 命令，查看已经创建的对象(Object)：

```
[root@test ~]# openstack object list testcontainer
+--------------------+
| Name               |
+--------------------+
| keystonerc_swift   |
+--------------------+
```

可以看到，文件 keystonerc_swift 已成功上传到了 Swift 存储系统中。

(8) 从容器下载文件到本地。

下面在 test 节点上测试文件能否下载成功，测试步骤如下。

在 test 节点上执行 cd 命令，进入目录/tmp：

```
[root@test ~]# cd /tmp
```

然后执行命令 openstack object save，下载刚才上传的文件 keystonerc_swift：

```
[root@test tmp]# openstack object save testcontainer keystonerc_swift
```

下载完毕，执行 cat 命令，查看下载文件的信息是否与上传的文件一致：

```
[root@test tmp]# cat keystonerc_swift
```

```
export OS_PROJECT_DOMAIN_NAME=default
export OS_USER_DOMAIN_NAME=default
export OS_PROJECT_NAME=swiftservice
export OS_USERNAME=testuser
export OS_PASSWORD=admin123
export OS_AUTH_URL=http://172.16.0.210:35357/v3
export OS_IDENTITY_API_VERSION=3
```

查看下载的文件内容，可以确认与刚才上传的文件相同。

(9) 删除文件。

在 test 节点上执行 openstack object delete 命令，删除刚才上传到容器中的文件 keystonerc_swift：

```
[root@test ~]# openstack object delete testcontainer keystonerc_swift
```

删除完毕，执行 openstack object list 命令，查看容器 testcontainer 中有哪些文件：

```
[root@test ~]# openstack object list testcontainer

[root@test ~]#
```

输出结果中未显示任何文件，表明文件删除成功。

(10) 删除容器。

在 test 节点上执行 openstack container delete 命令，删除容器 testcontainer：

```
[root@test ~]# openstack container delete testcontainer
```

删除完毕，执行 openstack container list 命令，查看容器信息：

```
[root@test ~]# openstack container list

[root@test ~]#
```

输出结果中未显示任何容器，表明容器删除成功。

本 章 小 结

通过本章的学习，读者应当了解：

✧ Swift 是 OpenStack 的第一版(Austin 版)仅有的两个组件之一，至今仍是 OpenStack 的可选组件，在生产环境中得到比较广泛地应用。

✧ Swift 具有以下特点：极高的数据持久性、无限的可扩展性、无单点故障。

✧ Swift 常作为网盘使用，也适用于对虚拟机镜像、图片、邮件和存档备份之类的静态数据的存储。

本 章 练 习

1．Swift 的典型应用场景有______。

A．网盘存储　B．对象存储　C．大数据存储　D．视频文件存储

2．下列说法正确的是_____。

A．使用存储服务器时，不需要配置 NTP

B．使用 Swift 时，不需要在控制节点上配置 endpoint

C．Swift 是 OpenStack 最初的两个组件之一

D．Swift 的多个存储节点之间通过 rsync 实现数据同步

3．Swift 为了确保数据的安全性，引入了______概念。

A．副本　　B．环　　C．对象　　D．分区

4．下列说法错误的是______。

A．Swift 没有中心节点，因此 Swift 存储节点的数量可以无限扩展

B．Swift 有中心节点，因此 Swift 的存储节点数量不能无限扩展

C．Swift 是对象存储

D．Swift 是块存储

5．实践题：某公司已经搭建了一套 OpenStack 系统，现有三台服务器，需要搭建一套网盘系统，并集成在现有的 OpenStack 系统中，用来存储公司内部数据，要求如下：

a. 不能有单点故障(即坏掉一台服务器，数据不能丢失)。

b. 当存储容量不够时，可以增加服务器，对存储容量进行扩展。请结合本章所学，模拟该公司的系统环境，帮助该公司实现其要求。

6．简述 Swift 的使用场景。

第10章　Kubernetes安装与配置

本章目标

- 掌握Kubernetes的基本概念
- 掌握CA密钥和证书的创建及分发方法
- 掌握Etcd的配置方法
- 掌握软件下载路径
- 掌握节点的安装和配置方法
- 掌握Flannel网络的安装和配置方法

Kubernetes 是一个开源的 Docker 容器集群管理系统，由 Google 公司开发。Kubernetes 可以为 Docker 应用提供资源部署、调试、伸缩等功能，是目前主流的容器管理调试平台。

10.1 Kubernetes 简介

Kubernetes(简称 K8s)是对容器进行自动化操作的开源云平台，可用来在节点集群间部署、调度和扩展容器。如果你曾经使用 Docker 容器技术部署容器，那么可以将 Docker 看做 Kubernetes 内部使用的低级别组件。

Kubernetes 中的 Node、Pod、Replication Controller、Deployment、Service 等都可以看做资源对象，而几乎所有的资源对象都可以使用 kubectl 工具执行增、删、改、查操作，并持久化存储在 Etcd 中。Kubernetes 则通过监控 Etcd 库中保存资源的期望状态与当前实际状态的差异，实现对容器群的自动控制与自动纠错。

使用 Kubernetes 可以实现下列功能：

- ✧ 容器的自动化部署和复制。
- ✧ 随时扩展或收缩容器规模。
- ✧ 将容器组织成组，并实现容器间的负载均衡。
- ✧ 方便地升级容器中的应用程序。
- ✧ 实现容器的弹性伸缩，如果容器失效就将其替换。

10.1.1 Kubernetes 基本架构

Kubernetes 集群由 Master 和 Node 两类节点组成，这些节点可以是物理主机，也可以是虚拟机。在 Kubernetes 架构中，由 Master 节点管理整个集群，在 Node 节点上创建 Pod，容器则在 Pod 里运行，如图 10-1 所示。

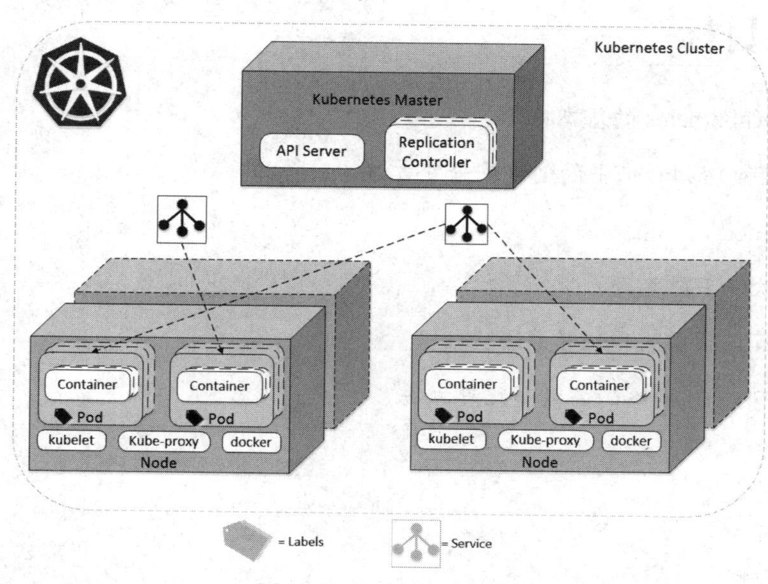

图 10-1　Kubernetes 架构

1. Master

Master 是 Kubernetes 集群的控制节点，通过接收并执行 Kubernetes 的控制命令，实现对集群的管理和控制。

Master 节点上运行的关键进程如下：

- ✧ Kubernetes API Server(kube-apiserver)：该进程提供标准的 Http Rest 接口，是对 Kubernetes 资源进行增、删、改、查的唯一入口，也是集群控制的入口进程。
- ✧ Kubernetes Controller Manager(kube-controller-manager)：Kubernetes 中所有资源对象的自动化控制中心，是资源对象的大总管。
- ✧ Kubernetes Scheduler(kube-scheduler)：负责资源调度(Pod 调度)的进程。
- ✧ Etcd：存储进程，Kubernetes 所有资源对象的数据都会保存在 Etcd 中。

2. Node

除 Master 节点之外，Kubernetes 集群中的其他所有节点都称为 Node 节点。Node 节点可在运行期间动态加入 Kubernetes 集群中。当某个 Node 被纳入集群时，其 kubelet 进程会自动向 Master 注册自己，从而归入 Master 管理之下。Master 会将任务分配给 Node，当某个 Node 宕机时，其工作负载会被 Master 自动转移到其他 Node 上。

Node 会定时向 Master 发送自身的信息，包括操作系统、Docker 版本、机器 CPU 和内存使用情况，以及当前有哪些 Pod 在运行等。Master 根据这些信息获知每个 Node 的资源使用情况，从而实现高效均衡的资源调度策略。当某个 Node 超过指定时间没有上报信息时，就会被 Master 判断为失联，该 Node 状态也会被标记为不可用(Not Ready)，随后，Master 会触发工作负载转移的自动流程。

Node 节点上运行的关键进程如下：

- ✧ kubelet：负责 Pod 对应容器的创建、启停等任务，同时与 Master 节点密切协作，实现集群管理的基本功能。
- ✧ kube-proxy：负责实现 Kubernetes Service 的通信与负载均衡机制。
- ✧ Docker Engine：Docker 引擎，负责本机容器的创建以及管理工作。

3. Pod

Pod 是 Kubernetes 体系中最小的单元，其组成如图 10-2 所示。

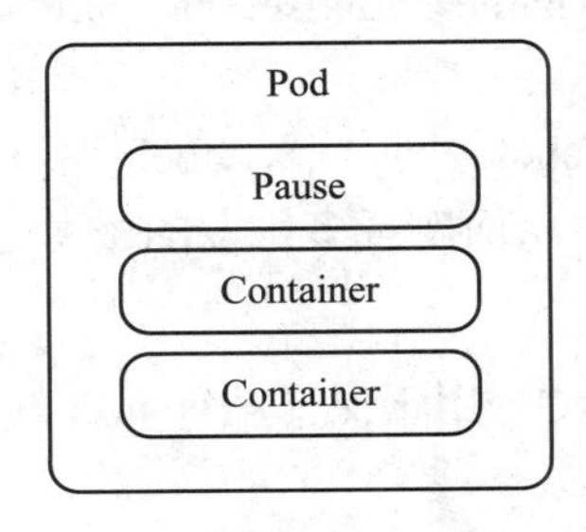

图 10-2　Pod 的组成

(1) Pod 类别。

Pod 分为静态与动态两种。

- ✧ 静态 Pod(Static Pod)：不存储在 Etcd 里，而是存放在某个具体 Node 上的一个文

件中，且只能在该 Node 上启动运行。

✧ 普通 Pod：一旦被创建，会被立即放入 Etcd 中保存，随后会被 Kubernetes Master 调度到某个 Node 上并运行，然后该 Pod 会被此 Node 上的 kubelet 进程实例化成一组相互关联的 Docker 容器，并启动起来。

(2) Pod 容器类别。

Pod 内部的容器有两种，一种是所有 Pod 都存在的 Pause 容器，另一种是用户需要的业务容器：

✧ Pause 容器：根容器，其 IP 和挂载的 Volume 被业务容器所共享。每个 Pod 都会附带一个 Pause 容器，Pause 容器不执行实际的业务逻辑，只用来对 Pod 的网络、IO 等进行控制。

✧ 业务容器：用户自定义的容器。

(3) Pod 与 Node 及容器的关系。

Pod 运行在 Node 上，一个 Node 上可以运行多个 Pod；容器运行在 Pod 里，一个 Pod 可对应多个容器。

在默认情况下，Pod 里的某个容器停止运行时，Kubernetes 会自动检测出这个问题并重新启动该 Pod(即重启 Pod 里的所有容器)；而如果 Pod 所在的 Node 宕机，则会将这个 Node 上的所有 Pod 重新调度到其他 Node 上。

10.1.2 Kubernetes 相关概念

前面我们介绍了 Kubernetes 中的 Master、Node 和 Pod 的概念，本节将继续讲解与 Kubernetes 应用有关的其他概念。

1．Label(标签)

Label 是用户指定的键值对，可附加到各种资源对象上。Kubernetes 中的 Pod、Deployment 和 Service 等都可以理解为一种资源对象。Label 可在资源对象定义时指定，也可以在运行过程中动态添加和删除。

使用 Label Selector(标签选择器)可以筛选出拥有某些 Label 的资源对象，相当于 SQL 中的 WHERE 语句，例如，“name=redis-server”相当于语句“WHERE name=redis-server”。

一个资源对象可定义多个 Label，同一个 Label 也可应用到多个资源对象中。可以为指定的资源对象添加多个 Label，从而实现多维度的资源分组管理。

2．Replication Controller

Replication Controller 简称 RC，用于保证某种 Pod 的副本数量在任意时刻都符合某个预期值。

一个 RC 由以下几部分组成：

✧ 预期的 Pod 副本数。

✧ 用于筛选目标 Pod 的 Label Selector。

✧ 当 Pod 的副本数小于预期数量的时候，用于创建新 Pod 的 Pod 模板。

当 RC 被定义并提交到 Kubernetes 集群中时，Master 节点的 Controller Manager 的组件会得到通知，从而根据 RC 的定义定期巡检系统中存活的目标 Pod，确保目标 Pod 实例的数量刚好等于此 RC 中定义的期望值；如果有过多的 Pod 副本在运行，系统就会停掉一些 Pod，否则会自动创建 Pod。通过 RC，Kubernetes 实现了应用集群的高可用性。

删除 RC 时，不会影响根据该 RC 创建的 Pod，如果想要删除其创建的 Pod，可将 RC 中定义的副本数量设置为 0。另外，kubectl(Kubernetes 集群的命令行管理工具)还提供了 stop 命令和 delete 命令，用来一次性删除 RC 及其控制的全部 Pod。

RC 的特性及作用总结如下：

- ✧ RC 里包括完整的 Pod 定义模板。
- ✧ 在大多数情况下，可通过定义 RC 实现对 Pod 的创建及其副本数量的自动控制。
- ✧ RC 可以通过 Label Selector 机制实现对 Pod 副本的自动控制。
- ✧ 通过改变 RC 中定义的 Pod 副本数量，可以实现 Pod 的扩容和缩容。
- ✧ 通过改变 RC 中定义的 Pod 模板的镜像版本，可以实现 Pod 的滚动升级。

注意：在 Kubernetes 1.4 及以后的版本中，RC 已被 Deployment 取代，在使用不同版本时，需注意这一变化。

3. Replica Set

由于 Replication Controller 与 Kubernetes 中的模块 Replication Controller 同名，所以在 Kubernetes 1.2 版本中升级为 Replica Set。与升级前的区别在于：Replica Set 支持基于集合的 Label Selector，而 RC 只支持基于等式的 Label Selector，这使得 Replica Set 的功能更强。

Replica Set 很少直接使用，因为更高层的对象 Deployment 会使用 Replica Set，从而形成一整套创建、删除、更新 Pod 的编排机制。

Replica Set 和 Deployment 这两个资源对象逐步替代了原有 RC 的作用，是 Kubernetes 1.3 版本中 Pod 自动扩容(伸缩)告警功能实现的基础。

4. Deployment

Deployment 用于创建一组资源并管理这组资源，例如创建一组 Pod。

Deployment 可以认为是 RC 的一次升级，两者相似度超过 90%。为更好地解决 Pod 的编排问题，Deployment 在其内部使用了 Replica Set 对象以控制副本的数量。

相较于 RC，Deployment 可随时获知当前 Pod 部署的进度，并根据 Pod 的状态，完成 Pod 的创建、调度、绑定节点等工作。

Deployment 的典型适用场景如下：

- ✧ 创建一个 Deployment 对象以生成对应的 Replica Set，来完成 Pod 副本的创建。
- ✧ 查看 Deployment 的状态，以确定部署动作是否完成(Pod 副本数量是否达到预期的值)。
- ✧ 更新 Deployment 以创建新的 Pod(比如镜像升级)。
- ✧ 如果当前的 Deployment 不稳定，则回滚到一个早先的 Deployment 版本。
- ✧ 扩展 Deployment 以应对高负载。
- ✧ 查看 Deployment 状态，以此作为创建是否成功的指标。

✧ 清理不需要的旧版 Replica Set。

简单来说，Replication Controller、Replica Set 与 Deployment 三者的关系如下：Replication Controller 的升级版是 Replica Set，Deployment 则在内部调用了 Replica Set。

5．Horizontal Pod Autoscaler(HPA)

HPA 即 Pod 的横向自动扩容功能，可以通过追踪分析 RC 控制的所有目标 Pod 的负载变化情况，来确定是否需要有针对性地调整目标 Pod 的副本数。

HPA 使用的负载指标有以下两种：

✧ CPU Utilization Percentage，即 CPU 利用率的平均值，通常是过去 1 分钟内的平均值。

✧ 应用程序自定义的度量标准，如服务在每秒内的响应的请求数(TPS 或 QPS)。

如果某一指标到达临界点，例如 CPU Utilization Percentage 达到 80%，即可认为当前 Pod 副本数可能不足以支撑接下来更多的请求，此时就会触发 HPA；而当请求高峰期过去后，CPU Utilization Percentage 又会下降，此时，对应的 Pod 数就会自动减少到一个合理的水平。

6．StatefulSet

在 Kubernetes 中，管理 Pod 的资源对象 RC、Deployment、DaemonSet 和 Job 面向的都是无状态的服务，但实际应用时很多服务需要状态，例如 MySQL、ZooKeeper 等，这些应用的集群有以下共同点：

✧ 集群中的每个节点都有固定的身份 ID，通过这个 ID，集群中的成员可以相互发现并且通信。

✧ 集群的规模是比较固定的，不能随意改动。

✧ 集群中每个节点都是有状态的，通常会将数据持久化保存在永久存储介质中。

✧ 如果磁盘损坏，则集群中某个节点会无法正常运行，导致集群功能受损。

如果使用 RC/Deployment 通过控制 Pod 副本数的方式搭建此类集群，则无法满足第一点的要求，因为这种方式创建出来的 Pod 的 ID 是随机产生的，无法为每个 Pod 确定唯一不变的 ID。另外，为了能在其他节点上恢复某个失败的节点，有状态集群中的 Pod 还需要挂载某种共享的存储。

为解决这一问题，Kubernetes 在 1.4 版本中引入了 PetSet，并在 1.5 版本中将其更名为 StatefulSet。StatefulSet 可以看做是 Deployment / RC 的变种，具备以下特性：

✧ StatefulSet 里的每个 Pod 都有稳定且唯一的网络标识，可以用来发现集群中其他成员。例如，假设 StatefulSet 的名字为 MySQL，那么其中的第一个 Pod 名字为 MySQL0，第二个 Pod 名字为 MySQL1，依此类推。

✧ StatefulSet 控制下的 Pod 副本的启停顺序是受控的，即在操作第 n 个 Pod 时，前 n−1 个 Pod 已经是运行的状态。

✧ StatefulSet 里的 Pod 使用稳定的持久化存储卷，通过 Persistent Volume 或 Persistent Volume Container 实现，删除 Pod 时，默认不会删除与 StatefulSet 相关的存储卷。

7．Service(服务)

Kubernetes 中的 Service 指微服务(即占用资源少，功能单一的服务)，建立在 Pod、Deployment 等资源对象的基础之上。Service 的架构如图 10-3 所示。

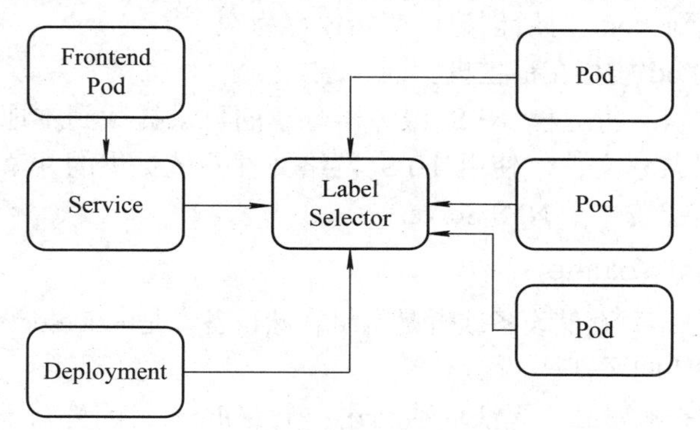

图 10-3　Service 架构

由于 Pod 的 IP 地址会随着 Pod 的销毁和重新创建而发生改变，所以访问端不能以静态 IP 的方式去访问 Pod。而 Service 提供了一个 Pod 的访问入口地址，前端应用通过该地址即可访问其背后的 Pod 集群实例，而 Node 上运行的 kube-proxy 则是一个智能的软件负载均衡器，负责将客户端发送到 Service 的请求转发到后端的某个 Pod 实例上，保证了访问不受 Pod 动态变化的影响。

简而言之，客户端访问 Service 提供的地址，然后由 Service 将请求转发给 Pod。Service 与其后端的 Pod 集群之间则通过 Label Selector 实现对接，并使用 Deployment 确保 Service 的服务能力和服务质量始终保持预期的标准。

Service 一旦被创建，Kubernetes 就会为它分配一个可用的 Cluster IP，这个 IP 在 Service 整个生命周期内都不会变化。Cluster IP 的特点如下：

✧ Cluster IP 仅仅作用于 Kubernetes Service 这个对象，并由 Kubernetes 管理和分配 IP 地址(来源于 Cluster IP 地址池)。
✧ Cluster IP 无法被 Ping，因为没有一个实体网络对象来响应。
✧ Cluster IP 只能与 Service Port 结合成一个具体的通信端口，集群之外的节点若要访问这个通信端口，则需要做一些额外的工作。
✧ 在 Kubernetes 集群内的 Node IP 网、Pod IP 网与 Cluster IP 网之间的通信采用的是 Kubernetes 自己设计的一种特殊的路由规则，与我们熟知的 IP 路由有很大不同。

由此可知，外部系统不能直接访问 Cluster IP，而只能通过 Kubernetes 集群中 Node 节点的端口 NodePort 来访问 Service。NodePort 是 Node 上为需要被外部访问的 Service 开放的对应监听端口。如果某个 Service 定义中指定了 NodePort(例如 10000)，外部系统只需使用任意 Node 的 IP 地址加上具体的 NodePort 端口号，即可访问该 Service。

8．Volume(存储卷)

Volume 是 Pod 中能被多个容器访问的共享目录。Volume 除了可以让多个容器共享文件，并将容器数据写入宿主机磁盘或网络存储外，还能通过 ConfigMap 功能对容器配置文件进行集中化定义和管理。

Volume 分为以下几种类型：

✧ EmptyDir：Kubernetes 自动分配的目录，无需指定对应的宿主机目录文件，由 Pod 被分配到 Node 时所创建，初始内容为空。

✧ HostPath：Pod 挂载在宿主机上的目录。

✧ NFS：通过网络将远程 NFS 服务器分享的目录挂载到本地，使不同的机器或操作系统可以共享文件。使用 NFS 网络文件系统提供的共享目录存储数据时，需要在系统中部署一个 NFS Server。

9. PV(Persistent Volume)

PV 指集群中的分布式存储设备或者是网络存储设备，是 Kubernetes 集群的一种资源。

(1) Volume 与 PV 的区别。

Volume 是 Pod 的附属品，无法单独创建一个 Volume，因为它不是一个独立的资源对象。Volume 和使用它的 Pod 之间是一种静态绑定关系：Volume 的生命周期与 Pod 相同，在定义 Pod 文件时也定义了它使用的 Volume；而在 Pod 被删除时，Volume 和保存在其中的数据也一并被删除。

PV 则是一个独立的资源对象，因此可以单独创建一个 PV。PV 不和 Pod 直接发生关系，而是通过 PVC 来实现动态绑定：Pod 在定义里指定 PVC，由 PVC 根据 Pod 的要求自动绑定合适的 PV；而即使挂载 PV 的 Pod 被删除了，PV 和 PV 上的数据仍然存在。

(2) PV 访问模式。

容器可以使用以下几种模式对 PV 进行访问：

✧ ReadWriteOnce：该卷能够以读/写模式被加载到一个节点上。

✧ ReadOnlyMany：该卷能够以只读模式被加载到多个节点上。

✧ ReadWriteMany：该卷能够以读/写模式被同时加载到多个节点上。

(3) PV 的状态。

PV 在使用过程中可能存在以下几种状态：

✧ Available：该卷的资源可用，且尚未被绑定到 PVC 上。

✧ Bound：该卷已经被绑定到某个 PVC 上。

✧ Released：绑定的 PVC 已经被删除，但该卷的资源尚未被集群回收。

✧ Failed：该卷自动回收失败。

10. Namespace(命名空间)

Namespace 功能常用于实现多个用户的资源隔离：通过将集群内部的资源对象分配到不同的 Namespace 中，形成逻辑上分开的不同项目、小组和用户组，以便在多用户共享集群资源时进行分别管理。

Kubernetes 集群启动后，会默认自动创建一个名为“default”的 Namespace，若不指定所属的 Namespace，用户创建的 Pod、Deployment、Service 等资源对象都会被系统归入默认的 Namespace 中。而一旦创建了其他的 Namespace，创建资源对象时就可以指定该资源属于哪个 Namespace。

结合 Kubernetes 的资源配额管理功能，Namespace 还可以限定不同用户能够占用的资

源数量，例如 CPU、内存使用量等。

11. Annotation(注释)

Annotation 与 Label 类似，同样使用键值对定义。但 Label 定义的是对象的元数据，用于 Label Selector；而 Annotation 是用户任意定义的附加信息，以便使用外部工具查找。很多时候，Kubernetes 模块自身也会通过 Annotation 方式标记资源对象的一些特殊信息。

12. 三种 IP 地址

在使用 Kubernetes 时，可能会用到三种 IP 地址：

(1) Pod IP：创建 kube-controller-manager 服务时，需要为配置文件中的参数--cluster-cidr 指定一个 IP 网段，在创建 Pod 的时候，Kubernetes 会将该网段中的 IP 地址分配给 Pod，Pod 之间就可以通过这个 IP 地址通信。

(2) Cluster IP：创建 kube-controller-manager 服务时，配置文件中的参数--service-cluster-ip-range 会指定一个 IP 网段，在创建 Service 的时候，Kubernetes 会把这个网段的 IP 地址分配给 Service。这是一个虚拟的 IP，无法对其进行访问，只能用于 Cluster 的内部通信。

(3) 外部 IP：Service 对外提供服务时需要一个外部 IP，目前的 Kubernetes 版本一般使用 Node 节点的 IP 作为外部 IP。

10.2 准备安装环境

Kubernetes 可以使用 kubeadm 命令+镜像的方式自动安装，也可以使用编译好的二进制文件手动安装，采用手动安装的方式，有利于理解各模块的具体作用和工作方式。因此，本书使用后一种方式进行安装。

本实验将部署一个最小化的安装环境，包括三台虚拟机，其中一台虚拟机用作 Master 节点，另外两台虚拟机则用作 Node 节点。各节点的配置和功能如表 10-1 所示。

表 10-1　安装环境部署信息

主机名	IP 地址	CPU	内存	系统版本	功能
master	192.168.0.10	2	2G	CentOS 7.4	控制节点
node1	192.168.0.20	2	2G	CentOS 7.4	业务节点
node2	192.168.0.30	2	2G	CentOS 7.4	业务节点

10.2.1 配置主机名和 IP 地址映射

以 root 用户登录各个节点，编辑各节点的/etc/hostname 文件，在其中写入各自对应的主机名。例如，在 Master 节点的相应文件中写入“master”。

然后编辑各节点的/etc/hosts 文件，在其中写入以下内容：

```
192.168.0.10   master
192.168.0.20   node1
```

```
192.168.0.30   node2
```

配置完成后，重启主机，使配置生效。

10.2.2 配置各节点之间免密码登录

以 root 用户登录各个节点，执行以下命令，创建密钥：

```
# ssh-keygen
```

按回车键确认所有弹出提示，直到命令结束。

然后执行以下命令，把密钥复制到各个节点，也包括本节点：

```
# ssh-copy-id hostname
```

例如，在节点 master 上执行以下命令，即可将密钥复制到当前节点：

```
# ssh-copy-id master
```

复制完毕，执行以下命令，就可以免密码登录节点 master：

```
# ssh master
```

10.2.3 关闭防火墙和 SELinux

在各节点上执行以下命令，关闭防火墙：

```
# systemctl stop firewalld
# systemctl disable firewalld
```

编辑各节点上的/etc/selinux/config 文件，把其中的“SELINUX=enforcing”一行改为“SELINUX=disabled”，关闭 SELinux。重启主机，使设置生效。

10.3 安装 Docker

如果使用镜像方式自动安装 Kubernetes，需要在所有节点上安装 Docker；而如果使用二进制文件方式安装 Kubernetes，则只需要在 Node 节点上安装 Docker 即可，不需要在 Master 节点上安装。

Kubernetes 要求在 Node 节点上使用最新版本的 Docker，而 Docker 1.13 之后的版本就需要使用新的安装方法，下面介绍其中几种常用方法。

10.3.1 使用命令直接安装

在 CentOS 7 或 Ubuntu 16.04 系统上以 root 用户登录各 Node 节点，在每个节点的终端执行以下命令，安装 Docker：

```
# curl -fsSL "https://get.docker.com/" | sh
```

开始安装后，会输出以下信息：

```
# Executing docker install script, commit: 36b78b2
+ sh -c 'yum install -y -q yum-utils'
```

```
Package yum-utils-1.1.31-42.el7.noarch already installed and latest version
+ sh -c 'yum-config-manager --add-repo https://download.docker.com/linux/centos/docker-ce.repo'
Loaded plugins: fastestmirror, langpacks
adding repo from: https://download.docker.com/linux/centos/docker-ce.repo
grabbing file https://download.docker.com/linux/centos/docker-ce.repo to /etc/yum.repos.d/docker-ce.repo
repo saved to /etc/yum.repos.d/docker-ce.repo
+ '[' edge '!=' stable ']'
+ sh -c 'yum-config-manager --enable docker-ce-edge'
Loaded plugins: fastestmirror, langpacks
============================== repo: docker-ce-edge ===============================
[docker-ce-edge]
async = True
bandwidth = 0
base_persistdir = /var/lib/yum/repos/x86_64/7
baseurl = https://download-stage.docker.com/linux/centos/7/x86_64/edge
cache = 0
……
```

因为安装过程输出内容太多，此处不做全部展示。

安装完毕，执行以下命令，可查看 Docker 版本信息：

```
# docker version
```

输出信息如图 10-4 所示，可以看到当前的 Docker 版本为 18.04，但服务还没有启动，所以显示无法连接。

```
[root@node1 ~]# docker version
Client:
 Version:        18.04.0-ce
 API version:    1.37
 Go version:     go1.9.4
 Git commit:     3d479c0
 Built: Tue Apr 10 18:21:36 2018
 OS/Arch:        linux/amd64
 Experimental:   false
 Orchestrator:   swarm
Cannot connect to the Docker daemon at unix:///var/run/docker.sock. I
s the docker daemon running?
```

图 10-4　Docker 服务启动前的版本信息

然后在当前节点上执行以下命令，启动 Docker 服务：

```
# systemctl start docker
```

执行以下命令，配置重启主机后自动运行 Docker 服务：

```
# systemctl enable docker
```

执行以下命令，查看 Docker 服务的状态：

```
# systemctl status docker
```

输出信息如图 10-5 所示，表明 Docker 服务已经正常启动。

```
[root@node1 ~]# systemctl start docker
[root@node1 ~]# systemctl enable docker
Created symlink from /etc/systemd/system/multi-user.target.wants/docker.service t
o /usr/lib/systemd/system/docker.service.
[root@node1 ~]# systemctl status docker
● docker.service - Docker Application Container Engine
   Loaded: loaded (/usr/lib/systemd/system/docker.service; enabled; vendor preset
: disabled)
   Active: active (running) since Thu 2018-04-26 14:51:32 CST; 10s ago
     Docs: https://docs.docker.com
 Main PID: 7403 (dockerd)
   CGroup: /system.slice/docker.service
           ├─7403 /usr/bin/dockerd
           └─7409 docker-containerd --config /var/run/docker/conta...
```

图 10-5　查看 Docker 服务状态

再次执行以下命令，查看 Docker 版本信息：

```
# docker version
```

输出信息如图 10-6 所示，可以看到安装的 Docker 版本为 18.04.0-ce。

```
[root@node1 ~]# docker version
Client:
 Version:       18.04.0-ce
 API version:   1.37
 Go version:    go1.9.4
 Git commit:    3d479c0
 Built: Tue Apr 10 18:21:36 2018
 OS/Arch:       linux/amd64
 Experimental:  false
 Orchestrator:  swarm

Server:
 Engine:
  Version:      18.04.0-ce
  API version:  1.37 (minimum version 1.12)
  Go version:   go1.9.4
  Git commit:   3d479c0
  Built:        Tue Apr 10 18:25:25 2018
  OS/Arch:      linux/amd64
  Experimental: false
```

图 10-6　Docker 服务启动后的版本信息

至此，Docker 安装完成。

10.3.2　配置软件源安装

可以使用 yum 或者 apt-get 命令从指定的软件源安装 Docker。

1. Ubuntu 系统安装 Docker

执行以下命令，安装 Docker 依赖的软件包：

```
# apt-get -y install apt-transport-https ca-certificates curl software-properties-common
```

执行以下命令，安装 GPG 证书，用于校验安装文件：

```
# curl -fsSL https://download.docker.com/linux/ubuntu/gpg | sudo apt-key add -
```

执行以下命令，配置软件源：

```
# add-apt-repository "deb [arch=amd64] https://download.docker.com/linux/ubuntu $(lsb_release -cs) stable"
```

执行以下命令，从软件源安装 Docker：

```
# apt-get install -y docker-ce
```

安装完成后，执行以下命令，查看 Docker 版本信息：

```
# docker version
```

若输出信息如图 10-7 所示，表明安装已经正确完成。

```
Client:
 Version:       18.03.0-ce
 API version:   1.37
 Go version:    go1.9.4
 Git commit:    0520e24
 Built: Wed Mar 21 23:10:01 2018
 OS/Arch:       linux/amd64
 Experimental:  false
 Orchestrator:  swarm

Server:
 Engine:
  Version:      18.03.0-ce
  API version:  1.37 (minimum version 1.12)
  Go version:   go1.9.4
  Git commit:   0520e24
  Built:        Wed Mar 21 23:08:31 2018
  OS/Arch:      linux/amd64
  Experimental: false
```

图 10-7　查看安装的 Docker 版本信息

默认情况下，该方式会安装与软件源匹配的指定版本的 Docker，如果要安装其他的版本，需先执行以下命令，查询官网上可以安装的 Docker 版本：

```
# apt-cache madison docker-ce
```

输出信息如图 10-8 所示。

```
 docker-ce | 18.03.0~ce-0~ubuntu | https://download.docker.com/linux/ubuntu xenial/stable amd64 Packa
ges
 docker-ce | 17.12.1~ce-0~ubuntu | https://download.docker.com/linux/ubuntu xenial/stable amd64 Packa
ges
 docker-ce | 17.12.0~ce-0~ubuntu | https://download.docker.com/linux/ubuntu xenial/stable amd64 Packa
ges
 docker-ce | 17.09.1~ce-0~ubuntu | https://download.docker.com/linux/ubuntu xenial/stable amd64 Packa
ges
 docker-ce | 17.09.0~ce-0~ubuntu | https://download.docker.com/linux/ubuntu xenial/stable amd64 Packa
ges
 docker-ce | 17.06.2~ce-0~ubuntu | https://download.docker.com/linux/ubuntu xenial/stable amd64 Packa
ges
 docker-ce | 17.06.1~ce-0~ubuntu | https://download.docker.com/linux/ubuntu xenial/stable amd64 Packa
ges
 docker-ce | 17.06.0~ce-0~ubuntu | https://download.docker.com/linux/ubuntu xenial/stable amd64 Packa
ges
 docker-ce | 17.03.2~ce-0~ubuntu-xenial | https://download.docker.com/linux/ubuntu xenial/stable amd6
4 Packages
 docker-ce | 17.03.1~ce-0~ubuntu-xenial | https://download.docker.com/linux/ubuntu xenial/stable amd6
4 Packages
 docker-ce | 17.03.0~ce-0~ubuntu-xenial | https://download.docker.com/linux/ubuntu xenial/stable amd6
4 Packages
```

图 10-8　查看官网上可安装的 Docker 版本

然后执行以下命令，安装 Docker 的指定版本(本例为 17.03.2~ce-0~ubuntu-xenial)：

```
# apt-get install -y docker-ce=17.03.2~ce-0~ubuntu-xenial
```

安装完成后，执行以下命令，查看安装的 Docker 版本信息：

```
# docker version
```

输出信息如图 10-9 所示。

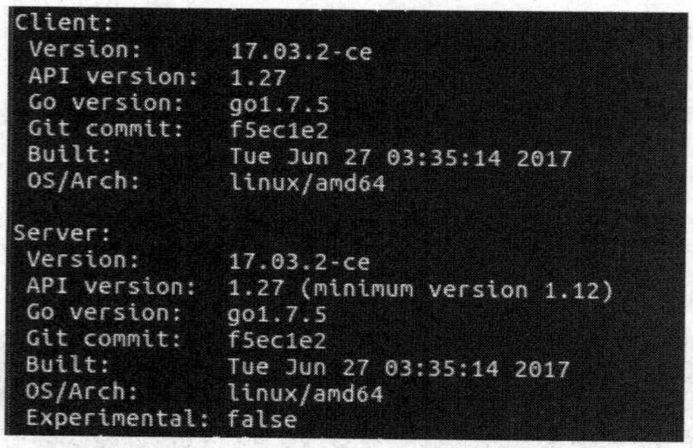

```
Client:
 Version:      17.03.2-ce
 API version:  1.27
 Go version:   go1.7.5
 Git commit:   f5ec1e2
 Built:        Tue Jun 27 03:35:14 2017
 OS/Arch:      linux/amd64

Server:
 Version:      17.03.2-ce
 API version:  1.27 (minimum version 1.12)
 Go version:   go1.7.5
 Git commit:   f5ec1e2
 Built:        Tue Jun 27 03:35:14 2017
 OS/Arch:      linux/amd64
 Experimental: false
```

图 10-9　查看安装的 Docker 指定版本

2．CentOS 7 系统安装 Docker

如果系统已安装过旧版本的 Docker，需要先执行以下命令，彻底删除已经安装的文件：

```
# yum remove docker docker-client docker-client-latest docker-common docker-latest docker-latest-logrotate
docker-logrotate docker-selinux docker-engine-selinux docker-engine
```

然后执行以下命令，安装 Docker 依赖的软件包：

```
# yum install -y yum-utils device-mapper-persistent-data lvm2
```

注意：如果这些软件包已经安装好，系统会提示不需要再安装。

接着执行以下命令，添加安装源：

```
# yum-config-manager --add-repo https://download.docker.com/linux/centos/docker-ce.repo
```

网络不通时，也可以使用国内的镜像(比如阿里的镜像)作为安装源，命令如下：

```
# yum-config-manager --add-repo https://mirrors.aliyun.com/docker-ce/linux/centos/docker-ce.repo
```

安装源添加成功后，系统会在/etc/yum.repos.d/目录下创建一个文件 docker-ce.repo，内容如下：

```
[docker-ce-stable]
name=Docker CE Stable - $basearch
baseurl=https://download-stage.docker.com/linux/centos/7/$basearch/stable
enabled=1
gpgcheck=1
gpgkey=https://download-stage.docker.com/linux/centos/gpg

[docker-ce-stable-debuginfo]
name=Docker CE Stable - Debuginfo $basearch
baseurl=https://download-stage.docker.com/linux/centos/7/debug-$basearch/stable
enabled=0
gpgcheck=1
gpgkey=https://download-stage.docker.com/linux/centos/gpg

[docker-ce-stable-source]
```

```
name=Docker CE Stable - Sources
baseurl=https://download-stage.docker.com/linux/centos/7/source/stable
enabled=0
gpgcheck=1
gpgkey=https://download-stage.docker.com/linux/centos/gpg

[docker-ce-edge]
name=Docker CE Edge - $basearch
baseurl=https://download-stage.docker.com/linux/centos/7/$basearch/edge
enabled=1
gpgcheck=1
gpgkey=https://download-stage.docker.com/linux/centos/gpg

[docker-ce-edge-debuginfo]
name=Docker CE Edge - Debuginfo $basearch
baseurl=https://download-stage.docker.com/linux/centos/7/debug-$basearch/edge
enabled=0
gpgcheck=1
gpgkey=https://download-stage.docker.com/linux/centos/gpg

[docker-ce-edge-source]
name=Docker CE Edge - Sources
baseurl=https://download-stage.docker.com/linux/centos/7/source/edge
enabled=0
gpgcheck=1
gpgkey=https://download-stage.docker.com/linux/centos/gpg

[docker-ce-test]
name=Docker CE Test - $basearch
baseurl=https://download-stage.docker.com/linux/centos/7/$basearch/test
enabled=0
gpgcheck=1
gpgkey=https://download-stage.docker.com/linux/centos/gpg

[docker-ce-test-debuginfo]
name=Docker CE Test - Debuginfo $basearch
baseurl=https://download-stage.docker.com/linux/centos/7/debug-$basearch/test
enabled=0
gpgcheck=1
gpgkey=https://download-stage.docker.com/linux/centos/gpg
```

```
[docker-ce-test-source]
name=Docker CE Test - Sources
baseurl=https://download-stage.docker.com/linux/centos/7/source/test
enabled=0
gpgcheck=1
gpgkey=https://download-stage.docker.com/linux/centos/gpg

[docker-ce-nightly]
name=Docker CE Nightly - $basearch
baseurl=https://download-stage.docker.com/linux/centos/7/$basearch/nightly
enabled=0
gpgcheck=1
gpgkey=https://download-stage.docker.com/linux/centos/gpg

[docker-ce-nightly-debuginfo]
name=Docker CE Nightly - Debuginfo $basearch
baseurl=https://download-stage.docker.com/linux/centos/7/debug-$basearch/nightly
enabled=0
gpgcheck=1
gpgkey=https://download-stage.docker.com/linux/centos/gpg

[docker-ce-nightly-source]
name=Docker CE Nightly - Sources
baseurl=https://download-stage.docker.com/linux/centos/7/source/nightly
enabled=0
gpgcheck=1
gpgkey=https://download-stage.docker.com/linux/centos/gpg
```

执行以下命令，安装 Docker：

```
# yum install docker-ce
```

安装完毕，执行以下命令，启动 Docker 服务，并确保服务在系统重启后自动运行：

```
# systemctl start docker
# systemctl enable docker
```

10.3.3 下载安装包安装

如果网络环境不适宜在线安装，可以将编译好 Docker 的安装包下载到本地，然后使用命令安装。

1．Ubuntu 系统安装 Docker

使用浏览器访问以下地址：

```
https://download.docker.com/linux/ubuntu/dists/xenial/pool/stable/amd64/
```

进入 Docker 官方网站的下载页面，将所需 Ubuntu 版本的 Docker 安装包下载到本地，如图 10-10 所示。

Index of /linux/ubuntu/dists/xenial/pool/stable/amd64/

```
../
docker-ce_17.03.0~ce-0~ubuntu-xenial_amd64.deb  2017-03-01 11:11  19M
docker-ce_17.03.1~ce-0~ubuntu-xenial_amd64.deb  2017-03-28 04:46  19M
docker-ce_17.03.2~ce-0~ubuntu-xenial_amd64.deb  2017-06-28 03:35  19M
docker-ce_17.06.0~ce-0~ubuntu_amd64.deb         2017-06-28 05:17  20M
docker-ce_17.06.1~ce-0~ubuntu_amd64.deb         2017-08-18 02:35  20M
docker-ce_17.06.2~ce-0~ubuntu_amd64.deb         2017-09-05 10:39  20M
docker-ce_17.09.0~ce-0~ubuntu_amd64.deb         2017-09-27 01:48  21M
docker-ce_17.09.1~ce-0~ubuntu_amd64.deb         2017-12-08 12:23  21M
docker-ce_17.12.0~ce-0~ubuntu_amd64.deb         2017-12-27 09:53  29M
docker-ce_17.12.1~ce-0~ubuntu_amd64.deb         2018-02-28 01:53  29M
docker-ce_18.03.0~ce-0~ubuntu_amd64.deb         2018-03-22 06:27  33M
```

图 10-10　下载所需 Ubuntu 版本的 Docker 安装包

以 root 用户登录 Ubuntu 系统终端，在下载安装包的放置目录下执行以下命令，安装 Docker：

```
# dpkg -i ./ docker-ce_18.03.0~ce-0~ubuntu_amd64.deb
```

2．CentOS 7 系统安装 Docker

使用浏览器访问以下地址：

```
https://download.docker.com/linux/centos/7/x86_64/stable/Packages/
```

进入 Docker 官方网站的下载页面，将所需 CentOS 7 版本的 Docker 安装包下载到本地，如图 10-11 所示。

Index of /linux/centos/7/x86_64/stable/Packages/

```
../
docker-ce-17.03.0.ce-1.el7.centos.x86_64.rpm            2017-03-01 11:10  19M
docker-ce-17.03.1.ce-1.el7.centos.x86_64.rpm            2017-03-28 04:46  19M
docker-ce-17.03.2.ce-1.el7.centos.x86_64.rpm            2017-06-28 03:35  19M
docker-ce-17.06.0.ce-1.el7.centos.x86_64.rpm            2017-06-28 05:17  21M
docker-ce-17.06.1.ce-1.el7.centos.x86_64.rpm            2017-08-18 02:35  21M
docker-ce-17.06.2.ce-1.el7.centos.x86_64.rpm            2017-09-05 10:39  21M
docker-ce-17.09.0.ce-1.el7.centos.x86_64.rpm            2017-09-27 01:47  22M
docker-ce-17.09.1.ce-1.el7.centos.x86_64.rpm            2017-12-08 12:22  22M
docker-ce-17.12.0.ce-1.el7.centos.x86_64.rpm            2017-12-27 09:52  31M
docker-ce-17.12.1.ce-1.el7.centos.x86_64.rpm            2018-02-28 01:51  31M
docker-ce-18.03.0.ce-1.el7.centos.x86_64.rpm            2018-03-22 06:26  35M
docker-ce-selinux-17.03.0.ce-1.el7.centos.noarch.rpm    2017-03-01 11:10  29K
docker-ce-selinux-17.03.1.ce-1.el7.centos.noarch.rpm    2017-03-28 04:46  29K
docker-ce-selinux-17.03.2.ce-1.el7.centos.noarch.rpm    2017-06-28 03:35  29K
```

图 10-11　下载所需 CentOS 7 版本的 Docker 安装包

注意：如果使用 rpm 命令安装 Docker，需要同时下载 docker-ce 安装包和 docker-ce-selinux 安装包，且安装包的版本必须相同。例如，如果下载了安装包 docker-ce-17.03.2.ce-1.el7.centos.x86_64.rpm，则需同时下载安装包 docker-ce-selinux-17.03.2.ce-1.el7.centos.noarch.rpm。而如果下载的安装包没有对应的 docker-ce-selinx 安装包，则可以使用 yum 命令进行安装。

(1) 使用 rpm 命令安装 Docker。

安装前，首先要关闭 SELinux，命令如下：

```
# setenforce 0
```

创建 Docker 所需的目录，命令如下：

```
# mkdir /var/lib/docker
```

编辑/etc/selinux/config 文件，将“SELINUX=enforcing”一行修改如下：

```
SELINUX=disabled
```

然后进入存放 rpm 安装包的目录，在其中执行以下命令，安装 docker-ce-selinux：

```
# rpm -i docker-ce-selinux-17.03.2.ce-1.el7.centos.noarch.rpm
```

接着执行以下命令，安装 Docker：

```
# rpm -i docker-ce-18.03.0.ce-1.el7.centos.x86_64.rpm
```

安装完毕，执行以下命令，启动 Docker 服务，并让 Docker 服务在主机重启后自动启动：

```
# systemctl start docker
# systemctl enable docker
```

执行以下命令，可以查看 Docker 服务的运行状态：

```
# systemctl status docker
```

输出信息如图 10-12 所示，表明 Docker 服务已经正常启动。

```
● docker.service - Docker Application Container Engine
   Loaded: loaded (/usr/lib/systemd/system/docker.service; enabled; vendor prese
t: disabled)
   Active: active (running) since Thu 2018-04-26 22:28:57 EDT; 12s ago
     Docs: https://docs.docker.com
 Main PID: 14687 (dockerd)
   CGroup: /system.slice/docker.service
           ├─14687 /usr/bin/dockerd
           └─14698 docker-containerd -l unix:///var/run/docker/libcontainerd/...
```

图 10-12　查看 Docker 服务运行状态

执行以下命令，可以查看 Docker 的版本信息：

```
# docker version
```

输出信息如图 10-13 所示。

```
Client:
 Version:       17.03.2-ce
 API version:   1.27
 Go version:    go1.7.5
 Git commit:    f5ec1e2
 Built:         Tue Jun 27 02:21:36 2017
 OS/Arch:       linux/amd64

Server:
 Version:       17.03.2-ce
 API version:   1.27 (minimum version 1.12)
 Go version:    go1.7.5
 Git commit:    f5ec1e2
 Built:         Tue Jun 27 02:21:36 2017
 OS/Arch:       linux/amd64
 Experimental:  false
```

图 10-13　查看安装完成的 Docker 版本信息

(2) 使用 yum 命令安装 Docker。

将所需的安装包下载到本地，然后在安装包的存放目录下执行以下命令，安装 Docker：

```
# yum install -y ./docker-ce-18.03.0.ce-1.el7.centos.x86_64.rpm
```

安装完毕，执行以下命令，启动 Docker 服务：

```
# systemctl start docker
# systemctl enable docker
```

然后执行以下命令，查看 Docker 服务状态：

```
# systemctl status docker
```

输出信息如图 10-14 所示，表明 Docker 服务已经正常启动。

```
● docker.service - Docker Application Container Engine
   Loaded: loaded (/usr/lib/systemd/system/docker.service; enabled; vendor prese
t: disabled)
   Active: active (running) since Thu 2018-04-26 21:20:49 EDT; 12s ago
     Docs: https://docs.docker.com
 Main PID: 3358 (dockerd)
   CGroup: /system.slice/docker.service
           ├─3358 /usr/bin/dockerd
           └─3363 docker-containerd --config /var/run/docker/containerd/conta...
```

图 10-14　查看 Docker 服务运行状态

执行以下命令，查看 Docker 版本信息：

```
# docker version
```

输出信息如图 10-15 所示。

```
Client:
 Version:       18.03.0-ce
 API version:   1.37
 Go version:    go1.9.4
 Git commit:    0520e24
 Built: Wed Mar 21 23:09:15 2018
 OS/Arch:       linux/amd64
 Experimental:  false
 Orchestrator:  swarm

Server:
 Engine:
  Version:      18.03.0-ce
  API version:  1.37 (minimum version 1.12)
  Go version:   go1.9.4
  Git commit:   0520e24
  Built:        Wed Mar 21 23:13:03 2018
  OS/Arch:      linux/amd64
  Experimental: false
```

图 10-15　查看安装完成的 Docker 版本信息

10.3.4　使用二进制文件包+脚本安装

使用浏览器访问以下地址：

```
https://download.docker.com/linux/static/stable/x86_64/
```

进入 Docker 官方网站的下载页面，将所需 Docker 版本的二进制文件包下载到本地，如图 10-16 所示。

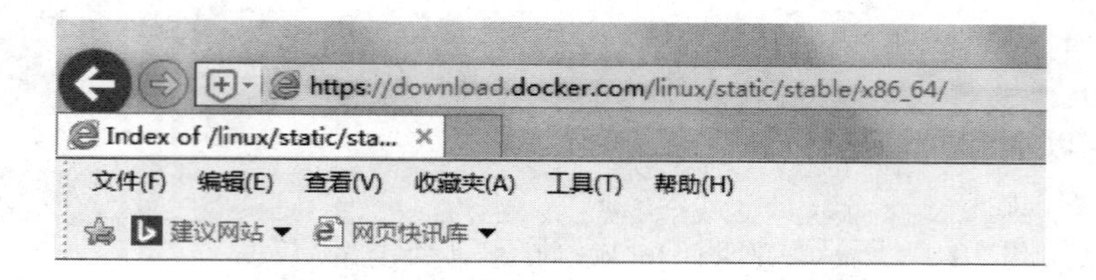

Index of /linux/static/stable/x86_64/

```
../
docker-17.03.0-ce.tgz  2017-03-01 11:11  27M
docker-17.03.1-ce.tgz  2017-03-28 04:46  27M
docker-17.03.2-ce.tgz  2017-06-28 03:35  27M
docker-17.06.0-ce.tgz  2017-06-28 05:17  29M
docker-17.06.1-ce.tgz  2017-08-18 02:35  29M
docker-17.06.2-ce.tgz  2017-09-05 10:39  29M
docker-17.09.0-ce.tgz  2017-09-27 01:47  29M
docker-17.09.1-ce.tgz  2017-12-08 12:22  29M
docker-17.12.0-ce.tgz  2017-12-27 09:52  33M
docker-17.12.1-ce.tgz  2018-02-28 01:52  33M
docker-18.03.0-ce.tgz  2018-03-22 06:27  37M
docker-18.03.1-ce.tgz  2018-04-26 11:03  37M
```

图 10-16 下载所需 Docker 版本的二进制文件包

以 root 用户登录 CentOS 系统，在文件包的存放目录下创建脚本文件 install-docker.sh，用于安装 Docker，内容如下：

```
#!/bin/sh

usage(){
  echo "Usage: $0 FILE_NAME_DOCKER_CE_TAR_GZ"
  echo "         $0 docker-17.09.0-ce.tgz"
  echo "Get docker-ce binary from: https://download.docker.com/linux/static/stable/x86_64/"
  echo "eg: wget https://download.docker.com/linux/static/stable/x86_64/docker-17.09.0-ce.tgz"
  echo ""
}
SYSTEMDDIR=/usr/lib/systemd/system
SERVICEFILE=docker.service
DOCKERDIR=/usr/bin
DOCKERBIN=docker
SERVICENAME=docker

if [ $# -ne 1 ]; then
  usage
  exit 1
else
  FILETARGZ="$1"
fi
```

```
if [ ! -f ${FILETARGZ} ]; then
  echo "Docker binary tgz files does not exist, please check it"
  echo "Get docker-ce binary from: https://download.docker.com/linux/static/stable/x86_64/"
  echo "eg: wget https://download.docker.com/linux/static/stable/x86_64/docker-17.09.0-ce.tgz"
  exit 1
fi

echo "##unzip : tar xvpf ${FILETARGZ}"
tar xvpf ${FILETARGZ}
echo

echo "##binary : ${DOCKERBIN} copy to ${DOCKERDIR}"
cp -p ${DOCKERBIN}/* ${DOCKERDIR} >/dev/null 2>&1
which ${DOCKERBIN}

echo "##systemd service: ${SERVICEFILE}"
echo "##docker.service: create docker systemd file"
cat >${SYSTEMDDIR}/${SERVICEFILE} <<EOF
[Unit]
Description=Docker Application Container Engine
Documentation=http://docs.docker.com
After=network.target docker.socket
[Service]
Type=notify
EnvironmentFile=-/run/flannel/docker
WorkingDirectory=/usr/local/bin
ExecStart=/usr/bin/dockerd \
                -H tcp://0.0.0.0:4243 \
                -H unix:///var/run/docker.sock \
                --selinux-enabled=false \
                --log-opt max-size=1g
ExecReload=/bin/kill -s HUP $MAINPID
# Having non-zero Limit*s causes performance problems due to accounting overhead
# in the kernel. We recommend using cgroups to do container-local accounting.
LimitNOFILE=infinity
LimitNPROC=infinity
LimitCORE=infinity
# Uncomment TasksMax if your systemd version supports it.
# Only systemd 226 and above support this version.
```

```
#TasksMax=infinity
TimeoutStartSec=0
# set delegate yes so that systemd does not reset the cgroups of docker containers
Delegate=yes
# kill only the docker process, not all processes in the cgroup
KillMode=process
Restart=on-failure
[Install]
WantedBy=multi-user.target
EOF

echo ""

systemctl daemon-reload
echo "##Service status: ${SERVICENAME}"
systemctl status ${SERVICENAME}
echo "##Service restart: ${SERVICENAME}"
systemctl restart ${SERVICENAME}
echo "##Service status: ${SERVICENAME}"
systemctl status ${SERVICENAME}

echo "##Service enabled: ${SERVICENAME}"
systemctl enable ${SERVICENAME}

echo "## docker version"
docker version
```

然后执行以下命令，给脚本文件添加可执行权限：

```
# chmod +x install-docker.sh
```

最后执行以下命令，安装 Docker：

```
# ./install-docker.sh docker-18.03.1-ce.tgz.tar
```

安装过程中，会显示 Docker 服务的启动提示，如图 10-17 所示。

```
● docker.service - Docker Application Container Engine
   Loaded: loaded (/usr/lib/systemd/system/docker.service; disabled; vendor pres
et: disabled)
   Active: active (running) since Thu 2018-04-26 21:41:41 EDT; 23ms ago
     Docs: http://docs.docker.com
 Main PID: 13972 (dockerd)
   Memory: 16.9M
   CGroup: /system.slice/docker.service
           ├─13972 /usr/bin/dockerd -H tcp://0.0.0.0:4243 -H unix:///var/run/...
           └─13977 docker-containerd --config /var/run/docker/containerd/cont...
```

图 10-17　Docker 服务启动提示

安装完毕后，会输出所安装的 Docker 的版本信息，如图 10-18 所示。

```
Client:
 Version:       18.03.1-ce
 API version:   1.37
 Go version:    go1.9.2
 Git commit:    9ee9f40
 Built:         Thu Apr 26 07:12:25 2018
 OS/Arch:       linux/amd64
 Experimental:  false
 Orchestrator:  swarm

Server:
 Engine:
  Version:       18.03.1-ce
  API version:   1.37 (minimum version 1.12)
  Go version:    go1.9.5
  Git commit:    9ee9f40
  Built:         Thu Apr 26 07:23:03 2018
  OS/Arch:       linux/amd64
  Experimental:  false
```

图 10-18　查看安装完成的 Docker 版本信息

在 Ubuntu 系统上使用二进制文件包+脚本安装 Docker 的操作方法相同，但需将脚本文件中的 SYSTEMDDIR=/usr/lib/systemd/system 一行修改如下：

```
SYSTEMDDIR=/etc/systemd/system
```

10.4　制作 CA 证书

数字证书是一种数字形式的凭据，与护照或驾驶执照十分相似，可以提供有关实体的标识信息以及其他支持信息。

数字证书包含证书中所标识的实体的公钥，该公钥与该实体相匹配(就是说你的证书里有你的公钥)，且该证书是由称为证书颁发机构(CA)的权威机构颁发的，该权威机构为证书信息的有效性进行担保(就是说大家可以相信你的证书是真的)。另外，数字证书只在特定的时间段内有效。

10.4.1　数字证书的原理

数字证书采用公钥体制，即使用一对相互匹配的密钥进行加密和解密。

每个用户自己设定一个特定且仅为本人所知的私有密钥(私钥)，用它进行解密和签名；同时设定一个公共密钥(公钥)，由本人公开并为一组用户所共享，用于加密和验证签名。

数字证书通过数字手段，保证加密过程是一个不可逆过程，即只有使用私有密钥才能解密。当发送一份保密文件时，发送方使用接收方的公钥对数据进行加密，而接收方则使用自己的私钥解密，这样信息就可以安全无误地送达目的地了。

用户也可以使用私钥对信息加以处理，由于私钥仅为用户本人所有，就产生了别人无法生成的文件，即形成了数字签名。

使用数字证书能够确保以下两点：

(1) 保证信息是由签名者自己签名发送的，签名者不能否认或难以否认。

(2) 保证信息自签发后至收到为止未曾作过任何修改，签发的文件是真实文件。

10.4.2 创建 CA 证书

在安装配置 Kubernetes 之前，需要先在 Master 节点上创建 CA 证书，然后把证书复制到 Node 节点上，用于 Kubernetes 平台各用户的登录验证。

1. 安装 cfssl 工具

以 root 用户登录节点 master，在终端执行以下命令，创建一个目录，用于存放安装 Kubernetes 需要使用的软件：

```
# mkdir /home/software
```

在该目录下创建证书。创建时需要使用 cfssl 工具，使用浏览器登录 https://pkg.cfssl.org/，下载工具软件 cfssl_linux-amd64 和 cfssljson_linux-amd64。也可以使用 wget 命令直接下载。如果没有安装 wget 命令，先执行以下命令，进行安装：

```
# yum install -y wget
```

然后执行以下命令，下载两个 cfssl 工具软件：

```
# wget https://pkg.cfssl.org/R1.2/cfssl_linux-amd64
# wget https://pkg.cfssl.org/R1.2/cfssljson_linux-amd64
```

下载完毕，执行以下命令，修改下载的两个工具软件的名称：

```
# mv cfssl_linux-amd64   cfssl
# mv cfssljson_linux-amd64   cfssljson
```

然后执行以下命令，为两个工具软件加上可执行权限：

```
# chmod +x cfssl cfssljson
```

执行以下命令，将两个工具软件复制到/usr/bin/目录下：

```
# cp cfssl cfssljson /usr/bin
```

最后执行以下命令，将两个工具软件复制到其他节点的/usr/bin 目录下：

```
# scp cfssl cfssljson node1:/usr/bin
# scp cfssl cfssljson node2:/usr/bin
```

2. 创建并分发密钥和证书

在节点 master 上执行以下命令，创建目录用于存放证书及密钥文件：

```
# mkdir -p /etc/kubernetes/ssl
```

在这个目录下执行以下命令，生成模板文件 config.json 与 csr.json：

```
# cfssl print-defaults config > config.json
# cfssl print-defaults csr > csr.json
```

其中，config.json 用于生成密钥；csr.json 用于生成证书。

两个模板文件的内容如下：

```
# cat config.json
{
    "signing": {
        "default": {
            "expiry": "168h"
```

```
        },
        "profiles": {
            "www": {
                "expiry": "8760h",
                "usages": [
                    "signing",
                    "key encipherment",
                    "server auth"
                ]
            },
            "client": {
                "expiry": "8760h",
                "usages": [
                    "signing",
                    "key encipherment",
                    "client auth"
                ]
            }
        }
    }
}
# cat csr.json
{
    "CN": "example.net",
    "hosts": [
        "example.net",
        "www.example.net"
    ],
    "key": {
        "algo": "ecdsa",
        "size": 256
    },
    "names": [
        {
            "C": "US",
            "L": "CA",
            "ST": "San Francisco"
        }
    ]
}
```

将文件 config.json 改名为 ca-config.json，然后使用 VI 编辑器，将其内容修改如下：

```
{
  "signing": {
    "default": {
      "expiry": "43824h"
    },
    "profiles": {
      "kubernetes": {
        "usages": [
            "signing",
            "key encipherment",
            "server auth",
            "client auth"
        ],
        "expiry": "43824h"
      }
    }
  }
}
```

将文件 csr.json 改名为 ca-csr.json，然后使用 VI 编辑器，将其内容修改如下：

```
{
  "CN": "kubernetes",
  "key": {
    "algo": "rsa",
    "size": 4096
  },
  "names": [
    {
      "C": "CN",
      "ST": "SD",
      "L": "QD",
      "O": "k8s",
      "OU": "System"
    }
  ]
}
```

执行以下命令，生成密钥和证书文件：

```
# cfssl gencert -initca ca-csr.json | cfssljson -bare ca
```

生成密钥和证书文件的过程如图 10-19 所示。

```
2018/07/17 04:08:24 [INFO] generating a new CA key and certificate from CSR
2018/07/17 04:08:24 [INFO] generate received request
2018/07/17 04:08:24 [INFO] received CSR
2018/07/17 04:08:24 [INFO] generating key: rsa-4096
2018/07/17 04:08:40 [INFO] encoded CSR
2018/07/17 04:08:40 [INFO] signed certificate with serial number 594464397337518
702736314656076700868304235589194
```

图 10-19　生成密钥和证书

上述命令生成了 ca.csr、ca-key.pem、ca.pem 三个文件。其中，ca.csr 是证书请求文件；ca-key.pem 是私钥文件；ca.pem 是证书文件。

执行以下命令，将生成的三个文件复制到节点 node1 和 node2 各自的相同目录下：

```
# scp ca.csr ca-key.pem ca.pem node1:/etc/kubernetes/ssl
# scp ca.csr ca-key.pem ca.pem node2:/etc/kubernetes/ssl
```

后续各个组件的密钥和证书都会以当前生成的私钥文件和证书文件为基础进行创建。

10.5　安装配置 Etcd

Etcd 是 Kubernetes 的主数据库，需要在安装 Kubernetes 之前进行安装。

10.5.1　下载 Etcd 安装包

使用浏览器访问地址 https://github.com/coreos/etcd/releases，进入 Etcd 下载界面，如图 10-20 所示。

v3.3.8

gyuho released this on Jun 16 · 1678 commits to master since this release

Assets

etcd-v3.3.8-darwin-amd64.zip	14.6 MB
etcd-v3.3.8-darwin-amd64.zip.asc	455 Bytes
etcd-v3.3.8-linux-aarch64.aci	9.97 MB
etcd-v3.3.8-linux-aarch64.aci.asc	455 Bytes
etcd-v3.3.8-linux-amd64.aci	10.9 MB
etcd-v3.3.8-linux-amd64.aci.asc	455 Bytes
etcd-v3.3.8-linux-amd64.tar.gz	10.8 MB

图 10-20　下载 Etcd 安装包

本实验选用 Etcd 版本 v3.3.8，下载该版本的 Linux 安装包 etcd-v3.3.8-linux-amd64.tar.gz，并将其放入节点 master 的/home/software 目录下。

下载完毕，执行以下命令，解压安装包，并进入解压后的目录：

```
# tar xzvf etcd-v3.3.8-linux-amd64.tar.gz
# cd etcd-v3.3.8-linux-amd64
```

执行以下命令，将解压后的 etcd 文件与 etcdctl 文件复制到节点 master 的/usr/bin 目录下，以及节点 node1 和 node2 的相同目录下：

```
# cp etcd etcdctl /usr/bin
# scp etcd etcdctl node1:/usr/bin
# scp etcd etcdctl node2:/usr/bin
```

然后在各节点上分别执行以下命令，查看 Etcd 的版本信息：

```
# etcd -version
# etcdctl -version
```

如果输出如图 10-21 所示的信息，说明复制成功，Etcd 软件可用。

```
[root@node1 ~]# etcd --version
etcd Version: 3.3.8
Git SHA: 33245c6b5
Go Version: go1.9.7
Go OS/Arch: linux/amd64
[root@node1 ~]# etcdctl --version
etcdctl version: 3.3.8
API version: 2
```

图 10-21　查看 Etcd 版本信息

10.5.2　创建密钥和证书

执行以下命令，在所有节点上创建/etc/etcd/ssl 目录并进入，该目录用于存放生成证书所需的文件和生成的证书：

```
# mkdir -p /etc/etcd/ssl
# cd /etc/etcd/ssl
```

在该目录下使用 VI 编辑器编辑文件 etcd-csr.json，将其内容修改如下：

```
{
  "CN": "etcd",
  "hosts": [
    "127.0.0.1",
    "192.168.0.10",
    "192.168.0.20",
    "192.168.0.30"
  ],
  "key": {
    "algo": "rsa",
    "size": 4096
  },
  "names": [
    {
```

```
      "C": "CN",
      "ST": "SD",
      "L": "QD",
      "O": "k8s",
      "OU": "System"
    }
  ]
}
```

然后执行以下命令，在/etc/kubernetes/ssl 目录下创建密钥和证书。本例中，生成的密钥和证书是在 10.4.2 节创建的密钥和证书的基础上创建的：

```
# cfssl gencert -ca=/etc/kubernetes/ssl/ca.pem \
  -ca-key=/etc/kubernetes/ssl/ca-key.pem \
  -config=/etc/kubernetes/ssl/ca-config.json \
  -profile=kubernetes etcd-csr.json | cfssljson -bare etcd
```

证书和密钥的生成过程如图 10-22 所示。

```
2018/07/17 23:00:46 [INFO] generate received request
2018/07/17 23:00:46 [INFO] received CSR
2018/07/17 23:00:46 [INFO] generating key: rsa-4096
2018/07/17 23:00:54 [INFO] encoded CSR
2018/07/17 23:00:54 [INFO] signed certificate with serial number 909842601850281
494002609851003152324771291592O2
2018/07/17 23:00:54 [WARNING] This certificate lacks a "hosts" field. This makes
 it unsuitable for
websites. For more information see the Baseline Requirements for the Issuance an
d Management
of Publicly-Trusted Certificates, v.1.1.6, from the CA/Browser Forum (https://ca
bforum.org);
specifically, section 10.2.3 ("Information Requirements").
```

图 10-22　生成密钥和证书

命令执行完毕后，会生成 etcd.csr 证书请求文件、etcd-key.pem 私钥文件、etcd.pem 证书文件三个文件。执行以下命令，将生成的三个文件复制到其他两个节点的同名目录下：

```
# scp etcd.csr etcd-key.pem   etcd.pem node1:/etc/etcd/ssl
# scp etcd.csr etcd-key.pem   etcd.pem node2:/etc/etcd/ssl
```

10.5.3　编辑 Etcd 配置文件

在节点 master 的/etc/etcd 目录下使用 VI 编辑器，编辑文件 etcd.conf，在其中写入以下内容：

```
#[member]
ETCD_NAME="master"
ETCD_DATA_DIR="/var/lib/etcd/default.etcd"
ETCD_LISTEN_PEER_URLS="https://192.168.0.10:2380"
ETCD_LISTEN_CLIENT_URLS="https://192.168.0.10:2379,https://127.0.0.1:2379"
#[cluster]
```

```
ETCD_INITIAL_ADVERTISE_PEER_URLS="https://192.168.0.10:2380"
ETCD_INITIAL_CLUSTER="master=https://192.168.0.10:2380,node1=https://192.168.0.20:2380,node2=https:/
/192.168.0.30:2380"
ETCD_INITIAL_CLUSTER_STATE="new"
ETCD_INITIAL_CLUSTER_TOKEN="k8s-etcd-cluster"
ETCD_ADVERTISE_CLIENT_URLS="https://192.168.0.10:2379"
#[security]
CLIENT_CERT_AUTH="true"
ETCD_CA_FILE="/etc/kubernetes/ssl/ca.pem"
ETCD_CERT_FILE="/etc/etcd/ssl/etcd.pem"
ETCD_KEY_FILE="/etc/etcd/ssl/etcd-key.pem"
PEER_CLIENT_CERT_AUTH="true"
ETCD_PEER_CA_FILE="/etc/kubernetes/ssl/ca.pem"
ETCD_PEER_CERT_FILE="/etc/etcd/ssl/etcd.pem"
ETCD_PEER_KEY_FILE="/etc/etcd/ssl/etcd-key.pem"
```

上述代码中，参数 ETCD_NAME 为本节点的主机名。例如，在节点 master 上该参数值即为“master”。

另外，在编辑 etcd.conf 文件时，以下代码在 3 个节点上要保持一致，除此之外，该文件中其他需要写入 IP 地址的地方都要改为本节点的地址：

```
ETCD_INITIAL_CLUSTER="master=https://192.168.0.10:2380,node2=https://192.168.0.20:2380,node2=https:/
/192.168.0.30:2380"
```

其中，参数 master、node1 和 node2 的值为各对应节点的地址。

修改完毕，保存文件并退出。然后执行以下命令，将修改后的 etcd.conf 文件复制到其他两个节点的同名目录下：

```
# scp /etc/etcd/etcd.conf node1:/etc/etcd
# scp /etc/etcd/etcd.conf node2:/etc/etcd
```

10.5.4 创建 Etcd 服务

在节点 master 的/usr/lib/systemd/system 目录下，使用 VI 编辑器创建文件 etcd.service，在其中写入以下内容：

```
[Unit]
Description=Etcd Server
After=network.target


[Service]
WorkingDirectory=/var/lib/etcd
EnvironmentFile=-/etc/etcd/etcd.conf
ExecStart=/usr/bin/etcd
Type=notify
```

```
[Install]
WantedBy=multi-user.target
```

编辑完成后，执行以下命令，把修改后的文件复制到其他两个节点的同名目录下：

```
# scp /usr/lib/systemd/system/etcd.service node1:/usr/lib/systemd/system
# scp /usr/lib/systemd/system/etcd.service node2:/usr/lib/systemd/system
```

最后在所有节点上执行以下命令，创建 Etcd 工作目录：

```
# mkdir -p /var/lib/etcd
```

10.5.5　启动 Etcd 服务

在所有节点上执行以下命令，启动 Etcd 服务，并确保 Etcd 服务在系统重启后能自动启动：

```
# systemctl start etcd
# systemctl enable etcd
```

然后执行以下命令，查看 Etcd 服务的状态：

```
# systemctl status etcd
```

如果状态为【active】，表明服务启动成功，如图 10-23 所示。

```
● etcd.service - Etcd Server
   Loaded: loaded (/usr/lib/systemd/system/etcd.service; enabled; vendor preset:
disabled)
   Active: active (running) since Wed 2018-07-18 22:29:39 EDT; 12min ago
 Main PID: 10539 (etcd)
   CGroup: /system.slice/etcd.service
           └─10539 /usr/bin/etcd

Jul 18 22:29:47 master etcd[10539]: cannot get the version of member 69d970...d)
Jul 18 22:29:48 master etcd[10539]: health check for peer 69d97068b9056b34 ...ed
Jul 18 22:29:48 master etcd[10539]: peer 69d97068b9056b34 became active
Jul 18 22:29:48 master etcd[10539]: established a TCP streaming connection ...r)
Jul 18 22:29:48 master etcd[10539]: established a TCP streaming connection ...r)
Jul 18 22:29:49 master etcd[10539]: established a TCP streaming connection ...r)
Jul 18 22:29:49 master etcd[10539]: established a TCP streaming connection ...r)
Jul 18 22:29:51 master etcd[10539]: updating the cluster version from 3.0 to 3.3
Jul 18 22:29:51 master etcd[10539]: updated the cluster version from 3.0 to 3.3
Jul 18 22:29:51 master etcd[10539]: enabled capabilities for version 3.3
```

图 10-23　查看 Etcd 服务状态

然后在节点 master 上执行以下命令，查看 Etcd 集群状态：

```
# etcdctl --endpoints=https://192.168.0.10:2379 \
--ca-file=/etc/kubernetes/ssl/ca.pem \
--cert-file=/etc/etcd/ssl/etcd.pem \
--key-file=/etc/etcd/ssl/etcd-key.pem cluster-health
```

若输出信息如图 10-24 所示，表明集群状态正常。

```
member 569a7ffb2045f7a5 is healthy: got healthy result from https://192.168.0.10
:2379
member 676dc3daccbeb7a2 is healthy: got healthy result from https://192.168.0.30
:2379
member 69d97068b9056b34 is healthy: got healthy result from https://192.168.0.20
:2379
cluster is healthy _
```

图 10-24　查看 Etcd 集群状态

若集群一切正常，即可开始安装配置 Master 节点上的软件。

10.6 配置 Master 节点

Master 节点是整个集群的控制节点，需要首先进行安装和配置。

10.6.1 下载 Kubernetes 安装包

使用浏览器访问地址 https://github.com/kubernetes/kubernetes/releases，登录网站 github 的下载页面。在其中找到所需版本的 Kubernetes 软件(本实验使用 v1.10.1 版本)，如图 10-25 所示。

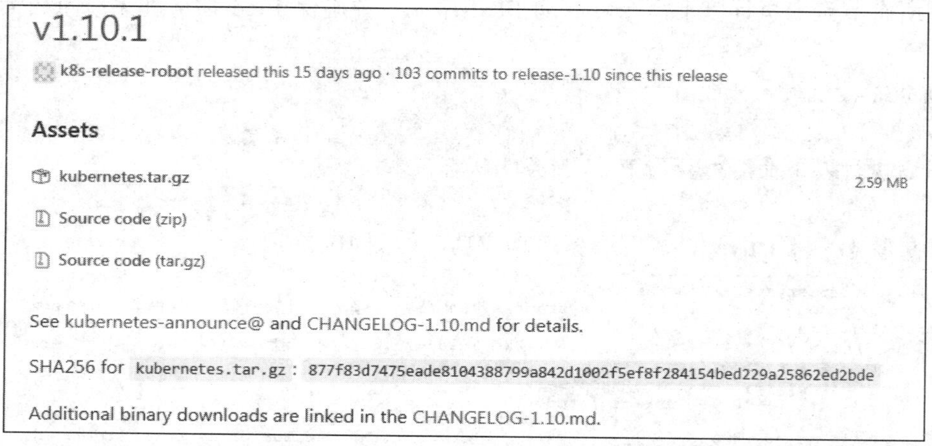

v1.10.1

k8s-release-robot released this 15 days ago · 103 commits to release-1.10 since this release

Assets

kubernetes.tar.gz 2.59 MB

Source code (zip)

Source code (tar.gz)

See kubernetes-announce@ and CHANGELOG-1.10.md for details.

SHA256 for `kubernetes.tar.gz`: `877f83d7475eade8104388799a842d1002f5ef8f284154bed229a25862ed2bde`

Additional binary downloads are linked in the CHANGELOG-1.10.md.

图 10-25 进入 Kubernetes 下载页面

单击图 10-25 中【See kubernetes-announce@ and CHANGELOG-1.10.md for details】一行中的超链接【CHANGELOG-1.10.md】，会进入下载页面，在其中下载 Server 安装包 kubernetes-server-linux-amd64.tar.gz，如图 10-26 所示。

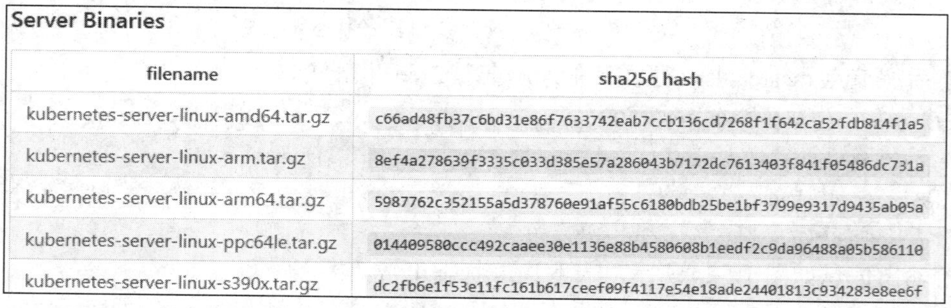

Server Binaries

filename	sha256 hash
kubernetes-server-linux-amd64.tar.gz	c66ad48fb37c6bd31e86f7633742eab7ccb136cd7268f1f642ca52fdb814f1a5
kubernetes-server-linux-arm.tar.gz	8ef4a278639f3335c033d385e57a286043b7172dc7613403f841f05486dc731a
kubernetes-server-linux-arm64.tar.gz	5987762c352155a5d378760e91af55c6180bdb25be1bf3799e9317d9435ab05a
kubernetes-server-linux-ppc64le.tar.gz	014409580ccc492caaee30e1136e88b4580608b1eedf2c9da96488a05b586110
kubernetes-server-linux-s390x.tar.gz	dc2fb6e1f53e11fc161b617ceef09f4117e54e18ade24401813c934283e8ee6f

图 10-26 下载 Server 安装包

接着在该页面中下载 Node 安装包 kubernetes-node-linux-amd64.tar.gz，如图 10-27 所示。

Node Binaries

filename	sha256 hash
kubernetes-node-linux-amd64.tar.gz	6398c87906dbd37ccd881ca4169713c512a7bd04e336f4c81d2497c460be855f
kubernetes-node-linux-arm.tar.gz	54e24107ac1f98fa75ce3c603c4f8c3edcf7277046deaff2cef55521147ac956
kubernetes-node-linux-arm64.tar.gz	7d9c8aa2ee5f2d6207a6bac9e32639ea14fe830e6bb57f2ab4fc4ad47b6772c4
kubernetes-node-linux-ppc64le.tar.gz	339ce8cb3e703fd2252e6978bfbdd2c26d46516ed8ef4f548e2e1fd2b7d4b49e
kubernetes-node-linux-s390x.tar.gz	896396437d74a8a1c8c310de1666cc95d4d5bbee67c201c400c383e9fb6818f2
kubernetes-node-windows-amd64.tar.gz	9932e75059ffb8c9a7400ffd5620fb114fcd53961651f97b943298bb8a7dd24a

图 10-27　下载 Node 安装包

最后在该页面中下载 Client 安装包 kubernetes-client-linux-amd64.tar.gz，如图 10-28 所示。

Client Binaries

filename	sha256 hash
kubernetes-client-darwin-386.tar.gz	e7eca1569c705752ab8aef07623d2a9a3b8d798c71b702b4d5c18892d455349d
kubernetes-client-darwin-amd64.tar.gz	68c5080b85c2ab5340268e21585e309eacef64fcd175b869194b4d6b0bec2467
kubernetes-client-linux-386.tar.gz	bd08ce097e25e970eea3f13d02e322770a036eed8a63ac6fb1364f6ad1283e5c
kubernetes-client-linux-amd64.tar.gz	f638cf6121e25762e2f6f36bca9818206778942465f0ea6e3ba59cfcc9c2738a

图 10-28　下载 Client 安装包

注意：这三个下载的安装包都要存放到/home/software 目录下。

10.6.2　安装并配置 Kubernetes

在 Master 节点上安装并配置 Kubernetes，过程如下。

1．解压 Kubernetes 安装包

在节点 master 的/home/software 目录下，执行以下命令，解压下载的 Kubernetes 安装包：

```
# tar xzvf kubernetes-server-linux-amd64.tar.tar
# tar xzvf kubernetes-node-linux-amd64.tar.tar
# tar xzvf kubernetes-client-linux-amd64.tar.tar
```

解压完毕后，进入自动生成的目录 kubernetes，在该目录下找到文件 kubernetes-src.tar.gz，执行以下命令，解压此文件：

```
# cd ./kubernetes
# tar xzvf kubernetes-src.tar.gz
```

执行以下命令，将/home/software/kubernetes/server/bin 目录下的 kube-apiserver、kube-controller-manager、kube-scheduler 文件复制到/usr/bin 目录下：

```
# cp kube-apiserver kube-controller-manager kube-scheduler /usr/bin
```

2．创建并分发 Kubernetes 密钥和证书

进入目录/etc/kubernetes/ssl，使用 VI 编辑器编辑文件 kubernetes-csr.json，在其中写入

以下内容：

```
{
  "CN": "kubernetes",
  "hosts": [
    "127.0.0.1",
    "192.168.0.10",
    "10.1.0.1",
    "kubernetes",
    "kubernetes.default",
    "kubernetes.default.svc",
    "kubernetes.default.svc.cluster",
    "kubernetes.default.svc.cluster.local"
  ],
  "key": {
    "algo": "rsa",
    "size": 4096
  },
  "names": [
    {
      "C": "CN",
      "ST": "SD",
      "L": "QD",
      "O": "k8s",
      "OU": "System"
    }
  ]
}
```

然后执行以下命令，创建密钥和证书：

```
# cfssl gencert -ca=/etc/kubernetes/ssl/ca.pem -ca-key=/etc/kubernetes/ssl/ca-key.pem -
config=/etc/kubernetes/ssl/ca-config.json -profile=kubernetes kubernetes-csr.json | cfssljson -bare kubernetes
```

上述命令生成了 kubernetes.csr、kubernetes-key.pem、kubernetes.pem 三个文件。执行以下命令，将文件 kubernetes-key.pem 和 kubernetes.pem 复制到其他两个节点的同名目录下：

```
# scp kubernetes-key.pem kubernetes.pem node1:/etc/kubernetes/ssl
# scp kubernetes-key.pem kubernetes.pem node2:/etc/kubernetes/ssl
```

3．创建 kube-apiserver 使用的客户端 Token

以 root 用户登录节点 master，在终端执行以下命令：

```
# head -c 16 /dev/urandom | od -An -t x | tr -d ''
22f28c5181ea3b33b7e17032f109442c
```

该命令生成了一个 Token：22f28c5181ea3b33b7e17032f109442c。

编辑/etc/kubernetes/ssl 目录下的文件 bootstrap-token.csv，在其中写入以下内容：

```
22f28c5181ea3b33b7e17032f109442c,kubelet-bootstrap,10001,"system:kubelet-bootstrap"
```

注意：当前写入的是本次实验生成的 Token，在其他实验中要替换为当时生成的 Token。

4．创建基础用户名/密码认证配置

编辑/etc/kubernetes/ssl 目录下的文件 basic-auth.csv，在其中写入以下内容，用于 Kubernetes 的基础用户认证：

```
admin,admin,1
readonly,readonly,2
```

5．部署 Kubernetes API 服务

编辑/usr/lib/systemd/system/目录下的文件 kube-apiserver.service，在其中写入以下内容：

```
[Unit]
Description=Kubernetes API Server
Documentation=https://github.com/GoogleCloudPlatform/kubernetes
After=network.target

[Service]
ExecStart=/usr/bin/kube-apiserver \
  --admission-
control=NamespaceLifecycle,LimitRanger,ServiceAccount,DefaultStorageClass,ResourceQuota,NodeRestriction \
  --bind-address=192.168.0.10 \
  --insecure-bind-address=127.0.0.1 \
  --authorization-mode=Node,RBAC \
  --runtime-config=rbac.authorization.k8s.io/v1 \
  --kubelet-https=true \
  --anonymous-auth=false \
  --basic-auth-file=/etc/kubernetes/ssl/basic-auth.csv \
  --enable-bootstrap-token-auth \
  --token-auth-file=/etc/kubernetes/ssl/bootstrap-token.csv \
  --service-cluster-ip-range=10.1.0.0/16 \
  --service-node-port-range=20000-40000 \
  --tls-cert-file=/etc/kubernetes/ssl/kubernetes.pem \
  --tls-private-key-file=/etc/kubernetes/ssl/kubernetes-key.pem \
  --client-ca-file=/etc/kubernetes/ssl/ca.pem \
  --service-account-key-file=/etc/kubernetes/ssl/ca-key.pem \
  --etcd-cafile=/etc/kubernetes/ssl/ca.pem \
  --etcd-certfile=/etc/kubernetes/ssl/kubernetes.pem \
  --etcd-keyfile=/etc/kubernetes/ssl/kubernetes-key.pem \
```

```
  --etcd-servers=https://192.168.0.10:2379,https://192.168.0.20:2379,https://192.168.0.30:2379 \
  --enable-swagger-ui=true \
  --allow-privileged=true \
  --audit-log-maxage=30 \
  --audit-log-maxbackup=3 \
  --audit-log-maxsize=100 \
  --audit-log-path=/etc/kubernetes/log/api-audit.log \
  --event-ttl=1h \
  --v=2 \
  --logtostderr=false \
  --log-dir=/var/kubernetes/log
Restart=on-failure
RestartSec=5
Type=notify
LimitNOFILE=65536

[Install]
WantedBy=multi-user.target
```

注意：上述代码中的参数--service-cluster-ip-range=10.1.0.0/16 用于指定安装完成后创建的 Service 所使用的 IP 地址网段。

修改完毕，保存文件并退出，然后执行以下命令，创建保存 api-server 日志的目录：

```
# mkdir -p /var/kubernetes/log
```

在终端执行以下命令，启动 kube-apiserver 服务，并确保服务在系统重启后自动启动：

```
# systemctl start kube-apiserver
# systemctl enable kube-apiserver
```

执行以下命令，查看 kube-apiserver 服务的状态：

```
# systemctl status kube-apiserver
```

若输出信息如图 10-29 所示，表明服务状态正常。

```
● kube-apiserver.service - Kubernetes API Server
   Loaded: loaded (/usr/lib/systemd/system/kube-apiserver.service; disabled; ven
dor preset: disabled)
   Active: active (running) since Thu 2018-07-19 04:18:18 EDT; 34s ago
     Docs: https://github.com/GoogleCloudPlatform/kubernetes
 Main PID: 2817 (kube-apiserver)
    Tasks: 8
   Memory: 249.1M
   CGroup: /system.slice/kube-apiserver.service
           └─2817 /usr/bin/kube-apiserver --admission-control=NamespaceLifecy...

Jul 19 04:18:06 master systemd[1]: Starting Kubernetes API Server...
Jul 19 04:18:06 master kube-apiserver[2817]: Flag --admission-control has be....
Jul 19 04:18:06 master kube-apiserver[2817]: Flag --insecure-bind-address ha....
Jul 19 04:18:11 master kube-apiserver[2817]: [restful] 2018/07/19 04:18:11 l...i
Jul 19 04:18:11 master kube-apiserver[2817]: [restful] 2018/07/19 04:18:11 l.../
Jul 19 04:18:13 master kube-apiserver[2817]: [restful] 2018/07/19 04:18:13 l...i
Jul 19 04:18:13 master kube-apiserver[2817]: [restful] 2018/07/19 04:18:13 l.../
Jul 19 04:18:18 master systemd[1]: Started Kubernetes API Server.
```

图 10-29 查看 kube-apiserver 服务状态

6．部署 Controller Manager 服务

编辑/usr/lib/systemd/system/目录下的文件 kube-controller-manager.service，在其中写入以下内容：

```
[Unit]
Description=Kubernetes Controller Manager
Documentation=https://github.com/GoogleCloudPlatform/kubernetes

[Service]
ExecStart=/usr/bin/kube-controller-manager \
  --address=127.0.0.1 \
  --master=http://127.0.0.1:8080 \
  --allocate-node-cidrs=true \
  --service-cluster-ip-range=10.1.0.0/16 \
  --cluster-cidr=10.2.0.0/16 \
  --cluster-name=kubernetes \
  --cluster-signing-cert-file=/etc/kubernetes/ssl/ca.pem \
  --cluster-signing-key-file=/etc/kubernetes/ssl/ca-key.pem \
  --service-account-private-key-file=/etc/kubernetes/ssl/ca-key.pem \
  --root-ca-file=/etc/kubernetes/ssl/ca.pem \
  --leader-elect=true \
  --v=2 \
  --logtostderr=false \
  --log-dir=/var/kubernetes/log

Restart=on-failure
RestartSec=5

[Install]
WantedBy=multi-user.target
```

注意：上述代码中的参数--service-cluster-ip-range=10.1.0.0/16 用于指定创建 Service 后可分配 IP 地址网段；参数--cluster-cidr=10.2.0.0/16 用于指定创建 Pod 后可以分配的 IP 地址网段。

然后执行以下命令，启动 kube-controller-manager 服务，并确保服务在系统重启后自动运行：

```
# systemctl start kube-controller-manager
# systemctl enable kube-controller-manager
```

最后执行以下命令，查看服务运行的状态：

```
# systemctl status kube-controller-manager
```

若输出信息如图 10-30 所示，表明服务运行正常。

```
● kube-controller-manager.service - Kubernetes Controller Manager
   Loaded: loaded (/usr/lib/systemd/system/kube-controller-manager.service; disa
bled; vendor preset: disabled)
   Active: active (running) since Thu 2018-07-19 04:30:58 EDT; 5s ago
     Docs: https://github.com/GoogleCloudPlatform/kubernetes
 Main PID: 2840 (kube-controller)
    Tasks: 8
   Memory: 10.5M
   CGroup: /system.slice/kube-controller-manager.service
           └─2840 /usr/bin/kube-controller-manager --address=127.0.0.1 --mast...

Jul 19 04:30:58 master systemd[1]: Started Kubernetes Controller Manager.
Jul 19 04:30:58 master systemd[1]: Starting Kubernetes Controller Manager...
```

图 10-30　查看 kube-controller-manager 服务状态

7．部署 Kubernetes Scheduler 服务

编辑/usr/lib/systemd/system/目录下的文件 kube-scheduler.service，在其中写入以下内容：

```
[Unit]
Description=Kubernetes Scheduler
Documentation=https://github.com/GoogleCloudPlatform/kubernetes

[Service]
ExecStart=/usr/bin/kube-scheduler \
  --address=127.0.0.1 \
  --master=http://127.0.0.1:8080 \
  --leader-elect=true \
  --v=2 \
  --logtostderr=false \
  --log-dir=/var/kubernetes/log

Restart=on-failure
RestartSec=5

[Install]
WantedBy=multi-user.target
```

然后执行以下命令，启动 kube-scheduler 服务，并确保服务在系统重启后自动启动：

```
# systemctl start kube-scheduler
# systemctl enable kube-scheduler
```

最后执行以下命令，查看服务运行的状态：

```
# systemctl status kube-scheduler
```

若输出信息如图 10-31 所示，表明服务运行正常。

```
● kube-scheduler.service - Kubernetes Scheduler
   Loaded: loaded (/usr/lib/systemd/system/kube-scheduler.service; disabled; ven
dor preset: disabled)
   Active: active (running) since Thu 2018-07-19 04:49:43 EDT; 6s ago
     Docs: https://github.com/GoogleCloudPlatform/kubernetes
 Main PID: 2879 (kube-scheduler)
    Tasks: 6
   Memory: 7.8M
   CGroup: /system.slice/kube-scheduler.service
           └─2879 /usr/bin/kube-scheduler --address=127.0.0.1 --master=http:/...
```

图 10-31　查看 kube-scheduler 服务状态

8．部署 kubectl 命令行工具

kubectl 是 Kubernetes 最重要的工具，可用于查看集群状态、调整集群属性等操作。kubectl 的部署方法如下：

(1) 复制 kubectl 文件。

执行以下命令，将 kubectl 文件复制到/usr/bin 目录下：

```
# cp /home/software/kubernetes/client/bin/kubectl /usr/bin
```

(2) 创建密钥和证书。

进入/etc/kubernetes/ssl 目录，使用 VI 编辑器创建并编辑文件 admin-csr.json，在其中写入以下内容，用于创建密钥和证书：

```
{
  "CN": "admin",
  "hosts": [],
  "key": {
    "algo": "rsa",
    "size": 4096
  },
  "names": [
    {
      "C": "CN",
      "ST": "SD",
      "L": "QD",
      "O": "system:masters",
      "OU": "System"
    }
  ]
}
```

然后在终端执行以下命令，创建 admin 用户的密钥和证书：

```
# cfssl gencert -ca=/etc/kubernetes/ssl/ca.pem -ca-key=/etc/kubernetes/ssl/ca-key.pem  -
config=/etc/kubernetes/ssl/ca-config.json -profile=kubernetes admin-csr.json | cfssljson -bare admin
```

上述命令生成了 admin.csr、admin-key.pem 与 admin.pem 三个文件。其中，admin.csr 是证书请求文件；admin-key.pem 是私钥文件；admin.pem 是证书文件。

(3) 设置集群参数。

执行以下命令，设置 Kubernetes 集群 kubernetes 的参数：

```
# kubectl config set-cluster kubernetes \
--certificate-authority=/etc/kubernetes/ssl/ca.pem \
--embed-certs=true --server=https://192.168.0.10:6443
```

对上述命令中的各参数解释如下：

✧　set-cluster：设置需要访问的集群名称，本实验为“kubernetes”。

✧　--server：设置指向的 apiserver，即该集群的 kube-apiserver 地址。

✧ --certificate-authority：设置该集群的公钥。

✧ --embed-certs：设置为 true，表示将参数--certificate-authority 值对应的公钥写入 kubeconfig 文件。

该命令执行成功后，会输出如下提示：

```
Cluster "kubernetes" set.
```

(4) 设置用户认证参数。

下面设置用户的认证参数，主要是用户证书。

本实验中的用户名为“admin”，证书为/etc/kubernetes/ssl/admin.pem，私钥为/etc/kubernetes/ssl/admin-key.pem，因此执行以下命令，设置用户 admin 的用户认证参数：

```
# kubectl config set-credentials admin \
--client-certificate=/etc/kubernetes/ssl/admin.pem   \
--embed-certs=true --client-key=/etc/kubernetes/ssl/admin-key.pem
```

命令执行成功后，会输出如下提示：

```
User "admin" set.
```

(5) 设置上下文关联参数。

集群参数和用户认证参数可以同时设置多对，但二者需要由上下文参数关联起来才能使用。本实验中的集群为 kubenetes，用户为 admin，因此执行以下命令，设置上下文参数 kubenetes，以使用 admin 的用户凭证访问 kubenetes 集群：

```
# kubectl config set-context kubernetes    --cluster=kubernetes    --user=admin
```

命令执行成功后，会输出如下提示：

```
Context "kubernetes" created.
```

执行以下命令，将刚才设置的上下文参数 kubenetes 设置为集群默认使用的上下文参数：

```
# kubectl config use-context kubernetes
```

命令执行成功后，会输出如下提示：

```
Switched to context "kubernetes".
```

(6) 验证 kubectl 配置。

执行以下命令，验证上述 kubectl 配置：

```
# kubectl get cs
```

若输出信息如图 10-32 所示，表明配置成功。

```
NAME                 STATUS    MESSAGE              ERROR
scheduler            Healthy   ok
controller-manager   Healthy   ok
etcd-0               Healthy   {"health":"true"}
etcd-1               Healthy   {"health":"true"}
etcd-2               Healthy   {"health":"true"}
```

图 10-32 验证 kubectl 配置

至此，Kubernetes 集群中的 Master 节点配置成功。

10.7　配置 Node 节点

配置 Node 节点之前，需要先完成 Master 节点的相关配置，然后再切换回 Node 节点，继续进行配置。

10.7.1　在 Master 节点上的配置

配置 Node 节点前，要先在 Master 节点上进行一些相关配置，操作如下。

1．复制文件

进入节点 master 上的/home/software/kubernetes/server/bin 目录，执行以下命令，将该目录下的文件 kubelet 复制到其他两个节点的/usr/bin 目录下：

```
# scp kubelet node1:/usr/bin
# scp kubelet node2:/usr/bin
```

执行以下命令，将该目录下的文件 kube-proxy 复制到所有节点(包括自身)的/usr/bin 目录下：

```
# cp kube-proxy /usr/bin
# scp kube-proxy node1:/usr/bin
# scp kube-proxy node2:/usr/bin
```

2．绑定 kubelet-bootstrap

在节点 master 上执行以下命令，将 kubelet-bootstrap 绑定到集群：

```
# kubectl create clusterrolebinding kubelet-bootstrap --clusterrole=system:node-bootstrapper --user=kubelet-bootstrap
```

绑定成功后，会有如下输出：

```
clusterrolebinding.rbac.authorization.k8s.io "kubelet-bootstrap" created
```

3．设置集群参数

在节点 master 上执行以下命令，创建文件 kubelet bootstrapping kubeconfig，用于记录集群参数：

```
# kubectl config set-cluster kubernetes \
   --certificate-authority=/etc/kubernetes/ssl/ca.pem \
   --embed-certs=true --server=https://192.168.0.10:6443 \
   --kubeconfig=bootstrap.kubeconfig
```

命令执行成功后，会输出如下提示：

```
Cluster "kubernetes" set.
```

4．设置用户认证参数

在节点 master 上执行以下命令，设置用户认证参数：

```
# kubectl config set-credentials kubelet-bootstrap \
--token=22f28c5181ea3b33b7e17032f109442c \
```

```
--kubeconfig=bootstrap.kubeconfig
```

其中，参数--token 对应的值是配置 Master 节点时创建的 Token 字符串，存放在/etc/kubernetes/ssl/bootstrap-token.csv 文件中。

设置成功后，会输出如下提示：

```
User "kubelet-bootstrap" set.
```

5．设置上下文关联参数

在节点 master 上执行以下命令，设置集群 kubernetes 和用户 kubelet-bootstrap 的上下文关联参数 default：

```
# kubectl config set-context default \
    --cluster=kubernetes \
   --user=kubelet-bootstrap \
  --kubeconfig=bootstrap.kubeconfig
```

设置成功后，会输出如下提示：

```
Context "default" created.
```

在节点 master 上执行以下命令，将刚才设置的关联参数 default 设置为系统默认的上下文关联参数：

```
# kubectl config use-context default --kubeconfig=bootstrap.kubeconfig
```

设置成功后，会输出如下提示：

```
Switched to context "default".
```

在集群中的所有节点上分别执行以下命令，各创建一个/etc/kubernetes/cfg 目录：

```
# mkdir -p /etc/kubernetes/cfg
```

在节点 master 上执行以下命令，将记录关联参数的文件 bootstrap.kubeconfig 复制到各节点的同名目录下：

```
# cp bootstrap.kubeconfig /etc/kubernetes/cfg
# scp bootstrap.kubeconfig node1:/etc/kubernetes/cfg
# scp bootstrap.kubeconfig node2:/etc/kubernetes/cfg
```

10.7.2 在 Node 节点上部署 kubelet 服务

以下操作如果没有特别说明，需要在两个 Node 节点上各执行一次。

1．部署 CNI

CNI(Container Network Interface)即容器网络接口，是 Linux 容器网络配置的一组标准和库，用户可以根据这些标准和库开发自己的容器网络插件。CNI 为解决容器网络连接和容器销毁时的资源释放问题提供了一套解决方案，支持大量不同的网络模式，并且容易实现。

CNI 创建后会取代 Docker 自带的 docker0 网桥，kubelet 则需要使用 CNI 创建网络。下面简要讲解 CNI 的部署方法。

在节点 node1 上执行以下命令，创建 CNI 的工作目录，并进入该目录：

```
# mkdir -p /etc/cni/net.d
```

```
# cd /etc/cni/net.d
```

在该目录下使用 VI 编辑器创建脚本文件 10-default.conf，在其中写入以下内容，用来删除 Docker 自动创建的 docker0 网桥：

```
{
        "name": "flannel",
        "type": "flannel",
        "delegate": {
            "bridge": "docker0",
            "isDefaultGateway": true,
            "mtu": 1400
        }
}
```

部署完毕后，在节点 node2 上也执行相同的操作。

2．创建 kubelet 服务

登录节点 node1，执行以下命令，创建 kubelet 工具目录：

```
# mkdir /var/lib/kubelet
# mkdir -p /var/kubernetes/log
```

编辑/usr/lib/systemd/system/目录中的文件 kubelet.service，在其中写入以下内容：

```
[Unit]
Description=Kubernetes Kubelet
Documentation=https://github.com/GoogleCloudPlatform/kubernetes
After=docker.service
Requires=docker.service

[Service]
WorkingDirectory=/var/lib/kubelet
ExecStart=/usr/bin/kubelet \
  --address=192.168.0.20 \
  --hostname-override=192.168.0.20 \
  --pod-infra-container-image=mirrorgooglecontainers/pause-amd64:3.0 \
  --experimental-bootstrap-kubeconfig=/etc/kubernetes/cfg/bootstrap.kubeconfig \
  --kubeconfig=/etc/kubernetes/cfg/kubelet.kubeconfig \
  --cert-dir=/etc/kubernetes/ssl \
  --network-plugin=cni \
  --cni-conf-dir=/etc/cni/net.d \
  --cni-bin-dir=/usr/bin/ \
  --cluster-dns=10.1.0.2 \
  --cluster-domain=cluster.local. \
  --hairpin-mode hairpin-veth \
  --allow-privileged=true \
```

```
  --fail-swap-on=false \
  --logtostderr=true \
  --v=2 \
  --logtostderr=false \
  --log-dir=/var/kubernetes/log
Restart=on-failure
RestartSec=5

[Install]
WantedBy=multi-user.target
```

编辑完毕，执行以下命令，启动 kubelet 服务，并确保服务在系统重启后能自动启动：

```
# systemctl start kubelet
# systemctl enable kubelet
```

如果 kubelet 服务可以正常启动，则服务会在/etc/kubernetes/ssl 目录下生成 kubelet-client.key、kubelet.crt、kubelet.key 三个文件，用于认证 kubelet 服务。

执行以下命令，查看服务状态：

```
# systemctl status kubelet
```

若输出信息如图 10-33 所示，表明服务运行正常。

```
● kubelet.service - Kubernetes Kubelet
   Loaded: loaded (/usr/lib/systemd/system/kubelet.service; enabled; vendor pres
et: disabled)
   Active: active (running) since Mon 2018-07-23 22:35:41 EDT; 1min 18s ago
     Docs: https://github.com/GoogleCloudPlatform/kubernetes
 Main PID: 1517 (kubelet)
    Tasks: 7
   Memory: 13.8M
   CGroup: /system.slice/kubelet.service
           └─1517 /usr/bin/kubelet --address=192.168.0.20 --hostname-override...

Jul 23 22:35:41 node1 systemd[1]: Started Kubernetes Kubelet.
Jul 23 22:35:41 node1 systemd[1]: Starting Kubernetes Kubelet...
Jul 23 22:35:41 node1 kubelet[1517]: Flag --address has been deprecated, Th...n.
Jul 23 22:35:41 node1 kubelet[1517]: Flag --cluster-dns has been deprecated...n.
Jul 23 22:35:41 node1 kubelet[1517]: Flag --cluster-domain has been depreca...n.
Jul 23 22:35:41 node1 kubelet[1517]: Flag --hairpin-mode has been deprecate...n.
Jul 23 22:35:41 node1 kubelet[1517]: Flag --allow-privileged has been depre...on
Jul 23 22:35:41 node1 kubelet[1517]: Flag --fail-swap-on has been deprecate...n.
```

图 10-33　查看 kubelet 服务状态

3．查看并批准 csr 请求

注意：以下操作需在 Master 节点上进行。

登录节点 master，执行以下命令，查看 csr 请求状态：

```
# kubectl get csr
```

输出结果如图 10-34 所示，可以看到请求状态【CONDITION】为【Pending】，即挂起等待处理。

```
NAME                                                   AGE       REQUESTOR           CONDITION
node-csr-ErFE069QO1INGU7z5KTfgE0j8KogLVm_1VbMOxAgxh4   27m       kubelet-bootstrap   Pending
node-csr-G0AqOnY5YXdK9ZcX93ahLQsqvfGqWliFwxDCRrPOH4c   11m       kubelet-bootstrap   Pending
```

图 10-34　查看 csr 请求状态

执行以下命令，批准请求：

```
# kubectl get csr|grep 'Pending' | awk 'NR>0{print $1}'| xargs kubectl certificate approve
```

执行结果如图 10-35 所示。

```
certificatesigningrequest.certificates.k8s.io "node-csr-ErFE069QO1INGU7z5KTfgE0j8KogLVm_1VbMOxAgxh4" ap
proved
certificatesigningrequest.certificates.k8s.io "node-csr-G0AqOnY5YXdK9ZcX93ahLQsqvfGqWliFwxDCRrPOH4c" ap
proved
```

图 10-35　批准 csr 请求

再次执行以下命令，查看请求状态：

```
# kubectl get csr
```

如图 10-36 所示，请求状态变为【Approved,Issued】，表明 csr 请求已批准。

```
NAME                                                   AGE   REQUESTOR           CONDITION
node-csr-ErFE069QO1INGU7z5KTfgE0j8KogLVm_1VbMOxAgxh4   30m   kubelet-bootstrap   Approved,Issued
node-csr-G0AqOnY5YXdK9ZcX93ahLQsqvfGqWliFwxDCRrPOH4c   13m   kubelet-bootstrap   Approved,Issued
```

图 10-36　查看 csr 请求批准后的状态

10.7.3　在 Node 节点上部署 kube-proxy 服务

Kubernetes 集群中的每个 Node 节点上都运行着一个 kube-proxy 服务，用于 Service 的负载均衡和代理服务，并把外部访问请求转发到 Pod 上，下面讲解在 Node 节点上部署 kube-proxy 服务的方法。

1．安装 LVS

在每个 Node 节点上执行以下命令，安装 LVS 软件，用于实现负载均衡：

```
# yum install -y ipvsadm ipset conntrack
```

2．创建并分发 kube-proxy 密钥和证书

进入节点 master 的/etc/kubernetes/ssl 目录，编辑证书请求文件 kube-proxy-csr.json，在其中写入以下内容：

```
{
  "CN": "system:kube-proxy",
  "hosts": [],
  "key": {
    "algo": "rsa",
    "size": 4096
  },
  "names": [
    {
      "C": "CN",
      "ST": "SD",
      "L": "QD",
      "O": "k8s",
      "OU": "System"
```

```
    }
  ]
}
```

在节点 master 的终端执行以下命令，生成密钥和证书文件：

```
# cfssl gencert -ca=/etc/kubernetes/ssl/ca.pem \
  -ca-key=/etc/kubernetes/ssl/ca-key.pem \
  -config=/etc/kubernetes/ssl/ca-config.json \
  -profile=kubernetes  kube-proxy-csr.json | cfssljson -bare kube-proxy
```

上述命令生成了 kube-proxy.csr、kube-proxy-key.pem 与 kube-proxy.pem 三个文件。其中，kube-proxy.csr 是证书请求文件；kube-proxy-key.pem 是私钥文件；kube-proxy.pem 是证书文件。

在节点 master 的终端执行以下命令，将生成的密钥和证书文件复制到两个 Node 节点的/etc/kubernetes/ssl 目录下：

```
# scp kube-proxy.pem kube-proxy-key.pem node1:/etc/kubernetes/ssl
# scp kube-proxy.pem kube-proxy-key.pem node2:/etc/kubernetes/ssl
```

3．创建 kube-proxy 配置文件

在节点 master 的终端执行以下命令，创建 kube-proxy 配置文件：

```
# kubectl config set-cluster kubernetes \
  --certificate-authority=/etc/kubernetes/ssl/ca.pem \
  --embed-certs=true \
  --server=https://192.168.0.10:6443 \
  --kubeconfig=kube-proxy.kubeconfig
```

命令执行成功后，会输出如下信息：

```
Cluster "kubernetes" set.
```

4．创建用户 kube-proxy

在节点 master 的终端执行以下命令，创建用户 kube-proxy：

```
# kubectl config set-credentials kube-proxy \
  --client-certificate=/etc/kubernetes/ssl/kube-proxy.pem \
  --client-key=/etc/kubernetes/ssl/kube-proxy-key.pem \
  --embed-certs=true \
  --kubeconfig=kube-proxy.kubeconfig
```

命令执行成功后，会输出如下信息：

```
User "kube-proxy" set.
```

5．设置上下文关联参数

在节点 master 的终端执行以下命令，设置用户 kube-proxy 的上下文关联参数 default：

```
# kubectl config set-context default \
  --cluster=kubernetes \
  --user=kube-proxy \
```

```
--kubeconfig=kube-proxy.kubeconfig
```

命令执行成功后，会输出如下信息：

```
Context "default" created.
```

在节点 master 的终端执行以下命令，将用户 kube-proxy 的上下文关联参数 default 设置为默认参数：

```
# kubectl config use-context default --kubeconfig=kube-proxy.kubeconfig
```

命令执行成功后，会输出如下信息：

```
Switched to context "default".
```

6．将配置文件复制到 Node 节点

在节点 master 的终端执行以下命令，将配置文件 kube-proxy.kubeconfig 分别复制到两个 Node 节点的/etc/kubernetes/cfg 目录下：

```
# scp   kube-proxy.kubeconfig node1:/etc/kubernetes/cfg
# scp   kube-proxy.kubeconfig node2:/etc/kubernetes/cfg
```

7．创建 kube-proxy 服务

在两个 Node 节点的终端分别执行以下命令，创建 kube-proxy 工作目录：

```
# mkdir /var/lib/kube-proxy
```

编辑两个 Node 节点的/usr/lib/systemd/system 目录下的 kube-proxy.service 文件，在其中写入以下内容：

```
[Unit]
Description=Kubernetes Kube-Proxy Server
Documentation=https://github.com/GoogleCloudPlatform/kubernetes
After=network.target

[Service]
WorkingDirectory=/var/lib/kube-proxy
ExecStart=/usr/bin/kube-proxy \
  --bind-address=192.168.0.20 \
  --hostname-override=192.168.0.20 \
  --kubeconfig=/etc/kubernetes/cfg/kube-proxy.kubeconfig \
  --masquerade-all \
  --feature-gates=SupportIPVSProxyMode=true \
  --proxy-mode=ipvs \
  --ipvs-min-sync-period=5s \
  --ipvs-sync-period=5s \
  --ipvs-scheduler=rr \
  --logtostderr=true \
  --v=2 \
  --log-dir=/var/kubernetes/log
```

```
Restart=on-failure
RestartSec=5
LimitNOFILE=65536

[Install]
WantedBy=multi-user.target
```

注意：kube-proxy.service 文件里的 IP 地址要和本节点的 IP 地址相一致。

在节点 node1 的终端执行以下命令，启动 kube-proxy 服务，并确保在主机重启后服务能自动启动：

```
# systemctl start kube-proxy
# systemctl enable kube-proxy
```

然后执行以下命令，查看服务状态：

```
# systemctl status kube-proxy
```

若输出信息如图 10-37 所示，表明服务可以正常启动。

```
● kube-proxy.service - Kubernetes Kube-Proxy Server
   Loaded: loaded (/usr/lib/systemd/system/kube-proxy.service; disabled; vendor
preset: disabled)
   Active: active (running) since Tue 2018-07-24 01:59:38 EDT; 1min 56s ago
     Docs: https://github.com/GoogleCloudPlatform/kubernetes
 Main PID: 3783 (kube-proxy)
    Tasks: 0
   Memory: 5.2M
   CGroup: /system.slice/kube-proxy.service
           □ 3783 /usr/bin/kube-proxy --bind-address=192.168.0.20 --hostname-...
```

图 10-37　查看 kube-proxy 服务状态

8. 检查 LVS 状态

在任一 Node 节点的终端执行以下命令，查看 LVS 的状态：

```
# ipvsadm -L -n
```

若输出信息如图 10-38 所示，表明状态正常。

```
IP Virtual Server version 1.2.1 (size=4096)
Prot LocalAddress:Port Scheduler Flags
  -> RemoteAddress:Port           Forward Weight ActiveConn InActConn
TCP  10.1.0.1:443 rr persistent 10800
  -> 192.168.0.10:6443            Masq    1      0          0
```

图 10-38　查看 LVS 运行状态

9. 检查 Node 节点部署

在节点 master 上执行以下命令，检查在 Node 节点上的部署是否生效：

```
# kubectl get node
```

若输出信息如图 10-39 所示，表明部署已经生效。

```
NAME            STATUS   ROLES    AGE    VERSION
192.168.0.20    Ready    <none>   3h     v1.10.1
192.168.0.30    Ready    <none>   3h     v1.10.1
```

图 10-39　查看 Node 节点部署情况

至此，对 Node 节点的部署已经全部完成。

10.8 部署 Flannel 网络

Flannel 是一个专为 Kubernetes 定制的三层网络解决方案，主要用于解决容器的跨主机通信问题。下面介绍 Flannel 的部署方法。

10.8.1 下载 Flannel 安装包

在节点 master 终端执行以下命令，创建并进入 Flannel 安装包存放目录：

```
# mkdir /home/software/flannel
# cd /home/soft/flannel
```

执行以下命令，下载 Flannel 安装包：

```
# wget https://github.com/coreos/flannel/releases/download/v0.10.0/flannel-v0.10.0-linux-amd64.tar.gz
```

下载完毕后，当前目录中会出现一个名为 flannel-v0.10.0-linux-amd64.tar.gz 的文件，执行以下命令，解压文件：

```
# tar xzvf flannel-v0.10.0-linux-amd64.tar.gz
```

解压完毕，得到 flanneld 和 mk-docker-opts.sh 两个文件，执行以下命令，将这两个文件复制到每个节点的/usr/bin 目录下：

```
# cp flanneld mk-docker-opts.sh /usr/bin
# scp flanneld mk-docker-opts.sh node1:/usr/bin
# scp flanneld mk-docker-opts.sh node2:/usr/bin
```

然后进入节点 master 的/home/software/kubernetes/cluster/centos/node/bin 目录，在其中执行以下命令，将该目录下的 remove-docker0.sh 文件复制到每个节点的/usr/bin 目录下：

```
# cp remove-docker0.sh /usr/bin
# scp remove-docker0.sh node1:/usr/bin
# scp remove-docker0.sh node2:/usr/bin
```

此外，Flannel 正常运行还需要 CNI 软件。执行以下命令，在/home/software 目录下创建目录 cni：

```
# mkdir /home/software/cni
```

然后进入这个目录，执行以下命令，下载 CNI 安装包：

```
# wget https://github.com/containernetworking/plugins/releases/download/v0.7.1/cni-plugins-amd64-v0.7.1.tgz
```

下载完毕后，先不要解压，留待后续操作需要时再行处理。

10.8.2 创建并分发密钥和证书

和其他 Kubernetes 组件的部署相同，在部署 Flannel 网络之前也需要创建证书和密钥，然后才能进行部署。

编辑节点 master 的/etc/kubernetes/ssl 目录下的文件 flanneld-csr.json，在其中写入以下内容：

```
{
```

```
  "CN": "flanneld",
  "hosts": [],
  "key": {
    "algo": "rsa",
    "size": 4096
  },
  "names": [
    {
      "C": "CN",
      "ST": "SD",
      "L": "QD",
      "O": "k8s",
      "OU": "System"
    }
  ]
}
```

在节点 master 的终端执行以下命令，生成密钥和证书：

```
# cfssl gencert -ca=/etc/kubernetes/ssl/ca.pem \
  -ca-key=/etc/kubernetes/ssl/ca-key.pem \
  -config=/etc/kubernetes/ssl/ca-config.json \
  -profile=kubernetes flanneld-csr.json | cfssljson -bare flanneld
```

上述命令生成三个文件：flanneld.csr、flanneld-key.pem 与 flanneld.pem。

在节点 master 的终端执行以下命令，将文件 flanneld-key.pem 和 flanneld.pem 复制到两个 Node 节点的/etc/kubernetes/ssl 目录下：

```
# scp flanneld-key.pem flanneld.pem node1:/etc/kubernetes/ssl
# scp flanneld-key.pem flanneld.pem node2:/etc/kubernetes/ssl
```

10.8.3 配置 Flannel

在节点 master 的/etc/kubernetes/cfg 目录下编辑 flannel 文件，在其中写入以下内容：

```
FLANNEL_ETCD="-etcd-
endpoints=https://192.168.0.10:2379,https://192.168.0.20:2379,https://192.168.0.30:2379"
FLANNEL_ETCD_KEY="-etcd-prefix=/kubernetes/network"
FLANNEL_ETCD_CAFILE="--etcd-cafile=/etc/kubernetes/ssl/ca.pem"
FLANNEL_ETCD_CERTFILE="--etcd-certfile=/etc/kubernetes/ssl/flanneld.pem"
FLANNEL_ETCD_KEYFILE="--etcd-keyfile=/etc/kubernetes/ssl/flanneld-key.pem"
```

然后执行以下命令，将 flannel 文件复制到两个 Node 节点的同名目录下：

```
# scp flannel node1:/etc/kubernetes/cfg
# scp flannel node2:/etc/kubernetes/cfg
```

编辑/usr/lib/systemd/system 目录下的文件 flannel.service，在其中写入以下内容：

```
[Unit]
Description=Flanneld overlay address etcd agent
After=network.target
Before=docker.service

[Service]
EnvironmentFile=-/etc/kubernetes/cfg/flannel
ExecStartPre=/usr/bin/remove-docker0.sh
ExecStart=/usr/bin/flanneld ${FLANNEL_ETCD} ${FLANNEL_ETCD_KEY} ${FLANNEL_ETCD_CAFILE}
${FLANNEL_ETCD_CERTFILE} ${FLANNEL_ETCD_KEYFILE}
ExecStartPost=/usr/bin/mk-docker-opts.sh -d /run/flannel/docker

Type=notify

[Install]
WantedBy=multi-user.target
RequiredBy=docker.service
```

编辑完成后，执行以下命令，将修改后的 flannel.service 文件复制到两个 Node 节点的同名目录下：

```
# scp /usr/lib/systemd/system/flannel.service node1:/usr/lib/systemd/system
# scp /usr/lib/systemd/system/flannel.service node2:/usr/lib/systemd/system
```

10.8.4　集成 Flannel 和 CNI

需要将 CNI 的相关文件复制到每个节点上，才能在 Flannel 网络中集成 CNI 功能，操作如下。

首先在节点 master 的/home/software/cni 目录下执行以下命令，解压已下载的 CNI 安装文件 cni-plugins-amd64-v0.7.1.tgz：

```
# tar xzvf cni-plugins-amd64-v0.7.1.tgz
```

然后执行以下命令，将 cni-plugins-amd64-v0.7.1.tgz 文件移动到上级目录下，再把当前目录下的所有文件复制到本节点和其他两个 Node 节点的/usr/bin 目录下：

```
# cp * /usr/bin
# scp * node1:/usr/bin
# scp * node2:/usr/bin
```

接着执行以下命令，在节点 master 上创建目录/kubernetes/network：

```
# mkdir -p/kubernetes/network
```

之后执行以下命令，生成 Etcd 的密钥：

```
# etcdctl --ca-file /etc/kubernetes/ssl/ca.pem \
    --cert-file /etc/kubernetes/ssl/flanneld.pem \
    --key-file /etc/kubernetes/ssl/flanneld-key.pem \
```

```
--no-sync -C https://192.168.0.10:2379,https://192.168.0.20:2379,https://192.168.0.30:2379 \
mk /kubernetes/network/config '{ "Network": "10.2.0.0/16", "Backend": { "Type": "vxlan", "VNI":
1 }}' >/dev/null 2>&1
```

执行以下命令，启动 Flannel 服务，并确保服务在系统重启后能自动运行：

```
# systemctl start flannel
# systemctl enable flannel
```

执行以下命令，查看 Flannel 服务状态：

```
# systemctl status flannel
```

若输出信息如图 10-40 所示，表明 Flannel 服务运行正常。

```
● flannel.service - Flanneld overlay address etcd agent
   Loaded: loaded (/usr/lib/systemd/system/flannel.service; enabled; vendor preset: disable
d)
   Active: active (running) since Tue 2018-07-24 22:36:32 EDT; 4min 24s ago
 Main PID: 2726 (flanneld)
   CGroup: /system.slice/flannel.service
           └─2726 /usr/bin/flanneld -etcd-endpoints=https://192.168.0.10:2379,https://19...

Jul 24 22:36:31 master flanneld[2726]: I0724 22:36:31.761520    2726 main.go:235] Cre.../24
Jul 24 22:36:31 master flanneld[2726]: I0724 22:36:31.761531    2726 main.go:238] Ins...ers
Jul 24 22:36:32 master flanneld[2726]: I0724 22:36:32.106478    2726 main.go:353] Fou...lar
Jul 24 22:36:32 master flanneld[2726]: I0724 22:36:32.106626    2726 vxlan.go:120] VX...lse
Jul 24 22:36:32 master flanneld[2726]: I0724 22:36:32.189171    2726 local_manager.go...ing
Jul 24 22:36:32 master flanneld[2726]: I0724 22:36:32.206009    2726 main.go:300] Wro...env
Jul 24 22:36:32 master flanneld[2726]: I0724 22:36:32.206027    2726 main.go:304] Run...nd.
Jul 24 22:36:32 master flanneld[2726]: I0724 22:36:32.206282    2726 vxlan_network.go...ses
Jul 24 22:36:32 master flanneld[2726]: I0724 22:36:32.228371    2726 main.go:396] Wai...ase
Jul 24 22:36:32 master systemd[1]: Started Flanneld overlay address etcd agent.
```

图 10-40　查看 Flannel 服务状态

10.8.5　在 Docker 中配置 Flannel 服务

若要在 Docker 中使用 Flannel 服务，需要在安装 Docker 的 Node 节点上修改 /usr/lib/systemd/system 目录下的 docker.service 文件。

未修改的 docker.service 文件内容如下：

```
[Unit]
Description=Docker Application Container Engine
Documentation=https://docs.docker.com
After=network-online.target firewalld.service
Wants=network-online.target

[Service]
Type=notify
# the default is not to use systemd for cgroups because the delegate issues still
# exists and systemd currently does not support the cgroup feature set required
# for containers run by docker
ExecStart=/usr/bin/dockerd
ExecReload=/bin/kill -s HUP $MAINPID
# Having non-zero Limit*s causes performance problems due to accounting overhead
# in the kernel. We recommend using cgroups to do container-local accounting.
LimitNOFILE=infinity
```

```
LimitNPROC=infinity
LimitCORE=infinity
# Uncomment TasksMax if your systemd version supports it.
# Only systemd 226 and above support this version.
#TasksMax=infinity
TimeoutStartSec=0
# set delegate yes so that systemd does not reset the cgroups of docker containers
Delegate=yes
# kill only the docker process, not all processes in the cgroup
KillMode=process
# restart the docker process if it exits prematurely
Restart=on-failure
StartLimitBurst=3
StartLimitInterval=60s

[Install]
WantedBy=multi-user.target
```

修改后的 docker.service 文件内容如下：

```
[Unit]
Description=Docker Application Container Engine
Documentation=https://docs.docker.com
After=network-online.target firewalld.service flannel.service
Wants=network-online.target
Requires=flannel.service

[Service]
Type=notify
EnvironmentFile=-/run/flannel/docker
# the default is not to use systemd for cgroups because the delegate issues still
# exists and systemd currently does not support the cgroup feature set required
# for containers run by docker
ExecStart=/usr/bin/dockerd $DOCKER_OPTS
ExecReload=/bin/kill -s HUP $MAINPID
# Having non-zero Limit*s causes performance problems due to accounting overhead
# in the kernel. We recommend using cgroups to do container-local accounting.
LimitNOFILE=infinity
LimitNPROC=infinity
LimitCORE=infinity
# Uncomment TasksMax if your systemd version supports it.
# Only systemd 226 and above support this version.
```

```
#TasksMax=infinity
TimeoutStartSec=0
# set delegate yes so that systemd does not reset the cgroups of docker containers
Delegate=yes
# kill only the docker process, not all processes in the cgroup
KillMode=process
# restart the docker process if it exits prematurely
Restart=on-failure
StartLimitBurst=3
StartLimitInterval=60s

[Install]
WantedBy=multi-user.target
```

修改完毕，执行以下命令，将修改后的配置文件复制到其他 Node 节点上：

```
# scp docker.service node1:/usr/lib/systemd/system/
# scp docker.service node2:/usr/lib/systemd/system/
```

在所有节点上执行以下命令，使系统重新读入 Docker 的服务文件，随后重启 Docker 服务：

```
# systemctl daemon-reload
# systemctl restart docker
```

然后执行以下命令，查看 Docker 服务的状态：

```
# systemctl status docker
```

若输出信息如图 10-41 所示，表明 Docker 服务状态正常。

```
* docker.service - Docker Application Container Engine
   Loaded: loaded (/usr/lib/systemd/system/docker.service; enabled; vendor preset: disabled
)
   Active: active (running) since Tue 2018-07-24 23:08:26 EDT; 4s ago
     Docs: https://docs.docker.com
 Main PID: 3593 (dockerd)
    Tasks: 21
   Memory: 44.2M
   CGroup: /system.slice/docker.service
           ├─3593 /usr/bin/dockerd --bip=10.2.5.1/24 --ip-masq=true --mtu=1450
           └─3600 docker-containerd --config /var/run/docker/containerd/containerd.toml

Jul 24 23:08:25 master dockerd[3593]: time="2018-07-24T23:08:25.964523411-04:00" leve...rpc
Jul 24 23:08:25 master dockerd[3593]: time="2018-07-24T23:08:25.964567110-04:00" leve...rpc
Jul 24 23:08:25 master dockerd[3593]: time="2018-07-24T23:08:25.964757080-04:00" leve...rpc
Jul 24 23:08:25 master dockerd[3593]: time="2018-07-24T23:08:25.964781759-04:00" leve...t."
Jul 24 23:08:26 master dockerd[3593]: time="2018-07-24T23:08:26.332532469-04:00" leve...e."
Jul 24 23:08:26 master dockerd[3593]: time="2018-07-24T23:08:26.361184012-04:00" leve...-ce
Jul 24 23:08:26 master dockerd[3593]: time="2018-07-24T23:08:26.361311981-04:00" leve...on"
Jul 24 23:08:26 master dockerd[3593]: time="2018-07-24T23:08:26.375590507-04:00" leve...TH"
Jul 24 23:08:26 master systemd[1]: Started Docker Application Container Engine.
Jul 24 23:08:26 master dockerd[3593]: time="2018-07-24T23:08:26.392681677-04:00" leve...ck"
```

图 10-41　查看 Docker 服务状态

10.9　创建测试 Deployment

下面创建一个 Deployment，以测试 Kubernetes 平台是否安装成功。

10.9.1　创 建 Deployment

创建 Deployment 之前，要先在节点 master 的终端执行以下命令，在每个 Node 节点

上下载一个 Nginx 镜像：

```
# docker pull nginx
```

然后在节点 master 的终端执行以下命令，创建一个名为“mynginx”的 Deployment：

```
# kubectl run mynginx --image=nginx --replicas=2
```

其中，参数--image 指使用本地 Node 上已经下载的镜像；--replicas 指将要创建的副本数量，本例中为 2。

命令执行完毕后，会输出如下信息：

```
deployment.apps "mynginx" created
```

10.9.2　查看 Deployment

在节点 master 的终端执行以下命令，查看已经创建的 Deployment：

```
# kubectl get deployment
```

输出信息如图 10-42 所示，可以看到 Deployment 已经创建，且有两个 Pod 副本。

```
NAME       DESIRED   CURRENT   UP-TO-DATE   AVAILABLE   AGE
mynginx    2         2         2            1           9s
```

图 10-42　查看已经创建的 Deployment

执行以下命令，可以查看 Pod 的运行状态：

```
# kubectl get pod
```

输出信息如图 10-43 所示，可以看到两个 Pod 都已正常运行。

```
NAME                        READY   STATUS    RESTARTS   AGE
mynginx-7f77c9fb4c-4fv7h    1/1     Running   0          14s
mynginx-7f77c9fb4c-ztxw6    1/1     Running   0          14s
```

图 10-43　查看 Pod 运行状态

执行以下命令，可以查看 Pod 的详细信息：

```
# kubectl get pod -o wide
```

输出信息如图 10-44 所示，可以看到 Pod 运行节点的 IP 地址和为其自身分配的 Pod IP 地址。其中，【IP】对应的是 Pod IP 地址，即在创建 kube-controller-manager 服务时配置文件中的参数“--cluster-cidr=10.2.0.0/16”指定的网段地址；【NODE】对应的则是各节点的 IP 地址。

```
NAME                        READY   STATUS    RESTARTS   AGE   IP            NODE
mynginx-7f77c9fb4c-4fv7h    1/1     Running   0          52s   10.2.43.7     192.168.0.30
mynginx-7f77c9fb4c-ztxw6    1/1     Running   0          52s   10.2.51.7     192.168.0.20
```

图 10-44　查看 Pod 详细信息

至此，一个基础的 Kubernetes 容器云平台就搭建完成了。

本 章 小 结

通过本章的学习，读者应当了解：

✧　Kubernetes(简称 K8s)是对容器进行自动化操作的开源云平台，可以用来在节点集群间部署、调度和扩展容器。

- ✧ Kubernetes 集群由 Master 和 Node 两类节点组成，这些节点可以是物理主机，也可以是虚拟机。
- ✧ 在安装 Kubernetes 的各功能模块之前，需要先创建用于认证的 CA 证书，以提高系统的安全性。
- ✧ Etcd 是 Kubernetes 集群的主数据库，需要在安装 Kubernetes 各组件之前安装。
- ✧ 在 Master 节点上需要安装配置 kube-apiserver、kube-controller-manager 和 kube-scheduler 组件；在 Node 节点上则需要安装配置 kubelet 和 kube-proxy 组件。
- ✧ 所有 Kubernetes 组件安装配置完毕后，可通过创建一个 Deployment 的方式进行测试，如果能创建成功，说明安装配置没有问题。

本 章 练 习

1．下列服务必须安装在 Master 节点上的有______。

A．kube-apiserver　　B．kube-controller-manager

C．kube-scheduler　　D．kubelet

2．下列服务必须安装在 Node 节点上的有______。

A．kubelet　　B．kube-proxy

C．kube-apiserver　　D．kube-scheduler

3．第一次创建证书和密钥前，需要创建的文件有______。

A．config.json　　B．csr.json

C．ca.json　　D．etcd.json

4．配置 Etcd 时，需要在参数中写入所有节点的 IP 地址______。

A．ETCD_LISTEN_CLIENT_URLS

B．ETCD_INITIAL_CLUSTER

C．ETCD_NAME

D．ETCD_ADVERTISE_CLIENT_URLS

5．下列说法正确的是______。

A．Kubernetes API Server(kube-apiserver)：Kubernetes 中所有资源对象的自动化控制中心，是资源对象的大总管

B．Kubernetes Controller Manager(kube-controller-manager)：提供标准的 Http Rest 接口，是 Kubernetes 资源增、删、查、改操作的唯一入口，也是集群控制操作的入口进程

C．Kubernetes Scheduler(kube-scheduler)：负责进行资源调度(Pod 调度)的进程

D．Etcd：在 Master 节点上启动 Etcd 服务，用来保存所有资源对象的数据

6．简述使用 Kubernetes 可以实现的功能。

7．使用本章介绍的方法，搭建一套 Kubernetes 平台。

第 11 章　Kubernetes 的使用

本章目标

- 掌握 Kubernetes 的相关概念
- 区分 Pod、Deployment 和 Service 的概念
- 掌握 NodePort、TargetPort 和 Port 的区别及各自的作用
- 掌握 YAML 文件的编写方法
- 掌握 kubectl 命令的使用方法
- 能使用 kubectl 命令和 YAML 文件创建 Pod、Deployment 和 Service

第 10 章讲解了 Kubernetes 集群的安装与配置方法，本章将从 kubectl 工具使用、YAML 文件编写、Pod 管理与 Service 管理四个方面入手，讲解 Kubernetes 的基本使用方法。

11.1 kubectl 工具使用

kubectl 是 Kubernetes 的命令行管理工具，下面讲解 kubectl 的子命令及其使用方法。

11.1.1 kubectl 基本语法

kubectl 命令行的基本格式如下：

```
kubectl [command] [TYPE] [NAME] [flags]
```

其中各参数的含义如下：

✧ command：子命令，即用于操作 Kubernetes 资源的命令，如 create、describe、apply、get、delete 等。

✧ TYPE：目标资源的类型，区分大小写，可以是单数、复数或者简写形式。例如，以下三条命令执行的结果是一样的：

```
# kubectl get pods podname
# kubectl get po podname
# kubectl get pod podname
```

✧ NAME：目标资源的名称，需区分大小写。如果不指定名称，系统会返回某种 TYPE 的所有对象。例如，命令 kubectl get pod 会列出所有的 Pod 对象。

✧ flags：子命令的参数，可选。例如，参数-s 可以指定安装 kube-apiserver 的节点的地址，而不使用默认地址。

关于子命令的更多详细信息，可参考网页 http://docs.kubernetes.org.cn/61.html。

11.1.2 kubectl 常用子命令

下面介绍 kubectl 的常用子命令及其对应格式，这些命令只能在 Master 节点上执行。

1．help

help 命令用于获得子命令的帮助信息，格式如下：

```
# kubectl help
```

也可以使用以下格式：

```
# kubectl --help
```

如果要查询某个子命令的帮助信息，可以在“kubectl <子命令>”后面加上“--help”。例如，查询子命令 run 使用方法的命令如下：

```
# kubectl run --help
```

2．run

类似于 docker 的 run 命令，用于使用指定的镜像创建 Deployment，可以后缀多个参数。

例如，执行以下命令，使用镜像 nginx 创建一个 Deployment：

```
# kubectl run mynginx --image=nginx --replicas=2 --port=80
```

其中各参数的含义如下：

✧ --image：如果本地存在某个镜像，就指定使用这个镜像，而不是从网上下载。

✧ --replicas：指定 Pod 的副本数量。

✧ --port：指定 Pod 要暴露的端口。

上述命令的输出结果如下，一个名为“mynginx”的 Deployment 已经创建成功：

```
deployment.apps "mynginx" created
```

3．get

get 命令用于获取资源信息，如获取 Pod、Deployment、Service 等资源的信息。

例如，执行以下命令，可以查看集群中的 Pod 资源信息：

```
# kubectl get pod
```

输出结果如下：

```
NAME                          READY   STATUS    RESTARTS   AGE
mynginx-7d5d96c598-t64mr      1/1     Running   0          33s
mynginx-7d5d96c598-v9fjf      1/1     Running   0          33s
```

可以看到，集群中存在两个 Pod，对应之前子命令 run 示例中的语句“--replicas=2”。

在节点 node1 上执行以下命令，可以查看该节点上的容器信息：

```
# docker ps -a
```

输出结果如图 11-1 所示。

```
[root@node1 ~]# docker ps -a
CONTAINER ID        IMAGE                                            COMMAND
     CREATED             STATUS              PORTS               NAMES
38518c6e3a4e        nginx                                            "nginx -g 'daemon o
f…"   10 minutes ago      Up 10 minutes                           k8s_mynginx_my
nginx-7d5d96c598-v9fjf_default_002e4f0c-95fe-11e8-a171-5254000b867c_0
247fabaf1f27        mirrorgooglecontainers/pause-amd64:3.0   "/pause"
     10 minutes ago      Up 10 minutes                           k8s_POD_myngin
x-7d5d96c598-v9fjf_default_002e4f0c-95fe-11e8-a171-5254000b867c_0
```

图 11-1　查看节点 node1 上的容器信息

在节点 node2 上执行相同命令，输出的容器信息如图 11-2 所示。

```
[root@node2 ~]# docker ps -a
CONTAINER ID        IMAGE                                            COMMAND
     CREATED             STATUS              PORTS               NAMES
74e1e1b46f3e        nginx                                            "nginx -g 'daemon o
f…"   14 minutes ago      Up 14 minutes                           k8s_mynginx_my
nginx-7d5d96c598-t64mr_default_00364bf8-95fe-11e8-a171-5254000b867c_0
212a929476e8        mirrorgooglecontainers/pause-amd64:3.0   "/pause"
     14 minutes ago      Up 14 minutes                           k8s_POD_myngin
x-7d5d96c598-t64mr_default_00364bf8-95fe-11e8-a171-5254000b867c_0
```

图 11-2　查看节点 node2 上的容器信息

比较图 11-1 和图 11-2 的输出结果，可以看出：不同节点上的同一组 Pod 的容器会使用相同的前缀作为容器名，如本例中使用的前缀为“mynginx-7d5d96c598”。

执行以下命令，查看 Pod 所在节点及其 IP 地址：

```
# kubectl get pod -o wide
```

输出结果如图 11-3 所示，可以看到，【STATUS】(状态)对应值为【Running】，表明 Pod 目前正常运行；【IP】对应的是 Pod IP，可以在内部访问这个 IP 地址；【NODE】对应的则是 Pod 所在节点的 IP。

```
NAME                          READY    STATUS     RESTARTS   AGE     IP             NODE
mynginx-7d5d96c598-t64mr      1/1      Running    0          25m     10.2.43.19     192.168.0.30
mynginx-7d5d96c598-v9fjf      1/1      Running    0          25m     10.2.51.19     192.168.0.20
```

图 11-3　查看 Pod 所在节点及其 IP 地址

执行以下命令，可以查看集群中 Deployment 的信息：

```
# kubectl get deployment
```

输出结果如图 11-4 所示。

```
NAME      DESIRED   CURRENT   UP-TO-DATE   AVAILABLE   AGE
mygninx   2         2         2            2           59s
```

图 11-4　查看集群中 Deployment 的信息

可以看到，【NAME】值为创建 Deployment 时指定的名称“mynginx”；【DESIRED】值为指定的副本数量 2；【CURRENT】值为当前副本数量 2；【UP-TO-DATE】值为最大副本数量，本例为 2；【AVAILABLE】值为当前可用的副本数量，本例为 2；【AGE】值为启动后稳定运行的时间，本例为 59 秒。

若要查看更详细的 Deployment 信息，可以执行以下命令：

```
# kubectl get deployment -o wide
```

输出结果如图 11-5 所示，可以看到增加了 Deployment 当前使用的容器、镜像名称等信息。

```
NAME     DESIRED  CURRENT  UP-TO-DATE  AVAILABLE  AGE   CONTAINERS  IMAGES  SELECTOR
mynginx  2        2        2           2          26m   mynginx     nginx   run=mynginx
```

图 11-5　查看 Deployment 详细信息

执行以下命令，可以查看集群中 Service 的信息：

```
# kubectl get service
```

输出结果如图 11-6 所示。

```
NAME         TYPE        CLUSTER-IP   EXTERNAL-IP   PORT(S)   AGE
kubernetes   ClusterIP   10.1.0.1     <none>        443/TCP   1s
```

图 11-6　查看集群中 Service 的信息

注意：由于本例中创建 Deployment 的时候没有创建 Service，所以输出结果中只显示了一个默认存在的名为“kubernetes”的 Service，如果这个默认的 Service 被误删除，系统会自动重建它。

4．delete

delete 命令用于删除已经创建的资源，示例如下：

```
# kubectl delete pod mynginx-7d5d96c598-v9fjf
```

输出结果如下：

```
pod "mynginx-7d5d96c598-v9fjf" deleted
```

这时执行以下命令，查看集群中的 Pod 信息：

```
# kubectl get pod
```

输出结果如图 11-7 所示，可以看到，删除的 Pod 被重建了。

```
[root@master ~]# kubectl get pod
NAME                       READY     STATUS              RESTARTS   AGE
mynginx-7d5d96c598-j7xqx   0/1       ContainerCreating   0          2s
mynginx-7d5d96c598-t64mr   1/1       Running             0          3h
mynginx-7d5d96c598-v9fjf   0/1       Terminating         0          3h
[root@master ~]# kubectl get pod
NAME                       READY     STATUS    RESTARTS   AGE
mynginx-7d5d96c598-j7xqx   1/1       Running   0          56s
mynginx-7d5d96c598-t64mr   1/1       Running   0          3h
```

图 11-7　查看集群中的 Pod 信息

由此可知，需要删除 Deployment 才能彻底删除 run 命令创建的对象，命令如下：

```
# kubectl delete deployment mynginx
```

输出结果如下：

```
deployment.extensions "mynginx" deleted
```

这时再用 get 命令查看集群中的 Pod、Deployment 和 Service 信息，输出结果如图 11-8 所示。

```
[root@master ~]# kubectl get pod
No resources found.
[root@master ~]# kubectl get deployment
No resources found.
[root@master ~]# kubectl get service
NAME         TYPE        CLUSTER-IP   EXTERNAL-IP   PORT(S)   AGE
kubernetes   ClusterIP   10.1.0.1     <none>        443/TCP   27m
```

图 11-8　查看集群中的资源信息

可以看到，只有默认的 Service 存在，其他查询对象已经成功删除了。

5．describe

describe 命令与 get 类似，也是用于获取资源对象的相关信息，但 describe 可以获得比 get 更加详细的信息。

执行子命令 run，将删除的 Deployment 重新创建一次：

```
# kubectl run mynginx --image=nginx --replicas=2 --port=80
```

然后执行以下命令，查看名为“mynginx”的 Deployment 的信息：

```
# kubectl describe deployment mynginx
```

输出结果如下：

```
deployment mynginx
Name:                   mynginx
Namespace:              default
CreationTimestamp:      Thu, 02 Aug 2018 21:59:40 -0400
Labels:                 run=mynginx
Annotations:            deployment.kubernetes.io/revision=1
Selector:               run=mynginx
Replicas:               2 desired | 2 updated | 2 total | 2 available | 0 unavailable
StrategyType:           RollingUpdate
MinReadySeconds:        0
RollingUpdateStrategy:  1 max unavailable, 1 max surge
Pod Template:
  Labels:  run=mynginx
  Containers:
   mynginx:
    Image:        nginx
    Port:         80/TCP
    Host Port:    0/TCP
    Environment:  <none>
    Mounts:       <none>
  Volumes:        <none>
Conditions:
  Type           Status  Reason
  ----           ------  ------
  Available      True    MinimumReplicasAvailable
  Progressing    True    NewReplicaSetAvailable
OldReplicaSets:  <none>
NewReplicaSet:   mynginx-7d5d96c598 (2/2 replicas created)
Events:
  Type    Reason             Age   From                   Message
  ----    ------             ----  ----                   -------
  Normal  ScalingReplicaSet  20m   deployment-controller  Scaled up replica set mynginx-7d5d96c598 to 2
```

从输出结果可以看出：目前的 Deployment 的参数 Name 值为“mynginx”，参数

Replicas 值为 2，参数 Port 值为 80，与子命令 run 分配的端口号一致。

也可执行以下命令，查看某个 Pod 的信息：

```
# kubectl describe pod mynginx-7d5d96c598-5vt24
```

输出结果如下：

```
Name:            mynginx-7d5d96c598-5vt24
Namespace:       default
Node:            192.168.0.20/192.168.0.20
Start Time:      Thu, 02 Aug 2018 21:59:40 -0400
Labels:          pod-template-hash=3818527154
                 run=mynginx
Annotations:     <none>
Status:          Running
IP:              10.2.51.24
Controlled By:   ReplicaSet/mynginx-7d5d96c598
Containers:
  mynginx:
    Container ID:   docker://ce4bc5c8da5a5fcdcb2df4108d86ecb3f444f788a163393ac18897f75c24bcf3
    Image:          nginx
    Image ID:       docker-
pullable://nginx@sha256:be70ad10c2706edef03003de63653252bf2196355f0dbd6b6af746765274b185
    Port:           80/TCP
    Host Port:      0/TCP
    State:          Running
      Started:      Thu, 02 Aug 2018 21:59:48 -0400
    Ready:          True
    Restart Count:  0
    Environment:    <none>
    Mounts:
      /var/run/secrets/kubernetes.io/serviceaccount from default-token-4tj2c (ro)
Conditions:
  Type           Status
  Initialized    True
  Ready          True
  PodScheduled   True
Volumes:
  default-token-4tj2c:
    Type:        Secret (a volume populated by a Secret)
    SecretName:  default-token-4tj2c
    Optional:    false
```

```
QoS Class:        BestEffort
Node-Selectors:  <none>
Tolerations:     <none>
Events:
  Type    Reason                 Age   From                    Message
  ----    ------                 ----  ----                    -------
  Normal  Scheduled              1h    default-scheduler       Successfully assigned mynginx-7d5d96c598-5vt24 to 192.168.0.20
  Normal  SuccessfulMountVolume  1h    kubelet, 192.168.0.20   MountVolume.SetUp succeeded for volume "default-token-4tj2c"
  Normal  Pulling                1h    kubelet, 192.168.0.20   pulling image "nginx"
  Normal  Pulled                 1h    kubelet, 192.168.0.20   Successfully pulled image "nginx"
  Normal  Created                1h    kubelet, 192.168.0.20   Created container
  Normal  Started                1h    kubelet, 192.168.0.20   Started container
```

6. logs

logs 命令用于显示 Pod 运行时容器内程序的日志内容，与 Docker 的 logs 命令类似，格式如下：

```
# kubectl logs mynginx-7d5d96c598-5vt24
```

注意：如果容器没有产生 log 信息，则不会有输出结果。

7. scale

scale 用于在程序负载加重或减轻时调整副本数量。

以前面创建的名为“mynginx”的 Deployment 为例，该 Deployment 有两个副本，可以使用 scale 命令，扩展或缩小其副本数量。

执行以下命令，可以扩展其副本数量：

```
# kubectl scale deployment mynginx --replicas=4
```

扩展结果如图 11-9 所示，可以看到副本数量已扩展为 4 个。

```
[root@master ~]# kubectl scale deployment mynginx --replicas=4
deployment.extensions "mynginx" scaled
[root@master ~]# kubectl get deployment
NAME      DESIRED   CURRENT   UP-TO-DATE   AVAILABLE   AGE
mynginx   4         4         4            4           23h
[root@master ~]# kubectl get pods
NAME                       READY     STATUS    RESTARTS   AGE
mynginx-7d5d96c598-5ps4c   1/1       Running   0          18s
mynginx-7d5d96c598-5vt24   1/1       Running   0          23h
mynginx-7d5d96c598-7j69z   1/1       Running   0          23h
mynginx-7d5d96c598-qqmlv   1/1       Running   0          19s
```

图 11-9　扩展 Deployment 副本数

执行以下命令，可以收缩其副本数量：

```
# kubectl scale deployment mynginx --replicas=2
```

收缩结果如图 11-10 所示，可以看到副本数量已收缩为 2。

```
[root@master ~]# kubectl scale deployment mynginx --replicas=2
deployment.extensions "mynginx" scaled
[root@master ~]# kubectl get deployment
NAME       DESIRED   CURRENT   UP-TO-DATE   AVAILABLE   AGE
mynginx    2         2         2            2           23h
[root@master ~]# kubectl get pods
NAME                        READY     STATUS    RESTARTS   AGE
mynginx-7d5d96c598-5vt24    1/1       Running   0          23h
mynginx-7d5d96c598-7j69z    1/1       Running   0          23h
```

图 11-10　收缩 Deployment 副本数

8. autoscale

autoscale 命令可以根据 Pod 的负荷自动收缩其副本数量。用户可以使用 autoscale 命令指定一个 Deployment 副本的数量范围，在实际运行时就能根据 Pod 的负荷在该范围内自动对 Pod 进行伸缩。

以前面创建的 mynginx 为例，执行以下命令，可以将副本范围指定为 1~4：

```
# kubectl autoscale deployment mynginx --min=1 --max=4
```

输出结果如下：

```
deployment.apps "mynginx" autoscaled
```

9. cordon

cordon 命令用于将某个 Node 节点设置为不可使用，格式如下：

```
# kubectl cordon NodeName/IP
```

例如，将一个 IP 地址为 192.168.0.20 的 Node 节点设置为不可用的操作如图 11-11 所示。

```
[root@master ~]# kubectl cordon 192.168.0.20
node "192.168.0.20" cordoned
[root@master ~]# kubectl get node
NAME           STATUS                     ROLES    AGE   VERSION
192.168.0.20   Ready,SchedulingDisabled   <none>   11d   v1.10.1
192.168.0.30   Ready                      <none>   11d   v1.10.1
```

图 11-11　将 Node 节点设置为不可用

10. drain

drain 命令用于将某个 Node 节点设置为维护模式，格式如下：

```
# kubectl drain NodeName/IP
```

操作过程如图 11-12 所示，可以看到目标 Node 节点成功进入了维护模式。

```
[root@master ~]# kubectl drain 192.168.0.20
node "192.168.0.20" already cordoned
pod "mynginx-7d5d96c598-5vt24" evicted
node "192.168.0.20" drained
[root@master ~]# kubectl get node
NAME           STATUS                     ROLES    AGE   VERSION
192.168.0.20   Ready,SchedulingDisabled   <none>   11d   v1.10.1
192.168.0.30   Ready                      <none>   11d   v1.10.1
```

图 11-12　将 Node 节点设置为维护模式

11. uncordon

uncordon 命令用于将某个 Node 节点设置为可以使用，格式如下：

```
# kubectl uncordon NodeName/IP
```

操作过程如图 11-13 所示，可以看到 Node 节点恢复了【Ready】的状态。

```
[root@master ~]# kubectl uncordon 192.168.0.20
node "192.168.0.20" uncordoned
[root@master ~]# kubectl get node
NAME            STATUS    ROLES     AGE       VERSION
192.168.0.20    Ready     <none>    11d       v1.10.1
192.168.0.30    Ready     <none>    11d       v1.10.1
```

图 11-13　将 Node 节点设置为可用

12. create

create 命令用于根据文件或命令行的输入创建集群资源对象。如果用户已经创建了用于定义相应资源对象的 YAML 文件，那么就可以直接使用 create 命令，创建 YAML 文件内定义的资源对象，格式如下：

```
# kubectl create -f filename
```

注意：本命令和后续几条涉及 YAML 文件的命令会在后续讲解 YAML 文件时一并进行演示。

13. replace

replace 命令用于对已有的资源进行更新和替换。如果使用 create 命令创建了资源对象，之后需要更新资源对象的某些属性(比如修改副本数量、增加或修改 Label、更改 image 版本、修改端口等)时，都可以直接修改创建资源对象时所用的 YAML 文件，然后执行 replace 命令，就可以更新资源对象的属性。

replace 命令的格式如下：

```
# kubectl  replace  -f filename
```

使用 replace 命令时，需要注意以下几点：① Pod 的名字不能被更新；② 更新 Label 时，使用原 Label 的 Pod 将会与更新后的 Deployment 断开联系，而使用新 Label 的 Deployment 将会创建指定副本数量的新 Pod，但 Kubernetes 并不会默认删除原来的 Pod。因此，如果这时候执行 get 命令，会发现 Pod 数量翻倍，进一步检查则会发现使用原 Label 的 Pod 已经不被新的 Deployment 所控制。

14. patch

如果需要修改某个运行中的资源对象的一些属性，但不想删除该资源对象，或者不方便通过 replace 方式进行更新，则可以使用 patch 命令对其进行修改。

例如，一个 Pod 的 Label 为 app=mynginx-2，需要在该 Pod 的运行过程中将其改为 app=mynginx-3，则可执行以下命令：

```
kubectl patch pod PodName -p '{"metadata":{"labels":{"app":"mynginx-3"}}}'
```

15. edit

edit 命令可在不导出资源对象的 YAML 文件的情况下直接修改该对象的属性，格式

如下：

```
# kubectl edit pod PodName
```

在 YAML 文件中找到要修改的属性，使用该命令修改后保存退出即可，编辑方法与使用 VI 编辑器相同。

16. apply

apply 命令提供了比 patch 与 edit 更严格的资源对象更新方式。当有更新时，用户首先将资源对象的配置文件上传到服务器，然后再使用 apply 命令，即可将更新应用到资源对象。Kubernetes 会在更新前比较当前配置文件中的配置项与已应用更新的配置项，只更新更改过的部分，而不会主动更改任何用户未指定的部分。

apply 命令的格式如下：

```
# kubectl  apply  -f filename
```

注意：apply 命令的使用方法与 replace 命令基本相同，但 apply 不会删除原有的资源对象，而是直接在原有资源对象的基础上进行更新；同时，apply 命令还会在资源对象中添加一条注释，用来标记当前的 apply 操作。

17. rolling-update

对于已经部署且正在运行的业务，rolling-update 命令提供了一种不中断业务的更新方式：首先启动一个新的 Pod，待新 Pod 运行正常后再删除对应的旧 Pod，直到替换掉所有的 Pod。

rolling-update 命令的格式如下：

```
# kubectl rolling-update mynginx -f rc-nginx.yaml
```

注意：使用 rolling-update 命令时，需要确保新版本的资源对象有不同的 Name、Version 和 Label，否则会报错。

如果在升级过程中发现问题，可以执行以下命令，中止升级，并回滚到之前版本：

```
# kubectl rolling-update mynginx -rollback
```

以上即是 Kubernetes 中一些常用子命令的介绍，接下来，我们将继续讲解 YAML 文件的编写方法。

11.2　编写 YAML 文件

YAML 语言以数据为中心，而不是以标记语言为重点，是一种直观的、能够被电脑识别的数据序列化格式，也是一种可读性高的脚本语言。

YAML 语言可以基于文本格式，通过键/值对映射和项目列表(以及每个项目的嵌套)的组合来指定资源对象的配置信息，从而方便地创建 Kubernetes 的资源对象。

在 Kubernetes 中使用 YAML 语言的优点如下：

- ✧ 便捷：不再需要在命令行中添加大量的参数。
- ✧ 可维护：YAML 语言可以从源头跟踪每次的操作。
- ✧ 灵活：使用 YAML 语言可以创建比命令行更加复杂的结构。

11.2.1 YAML 文件结构

在 Kubernetes 系统中使用 YAML 语言编写文件时，只需使用 Maps 结构和 Lists 结构。

1. Maps 结构

Maps 结构用于实现键与值的映射，从而方便地设置配置信息。

一个基本的 Maps 结构示例如下：

```
---
apiVersion: extensions/v1beta1
kind: Deployment
```

其中，第一行的“---”是分隔符，没有具体意义，仅用于区分不同的配置段；第二行的键 apiVersion 对应的值为“extensions/v1beta1”；第三行的键 kind 对应的值为“Deployment”。

当然，这个结构也可以更复杂一些，例如某个键对应的是一系列的 Maps 结构，而不是字符串，示例如下：

```
apiVersion: v1
items:
- apiVersion: extensions/v1beta1
  kind: Deployment
  metadata:
    annotations:
      deployment.kubernetes.io/revision: "1"
    creationTimestamp: 2018-08-03T01:59:40Z
    generation: 3
    labels:
      run: mynginx
    name: mynginx
      namespace: default
```

可以看到，上述代码中的键 items 对应的值中含有多个键，如 kind、metadata、labels、annotations 等，而这些键的值又对应着多个键，这些键同样有自己的值。

2. Lists 结构

Lists 结构可以看做是一个对象的序列，示例如下：

```
- apiVersion
- image
- name
```

注意：在该序列中，对象的定义应以破折号(-)开头，且要与上一级的父元素之间有缩进。

Maps 结构的键可以是 Lists 结构，Lists 结构的对象也可以是 Maps 结构，示例如下：

```
apiVersion: v1
items:
```

```
- apiVersion: v1
  kind: Pod
  metadata:
    creationTimestamp: 2018-08-03T01:59:40Z
    generateName: mynginx-7d5d96c598-
    labels:
      pod-template-hash: "3818527154"
      run: mynginx
    name: mynginx-7d5d96c598-7j69z
    namespace: default
    ownerReferences:
    - apiVersion: extensions/v1beta1
      blockOwnerDeletion: true
      controller: true
      kind: ReplicaSet
      name: mynginx-7d5d96c598
      uid: e1d00719-96c0-11e8-a171-5254000b867c
    resourceVersion: "1097931"
    selfLink: /api/v1/namespaces/default/pods/mynginx-7d5d96c598-7j69z
    uid: e1ec9f08-96c0-11e8-a171-5254000b867c
  spec:
    containers:
    - image: nginx
      imagePullPolicy: Always
      name: mynginx
      ports:
      - containerPort: 80
        protocol: TCP
      resources: {}
      terminationMessagePath: /dev/termination-log
      terminationMessagePolicy: File
      volumeMounts:
      - mountPath: /var/run/secrets/kubernetes.io/serviceaccount
        name: default-token-4tj2c
        readOnly: true
    dnsPolicy: ClusterFirst
    nodeName: 192.168.0.30
    restartPolicy: Always
    schedulerName: default-scheduler
    securityContext: {}
```

```
    serviceAccount: default
    serviceAccountName: default
    terminationGracePeriodSeconds: 30
    volumes:
    - name: default-token-4tj2c
      secret:
        defaultMode: 420
        secretName: default-token-4tj2c
```

可以看到，上述代码中有一个名为“container”的 Lists 对象，其中的每个子项都由name、image 及 ports 组成，而每个 ports 都由一个键为 containerPort 的 Maps 键值对组成。

综上所述，Maps 结构和 Lists 结构有以下若干种单独或组合使用方法：

✧ 单独使用 Maps 结构。
✧ 单独使用 Lists 结构。
✧ Maps 结构嵌套 Maps 结构。
✧ Maps 结构嵌套 Lists 结构。
✧ Lists 结构嵌套 Lists 结构。
✧ Lists 结构嵌套 Maps 结构。

11.2.2 YAML 文件应用

下面以创建 Pod 和 Deployment 为例，介绍使用 YAML 文件创建 Kubernetes 资源对象的方法。

1. 用 YAML 文件创建 Pod

首先创建一个文件，将其命名为 mypod.yaml，在其中写入以下内容：

```
apiVersion: v1
kind: Pod
metadata:
  labels:
    run: myng
  name: myng
spec:
  containers:
  - image: nginx
    name: myng
    ports:
    - containerPort: 80
      protocol: TCP
```

编辑完成后，执行以下命令，创建 Pod：

```
# kubectl create -f mypod.yaml
```

然后执行以下命令，查看 Pod 创建结果：

```
# kubectl get pod
```

如果创建工作还未完成，会看到以下输出：

```
NAME     READY   STATUS              RESTARTS   AGE
myng     0/1     ContainerCreating   0          6s
```

创建完成后，会看到以下输出：

```
NAME     READY   STATUS    RESTARTS   AGE
myng     1/1     Running   0          18s
```

2．用 YAML 文件创建 Deployment

用于创建 Deployment 的 YAML 文件开头如下：

```
apiVersion: extensions/v1beta1
kind: Deployment
metadata:
```

注意：该 YAML 文件中的键 apiVersion 对应的值为“extensions/v1beta1”，而不是创建 Pod 的 YAML 文件中相同键对应的值“v1”。

创建一个名为 mydep.yaml 的文件，在其中写入以下内容：

```
apiVersion: extensions/v1beta1
kind: Deployment
metadata:
  labels:
    run: mynginx
  name: mynginx
spec:
  replicas: 2
  selector:
    matchLabels:
      run: mynginx
  template:
    metadata:
      labels:
        run: mynginx
    spec:
      containers:
      - image: nginx
        imagePullPolicy: Always
        name: mynginx
        ports:
        - containerPort: 80
          protocol: TCP
```

编辑完成后，执行以下命令，创建 Deployment：

```
# kubectl create -f mydep.yaml
```

然后执行以下命令，查看创建的 Deployment：

```
# kubectl get deployment
```

输出结果如下，可以看到已创建了两个 Pod 副本，达到预期要求：

```
NAME       DESIRED   CURRENT   UP-TO-DATE   AVAILABLE   AGE
mynginx    2         2         2            2           3m
```

最后使用以下命令，查看所创建的 Pod 状态：

```
# kubectl get pod
```

若输出以下信息，表明创建成功：

```
NAME                          READY   STATUS    RESTARTS   AGE
mynginx-7d5d96c598-99hcg      1/1     Running   0          3m
mynginx-7d5d96c598-f6mnt      1/1     Running   0          3m
```

11.3 管理 Pod

本小节将从 Pod 的生命周期、健康检查、调度管理等几个方面，简要介绍 Pod 管理的基本方法。

11.3.1 Pod 的生命周期

Pod 在整个生命周期中会呈现多种不同的状态，如表 11-1 所示。如果要正确地设置 Pod 的调度及重启策略，就需要了解这些状态。

表 11-1 Pod 的各种状态

状态	状 态 描 述
ContainerCreating	API Server 已经创建了 Pod，但该 Pod 内部有一个或多个镜像不存在，需要创建或下载
Running	Pod 内部的容器已经全部创建，至少有一个容器处于正在运行、正在启动或者正在重启的状态
Completed	Pod 内部的容器已经成功执行并退出，不会再重启
Terminating	Pod 的删除命令已经执行，正在停止并准备删除容器
CrashLoopBackOff	Pod 内部有一个或者多个容器，系统正在启动这些容器
ImagePullBackOff/ErrImagePull	创建 Pod 时指定的镜像下载失败
Error	Pod 创建时有错误出现
Failed	Pod 内部的所有容器都已经退出，且至少有一个容器因执行失败而退出
Unknown	无法获取 Pod 的状态

在创建 Pod 或 Deployment 时，可以使用 kubectl get 命令查看 Pod 或 Deployment 的状态，并根据实际情况选择解决方案。

Pod 的重启策略亦应用于 Pod 内部的所有容器，且 Pod 接受其所在节点上 kubelet 服务的管理，即由 kubelet 服务判断是否需要重启，如表 11-2 所示。

表 11-2　Pod 的重启策略

重启策略	策略描述
Always	当容器意外退出或者失效时，kubelet 会自动重启这个容器
OnFailure	当容器非正常退出或者非正常终止，kubelet 会自动重启这个容器
Never	不管容器是什么状态或者因为什么原因退出，kubelet 都不会重启这个容器

如果在创建 Pod 时没有特别指定，则重启策略默认为 Always。

根据重启策略，Pod 的状态会发生如表 11-3 所示的变化。

表 11-3　重启策略对 Pod 状态的影响

Pod 内容器数量	Pod 当前状态	事件	Pod 在各种重启策略下的最终状态		
			Always	OnFailure	Never
一个容器	Running	容器正常退出	Running	Completed	Completed
一个容器	Running	容器运行过程中失败并退出	Running	Running	Failed
两个及以上容器	Running	其中一个容器运行过程中失败并退出	Running	Running	Running
两个及以上容器	Running	容器被停止或者杀死	Running	Running	Failed

记住这些状态变化，以便在 Pod 出现故障时查找解决方案。

11.3.2　Pod 的健康检查

Pod 中容器的健康状态可以使用探针进行检查。常用的有两种探针：Liveness 探针和 Readiness 探针，对这两种探针的描述如表 11-4 所示。

表 11-4　Pod 探针介绍

探针类别	描述
Liveness 探针	用于检测容器是否存活，即是否处于 Running 状态。如果检测到不健康的容器，kubelet 会杀掉这个容器，并根据相应的重启策略进行处理。但是，如果一个容器内部不包含 Liveness 探针，则 kubelet 会认为这个容器的 Liveness 探针返回值为 Success(成功)，即容器存活
Readiness 探针	用于检测容器是否启动完成，即容器是否处于 Ready 状态并可接收请求。如果该探针检测到容器处于 Failed(失败)状态，那么 Pod 的状态将会被修改

使用任何一种探针，都需要设置 initialDelaySeconds 和 timeoutSeconds 参数，二者含义如下：

- ✧ initialDelaySeconds：容器启动后首次监控检查的等待时间，单位为秒。
- ✧ timeoutSeconds：健康检查发送请求后等待响应的时间，单位为秒。如果发生超时就认为容器无法提供服务，该容器将被重启。

1．Readiness 探针

容器内部的应用需要时间进行预热和启动。即便进程已经启动，服务可能依然不可使用，直到服务正常运行，容器才进入可用的状态。如果是部署多个容器，在新的副本没有完全准备好之前，不会接收外部应用的请求，但在默认情况下，只要容器内的进程启动完成，Kubernetes 就会认为容器已经正常启动而允许容器接收服务请求。

在这种情况下，需要使用 Readiness 探针，使 Kubernetes 处于等待状态，直到应用完全启动，才允许将服务请求发送到容器副本。

2．Liveness 探针

kubelet 服务会定期使用 Liveness 探针检查容器的健康状态，进而根据容器的状态进行相应的处理。Liveness 探针主要有以下三种使用方式。

(1) ExecAction 方式。

ExecAction 方式会在 Pod 的容器内执行一个健康检查命令，如果这个命令的返回值为0，即执行成功，则表明容器健康。

使用 VI 编辑器创建文件 mypod.yaml，在其中写入以下内容：

```
apiVersion: v1
kind: Pod
metadata:
  labels:
    run: myng
  name: myng
spec:
  containers:
  - image: nginx
    name: myng
    args:
    - /bin/bash
    - -c
    - echo alive > /tmp/liveness; sleep 10;rm -rf /tmp/health; sleep 600;
    livenessProbe:
      exec:
        command:
        - cat
        - /tmp/liveness
      initialDelaySeconds: 15
      periodSeconds: 5
```

然后执行以下命令，使用 mypod.yaml 创建 Pod：

```
# kubectl create -f mypod.yaml
```

文件 mypod.yaml 中配置的 Liveness 探针会在 Pod 启动后执行健康检查命令，即创建

一个文件 tmp/liveness，以判断该 Pod 中的容器是否正常运行。但该 Pod 启动后，会在文件 tmp/liveness 创建 10 秒后将其删除，然后休眠 10 分钟，而 Liveness 探针在 Pod 启动 15 秒后才会探测命令执行结果，因此会得到检查命令执行失败(Fail)的反馈信息，于是 kubelet 就会杀死这个 Pod 并将其重新启动。

输出结果如图 11-14 所示，该 Pod 在两个小时内被重启了 12 次。

```
[root@master ~]# kubectl get pod
NAME                          READY     STATUS     RESTARTS   AGE
myng                          1/1       Running    12         2h
```

图 11-14　查看健康检查失败的 Pod 运行状态

(2) TCPSocketAction 方式。

TCPSocketAction 方式通过容器 IP 地址和端口号执行 TCP 检查，如果能够与容器建立连接，则表明容器健康。

使用 VI 编辑器创建文件 mypod.yaml 和 mypod1.yaml，在文件 mypod.yaml 中写入以下内容：

```
apiVersion: v1
kind: Pod
metadata:
  labels:
    run: myng
  name: myng
spec:
  containers:
  - image: nginx
    name: myng
    livenessProbe:
      tcpSocket:
        port: 80
      initialDelaySeconds: 20
      periodSeconds: 10
```

上述文件中配置的 Liveness 探针执行检查时，使用容器的默认端口 80，因此可以与容器正常通信。

在文件 mypod1.yaml 中写入以下内容：

```
apiVersion: v1
kind: Pod
metadata:
  labels:
    run: myng1
  name: myng1
spec:
```

```
containers:
- image: nginx
  name: myng1
  livenessProbe:
    tcpSocket:
      port: 90
    initialDelaySeconds: 20
    periodSeconds: 10
```

上述文件中配置的 Liveness 探针执行检查时，使用的不是容器的默认端口 80，因此会造成通信失败。

文件编辑完毕，执行以下命令，分别使用文件 mypod.yaml 和 mypod1.yaml 创建 Pod myng 与 myng1：

```
# kubectl create -f mypod.yaml
# kubectl create -f mypod1.yaml
```

输出结果如图 11-15 所示，可以看到，能与 Liveness 探针正常通信的 Pod myng 没有被重启；而不能与探针正常通信的 Pod myng1 则频繁被重启。

```
[root@master ~]# kubectl get pod
NAME                    READY     STATUS    RESTARTS   AGE
myng                    1/1       Running   0          2m
myng1                   1/1       Running   3          2m
```

图 11-15　查看两个 Pod 的运行状态

(3) HTTPGetAction 方式。

HTTPGetAction 方式通过容器 IP 地址、端口号及路径来调用 HTTPGetAction 方法检查能否访问容器内部的应用或者文件，如果能得到正确响应(状态码大于 200 且小于 400)，则认为容器健康。

使用 VI 编辑器创建文件 mypod.yaml 和 mypod1.yaml，在文件 mypod.yaml 中写入以下内容：

```
apiVersion: v1
kind: Pod
metadata:
  labels:
    run: myng
  name: myng
spec:
  containers:
  - image: nginx
    name: myng
    ports:
    - containerPort: 80
    livenessProbe:
```

```
    httpGet:
      path: /
      port: 80
    initialDelaySeconds: 20
    periodSeconds: 10
```

以上脚本中 Nginx 的默认端口为 80，使用 HTTPGetAction 方式可以访问容器内 Nginx 软件的根目录。

在文件 mypod1.yaml 中写入以下内容：

```
apiVersion: v1
kind: Pod
metadata:
  labels:
    run: myng1
  name: myng1
spec:
  containers:
  - image: nginx
    name: myng1
    ports:
    - containerPort: 80
    livenessProbe:
      httpGet:
        path: /
        port: 90
      initialDelaySeconds: 20
      periodSeconds: 10
```

以上脚本中 Nginx 开放的端口是 90，而不是默认的端口 80，因此，使用 HTTPGetAction 方式访问会失败。

如图 11-16 所示，可以看到使用 mypod.yaml 创建的 Pod myng 稳定运行，使用 mypod1.yaml 创建的 Pod myng1 则多次被重启。

```
NAME      READY     STATUS     RESTARTS    AGE
myng      1/1       Running    0           5m
myng1     1/1       Running    3           2m
```

图 11-16　查看两个 Pod 的运行状态

11.3.3　Pod 的调度管理

Pod 的调度由 Master 节点上的 kube-scheduler 负责。kube-scheduler 使用特定的调度算法和调度策略将等待调度的 Pod 安置到目标 Node 上，然后将该 Pod 交给目标 Node 上的

kubelet，由 kubelet 接管 Pod 后续生命周期的管理。

默认情况下，kube-scheduler 可以满足绝大多数的应用需求，例如将 Pod 调度到资源充足的 Node 上运行，或将 Pod 分散调度到不同节点上以使集群节点资源均衡等。但在一些特殊的场景中，默认的调度策略并不能满足实际需求。例如，使用者期望将某些 Pod 按需调度到特定的硬件节点上(如将数据库服务部署到 SSD 硬盘的服务器上，或将 CPU/内存密集型服务部署到高配 CPU/内存的服务器上等)，或将交互频繁的 Pod(如位于同一机器、同一机房或同一网段上)就近部署等。

Kubernetes 中的调度策略主要分为全局调度与运行时调度两种。其中，全局调度策略在调度器启动时配置；而运行时调度策略主要包括节点选择(nodeSelector)、节点亲和性(nodeAffinity)、Pod 亲和与反亲和性(podAffinity 与 podAntiAffinity)、污点(Taints)与容忍(Tolerations)等策略，在 Pod 运行后由调度器进行管理。

1．使用 Deployment 进行全局调度

Deployment 会在创建时自动部署一个容器的多个副本，然后持续监控这些副本的数量，并维持这个数量，此为 Pod 的全局调度。

使用 VI 编辑器编辑文件 mydep.yaml，在其中写入以下内容：

```
apiVersion: extensions/v1beta1
kind: Deployment
metadata:
  labels:
    run: mynginx
  name: mynginx
spec:
  replicas: 3
  selector:
    matchLabels:
      run: mynginx
  template:
    metadata:
      labels:
        run: mynginx
    spec:
      containers:
      - image: nginx
        imagePullPolicy: Always
        name: mynginx
        ports:
        - containerPort: 80
          protocol: TCP
```

执行以下命令，使用文件 mydep.yaml 创建 Deployment：

```
# kubectl create -f mydep.yaml
```

创建成功后，会输出以下提示：

```
deployment.extensions "mynginx" created
```

执行以下命令，查看创建的 Deployment 状态：

```
# kubectl get deployment
```

输出结果如图 11-17 所示，可以看到该 Deployment 创建了 3 个 Pod 副本。

```
NAME       DESIRED   CURRENT   UP-TO-DATE   AVAILABLE   AGE
mynginx    3         3         3            3           1h
```

图 11-17　查看 Deployment 创建的 Pod 副本数

执行以下命令，查看所创建的 Pod 状态：

```
# kubectl get pod -o wide
```

输出结果如图 11-18 所示，可以看到其中的两个 Pod 在 IP 地址为 192.168.0.30 的节点上，一个 Pod 在 IP 地址为 192.168.0.20 的节点上。

```
NAME                       READY   STATUS    RESTARTS   AGE   IP           NODE
mynginx-7d5d96c598-2qc8l   1/1     Running   0          52s   10.2.43.41   192.168.0.30
mynginx-7d5d96c598-48ppp   1/1     Running   0          52s   10.2.51.44   192.168.0.20
mynginx-7d5d96c598-t22dm   1/1     Running   0          52s   10.2.43.42   192.168.0.30
```

图 11-18　查看 Deployment 创建的 Pod 状态

执行以下命令，删除其中一个 Pod：

```
# kubectl delete pod mynginx-7d5d96c598-2qc8l
```

删除成功后，会输出以下提示：

```
pod "mynginx-7d5d96c598-2qc8l" deleted
```

再次执行以下命令，查看 Pod 状态：

```
# kubectl get pod -o wide
```

如图 11-19 所示，删除一个 Pod 后，Deployment 立刻在另外一个节点上自动创建了一个 Pod 副本。

```
NAME                       READY   STATUS              RESTARTS   AGE   IP           NODE
mynginx-7d5d96c598-48ppp   1/1     Running             0          2m    10.2.51.44   192.168.0.20
mynginx-7d5d96c598-pflpf   0/1     ContainerCreating   0          4s    <none>       192.168.0.20
mynginx-7d5d96c598-t22dm   1/1     Running             0          2m    10.2.43.42   192.168.0.30
[root@master ~]# kubectl get pod -o wide
NAME                       READY   STATUS    RESTARTS   AGE   IP           NODE
mynginx-7d5d96c598-48ppp   1/1     Running   0          2m    10.2.51.44   192.168.0.20
mynginx-7d5d96c598-pflpf   1/1     Running   0          9s    10.2.51.45   192.168.0.20
mynginx-7d5d96c598-t22dm   1/1     Running   0          2m    10.2.43.42   192.168.0.30
```

图 11-19　查看重建后的 Pod 状态

由上述操作可以看出：Pod 的全局调度完全由 Kubernetes 自动实现，Master 节点会根据 kube-scheduler 的计算结果决定 Pod 最终在哪个节点上运行。

2．使用 nodeSelector 进行定向调度

可以在 Deployment 的 YAML 文件中写入一个 nodeSelector 属性，用该属性指定一个 Node 节点的标签(Label)，实现一直在该节点上启动 Pod 的目的，此为 Pod 的定向调度：

(1) 给 Node 节点添加 Label。

首先，执行以下命令，查看 Kubernetes 集群中的 Node 节点信息：

```
# kubectl get node
```

输出结果如图 11-20 所示，可以看到目前集群中有两个 Node 节点，Kubernetes 将 Node 节点的 IP 地址作为了该节点的名称。

```
NAME            STATUS    ROLES     AGE       VERSION
192.168.0.20    Ready     <none>    23d       v1.10.1
192.168.0.30    Ready     <none>    23d       v1.10.1
```

图 11-20　查看集群中的 Node 节点信息

然后，给准备放置 Pod 的 Node 节点添加 Label，命令格式如下：

```
kubectl label nodes <node-name> <label-key>=<label-value>
```

执行以下命令，分别给本例中的两个 Node 节点添加 Label：

```
# kubectl label nodes 192.168.0.20 nodename=node1
# kubectl label nodes 192.168.0.30 nodename=node2
```

Label 添加完毕，会输出以下提示：

```
node "192.168.0.20" labeled
node "192.168.0.30" labeled
```

最后，执行以下命令，使用 Label 查看 Node 节点信息：

```
# kubectl get node -l 'nodename=node2'
```

输出结果如图 11-21 所示。

```
NAME            STATUS    ROLES     AGE       VERSION
192.168.0.30    Ready     <none>    23d       v1.10.1
```

图 11-21　使用 Label 查看 Node 节点信息

(2) 用 nodeSelector 属性指定 Node 节点。

使用 VI 编辑器编辑文件 mydep.yaml，在其中写入以下内容，设置一个属性 nodeSelector，用于指定节点 node1 的 Label(nodename:　node1)：

```
apiVersion: extensions/v1beta1
kind: Deployment
metadata:
  labels:
    run: mynginx
  name: mynginx
```

```
spec:
  replicas: 3
  selector:
    matchLabels:
      run: mynginx
  template:
    metadata:
      labels:
        run: mynginx
    spec:
      containers:
      - image: nginx
        imagePullPolicy: Always
        name: mynginx
        ports:
        - containerPort: 80
          protocol: TCP
      nodeSelector:
        nodename: node1
```

然后执行以下命令，使用文件 mydep.yaml 创建 Deployment：

```
# kubectl create -f mydep.yaml
```

创建成功后，会输出以下提示：

```
deployment.extensions "mynginx" created
```

执行以下命令，查看 Pod 状态：

```
# kubectl get pod -o wide
```

输出结果如图 11-22 所示，可以看到该 Deployment 的所有 Pod 都创建在了节点 node1 上。

```
NAME                       READY   STATUS    RESTARTS   AGE   IP            NODE
mynginx-7f96cdf685-mbv9l   1/1     Running   0          23s   10.2.51.51    192.168.0.20
mynginx-7f96cdf685-plmpz   1/1     Running   0          23s   10.2.51.50    192.168.0.20
mynginx-7f96cdf685-qv447   1/1     Running   0          23s   10.2.51.52    192.168.0.20
```

图 11-22　查看 Deployment 创建的 Pod 位置

执行以下命令，删除一个 Pod：

```
# kubectl delete pod mynginx-7f96cdf685-plmpz
```

删除成功后，会输出以下提示：

```
pod "mynginx-7f96cdf685-plmpz" deleted
```

再次查看 Pod 信息，会发现重建的 Pod 仍然位于节点 node1 上，如图 11-23 所示。

```
[root@master ~]# kubectl get pod -o wide
NAME                        READY   STATUS              RESTARTS   AGE   IP            NODE
mynginx-7f96cdf685-4npjr    0/1     ContainerCreating   0          2s    <none>        192.168.0.20
mynginx-7f96cdf685-mbv9l    1/1     Running             0          19m   10.2.51.51    192.168.0.20
mynginx-7f96cdf685-plmpz    0/1     Terminating         0          19m   10.2.51.50    192.168.0.20
mynginx-7f96cdf685-qv447    1/1     Running             0          19m   10.2.51.52    192.168.0.20
[root@master ~]# kubectl get pod -o wide
NAME                        READY   STATUS              RESTARTS   AGE   IP            NODE
mynginx-7f96cdf685-4npjr    0/1     ContainerCreating   0          5s    <none>        192.168.0.20
mynginx-7f96cdf685-mbv9l    1/1     Running             0          19m   10.2.51.51    192.168.0.20
mynginx-7f96cdf685-qv447    1/1     Running             0          19m   10.2.51.52    192.168.0.20
[root@master ~]# kubectl get pod -o wide
NAME                        READY   STATUS              RESTARTS   AGE   IP            NODE
mynginx-7f96cdf685-4npjr    0/1     ContainerCreating   0          6s    <none>        192.168.0.20
mynginx-7f96cdf685-mbv9l    1/1     Running             0          19m   10.2.51.51    192.168.0.20
mynginx-7f96cdf685-qv447    1/1     Running             0          19m   10.2.51.52    192.168.0.20
[root@master ~]# kubectl get pod -o wide
NAME                        READY   STATUS    RESTARTS   AGE   IP           NODE
mynginx-7f96cdf685-4npjr    1/1     Running   0          12s   10.2.51.53   192.168.0.20
mynginx-7f96cdf685-mbv9l    1/1     Running   0          19m   10.2.51.51   192.168.0.20
mynginx-7f96cdf685-qv447    1/1     Running   0          19m   10.2.51.52   192.168.0.20
```

图 11-23　查看重建的 Pod 位置

11.4　管理 Service

Service 是 Kubernetes 最核心的概念。通过创建 Service，可以给一组具有相同功能的 Pod 应用提供一个统一的入口地址，并将请求负载分发到后端的各个容器应用上。

11.4.1　NodePort、TargetPort 与 Port 的区别

在创建 Service 之前，需要明确 NodePort、TargetPort 与 Port 端口的区别。

1．NodePort

外部机器可访问的端口。如果某 Pod 需要被外部应用访问，就需要在该 Pod 的配置文件中添加参数语句“nodePort:　端口号”。例如，添加语句“nodePort:　8000”，外部应用就可以通过语句“NodeName(或者 IP 地址):8000”访问该 Pod，即“http://NodeName:8000”。如果一个 Pod 不需要被外部应用访问，只需被内部服务访问，则不必配置 NodePort。

2．TargetPort

容器的端口(真实的容器端口入口)，与制作容器时暴露的端口一致(Dockerfile 中 EXPOSE 对应的端口)。例如，一般情况下 Web 服务器软件 Nginx 暴露的是 80 端口。

3．Port

Kubernetes 中的容器相互访问的端口。例如，MySQL 容器暴露的是 3306 端口，但集群内其他容器需要通过 3316 端口访问该容器，则需要在该容器的配置文件中添加配置语句“port:　3316”。

11.4.2　Service 工作方式

如果要通过 Service 从集群外部访问 Pod 或 Deployment，有以下几种方式可供选择。

1．loadBalancer 方式

仅用于公有云服务，首先在公有云平台上创建 Service，然后在其配置文件中添加参数 loadBalancer，映射到公有云服务商提供的地址，从而通过该地址访问 Pod 或 Deployment。

2．hostNetwork 方式

hostNetwork 方式在 Pod 或者 Deployment 的 YAML 配置文件中添加参数语句“hostNetwork: true”，使该 Pod 中的容器可以直接使用其 Docker 宿主机的网络接口，从而使其宿主机所在局域网中的所有外部应用都可以访问该容器。这种方式虽然允许从外部直接访问 Pod，但不能实现负载均衡。

3．nodePort 方式

nodePort 方式在 Service 的配置文件中添加参数语句“nodePort: 端口号”，为该 Service 添加一个特定端口，任何发送到该端口的访问都会被转发到对应的 Pod 上，且可以实现负载均衡。

以上方式中，loadBalancer 方式需要公有云支持，暂时不作讲解；而 hostNetwork 方式与 nodePort 方式较为适合在教学环境中使用，下面将予以详细介绍。

11.4.3 Service 工作方式验证

下面通过创建一个实验专用的镜像，并基于该镜像创建 Service，来对 hostNetwork 与 nodePort 两种工作方式进行验证。

1．创建专用镜像

为验证 hostNetwork 和 nodePort 工作方式的可行性，需要先创建具备 SSH 连接功能，并开放特定端口的镜像。

在一个 Node 节点上下载一个 CentOS 镜像，并使用该镜像创建一个容器，命令如下：

```
# docker pull centos
# docker run -idt centos
370c75fc69a4e7937245f7b3c09a2154f6cc0226dc68647fe157d918fb7b9d68
```

执行以下命令，进入该容器：

```
# docker exec -it 370 /bin/bash
```

在容器中执行以下命令，安装相关软件：

```
# yum install -y passwd openssl openssh-server net-tools vim
```

执行以下命令，修改 root 用户密码，注意两次输入的密码必须一致：

```
# passwd
```

执行以下命令，创建 SSL 密钥：

```
# ssh-keygen -q -t rsa -b 4096 -f /etc/ssh/ssh_host_rsa_key -N ''
# ssh-keygen -q -t ecdsa -f /etc/ssh/ssh_host_ecdsa_key -N ''
# ssh-keygen -t dsa -f /etc/ssh/ssh_host_ed25519_key -N ''
```

创建成功后，会输出如图 11-24 所示的信息。

```
[root@370c75fc69a4 /]# ssh-keygen -q -t rsa -b 4096 -f /etc/ssh/ssh_host_rsa_key -N ''
[root@370c75fc69a4 /]# ssh-keygen -q -t ecdsa -f /etc/ssh/ssh_host_ecdsa_key -N ''
[root@370c75fc69a4 /]# ssh-keygen -t dsa -f /etc/ssh/ssh_host_ed25519_key -N ''
Generating public/private dsa key pair.
Your identification has been saved in /etc/ssh/ssh_host_ed25519_key.
Your public key has been saved in /etc/ssh/ssh_host_ed25519_key.pub.
The key fingerprint is:
SHA256:/kvwvCLyzzc0TBogzL19cBQjTg2vymGayTs6VMXVqpc root@370c75fc69a4
The key's randomart image is:
+---[DSA 1024]----+
|    o o .==+.    |
|     + =o.o+.    |
|      o +.+.     |
|     . . +.o     |
|    .   o.SB     |
|   .. *.+E++     |
| .   = o...+.    |
|   . o....oo.    |
|   .o.+.ooo+o    |
+----[SHA256]-----+
```

图 11-24　SSL 密钥创建成功

使用 VI 编辑器修改 SSH 配置文件/etc/ssh/sshd_config，将其中的“#port 22”改为“port 2022”，指定 SSH 默认访问端口；将“#UsePrivilegeSeparation sandbox”改为“UsePrivilegeSeparation no”，设置 SSH 使用权限；将“#PermitRootLogin yes”改为“PermitRootLogin yes”，允许 root 用户通过 SSH 登录。修改完毕后，保存文件并退出。

然后执行以下命令，启动 SSH 程序：

```
# /usr/sbin/sshd -D&
```

执行以下命令，查看 2022 端口是否已经启动：

```
# netstat -anlgrep 2022
```

若输出如图 11-25 所示信息，说明 2022 端口已经正常启动。

```
tcp        0      0 0.0.0.0:2022            0.0.0.0:*               LISTEN
tcp6       0      0 :::2022                 :::*                    LISTEN
```

图 11-25　查看 2022 端口状态

退出容器，执行以下命令，将配置完毕的容器提交为镜像 centssh：

```
# docker commit 370 centssh
```

然后执行以下命令，使用镜像 centssh 创建一个新容器：

```
# docker run -idt -p 2022:2022 centssh /usr/sbin/sshd -D
4ccf871e033bfe08a4f168fde146f8d92dcf7646414f986f3167d9f8d2f9b02d
```

执行以下命令，登录新建的容器。如果可以登录，说明容器创建成功：

```
# ssh <nodeip> -p 2022
```

其中，nodeip 指容器所在节点的 IP 地址。

执行以下命令，将生成的镜像 centssh 保存到文件 centssh.tar 中：

```
# docker save -o centssh.tar centssh
```

执行以下命令，将镜像文件 centssh.tar 发送到另外一个 Node 节点上：

```
# scp ./centssh.tar node2:/root/
```

在另外一个 Node 节点上执行以下命令，将发送过来的镜像文件导入：

```
# docker load --input centssh.tar
```

导入完成后，两个 Node 节点上都有了相同的镜像。

2．验证 hostNetwork 访问方式

使用 hostNetwork 方式可在多个节点上创建若干相同的 Pod，但不能实现负载均衡。hostNetwork 方式的验证方法如下。

使用 VI 编辑器编辑文件 hostnetwork.yaml，在其中写入以下内容：

```
apiVersion: extensions/v1beta1
kind: Deployment
metadata:
  name: hostnetwork
  labels:
    app: hostnetwork
spec:
  replicas: 2
  template:
    metadata:
      labels:
        app: hostnetwork
    spec:
      hostNetwork: true
      containers:
      - name: hostnetwork
        image: centssh:latest
        imagePullPolicy: Never
        ports:
        - containerPort: 2022
```

编辑完成，执行以下命令，使用文件 hostnetwork.yaml 创建 Deployment：

```
# kubectl create -f hostwork.yaml
```

创建成功后，会输出以下提示：

```
deployment.extensions "hostnetwork" created
```

执行以下命令，查看创建的 Deployment 状态：

```
# kubectl get deployment
```

输出结果如图 11-26 所示。

```
NAME          DESIRED   CURRENT   UP-TO-DATE   AVAILABLE   AGE
hostnetwork   2         2         2            2           48s
```

图 11-26　查看创建的 Deployment 状态

执行以下命令，查看该 Deployment 创建的 Pod：

```
# kubectl get pod
```

输出结果如图 11-27 所示，可以看到，该 Deployment 创建的 Pod 直接使用了其所在节点的 IP 地址。

```
NAME                          READY   STATUS    RESTARTS   AGE   IP             NODE
hostnetwork-565b58bcf9-4wfxj  1/1     Running   0          1m    192.168.0.20   192.168.0.20
hostnetwork-565b58bcf9-5qlbt  1/1     Running   0          1m    192.168.0.30   192.168.0.30
```

图 11-27　查看该 Deployment 创建的 Pod 状态

在节点 master 上执行以下命令，使用节点 node1 的 IP 地址和端口登录节点 node1 上新建 Pod 内的容器：

```
# ssh 192.168.0.20 -p 2022
```

登录成功后的输出结果如图 11-28 所示。

```
[root@master pod]# ssh 192.168.0.20 -p 2022
root@192.168.0.20's password:
Last login: Sat Aug 25 08:55:52 2018 from 192.168.0.20
[root@node1 ~]# docker
-bash: docker: command not found
```

图 11-28　登录节点 node1 上新建 Pod 内的容器

在节点 master 上执行以下命令，使用节点 node2 的 IP 地址和端口登录节点 node2 上新建 Pod 内的容器：

```
# ssh 192.168.0.30 -p 2022
```

登录成功后的输出结果如图 11-29 所示。

```
[root@master pod]# ssh 192.168.0.30 -p 2022
The authenticity of host '[192.168.0.30]:2022 ([192.168.0.30]:2022)' can't be established.
ECDSA key fingerprint is SHA256:yTTwQRn3tON6bpAzXRLUhWoyPDDNCyuuhBytfhkEn1M.
ECDSA key fingerprint is MD5:da:98:5f:71:77:33:95:d6:62:5b:7d:d1:98:0e:4a:3b.
Are you sure you want to continue connecting (yes/no)? yes
Warning: Permanently added '[192.168.0.30]:2022' (ECDSA) to the list of known hosts.
root@192.168.0.30's password:
Last login: Sat Aug 25 08:55:52 2018 from 192.168.0.20
[root@node2 ~]# docker
-bash: docker: command not found
```

图 11-29　登录节点 node2 上新建 Pod 内的容器

由两次登录结果可知，虽然 Pod 内的容器使用的是其所在节点(Docker 宿主机)的主机名，但如果在上面运行某些只能在宿主机上运行的命令(如 docker)，系统就会提示该命令不存在，因为容器并未安装该命令相关的软件。

另外，经过连续多次登录节点 node1 和 node2 上的容器，可以看到使用同一条登录命

令只能登录同一个容器，表明使用 hostNetwork 方式不会实现负载均衡。

在节点 master 上执行以下命令，将该 Deployment 创建为 Service：

```
# kubectl expose deployment hostnetwork
```

然后继续执行以下命令，查看新建 Service 的状态：

```
# kubectl  get service
```

输出结果如图 11-30 所示，可以看到，新建 Service 对外暴露的容器访问端口仍然是默认的 2022 端口，并未使用新的端口。

```
[root@master pod]# kubectl get service
NAME          TYPE        CLUSTER-IP     EXTERNAL-IP   PORT(S)    AGE
hostnetwork   ClusterIP   10.1.199.210   <none>        2022/TCP   27m
```

图 11-30　查看新建 Service 的状态

3．验证 nodePort 访问方式

这种方式会对外暴露 Pod 所在节点的端口，可以使用任意节点的 IP 地址加端口登录 Service 下的 Pod，Service 会把登录请求均匀分配到每一个 Pod 上，从而实现负载均衡。

在节点 master 上使用 VI 编辑器编辑文件 NodePort.yaml，在其中写入以下内容：

```
apiVersion: extensions/v1beta1
kind: Deployment
metadata:
  name: myssh
  labels:
    app: myssh
spec:
  replicas: 2
  selector:
    matchLabels:
      app: myssh
  template:
    metadata:
      labels:
        app: myssh
    spec:
      containers:
      - name: myssh
        image: centssh:latest
        imagePullPolicy: Never
        ports:
        - containerPort: 2022
```

```
    command:
      - /usr/sbin/sshd
      - -D
```

编辑完成，执行以下命令，使用文件 NodePort.yaml 创建 Deployment：

```
# kubectl create -f   NodePort.yaml
```

创建成功后，会输出以下提示：

```
deployment.extensions "myssh" created
```

执行以下命令，查看新建的 Deployment 与 Pod：

```
# kubectl get deployment
# kubectl get pod -o wide
```

输出结果如图 11-31 所示，可以看到该 Deployment 创建了两个 Pod，分别名为“myssh-6c596df97-67tk4”与“myssh-6c596df97-pm8cq”。

```
[root@master pod]# kubectl get deployment
NAME     DESIRED   CURRENT   UP-TO-DATE   AVAILABLE   AGE
myssh    2         2         2            2           58s
[root@master pod]# kubectl get pod -o wide
NAME                     READY    STATUS    RESTARTS   AGE     IP          NODE
myssh-6c596df97-67tk4    1/1      Running   0          1m      10.2.47.3   192.168.0.20
myssh-6c596df97-pm8cq    1/1      Running   0          1m      10.2.2.3    192.168.0.30
```

图 11-31　查看新建的 Deployment 与 Pod 状态

然后在节点 master 上创建文件 ssh-svc.yaml，在其中写入以下内容：

```
apiVersion: v1
kind: Service
metadata:
  name: myssh
spec:
  type: NodePort
  selector:
    app: myssh
  ports:
  - protocol: TCP
    port: 2022
      targetPort: 2022
```

编辑完成，执行以下命令，使用文件 ssh-svc.yaml 创建 Service：

```
# kubectl create -f ssh-svc.yaml
```

创建成功后，会输出以下提示：

```
service "myssh" created
```

执行以下命令，查看新建的 Service 状态：

```
# kubectl get service
```

输出结果如图 11-32 所示，可以看到，新建的 Service 将容器默认的 2022 端口映射到

了宿主机的 24472 端口，外部应用可以通过该主机端口直接登录容器。

```
NAME          TYPE         CLUSTER-IP     EXTERNAL-IP   PORT(S)            AGE
kubernetes    ClusterIP    10.1.0.1       <none>        443/TCP            24d
myssh         NodePort     10.1.70.180    <none>        2022:24472/TCP     8s
```

图 11-32　查看新建的 Service 状态

本例中，新建 Service 随机分配的端口号为 24472，如果要指定端口号，则需修改新建 Service 的 YAML 文件 ssh-svc.yaml，使用参数 nodePort 指明端口号，示例如下：

```
apiVersion: v1
kind: Service
metadata:
  name: myssh
spec:
  type: NodePort
  selector:
    app: myssh
  ports:
  - protocol: TCP
    port: 2022
    targetPort: 2022
    nodePort: 32022
```

注意：使用参数 nodePort 指定端口时，端口号必须在 20000 到 40000 之间，若小于 20000 或者大于 40000，创建 Service 时会失败，并输出以下提示：

```
The Service "myssh" is invalid: spec.ports[0].nodePort: Invalid value: 12022: provided port is not in the valid range. The range of valid ports is 20000-40000
```

使用修改后的 YAML 文件创建 Service，然后使用节点 node1 的 IP 地址和端口登录 Pod，可以看到，登录后的连接会被轮流分配到两个 Pod 上，如图 11-33 所示。

```
[root@master pod]# ssh 192.168.0.20 -p 32022
The authenticity of host '[192.168.0.20]:32022 ([192.168.0.20]:32022)' can't be establishe
ECDSA key fingerprint is SHA256:yTTwQRn3t0N6bpAzXRLUhWoyPDDNCyuuhBytfhkEn1M.
ECDSA key fingerprint is MD5:da:98:5f:71:77:33:95:d6:62:5b:7d:d1:98:0e:4a:3b.
Are you sure you want to continue connecting (yes/no)? yes
Warning: Permanently added '[192.168.0.20]:32022' (ECDSA) to the list of known hosts.
root@192.168.0.20's password:
Last login: Sat Aug 25 08:55:52 2018 from 192.168.0.20
[root@myssh-6c596df97-54hxh ~]# exit
logout
Connection to 192.168.0.20 closed.
[root@master pod]# ssh 192.168.0.20 -p 32022
root@192.168.0.20's password:
Last login: Sat Aug 25 08:55:52 2018 from 192.168.0.20
[root@myssh-6c596df97-cxf89 ~]# exit
logout
Connection to 192.168.0.20 closed.
[root@master pod]# ssh 192.168.0.20 -p 32022
root@192.168.0.20's password:
Last login: Mon Aug 27 03:48:03 2018 from 10.2.47.0
[root@myssh-6c596df97-54hxh ~]#
```

图 11-33　使用 node1 的 IP 地址连接 Pod

使用节点 node2 的 IP 地址和端口连接 Pod，也会得到相同的结果，如图 11-34 所示。由此可知，使用 nodePort 方式可以实现负载均衡。

```
[root@master pod]# ssh 192.168.0.30 -p 32022
The authenticity of host '[192.168.0.30]:32022 ([192.168.0.30]:32022)' can't be establis
ECDSA key fingerprint is SHA256:yTTwQRn3t0N6bpAzXRLUhWoyPDDNCyuuhBytfhkEn1M.
ECDSA key fingerprint is MD5:da:98:5f:71:77:33:95:d6:62:5b:7d:d1:98:0e:4a:3b.
Are you sure you want to continue connecting (yes/no)? yes
Warning: Permanently added '[192.168.0.30]:32022' (ECDSA) to the list of known hosts.
root@192.168.0.30's password:
Last login: Mon Aug 27 03:50:19 2018 from gateway
[root@myssh-6c596df97-cxf89 ~]# exit
logout
Connection to 192.168.0.30 closed.
[root@master pod]# ssh 192.168.0.30 -p 32022
root@192.168.0.30's password:
Last login: Mon Aug 27 03:52:00 2018 from 10.2.47.0
```

图 11-34　使用 node2 的 IP 地址连接 Pod

经过两章内容的学习，我们已经能够创建基于 Kubernetes 的基本应用了。但这两节讲授的内容只是整个 Kubernetes 体系的极小一部分，如果想达到全面掌握 Kubernetes 的目的，还需要继续深入学习。

本 章 小 结

通过本章的学习，读者应当了解：

✧ 使用 Kubernetes 首先需要理解 Pod、Deployment 和 Service 等概念。

✧ kubectl 是 Kubernetes 的命令行管理工具，若要实现对 Kubernetes 的灵活管理，必须要用好这个工具。

✧ YAML 语言以数据为中心，是一种直观的、数据序列化格式，也是一种具有高可读性的编程语言。

✧ 在 Kubernetes 系统中应用 YAML 时只需使用两种结构，即 Maps 和 Lists。

✧ Pod 运行在 Node 上，一个 Node 上可以运行多个 Pod；容器运行在 Pod 里面，一个 Pod 可对应多个容器。Pod 的生命周期有多个阶段，掌握这些阶段的变化，可用于排查创建 Pod 时遇到的问题。

✧ 创建 Service 时，需要搞清楚 NodePort、TargetPort 和 Port 三种端口的区别和使用方法。

✧ 创建 Service 时，如果使用的是 hostNetwork 模式，则用户只能通过“Node IP 地址+Node 端口”的方式访问某个节点的 Pod，且不能实现负载均衡；而使用 NodePort 模式，就可以实现负载均衡。

本 章 练 习

1. 下列说法正确的是______。

A. Pod 运行在 Node 上，一个 Node 上可以运行多个 Pod

B. Pod 运行在 Node 上，一个 Node 上只能运行一个 Pod

C. 容器运行在 Pod 里面，一个 Pod 可对应多个容器

D．容器运行在 Pod 里面，一个 Pod 只能对应一个容器

2．下列说法正确的是______。

A．Replication Controller 取代了 Deployment

B．Deployment 取代了 Replication Controller

C．Replication Controller 可以设置的 Pod 副本数量必须小于 Node 总数

D．Deployment 可以设置的 Pod 副本数可以大于 Node 总数

3．下列命令书写正确的有______。

A．# kubectl get pods podname

B．# kubectl get po podname

C．# kubectl get pod podname

D．# kubectl get p podname

4．下列说法正确的是______。

A．在 Kubernetes 系统中应用 YAML 时只需使用两种结构，即 Maps 和 Lists

B．创建 Deployment 时，apiVersion 的值应该为 aextensions/v1beta1

C．创建 Deployment 时，apiVersion 的值应该为 v1

D．Maps 可以看做是一个对象的序列，Lists 的作用是实现键与值的映射

5．下列关于 Pod 生命周期的几种说法正确的是______。

A．ContainerCreating：API Server 已经创建了 Pod，但该 Pod 内部有一个或多个镜像不存在，需要创建或下载

B．Running：Pod 内部的容器已经全部创建，至少有一个容器处于正在运行、正在启动或者正在重启状态

C．Completed：Pod 内部的容器已经成功执行并退出，并且随时可以重启

D．Terminating：Pod 的删除命令已经执行，且其内部的容器已经删除

6．简述 NodePort、TargetPort 与 Port 三种端口的区别。

7．创建 Service，分别验证 hostNetwork 方式与 nodePort 方式能否实现负载均衡。

参考文献

[1] 青岛英谷教育科技股份有限公司. 云计算与虚拟化技术. 西安：西安电子科技大学出版社，2018.

[2] 谢型果. Ceph 设计原理与实现. 北京：机械工业出版社，2017.

[3] 卢万龙，周萌. OpenStack 从零开始学. 北京：电子工业出版社，2016.

[4] 张子凡. OpenStack 部署实践. 北京：人民邮电出版社，2016.

[5] 浙江大学 SEL 实验室. Docker：容器与容器云. 北京：人民邮电出版社，2016.

[6] 龚正，吴治辉，王伟，等. Kubernetes 权威指南：从 Docker 到 Kubernetes 实践全接触. 北京：电子工业出版社，2017.

[7] 山金孝. OpenStack 高可用集群(上册)：原理与架构. 北京：机械工业出版社，2017.

[8] 山金孝. OpenStack 高可用集群(下册)：部署与运维. 北京：机械工业出版社，2017.